"十四五"普通高等教育本科部委级规划教材

U0265799

食品安全监督管理

Shipin Anquan Jiandu Guanli

郭元新　叶华◎主编

中国纺织出版社有限公司

内 容 提 要

本书融入课程思政理念，结合食品质量与安全等专业卓越计划及应用型专业的建设需求，系统全面地介绍了食品安全监督与管理相关知识，具有较强的理论性和实践性。全书共分9章，主要内容包括绪论，食品安全监督管理基础，食品生产安全监督管理，食品经营安全监督管理，特殊食品安全监督管理，食品标签、广告及知识产权监督管理，食品安全抽检监测监督管理，食品安全风险监测、评估与预警，食品安全事故调查处理。

本书既可作为本科院校食品科学与工程类专业教材，又可作为企业生产、市场监管、第三方审核等行业广大科技人员的参考用书。

图书在版编目（CIP）数据

食品安全监督管理 / 郭元新，叶华主编. -- 北京：中国纺织出版社有限公司，2023.11（2025.1重印）

"十四五"普通高等教育本科部委级规划教材

ISBN 978-7-5229-0509-9

Ⅰ. ①食… Ⅱ. ①郭… ②叶… Ⅲ. ①食品安全－安全管理－高等学校－教材 Ⅳ. ①TS201.6

中国国家版本馆 CIP 数据核字（2023）第 066402 号

责任编辑：闫 婷　　责任校对：江思飞　　责任印制：王艳丽

中国纺织出版社有限公司出版发行

地址：北京市朝阳区百子湾东里 A407 号楼　邮政编码：100124

销售电话：010—67004422　传真：010—87155801

http://www.c-textilep.com

中国纺织出版社天猫旗舰店

官方微博 http://weibo.com/2119887771

北京虎彩文化传播有限公司印刷　各地新华书店经销

2023 年 11 月第 1 版　2025 年 1 月第 2 次印刷

开本：787×1092　1/16　印张：17.75

字数：420 千字　定价：68.00 元

普通高等教育食品专业系列教材
编委会成员

前　言

"民以食为天、食以安为先"，食品安全关系人民群众生命健康、经济和社会的发展进步、党和国家的长治久安。党的二十大报告提出了"强化食品药品安全监管""坚持安全第一、预防为主，完善公共安全体系，推动公共安全治理模式向事前预防转型"的重要部署，为食品生产监管工作指明了前进方向，提供了根本遵循，增强了奋斗动力。习近平总书记多次在各种场合强调：能不能在食品安全问题上给老百姓一个满意的交代，是对我们执政能力的重大考验；要用最严谨的标准、最严格的监管、最严厉的处罚、最严肃的问责，确保广大人民群众"舌尖上的安全"。这充分体现了党和国家政府对食品安全工作的重视。加强食品安全监管不仅是推进全面依法治国、贯彻落实食品安全战略的有力抓手和关键环节，更是体现政府执政能力、树立良好国际形象的重要考验和必然选择。因此，加强食品安全监管具有重大的现实意义和深远的历史意义。

《食品安全监督管理》就是在"健康中国建设"的背景下，将食品安全监督管理内容进行整合，结合食品质量与安全等专业卓越计划及应用型专业的建设需求，精心组织具有多年丰富教学和实践经验的老师编写的规划教材。为了培养高素质应用型专门人才，在本书的编写过程中，贯彻了以下原则：一是精选内容，既注重体系的完整性，又突出知识的实用性，坚持"有用、可用、管用"的原则，并把握好够用为度的要求；二是注意教材的可读性，做到通俗易懂、循序渐进；三是融入课程思政理念，对课程思政内容进行挖掘和提炼，加强责任意识、文化自信和价值引领方面的培养。

本教材是食品质量与安全及相关专业的食品安全监督管理教材，也可作为从事食品行业专业技术人员的参考书。本书共 9 章，由江苏科技大学的郭元新、叶华担任主编，负责全书的统稿和部分章节的编写。第 1 章由江苏科技大学的叶华编写，第 2 章由江苏科技大学的郭元新和蚌埠医学院陈晓嫚编写，第 3 章由廊坊师范学院的解春燕、武张飞编写，第 4 章由河南农业大学的马燕编写，第 5 章由大连工业大学的孙黎明编写，第 6 章由江苏科技大学的郭元新和安徽科技学院的刘颜编写，第 7 章由安徽科技学院的翟立公编写，第 8 章由锦州医科大学的王晶晶编写，第 9 章由江苏科技大学的钟建军编写。全书二维码内容由江苏科技大学郭元新和叶华编写。

本教材的编写得到了编者所在院校和中国纺织出版社有限公司的大力协助，在此谨致诚挚的谢意！由于时间紧、任务重，缺乏经验和水平有限，教材中难免有疏漏之处，恳请业内人士批评指正，以便修订。

编者

2023 年 8 月 24 日

目　录

教材资源总码

1 绪论

 章首

1. 导语

食品安全是人体健康和生命安全的物质基础，食品安全问题是社会关注的民生问题，也是政府关注的社会问题。食品安全工作的好坏，直接影响消费者的身体健康和食品行业的发展，直接关乎社会和谐发展和国家的稳定。因此，加强食品安全监督管理，提升食品安全监管水平，避免食品安全危害事件，是每一个国家和政府一直在努力解决的课题。各个国家都建立了适合本国国情的食品安全监督管理体制和模式，尤其是近年来我国推行的食品安全社会共治监管模式逐渐受到关注。本章从食品安全和食品安全危害入手，阐述了食品安全监督管理的概念和意义，并介绍了美国、欧盟、日本、新加坡等发达国家和地区的食品安全监管体制，重点介绍了我国食品安全监督管理发展史及现阶段我国的食品安全监督管理体制。

通过本章的学习可以掌握以下知识：

❖ 食品安全、食品安全危害、食品安全监督管理概念
❖ 食品安全危害种类及其影响
❖ 食品安全监督管理意义
❖ 国内外主要发达国家和地区食品安全管理体制
❖ 食品安全社会共治理念

2. 知识导图

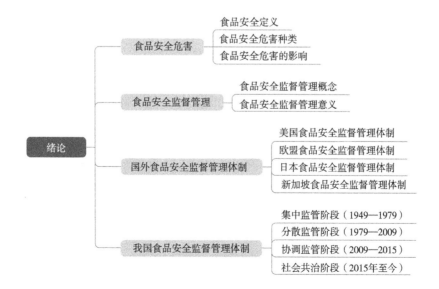

3. 关键词

食品安全、食品安全危害、化学性危害、生物性危害、物理性危害、急性危害、亚急性危害、慢性危害、食品安全监督管理、食品安全监督管理体制、食品安全社会共治

4. 本章重点

❖ 食品安全危害概念及分类

❖ 食品安全监督管理概念及意义

❖ 食品安全社会共治概念及我国食品安全社会共治体制

5. 本章难点

❖ 不同时期食品安全概念的理解

❖ 食品安全社会共治概念及食品安全社会共治主体类别

国以民为本，民以食为天，食以安为先。食品是人类生存和延续发展的物质基础，食品安全直接关乎人体健康和社会稳定。20 世纪，冰岛与英国之间因鳕鱼而爆发的"鳕鱼战争"体现了冰岛对食物可持续供给安全的重视，维护了国家利益；我国杂交水稻研究成果让占全球 7%的耕地养活了占全球 22%的人口，避免了粮食短缺，促进了经济发展和社会稳定。随着科学技术的进步，如今食品在数量安全方面已逐渐得到改善和保障，但同时也因为科技的发展和人类的未知及利益追逐加剧了食品的质量安全风险。无论是美国加州李斯特菌奶酪污染事件（1985 年）、英国的疯牛病事件（1996）、比利时的二噁英事件（1999）、日本的雪印牛奶中毒事件（2000 年），还是我国的三聚氰胺事件（2008 年），都引起了各国对食品安全保障工作的关注和重视，很多国家、地区和国际组织（如联合国粮农组织 FAO、世界卫生组织 WHO、食品法典委员会 CAC 等）积极采取有力措施，不断加强和完善食品相关法律法规和监管体系建设，努力保障"从农田到餐桌"（farm to table）的全过程食品安全。

1.1 食品安全危害

北京食品科学研究院院长王守伟等人专门研究了食品安全与经济发展之间的关系，站在经济角度研究了国内外不同发展阶段食品安全风险的主要来源和特征。食品安全和食品安全危害在不同的历史时期具有不同的内涵和界定，同时也具有明显的时代特征。

1.1.1 食品安全定义

食品安全的概念不是静态的、一成不变的，人们对食品安全的认识是伴随着食品及人类社会的发展而发展的，是一个不断实践—认识—实践的漫长过程。在人类文明社会早期，人们从通过四处狩猎、采摘果实获得食物数量上的安全到"钻木取火，以化腥臊"获得味美的食物，逐渐意识到了食品本身的质量安全。春秋时期的孔子曾提出了"五不食原则"，即"食饐而餲，鱼馁而肉败，不食；色恶，不食；臭恶，不食；失饪，不食；不时，不食。"（《论语·乡党第十》）。这是中国有关食品安全的最早文献记录，是孔子对长期生活实践经

验的总结和认识，反映的是食品的质量安全。

从食品监管的角度看，世界范围内对食品安全问题的关注始于食品数量安全（food security），即强调食品的数量保障和供给安全。20 世纪 70 年代，由于连续自然灾害造成了粮食减产，引发了世界性粮食危机，1974 年 11 月在意大利罗马召开的以"保障粮食供应"为主题的第三届世界粮食会议上，联合国粮农组织（FAO）首次正式将"食品安全"定义为"保证任何人在任何地方都能够得到为了生存和健康所需要的足够食品"。结合当时国际食品生产与供给实际，FAO 随后将食品安全的定义进行了修改，定义为"确保所有人在任何时候既能买得到又能买得起所需要的基本食品"。随着科技和经济的发展，到了八九十年代，全球食品数量安全问题总体上基本得以解决，食品安全的问题已从关注食品的数量安全逐渐转变为关注食品质量安全（food safety）。1984 年，世界卫生组织（WHO）从食品品质安全的角度将食品安全定义为："生产、加工、储存、分配和制作食品过程中确保食品安全可靠，有益于健康并且适合人消费的种种必要条件和措施"。1996 年，FAO 在《粮食安全罗马计划》中将食品安全的概念在原来的基础上进一步进行了完善："只有当所有人在任何时候都能在物质和经济上获得足够、安全和富有营养的食品来满足其积极和健康生活的膳食需要及食品喜好时，才实现了食品安全。"这个定义丰富了食品安全的内涵，不仅包括食品数量安全，还涵盖了食品质量安全及营养要求。同年，WHO 从食品的生产和消费角度在《加强国家级食品安全性计划指南》中将食品安全重新定义为："对食品按其原定用途进行制作和食用时不会使消费者受害的一种担保"。到 2003 年，FAO/WHO 在《保障食品的安全和质量：强化国家食品控制体系指南》中进一步完善了食品安全（food safety）的定义，即"食品安全是指控制所有会使食物有害消费者健康的危害，包括慢性的和急性的"。食品法典委员会（CAC）将食品安全定义为："食品安全是指消费者在摄入食品时，食品中不含有害物质，不存在引起急性中毒、不良反应或潜在疾病的危险性"。由此可见，食品安全在不同的时代、不同的国家和组织，其内涵是不同的。随着人们对食品安全的认识和理解的加深，现在食品安全的概念已经完全涵盖了种植、养殖、加工、包装、贮运、销售、消费等各个环节，即"从农田到餐桌"（farm to table）的全过程。

我国在现行《食品安全法》中的第一百五十条对食品安全给了官方定义，即"食品安全指食品无毒、无害，符合应当有的营养要求，对人体健康不造成任何急性、亚急性或者慢性危害"。这是结合我国基本国情和时代特征提出的概念，它涵盖了食品质量、营养价值以及食品卫生 3 个核心内容，体现了食品生产安全、经营安全和结果安全 3 个要求。

1.1.2 食品安全危害种类

人们对食品安全危害的认识和理解也是随着食品学科、科学技术和经济水平的发展而不断完善的。与食品安全有关的危害有很多，有可能是生物的、化学的、物理的或过敏性的，见图 1-1，这些危害各有特点，都有可能对人体健康产生不良影响。现阶段通常认为的食品安全危害（food safety hazards）是指食品中所含有的对人体健康有潜在不良影响的生物、化学或物理的因素。因此，了解食品安全危害种类、掌握各种危害的特点，有助于建立科学的食品安全管理体系，避免这些危害对人体健康产生不必要的影响。

（1）生物性危害　生物性危害是最普遍的食品安全危害，一般指由细菌、病毒、寄生

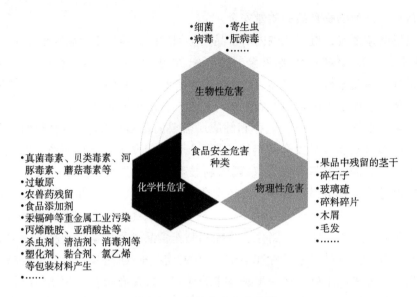

图1-1 食品安全危害种类

虫、朊病毒等所产生的危害，如鸡蛋、肉类以及未经高温消毒的牛奶中常见的沙门氏菌，牡蛎等贝类海产品和即食果蔬容易受诺如病毒污染等。这些生物性危害因子可产生于食品的生产、加工、贮存、销售及消费等各个环节中。由于食品及食品原料中一般都含有这些微生物生长、繁殖所需的营养成分，因此，一旦食品受到微生物的污染，在特定的温度、pH和水分条件下即可生长繁殖，从而引起食品腐败、变质，给消费者造成食源性疾病的隐患。如2020年8月，广西防城港万尾海域发生运载榴莲货船侧翻事件，海面漂浮的大量榴莲被附近居民哄抢，造成500余人出现食物中毒现象，经广西疾控部门检测通报是因感染副溶血性弧菌所引起的。同年9月西北民族大学校内发生了由诺如病毒引起的感染性腹泻、肠胃性感冒等校园食品安全事件，共造成265名学生出现不适症状。

（2）化学性危害 化学性危害一般是指由生物毒素、非生物性化学污染物以及过敏原物质等因子产生的食品安全危害。根据其来源一般可以分为4类：一是食品本身天然产生的化学性危害，如真菌毒素、贝类毒素、河豚毒素、蘑菇毒素以及食品中存在的过敏原等；二是食品生产加工过程中人为使用或添加的农兽药、食品添加剂和工业废弃物所产生的汞、镉、砷等重金属造成的污染，还包括食品在烹饪、烘烤、腌制等制作过程中而产生的丙烯酰胺、亚硝酸盐等致癌物质引起的危害；三是食品生产加工过程中使用的杀虫剂、清洁剂、消毒剂、润滑剂等化学试剂所带来的危害；四是由各种食品包装材料带来的塑化剂、黏合剂、打印油墨以及氯乙烯等。化学性危害引发的食品安全事件仅次于生物性危害，但化学性危害呈现发病快、潜伏期短、病死率高等特点。如2013年暴发的安徽怀宁"血铅事件"和湖南"镉大米"事件都是由于工业废弃物造成的水、土等环境污染而最终酿成重金属污染食品安全事件。

（3）物理性危害 物理性危害一般是指在食品中发现的异物，包括天然和非天然两种。前者是指它们自然存在于特定的食品中，如水果的茎干；后者是指它们本身不存在于食品中，如碎石子、玻璃碴、塑料碎片、木屑或毛发等。这些危害一般发生在食品及其原料收获期或加工过程中，如水产品捕捞过程中掺杂的鱼钩，稻谷晾晒收获过程中掺杂的碎石子、玻璃碴渣，食品生产加工过程中接触的食品加工机械设备产生的细铁丝等。一般来说，天然的物理危害可能是无害的，非天然的物理危害通常对人体健康来说更危险，可能造成割伤、窒息等危害。

1.1.3 食品安全危害的影响

从食品安全的定义可以看出，由食品安全问题对人体健康产生的危害一般可以分为急性、亚急性和慢性危害3种类型。其危害的结果不仅与食品安全危害类型有关，还与个体身体状况如年龄、性别、免疫力以及危害因素摄入量有关。一般来说，食品中危害因子种类越多、含量越大，对人体健康造成威胁的可能性就越大；个体免疫力低下、抵抗力越弱的老年人和婴幼儿更容易受到食品安全危害物的侵害。

（1）急性危害　急性危害一般是指食品中的危害因子造成人体在短时间内（一般24小时内，最长14天）发生明显不良反应，轻则出现呕吐、腹泻等肠胃道疾病，重则造成肝、肾、心脏功能衰竭而死亡。常见的危害因子如致病菌（沙门氏菌、金黄色葡萄球菌、副溶血弧菌等）、生物毒素（黄曲霉毒素、内毒素、河豚毒素等）、病毒（甲肝病毒、诺如病毒等）、重金属（铅、汞、砷、镉等）以及农药若大量污染食品，则极容易造成急性危害。如2020年10月5日，黑龙江鸡西一家庭成员亲属共12人于早上聚餐，其中9人因食用自制酸汤子后，于当天中午陆续出现身体不适送医院治疗，次日7人抢救无效死亡，其余2人也分别于12日、19日抢救无效死亡。后经调查检测发现是由于该家庭自制的酸汤子在冰箱中存放了近一年时间，导致产生了致病菌米酵菌酸，从而引起严重的急性中毒事件。米酵菌酸是由椰毒假单胞菌属酵米面亚种产生的一种可以引起食物中毒的毒素，常见于发酵玉米面制品、变质鲜银耳及其他变质淀粉类制品，米酵菌酸中毒后，一般2~24 h内即出现恶心、呕吐、腹泻、全身无力等症状，重者出现皮下出血、肝脾肿大、呕血、惊厥、抽搐直至肝脏等重要器官衰竭而死亡。

（2）亚急性危害　亚急性危害是指人体通过食品摄入某种危害因子造成身体机能在短时间内（一般2个月以内）出现明显不良反应。如因工业废弃物导致水资源产生汞污染，当地居民若长期饮用这类污染水可引起亚急性汞中毒，出现全身剥脱性皮炎症状。类似的还有亚急性铅中毒，会出现腹痛、乏力、意识不清、抽搐等症状。亚急性危害产生的症状起初较轻，一般来说治疗及时，症状可清除，但如果不及时加以治疗，对身体健康可能会带来较严重的伤害。

（3）慢性危害　慢性危害是指人长期（两个月以上，甚至终身）反复摄入含有某种危害因子的食品所产生的健康危害。这类食品虽然被某些危害因子污染，但其含量低，短时间内少量摄入并不会引起食源性疾病。但若是连续较长时间摄入这种食品，尤其当其中的危害因子难以完全排出体外时，就容易造成这类危害因子在体内富集，当达到相应的中毒剂量时就会产生不良健康反应。如长期摄入含糖、含盐量高的食品容易引起糖尿病、高血压等疾病发生；有些常见的危害因子（多环芳烃、亚硝酸盐、三聚氰胺等）如污染食品，还可引起致癌、致畸、致突变现象。慢性危害相对于急性或亚急性危害来说，不易被发现，有些情况下致病因子难以查清，因此要更重视慢性危害对人体健康带来的伤害。

1.2　食品安全监督管理

食品安全事件的频发让各国政府不得不重视食品安全工作，于是针对暴发的食品安全问题和漏洞积极制定并完善相应的政策、法规、标准且切实有效实施，用以预防食品安全风险、保障食品安全、维护人民健康。

1.2.1　食品安全监督管理概念

食品安全监督管理在很多文献中都称为食品安全监管。WHO 和 FAO 将食品安全监管定义为：由国家或地方政府实施的强制性管理活动，旨在为消费者提供保护，确保从生产、处理、贮存、加工直到销售过程中食品的安全、完整，并适于人类食用。西南大学赵学刚教授套用监管狭义的概念（狭义的"监管"是指依据法律法规干预或规范经济活动，从而矫正和改善市场机制的内在问题），将食品安全监管理解为：当食品市场本身无法提供安全保障或市场的食品安全保障失灵时，政府通过对市场的适度干预预防食品安全风险、矫正食品安全的市场失灵，从而通过外部的力量和制度供给维护食品安全和食品消费者的合法权益。在倪楠等人编写的《食品安全法研究》一书中，他们认为食品安全监管是国家职能部门对食品生产、流通企业的食品安全行使监督管理的职能。贵州医科大学孙晓红教授将食品安全监督管理分为食品安全监督和食品安全管理两个部分，认为食品安全管理是强调行业和企业内部的自发行为，而食品安全监督是国家职能部门的一种行政管理监察行为，因此他们将食品安全监督定义为国家职能部门依法对食品生产、流通企业和餐饮业的食品安全相关行为行使法律范围内的强制监察活动。而将食品安全管理定义为政府相关部门、行业协会和食品企业等采取有计划和有组织的方式，对食品生产、流通和食品消费等过程进行有效的管理和协调，以达到确保食品安全的各类活动。

从以上各种对食品安全监管的理解可以看出，食品安全监管具有政府参与、预防为主、强制监管、全程控制的特点。其实食品安全监督管理既包括政府职能部门的强制监管活动，又包括在政府强制监管指导下企业的自我管理和社会组织、消费者的监督管理，还包括对个体农户等其他食品生产经营者销售的农产品的监督管理。因此结合当前实际，我们可以将食品安全监督管理定义为：国家食品安全监管部门在法律赋予的职权范围内，根据食品安全法律法规、政策及标准依法对食品"从农田到餐桌"全过程进行组织、协调、监督和控制的活动。

1.2.2　食品安全监督管理意义

食品安全问题已成为一个国家或社会重点关注的民生问题。食品安全监督管理不仅与科技、经济有关，还与政治、法律密切相关。因此，加强食品安全监督管理无论是对食品安全、人类健康、社会发展还是国家稳定都具有重要的意义，已成为预防食品安全风险、解决食品安全问题的重要保障。

（1）预防食品安全风险，提高科技水平　食品安全监督管理强调预防为主，覆盖从农田到餐桌的全程控制，这离不开科技水平的支撑。食品安全不仅是"管"出来的，更是通过科学技术"产"出来的。如镉大米事件让人记忆犹新，要解决镉大米中镉含量超标的问题，除了停业整顿、关闭污染工厂的日常管理之外，袁隆平院士团队通过基因敲除开发了水稻亲本去镉技术，从而有效阻断水稻对镉的吸收，降低水稻的镉含量。

（2）避免危害食品安全的事件，保障人类健康　很多食品安全事件的发生都是人为因素造成的。食品安全监督管理坚持以人为本，以保障人类健康为根本目的，通过建立严格的法律法规、严谨的科学标准，鼓励食品企业推行 GMP、HACCP 制度，强化过程安全管理，降低人为因素导致的食品安全事件发生，树立"好过程必有好结果"理念，确保食品质量安全，从而降低危害食品安全的事件的发生概率，让人民吃得安全、吃得放心。

（3）规范食品市场秩序，推动行业发展　市场上流通的食品（无论国内食品还是进口食品）是否安全，是否能满足消费者的健康需求，是否为消费者认可和接受，不仅直接影响该食品的市场前景，还影响食品市场的正常秩序和食品经济的稳定发展。如果没有食品生产许可证、食品经营许可证、食品召回制度等一系列制度的保障，食品安全问题发生概率必将上升，食品市场秩序必将混乱，人们对食品市场便失去了信心，不利于食品工业健康发展。

（4）促进社会和谐发展，维护国家稳定　随着全球化和食品贸易的快速发展，食品安全问题是每一个国家都不得不重视的问题。国家必须从维护本国国民的健康权益和国家利益出发，加强和提升食品安全监督管理能力。一个国家的食品安全监督管理水平在一定程度上反映了国家治理能力和治理水平。若国家忽视监管的重要性，造成监管不力、监管不实，使食品安全问题频频暴发、食品安全事件日益严重、人民健康不断受到威胁，则人民大众必将对政府失去信心，社会不稳定不和谐现象加剧，对国家的生存和发展带来严峻的挑战。

1.3　国外食品安全监督管理体制

在食品工业发展的历史长河中，各个国家为确保食品安全和国民健康，制定了系统的食品安全监督管理制度，同时经过多年的实践不断加以改进，积累了丰富的食品安全监督管理经验，健全了符合本国国情和利益的食品安全监督管理体系，形成了具有本国特色的食品安全监督管理体制。这里主要介绍一些发达国家和地区的食品安全监督管理体制。

1.3.1　美国食品安全监督管理体制

美国是一个联邦制国家，主要由 50 个州、1 个与州平级的首都特区（联邦直辖）组成，各个州都享有自治自主的权力，拥有自己的法律和机构。因此美国的食品安全监督管理体制采取的是由联邦、州和地方政府共同组成的既相互独立又相互协作的联合监管制度。

在联邦层面，负责食品安全监督管理的机构主要是卫生和公众服务部（HHS）下属的食品药品监督管理局（Food and Drug Administration，FDA）以及美国农业部（USDA）和环境保护局（EPA）；参与食品安全监督管理的有美国农业部（USDA）下属的食品安全与检查服务局（Food Safety and Inspection Service，FSIS）和动植物卫生检验局（Animal and Plant Health Inspection Service，APHIS），商业部下属的国家海洋渔业署（National Marine Fisheries

Service，NMFS)，财政部（USDT）下属的酒精、烟草税务和贸易局以及美国国立卫生研究院（National Institutes of Health，NIH)，卫生和公众服务部下属的疾病控制与预防中心（Centers for Disease Control and Prevention，CDC)，联邦贸易委员会（Federal Trade Commission，FTC）等机构。各机构又根据食品类别进行分工监管，如 FSIF 主要负责保障肉、禽、淡水鱼和加工蛋产品的安全及标签管理；FDA 则负责保障除肉、禽、淡水鱼和加工蛋产品之外所有食品的安全及标签管理；APHIS 负责水果、蔬菜和其他植物，防治动植物有害物和疾病；EPA 负责制定农药、环境化学物的残留限量和相关法规以及保障农药等杀虫剂、食品清洁剂和消毒杀菌剂等的安全使用和监督管理；NMFS 通过其非官方的水产品检查和等级制度负责保障水产品质量安全监督管理；财政部（USDT）下属的酒精、烟草税务和贸易局负责监管和执行酒精饮料的生产、标签和经销的许可发放等工作；NIH 专门承担食品安全相关研究工作；CDC 负责食源性疾病的检测和控制；FTC 负责监管食品的虚假广告。这些联邦食品安全监督管理机构的监管权限仅限于跨州食品流通和贸易的产品。

在州层面，各州和地方都有自己的卫生局和食品安全监督管理机构，依据本州和地方的食品安全法律法规和准则行使本地方的食品生产流通的安全监督管理职能，其主要职责包括食源性疾病监控、疫情应对和召回、食品供应污染监控、食品加工零售检查、农场养殖场检查、食品实验室检测、技术和培训援助、食品安全教育开展，等等。

美国的食品安全联合监督管理体制看似相对分散，但从监管任务来看，联邦层面的 FDA 承担了全国食品流通中 80% 左右的食品安全监督管理，整个监管模式呈典型的倒金字塔结构，再加上其明确了联邦、州等各级食品监管主体的目标、标准并建立了科学的合作和协调机制，充分发挥了其食品安全监管的统一优势，从而保障了美国的食品安全水平。

1.3.2 欧盟食品安全监督管理体制

欧洲联盟（European Union）简称欧盟，是由德国、法国、意大利、西班牙等 27 个欧洲国家为了促进彼此经济发展根据一系列条约而成立的一个组织，目前已成为世界第二大经济实体。欧盟层面的立法机构主要是欧盟理事会和欧盟委员会，其中欧洲理事会在欧盟组织中占有中心地位，其理事会主席由各成员国轮流担任（即欧盟轮值主席国）。欧盟的食品安全监管坚持风险理念，已成为世界食品安全监管最严格的地方之一。在欧共体时代其食品安全监管起初以各成员国为主，但 1986 年发生的英国疯牛病事件促使了欧盟对食品安全监督管理体制的改革，并于 2002 年专门成立了一个独立的食品安全监督管理机构——欧洲食品安全局（European Food Safety Authority，EFSA)，代表欧盟利益而非成员国利益专门负责欧盟的食品安全问题。因此，欧盟形成了欧盟、各成员国、企业共同组成的多层食品安全监管体制。

欧盟层面的食品安全监督管理机构分决策机构、执行机构和咨询机构 3 个方面。其中决策机构主要是欧盟理事会和欧洲议会，负责对食品安全问题进行决策，并制定有关的政策法规。这些政策法规又分为法规（regulation）、指令（directive）和决定（decision）3 种效力，法规具有普遍效力，对所有成员国有效；指令只有被成员国采纳后才对采纳的国家有效；决定效力范围最小，只对特定的人具有约束性。执行机构主要是欧盟委员会，主要负责欧洲层面的消费者政策制定工作、食品流通监管、食源性疾病监管、兽医和植物卫生问题监管等，以保证食品安全和消费者健康。咨询机构则是由 EFSA 统一管理，处理欧盟所有与食品有关的事务，其主要职责是进行食品安全风险评估、风险信息交流和咨询，即评估与整个食品链相关的风险，为成员国提供科学建议，以此在欧盟及其成员国的监管机构之间建立起一个紧密协作的网络，从而推动合作和信息交流。

各成员国在欧盟层面食品安全监督管理机构指导下，根据本国实际，也成立了本国的食品安全监管机构，加强食品安全监管工作。实际上欧盟很多成员国也成立了专门的食品安全监督管理部门，统一负责本国的食品安全监督管理工作，如法国成立了食品安全评价中心、德国成立了德国联邦食品及农业部、荷兰成立了国家食品局、丹麦成立了食品和农业渔业部、奥地利成立了食品卫生质检总局，等等。同时各成员国还与欧盟建立了风险评估合作模式，在风险评估、风险交流等方面为 EFSA 提供支撑，避免了政策由单一国家主导的可能，切实维护了欧盟的集体利益和消费者的个人利益。

欧盟 27 个成员国有几十万甚至上百万个食品企业、农场、销售商，他们的自我监督管理成为了欧盟食品安全监管体系中最重要、最基本的部分。他们必须服从欧盟及成员国的食品安全规则，承担食品生产、加工、流通和消费安全的责任，制定食品安全标准并实施以维持消费者对食品安全的信心，有效地弥补了传统政府食品安全监管的缺陷，提高了欧盟食品安全监管的水平。

1.3.3 日本食品安全监督管理体制

日本是世界第三大经济体，作为岛国，其自然资源相对匮乏。日本的食品主要依赖进口，因此其在进口食品的检验检疫方面的工作做得非常突出，建有完善的农产品质量安全检测监督体系。日本的食品监管制度和监管水平处于国际前列，日本法律明确规定的负责食品安全监督管理的机构主要有食品安全委员会、农林水产省、厚生劳动省。日本现行的食品安全监督管理实际上是在食品安全委员会指导下由农林水产省和厚生劳动省两个部门组成的监督管理体制。

日本食品安全委员会是日本食品安全监督管理的主要部门，设立于 2003 年。它是独立于厚生劳动省和农林水产省的一个部门，下设化学物质评估（食品添加剂、农兽药、器具及容器包装、化学物质等）、生物评估（微生物、霉菌、病毒及天然毒素等）和新食品评估（转基因食品、新开发食品等）3 个专门委员会。其主要工作职责是进行食品安全风险评估、食品安全政策指导与监督以及食品安全风险交流与沟通，即食品安全委员会负责对食品中可能含有的致病菌、农药、添加剂等危害因子对人体健康的影响程度进行科学、专业评估，同时在风险分析过程中，就民众高度关心的风险评估内容进行风险交流与沟通，确保国民健康利益，然后将风险评估结果告知厚生劳动省和农林水产省，由它们在各自监管领域采取相应的措施和政策（制定相关标准和规章制度等）完成食品安全监管的具体工作。

农林水产省主要负责农林水产品的风险管理及其相关标准法规的制定，侧重于这些食品的生产和加工阶段的监管。农林水产省设有消费安全局，具体负责国内生鲜农产品及其加工产品在生产环节的质量安全监管；农兽药、饲料、化肥等农业投入品在生产、销售和使用环节的监管；国内农产品品质、认证和标识的监管以及进口动植物的检疫监管等。厚生劳动省主要工作职责和范围是负责食品卫生的风险管理以及制定添加剂、农兽药残留等相关限量标准，侧重于进口和流通阶段的监管。下设食品安全局，具体负责加工流通环节的食品安全监管、农兽药残留限量标准的制定、进口农产品和食品的安全检查、食品加工企业的经营许可核准、食品中毒事件的调查处理以及食品安全信息的发布，等等。农林水产省和厚生劳动省既有分工又有合作，如农兽药残留标准的制定则由两个部门共同合作完成。

1.3.4 新加坡食品安全监督管理体制

新加坡地处东南亚，是典型的城市国家，国土面积小，耕地少，其食品同样主要依赖进口。因此，新加坡的食品安全工作主要是食品的质量安全和食品的供应保障安全两个方面，其在食品安全监管尤其是在进口食品质量安全监管方面要求十分严格。新加坡高度重视食品安全制度建设，实施严格的安全标准和认证制度，其食品安全监督管理属世界顶级水平。2019 年 12 月，英国《经济学人》杂志旗下智库发布《2019 年全球食品安全指数报告》，新加坡食品安全连续第二年在全球 113 个国家和地区中位居榜首。

当前新加坡施行的是统一监管模式，负责监管食品安全和供应保障的最新法定机构是食品安全局（Singapore Food Agency，SFA）。食品安全局是新加坡为进一步加强食品安全监管工作，于 2019 年 4 月 1 日成立的专门机构，它隶属于新加坡环境及水源部（Ministry of the Environment and Water Resources，MEWR），整合了之前的农业食品和兽医局（Agri-Food and Veterinary Authority of Singapore，AVA）、国家环境局（National Environment Agency，NEA）和卫生科学局（Health Sciences Authority，HSA）承担的与食品相关的职能而成立的。该机构使命是致力于确保安全食品的供应（to ensure and secure a supply of safe food），为"人人享有安全食物"（safe food for all）服务。

新加坡食品安全局下设国家食品科学中心、食品基础设施发展和管理部、城市食品保障部、许可管理部等多个部门。国家食品科学中心致力于食品科学技术研究与开发、食品安全监测与取证、风险评估与风险交流等方面的工作。食品基础设施发展与管理部主要负责食品资产与土地管理、食品基础设施设备管理以及相关发展规划的拟订。城市食品保障部主要负责水产食品监管、农业技术和食品创新等方面的工作。许可管理部则主要负责食品生产加工、食品服务、食品贸易、食品出口检验认证等食品相关许可证的审核和发放。同时食品安全局还设有国际关系部、服务质量与交流部、联合政策与规划部、法规标准与兽医办公室等，加强对外交流和对接，保持法规标准及政策的先进性和服务的高质量性。食品安全局负责监管全国 6 万多个食品制造商、中央厨房、餐饮供应商和餐馆等餐饮食品业者以及食品安全和风险监测，确保从农场到餐桌的整个流程都能被有效监控。

1.4 我国食品安全监督管理体制

我国自中华人民共和国成立以来就对食品卫生和食品安全工作十分重视。总体上来说，我国食品安全监督管理体制的发展经历了从食品卫生监督管理体制到食品安全监督管理体制的转变，具体可分为集中监管、分散监管、协调监管、社会共治 4 个阶段，其中集中监管和分散监管两个阶段主要是在食品卫生监督管理体制下探索形成的，而协调监管和社会共治两个阶段是在食品安全监督管理体制下实践产生的。

（1）集中监管阶段（1949—1979）　中华人民共和国成立初期，我国国民经济十分落后，人民群众生活困苦，国家面临的最大食品安全问题是粮食供应问题和由食物中毒引起的健康安全问题。在粮食供应问题方面，国家通过实行粮食计划供应体制，确保人们的基本粮食供给。在食源性疾病预防和控制方面，受到当时苏联卫生体制的影响，国家食品卫生管理工作主要由卫生部负责。如卫生部于1954年颁布的《卫生防疫站暂行办法和各级卫生防疫站组织编制规定》就明确了各级卫生防疫站在食品卫生监管过程中的职责和任务。1964年又颁布了我国第一部食品卫生领域综合管理规章——《食品卫生管理试行条例》，以进一步加强食品卫生管理，预防食源性疾病发生。通过建立和完善食品卫生相关规章制度，组建专业的食品卫生监督队伍，逐渐形成了食品卫生监督网络体系，为预防食物有害因素引起的食物中毒、肠道传染病等疾病，提高食品卫生监督和管理水平，增进人民身体健康起到了积极的作用。

（2）分散监管阶段（1979—2009）　改革开放以后，随着经济和科技的快速发展，我国食品工业得到了长足发展，食品工艺水平得到了明显提升。市场上的食品品种丰富多样，几乎涵盖了粮油、肉、蛋、水产品、蔬菜、水果、调味品等所有种类，粮食短缺问题基本得到解决，但由农兽药残留、致病菌等引起的食源性疾病安全问题仍然频发，而且食品卫生安全监管种类和监管范围进一步扩大。因此，卫生、农业、林业、工商、轻工、畜牧、水产、粮食、供销、经贸委、质监、环保等多部门共同参与管理并最终形成了由卫生、农业、质监、工商、进出口检验检疫等主要部门构成的食品卫生安全分散监管体系。这一时期先后颁布了《食品卫生管理条例》（1979）、《食品卫生法（试行）》（1982）、《食品卫生法》（1995）以及《国务院进一步加强食品安全工作的决定》（2004）等法律法规和规章制度，尤其是《食品卫生法》的颁布和实施，第一次将我国的食品监管制度上升到法律层面。根据这些法律法规，各部门从不同环节和不同品种加强对食品卫生安全进行分段监管，呈现多部门监管分散的特点。

（3）协调监管阶段（2009—2015）　在多部门分散监管模式下，我国危害食品安全的事件仍然持续不断发生，如阜阳大头娃娃事件（2003）、孔雀石绿海产品事件（2005）、苏丹红红心鸭蛋事件（2006）、三聚氰胺奶粉事件（2008）等再次为食品安全监管工作模式敲响了警钟，这充分暴露了分散监管的混乱以及食品卫生监督管理体制的弊端。为进一步改善这种局面，2009年《食品安全法》经第十一届全国人民代表大会常务委员会第七次会议通过并于2009年6月1日起施行，取代了之前的《食品卫生法》，这也标志着我国从食品卫生监督管理制度正式转变为食品安全监督管理制度。次年2月设立国务院食品安全委员会，作为国务院食品安全工作的议事协调机构，时任国务院副总理李克强担任委员会主任。委员会主要职责是分析食品安全形势，研究部署、统筹指导食品安全工作；提出食品安全监管的重大政策措施；督促落实食品安全监管责任。具体的食品安全监督管理由国务院卫生行政部门牵头负责，主要承担食品安全综合协调职责，负责食品安全风险评估、食品安全标准制定、食品安全信息公布、食品检验机构的资质认定条件和检验规范的制定，组织查处食品安全重大事故。国家质量监督检验检疫总局（负责食品生产加工环节监管）、国家工商行政管理总局（负责食品流通环节监管）、国家食品药品监督管理总局（负责餐饮服务活动监管）以及农业部（负责初级农产品生产环节监管）则各司其职对食品安全进行分段监管，最终形成了由国务院食品安全委员会作为协调机构，质量监督、工商行政管理和国家食品药品监督管理部门等进行从农田到餐桌的"分段监管为主、品种监管为辅"的协调监管模式。

(4) 社会共治阶段 (2015年至今)　2015年10月1日，新修订的《食品安全法》正式实施，其中第三条规定："食品安全工作实行预防为主、风险管理、全程控制、社会共治，建立科学、严格的监督管理制度。"这不仅确立了当前食品安全工作的四项原则，也是首次将社会共治理念从政策表达层面纳入法律表达层面，确定了食品安全社会共治的法律依据。所谓食品安全社会共治就是食品安全监督管理工作在政府职能部门的指导下，食品生产经营者、社会组织（食品行业协会、新闻媒体、第三方检测认证机构等）、公众等社会各方力量积极参与，共同形成合力而构建的一种食品安全社会共管共治模式。在这种共治模式下，政府职能部门仍然是主导，要落实监管责任，生产经营者是第一安全责任主体，要担负主体责任，社会组织要加强自律他律，公众要提高食品安全意识，各方充分发挥各自优势和积极作用，积极主动参与监督，不断提高综合治理水平，共同实现社会共治目标（图1-2）。

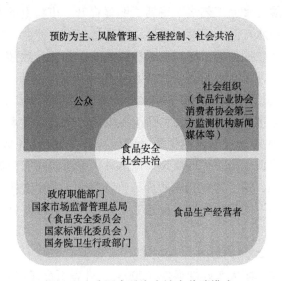

图1-2　我国食品安全社会共治模式

为适应习近平新时代中国特色社会主义发展要求，坚持以人民为中心，以国家治理体系和治理能力现代化为导向，完善市场监督管理体制，构建统一的市场监管体系，提高政府食品安全监管能力，根据《国务院机构改革方案》，2018年国务院将国家工商行政管理总局的职责、国家质量监督检验检疫总局的职责、国家食品药品监督管理总局的职责、国家发展和改革委员会的价格监督检查与反垄断执法职责、商务部的经营者集中反垄断执法以及国务院反垄断委员会办公室等职责整合，专门组建了国家市场监督管理总局，其主要职责包括负责市场综合监督管理、市场监管综合执法、食品安全监督管理综合协调以及食品安全监督管理等17个方面的工作。之前设立的国务院食品安全委员会具体工作也由国家市场监督管理总局承担。

国家市场监督管理总局机关共设置了办公厅、综合规划司、法规司、广告监督管理司、标准技术管理司等29个部门，其中在食品监管方面专门设立了食品安全协调司、食品生产安全监督管理司、食品经营安全监督管理司、特殊食品安全监督管理司、食品安全抽检检测司等机构。食品安全协调司主要职责是拟订推进食品安全战略的重大政策措施并组织实施；承担统筹协调食品全过程监管中的重大问题，推动健全食品安全跨地区跨部门协调联动机制工作；承办国务院食品安全委员会日常工作。食品生产安全监督管理司主要职责是分析掌握生产领域食品安全形势，拟订食品生产监督管理和食品生产者落实主体责任的制度措施并组织实施；组织食盐生产质量安全监督管理工作；组织开展食品生产企业监督检查；组织查处相关重大违法行为；指导企业建立健全食品安全可追溯体系。食品经营安全监督管理司主要职责是分析掌握流通和餐饮服务领域食品安全形势，拟订食品流通、餐饮服务、市场销售食用农产品监督管理和食品经营者落实主体责任的制度措施，组织实施并指导开展监督检查工作；组织食盐经营质量安全监督管理工作；组织实施餐饮质量安全提升行动；指导重大活动食品安全保障工作；组织查处相关重大违法行为。特殊食品安全监督管理司主要职责是分析掌握保健食品、特殊医学用途配方食品和婴幼儿配方乳粉等特殊食品领域安全形势，拟订特殊食品注册、备案和监督管理的制度措施并组织实施；组织查处相关重大违法行为。食品安全抽检监测司主要职责是拟订全国食品安全监督抽检计划并组织实施，定期公布相关信息；督促指导不合格食品核查、处置、召回；组织开展食品安全评价性抽检、风险预警和风险交流；参与制定食品安全标准、食品安全风险监测计划，承担风险监测工作，组织排查风险隐患。另外，广告监督管理司也负责部分食品广告的监管工作，其主要职责是拟订广告业发展规划、政策并组织实施；拟订实施广告监督管理的制度措施，组织指导药品、保健食品、医疗器械、特殊医学用途配方食品广告审查工作；组织监测各类媒介广告发布情况；组织查处虚假广告等违法行为；指导广告审查机构和广告行业组织的工作。

国家市场监督管理总局除了整合了原有工商、质监、药监等部门在食品安全监督管理方面的职能外，还对外保留国家认证认可监督管理委员会、国家标准化管理委员会牌子。国家标准化管理委员会的工作职责主要包括下达国家标准计划，批准发布国家标准，审议并发布标准化政策、管理制度、规划、公告等重要文件；开展强制性国家标准对外通报；协调、指导和监督行业、地方、团体、企业标准工作；代表国家参加国际标准化组织、国际电工委员会和其他国际或区域性标准化组织；承担有关国际合作协议签署工作；承担国务院标准化协调机制日常工作。这样的整合打破了过去各部门之间的监管壁垒，避免了各部门分散而治、职能交叉、重叠冲突以及监管空白等所造成的踢皮球和推诿现象，进一步发挥了政府在社会共治模式下的监督管理作用。

食品安全社会共治是一种新理念、新模式，是我国食品安全监管模式改革的必然选择。但食品安全涉及各方主体共同利益，因此食品安全社会共治是一项系统工程，在实际运行中，需要构建完善的社会共治机制，建立各方主体的耦合协调机制，进一步明晰各方主体的职责和权力，实现责任、权力、利益的有机统一，从而真正形成"各尽其责、合力共治"的治理格局。

章尾

1. 推荐阅读

（1）LAWLEY R, CURTIS L, DAVIS J. The food safety hazard guidebook［M］. 2nd edition. London：RSC Publishing., 2012.

这本指南涵盖了广泛的已知和新兴的食品安全危害，主要包括生物危害和化学危害，如细菌、病毒、寄生虫、朊病毒、生物毒素、化学污染物、食品过敏原等，通过本指南可以方便快速地查找到每一种危害信息。同时可以熟知 HACCP 和食品安全管理体系。

（2）谢康，肖静华，赖金天，等．食品安全社会共治：困局与突破［M］．北京：科学出版社，2017.

2015 年修订的《食品安全法》是在实践的基础上明确提出了食品安全工作"社会共治"原则，以号召社会力量共同治理食品安全问题。但食品安全治理是一项复杂的系统工程和世界难题。中国情境的复杂性使中国食品安全治理更成为一项世界级难题，寻求从食品安全社会共治角度破解这个难题同样面临困局。本书通过分析食品安全市场失灵、政府失灵、社会共治失灵形成的社会系统失灵，在理性假设基础上，首次将有限理性假设违规决策分析应用于食品安全治理领域，提出中国情境下食品安全社会共治理论，为突破食品安全社会共治困局的社会治理模式转变提供政策依据和决策指导方向，并从食品安全治理视角推进和深化社会共治的理论研究。

2. 开放性讨论题

（1）国外发达国家和地区食品安全监管体制对我国食品安全监管有何借鉴意义？

（2）社会共治下的食品安全监管如何充分发挥各主体的积极作用？

3. 思考题

（1）什么是食品安全？影响食品安全的危害因素有哪些？

（2）何为食品安全监督管理？试简述实施食品安全监督管理意义。

（3）简要介绍不同发达国家和地区食品安全监管体制及其特点。

（4）请简述我国现阶段食品安全监督管理体制情况。

（5）什么是食品安全社会共治？其主体有哪些？

参考文献

［1］孙晓红，李云．食品安全监督管理学［M］．北京：科学出版社，2017.

［2］王守伟，周清杰，藏明伍，等．食品安全与经济发展关系研究［M］．北京：中国质检出版社，2016.

［3］任峰．食品安全监管中的政府责任［M］．北京：法律出版社，2015.

［4］赵学刚．食品安全监管研究：国际比较与国内路径选择［M］．北京：人民出版社，2014.

［5］李泰然．食品安全监督管理［M］．北京：中国法制出版社，2012.

［6］李红，张天．食品安全政策与标准［M］．北京：中国商业出版社，2008.

［7］闫志刚，江德元．在分散与统一之间：美国食品安全监管事权划分探析［J］．行政管理改革，2020，125（1）：85-93.

［8］刘亚平，李欣颐．基于风险的多层治理体系：以欧盟食品安全监管为例［J］．中山大学学报（社会科学版），2015，55（4）：159-168.

［9］刘峥颢，卢鹏艳，姚艳斌. 日本食品管理制度对我国食品行业的借鉴意义 ［J］. 河北农业大学学报（社会科学版），2020，22（1）：62-67.

［10］Singapore Food Agency. About SFA ［DB/OL］.（2021－06－30）［2021－08－26］. https：//www. sfa. gov. sg/about-sfa/who-we-are.

［11］LIU Z, MUTUKUMIRA A N, CHEN H. Food safety governance in China：From supervision to coregulation ［J］. Food Science & Nutrition, 2019, 7（12）：4127-39.

课件

2　食品安全监督管理基础

课程思政案例 2

 章首

1. 导语

　　食品安全监管是世界性的难题，在世界范围内每年均有大量的消费者面临着不同的食品安全风险。现阶段食品安全事件频发，严重侵犯消费者利益，威胁国民健康，损害公众对我国食品安全的社会信任，阻碍食品产业发展，不利于实现经济转型。本章阐述了食品安全监管的基础，包括相关理论、监管内容、监管原则、监管依据、监管手段，旨在学习者了解我国食品安全监管的大致脉络。

　　通过本章的学习可以掌握以下知识：

❖ 食品安全监督管理相关理论（信息不对称理论）

❖ 食品安全监督管理内容

❖ 食品安全监督管理原则

❖ 食品安全监督管理依据

❖ 食品安全监督管理手段

2. 知识导图

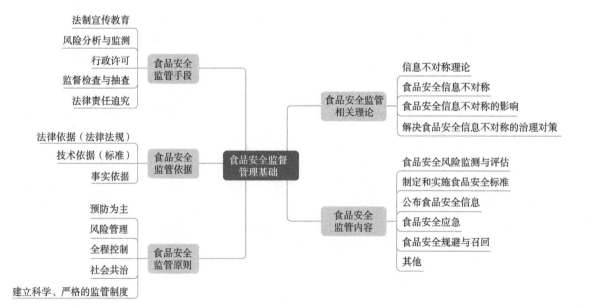

3. 关键词

信息不对称理论、食品安全风险监测、食品安全风险评估、食品安全追溯、食品召回、预防为主、风险管理、全程控制、社会共治、法律依据、技术依据、事实依据、法制宣传教育、风险分析与监测、行政许可、监督检查与抽查、法律责任追究、社会共治

4. 本章重点

❖ 食品安全信息不对称理论及对食品安全的影响

❖ 食品安全监督管理的主要内容及意义

❖ 预防为主、风险管理、全程控制、社会共治的理解

❖ 食品安全监管的证据及种类

❖ 行政处罚及刑事责任的概念及分类

5. 本章难点

❖ 对食品安全信息不对称理论的理解及分析

❖ 食品安全监督管理的依据及其在监管中的应用

❖ 食品安全法律责任追究的类别及相关概念

2.1　食品安全监督管理相关理论

从世界范围内来分析，食品安全风险不仅是发展中国家的问题，也是发达国家面临的主要社会风险，只是不同国家安全风险的程度不同而已。事实上，食品安全是一个全球性难题。在世界范围内每年均有大量的消费者面临着不同的食品安全风险。以 2008 年"三鹿奶粉"重大食品安全事件暴发为起点，如瘦肉精、染色馒头、毒生姜等众多食品安全事故近年来在我国频频发生，考验着社会的承受底线。正因为如此，国内公众对食品安全风险的关注度达到了前所未有的程度。政府是食品安全监管的最重要供给者，在我国以全世界"独一无二"的监管力量与监管力度进行食品安全的监管，但仍面临着食品安全事件频发的尴尬困境。这一困境的出现，虽然成因异常复杂，但引发了人们对我国食品安全监管机制科学性与有效性的反思。我国实际部门与学界对食品安全监管研究起步比较晚，这是由我国食品发展的阶段性所决定的，从中华人民共和国成立初期到 20 世纪 90 年代，我国食品生产存在着严重的供求矛盾，追求食品数量，解决粮食严重短缺成为政府首要考虑的问题。但随着农业生产的发展，粮食短缺问题基本得到解决，从丰年有余到基本满足，我国食品市场需求矛盾已经由数量需求向质量安全需求转变。尤其是近年来频发的食品安全事件，使人们更加关注食品安全问题。

现阶段食品安全事件频发。严重侵犯消费者利益，威胁国民健康，损害公众对我国食品安全的社会信任，阻碍食品产业发展，不利于实现经济转型。与此同时，中美贸易战造成的日益激烈的国际竞争使国内食品市场面临空前压力。从经济学与管理学视角来看，食品安全事件频发折射出食品企业信息供给与公众信息需求的不匹配，考验政府的监管能力，其中涉及信息不对称理论、演化博弈理论、成本收益分析等。国内学者近年来的研究认为，食品市

场的信息不对称是导致食品安全问题产生的根本原因。如不能保证食品安全信息迅速、有效地传递或刻意隐瞒相关风险信息，食品安全风险就容易产生。食品安全信息透明、公众参与是食品安全高水平的基础。鉴于篇幅有限，以下主要对信息不对称理论进行阐述。

2.1.1 信息不对称理论

信息不对称理论是指在市场经济活动中，各类人员对有关信息的获得是有差异的，交易双方掌握信息比较多的人员，往往处于信息优势地位，而信息贫乏的人员，则处于信息劣势地位，该理论认为：市场中卖方比买方更容易掌握有关商品的各种信息，信息不对称造成了市场交易双方的利益失衡，影响社会的公平、公正的原则以及市场配置资源的效率。信息不对称这一概念最初是肯尼斯·约瑟夫·阿罗于1963年提出的，之后斯蒂格利茨、阿克尔洛夫与斯彭斯三人运用信息不对称理论对市场进行分析，并做出重要贡献，因而获得2001年诺贝尔经济学奖。我国学者对信息不对称理论研究不到20年，运用信息不对称理论分析食品安全问题的时间更短。按消费者获得商品信息的途径，可以将商品分为3类：搜寻品、经验品和信用品。一般来说，用户在购买的过程当中通过观察、触摸、掂量就可以辨别出商品特性的为搜寻商品，如服装、家具、饰品等。而那些需要在使用一段时间过后才能辨别和了解其特性的商品称为经验商品，如手机、电视机、电脑等。还有一些商品即使你使用一段时间后，你还是完全无法辨别和了解其特性的为信用商品，例如药品等。食品兼具搜寻品、经验品、信用品的三重特性。食品有信用品这一特性也是消费者与食品加工企业之间信息不对称的根本原因，即使食用之后也无法了解食品中是否有农药残留、食品添加剂、抗生素、激素等，以及微生物污染是否超标。也无法判断食品中是否有人们需要的有益的各种营养物质，如蛋白质、脂肪、维生素、矿物质等。食品质量具有信用品、经验品与搜寻品依次递减的特征。由于消费者与食品生产经营者之间存在严重信息不对称，造成逆向选择与道德风险，而逆向选择与道德风险是影响食品质量安全问题的根本因素。因此，解决食品质量安全问题的主要方法，就是解决消费者与农产品生产经营者之间信息不对称问题，食品质量安全监管的核心就是想方设法让消费者了解更多的食品安全信息。

整个食品安全管理体系关键取决于政府的宏观管理，只要政府的行为确定，生产者会在利润目标的驱使下，自动寻找有效率的质量安全内部管理方法。政府食品安全管理制度本质上是一个信息管理的成本—收益问题，有效率的宏观管理制度能以最低的质量安全信息管理成本揭示最多的质量安全信息，最大限度地减少食品质量安全管理中的信息不对称。形成食品安全问题的经济学原因是信息不对称，信息不对称造成了食品市场中的"柠檬问题"，生产经营主体的机会主义行为导致低质伪劣食品将高质量食品挤出市场并占领食品市场，食品优质优价机制难以形成。

2.1.2 食品安全信息不对称

在食品安全中，由于人们知识的有限性，信息搜寻成本的高昂以及信息垄断者的障碍，造成政府与食品加工企业之间的信息不对称、消费者与食品加工企业之间的信息不对称、农户与食品加工企业之间的信息不对称。在商品市场上，交易双方一般都是生产者、销售者或消费者。其中，生产者往往只生产少数几种产品，能够充分掌握自己所生产产品的真实信息，因此对于销售者而言，其明显处于信息优势地位；销售者虽然不可能像生产者那样拥有第一手的产品信息，但是多年的销售活动和经验，使其对自己所经营商品的质量、可靠性及性价比等信息也有相当的了解，这相对于消费者来说也就形成了较大的信息优势。由此在政府监管过程中，食品加工企业和农户占有较多的相关信息，可能会为谋求不当的利益做些危害社会的败德行为，而信息劣势方（政府、消费者）则可能因此受损。信息不对称是市场经济的毒瘤，要想减少信息不对称对社会、经济的危害，政府应在市场经济体系中发挥强有力的监管作用。

食品作为一种特殊的商品，其生产、销售过程中的信息不对称现象更为突出，已成为我国目前食品市场上的普遍问题。具体表现在如下 4 个方面：

（1）农业生产资料供给者与农业生产者之间的信息不对称　农药、化肥、饲料添加剂等是农民从事农业生产的主要生产资料，它们质量的好坏，合理使用的剂量范围等会直接影响到农产品的食用安全。但是作为主要使用者的农民群体，整体文化水平较低，安全知识匮乏，对农资真伪、质量的鉴别能力有限，因此对于这些生产资料的了解程度，远远不及供应商了解得深，供应商出于自身经济利益的考量，往往不会主动提供真实信息，由此产生了农业生产资料供给者与农业生产者之间的信息不对称。

（2）农业生产者与农产品加工者之间的信息不对称　农业生产的环境状况、原料的使用情况是保证食品"从田间到餐桌"质量安全的基础。然而，目前，环境污染造成的有毒有害物质在动植物体内的积蓄，成为食品污染的重要源头之一。在农产品的生产过程中，农药、兽药、化肥添加剂等化学物质过量使用，造成的化学物残留也给食品安全带来了一定的威胁。但是这些隐患的检测需要专业的知识和检测仪器，对于大多数小型农产品加工者来说，不仅成本太高，而且缺乏技术和设备。由此，也产生了农业生产者与农产品加工者之间的信息不对称。

（3）食品生产加工者与销售者之间的信息不对称　基于食品的特性，食品加工过程对于加工企业的生产条件、卫生条件、人员健康条件以及保存运输环境等都有着严格的要求，在这一系列环节中稍有不慎即会发生大量微生物的繁殖，从而给食品消费者的健康带来损害。但对于销售者来说，他们并不具备充分获取食品在加工过程中安全信息的能力，从而产生了食品加工者与销售者之间的信息不对称。

（4）食品销售者与消费者之间的信息不对称　消费者处于食品链的终端，食品信息经过层层缺失，到消费者时容量已十分有限，除了依赖外在感官体验和日常的经验积累外，几乎无法获得与食品安全有关的其他信息（化学物残留、微生物污染等）。另外，作为食品直接供给者的销售商，其进货渠道、销售行为也会影响食品的质量安全。如果销售商严把进货关，将低质、"三无"产品拒于门外，使之无法进入流通环节，同时严格自律，规范销售行为，及时下架销毁过期食品、召回有问题食品，则能在很大程度上减少发生食品安全事故的风险。但是，食品销售商往往却为了牟取自身的经济利益，对这些信息予以隐瞒或者虚假披露，而消费者限于信息搜寻成本的制约，无法确切了解相关信息，由此产生了食品销售者与消费者之间的信息不对称。

2.1.3　食品安全信息不对称的影响

（1）逆向选择，食品安全整体状况恶化　信息不对称有两种情况，在正常情况下，尽管存在着信息不对称，但根据通常所拥有的市场信息也同样可以保证产品和服务的生产与销售有效进行；而在另外一些情形下，信息不对称则会引发逆向选择。所谓逆向选择，简单说来就是由于信息的不对称，市场交易双方中的一方由于比另一方知道的信息少，因而承担了较高成本的现象。关于逆向选择，诺贝尔奖得主乔治·阿克洛夫在其论文《柠檬市场：质量不确定性和市场机制》中做了深刻而又具有普遍意义的论证。这个著名的"柠檬"问题，主要是描述当产品的卖方对产品质量比买方拥有更多的信息时，就会导致出售低质产品的情况，从而使低质量产品驱逐高质量商品，造成市场上的产品质量持续下降。从这种现象出发，阿克洛夫提出了逆向选择理论，说明信息失衡"可能导致整个市场瘫痪，或是形成对劣质产品的逆向选择"。

消费者在购买前只能识别商品的物理特性，或者凭自己以往的经验去选择，总想买到物美价廉的商品，但优质商品价格高于劣质商品，在信息不对称的情况下，消费者并不知道优质商品的真正价值，所以在此时会去购买便宜的劣质商品，生产优质商品的生产者因商品卖不出去而亏损。于是就产生了两种结果：其一，一部分生产者因亏本经营，纷纷退出这个市场。其二，另一部分生产者因亏本经营，为了要在市场生存下去，进行"逆向选择"，去生产出售成本低廉的劣质商品。在这种情况下，优质商品的生产就会减少，甚至消失，而出售劣质商品的生产者和经营者生存下来了。最后市场上的劣质产品越来越多，消费者别无选择只能去购买劣质产品，这就是经济学中常说的"柠檬市场效应"。

食品市场是典型的"柠檬市场"，食品的安全品质与食品的利润存在不可调和的矛盾。消费者在购买食品时对于食品的品质并不知情，而消费者辨识食品的安全存在一定难度，例如，食品是否含有抗生素、有害化学物质及农药残留等安全方面，即使购买食用后也很难判断，而消费者在购买时更不可能对每个产品都进行检测，即使厂商声称其产品安全可以放心食用，消费者也无法判断声明的真实性。在这种信息不对称的情况下，生产厂商为了自己的食品可以竞争过同类产品，进行逆向选择，利用消费者在食品监督上的困难，进行各种形式的逐利活动，为了降低生产成本而降低了食品安全。正是食品消费者与食品生产者之间的信息不对称导致了消费者极易在不知情的情况下购买了便宜不合格的食品，使高质量的食品被低质量的食品从市场上"驱逐"出去。最终市场安全食品的有效供给和需求不足，而劣质、不安全的食品泛滥。不安全的食品在成本上具有优势，从而在销售上也可能占有优势，而安全的食品则可能因为价格因素被排挤到市场之外。在新一轮的市场竞争中，原本安全食品的生产者为了降低成本，可能更多采取使用化肥、农药或其他损害食品安全质量的行为，从而进一步降低食品的安全质量；原本不安全食品生产者为了谋取更大的经济利益，可能会进一步扩大采用损害食品安全手段的范围，进而制造出更多的不安全食品。另外，当消费者发现所购食品并不如预计的那样安全时，他们就会进一步降低对市场上食品安全质量的估计，降低愿意支付的价格水平。这样，市场上食品的安全质量可能陷入恶性循环：消费者不愿意为安全的食品支付高昂的价格，同时，在市场竞争的压力下，更多不安全的食品充斥市场，而生产成本高的安全食品有可能被淘汰出市场，市场上食品的安全质量可能进一步下降。这种恶性循环的结果最终将导致市场的退化和"柠檬市场"的出现。

（2）成本上升，食品安全监管难度加大 市场经济条件下政府的主要经济职能之一就是加强市场监管，规范市场秩序，运用一定的行政和法律手段对企业的经营行为进行规范和约束，以维护市场的公平竞争环境。然而，政府对市场的监管离不开对市场相关信息的占有，信息占有得越完备，监管成本则越小。假设市场上有关某食品的安全信息是充分的，每个交易环节上的信息都能充分披露，那么市场交易者可以通过对相关信息的掌握和分析来理性选择所需的生产资料或食品，市场机制将充分发挥作用，政府只需要保证市场正常运行，为此所付出的成本应当是很小的。但这种信息充分完备的情况基本属于理论上的研究假设，现实中很难达到，因此，政府为加强监管的效果，就必须花费更多的资源来对可能出现食品安全问题的诸多环节逐一监测、检验，以获取相关食品的安全信息。这种监管方式范围广、环节多、专业性和技术性强，加之我国生产企业的规模一般较小，地域分布也较分散，这就更加重了政府在食品安全监管中的成本负担，使政府的监管难度上升，不利于食品市场的健康发展。

（3）道德风险，消费者权益易受侵犯　随着"逆向选择"的恶性循环，为了更进一步的商业竞争和对利润的无止境追逐，生产高质量、安全的食品生产厂商转而生产低安全食品，本来就生产低安全、劣质食品的生产厂商和不法分子转而生产成本更低甚至对消费者有害的食品。即使其产品损害消费者利益、危害了消费身体，但消费者没察觉，那么会使某些生产厂商变本加厉。由于信息严重不对称，有可能引起"道德风险"。在信息不对称的情况下，食品生产经营者的道德风险主要是通过两种方式产生的：一是生产经营者利用消费者对食品价格信息掌握不完全的情况，对消费者封锁价格信息，甚至提供虚假的价格信息，误导消费者上当受骗，谋取不当利益。市场上常见的价格信息欺诈有：不明码标价、不明码实价、谎称降价实际提价、降低食品品质、隐形涨价等。这种情况经过政府多年的监管努力，目前在市场上影响已不是很大。二是生产经营者利用自己对食品了解的信息优势，对食品进行虚假、夸张、失真的宣传或陈述，欺骗消费者，特别是科技含量高、制作工艺复杂的食品。"三鹿奶粉事件"发生至今，从层层剥开的事实来看，就是"三鹿企业"道德的沦丧。三聚氰胺是一种重要的含氮有机化工原料，其分子有一个最大的特点，就是含氮原子很多。食品工业中常常需要检查蛋白质含量，上市的奶粉蛋白质含量都是有一定标准的，但是直接检测蛋白质含量在技术上十分复杂，成本也相当高。所以现在的检测机构主要通过测出含氮量来估算蛋白质含量，这就意味着食品中氮原子含量越高，这种食品中蛋白质含量就越高。因此，添加三聚氰胺会使奶粉的蛋白质测试含量偏高，从而使劣质的奶粉能通过食品检验机构的测试。由此为减少成本，"三鹿"悄悄地把三聚氰胺用作食品添加剂，以顺利地让劣质奶粉通过检测。然而人体摄入含三聚氰胺的奶粉会造成生殖、泌尿系统的损害，严重的可能引发肾部结石，于是最终制造出这起轰动全国的"三鹿奶粉事件"。其他如有些企业用复原奶来制造酸奶、乳酪等奶制品，却向消费者隐瞒其使用复原奶的事实；有些食品原本并不符合绿色食品标准，但生产企业却私自在包装上标注绿色食品标识。种种这些行为都严重侵害了消费者的合法权益。

因此，信息不对称为生产经营者的机会主义行为提供了发挥的空间，尤其在政府相关部门对生产经营者的不法行为监督不力、对发现违法行为后的惩罚措施不严时，将给生产经营者提供败德的机会。

2.1.4　解决食品安全信息不对称的治理对策

既然信息不对称对食品安全存在着巨大的负面影响，那就应当在制度上进行适当设计，来缓解食品市场上交易双方信息不对称的矛盾，防止信息优势方利用特殊地位损害食品安全。要缓解因信息不对称而对食品安全产生的不利影响，就必须将这些由生产者或政府独自所占有的私有信息披露出来，公之于众，使之成为能够由市场所有主体所自由获取的公共信息。

（1）建立权责一致的食品安全监管体系　在《中华人民共和国食品安全法》（以下简称《食品安全法》）没出台前，我国的食品安全监管采取的是分段管理模式，参与食品安全监管的国家级部门主要有5个，中华人民共和国卫生部、中华人民共和国农业部、国家质检总局、国家工商总局、国家食品药品监督管理局。其中，卫生部负责食品安全的综合协调、标准制定、信息发布，其他4个部门则分别负责食品生产、流通、消费环节的安全。这种分段管理最大的问题在于，执法部门过多引起的职责交叉和权力真空现象，各方之间相互制约，相互配合也难。为贯彻落实食品安全法，切实加强对食品安全工作的领导，国家于2010年设立了国务院食品安全委员会，作为国务院食品安全工作的高层次议事协调机构。把分布于各部门的食品安全管理机构完全整合在一起，统一放到一个独立的食品安全管理机构，彻底解决机构重复和管理盲区问题。同时，确立县级以上人民政府对当地行政区域食品安全负责的制度。做到国家监管部门和地方政府按照各自职责分工，依法行使职权，承担责任，形成中央和地方相辅相成的信息监管体系。坚决克服职能交叉、重复监管和监管空白的现象。2018年6月20日起，国务院食品安全委员会办公室设在市场监管总局，承担国务院食品安全委员会日常工作。同时，在食品安全监管部门方面，有市场监管部门、农业农村部门（畜牧部门）、海洋发展和渔业部门、自然资源和规划部门（林业部门）、海关、卫生健康委员会6个部门负责不同环节的监管工作。

（2）加大惩罚力度，提高违法成本　食品企业敢肆无忌惮地生产劣质产品欺诈消费者的原因是他们"不怕被罚"。我国现有的《食品安全法》处罚力度过轻，无法体现其监管效用。所以政府应该不断完善现有的法律法规，提高不法商贩违法的成本，对社会造成不良影响的不法商贩甚至要进行严厉的刑事惩处。学习国外经验，如在美国，法律明确规定生产、批发或者销售假冒商品均属有罪，对生产者经营者违法的会处25万美元以上和100万美元以下的罚款，同时并处5年以上的有期徒刑；如有违法前科，罚款额可高达500万美元之多，监禁在20年甚至20年以上。西班牙法律明确规定，违法者可按照情节分为轻、重、严3种，罚款金额分别为0.2万美元、2万美元、80万美元，罚款金额可超过商品售价的5倍，并处刑罚和勒令关闭工厂。如此看来，提高违法成本，对制售质量不安全食品的厂商处以高额罚款，并从重追究其刑事和民事责任，才能有效地控制食品安全。

（3）加强食品安全信息披露　信息披露的不充分降低了造假者的"败德"成本，尤其是在相关管理部门监管不力和地方保护主义的情况下，不法分子可大钻空子，生产销售伪劣食品。因此，加强食品安全管制就必须及时向公众披露食品质量安全有关信息。建立以政府部门为披露主体，社会监督机构为辅、风险信息互通、资源共享的有效食品安全披露体系。政府所要做的是定期对各项食品进行抽查，及时向公众通报食品市场所销售食品的安全状况，对食品抽检结果不合格企业名单信息披露的同时公布优秀企业的名单，向消费者推荐优质的食品。其他各类社会监督机构如报纸、网络、电视等多种媒体配合政府对食品安全信息的披露，同时加强公众食品安全信息知识的普及，从而引导消费者在消费过程中选择有正规标识的食品。通过增强消费者食品安全意识，逐步改变购买价值取向，使食品消费由过去的价格优先转向质量、价格并重的方向转变，让人们购买无公害、安全的食品。最后，引导消费者增强自我保护能力，充分发挥社会监督作用，大家一起揭发各种违法经营。

（4）建立食品溯源追溯体系　在食品安全事故发生后，可追溯安全事故源头是解决食品安全问题重要环节之一。食品安全信息追溯是对食品生产—流通—消费服务等过程的全程监管，对商品信息和经营者责任的追溯。在国外，欧盟通过法律法规要求厂商向消费者提供产品标识信息，同时在生产环节建立有效的验证和注册体系，采用统一的中央数据库对信息进行分类管理，以便进行食品安全跟踪与追溯，快速应对可能发生或已经发生的食品安全问题。首先食品的生产企业和具体生产厂商溯源应被确定，可以给每件商品都标上编码、保存相关的管理信息，从而追踪具体厂商溯源，一旦市场监管者或消费者发现不安全食品，便可以方便地寻找到其责任人。其次是对农户和为食品生产加工企业提供原材料和添加剂的经营者来说，溯源应该被确定，一款食品因有害的食品添加剂被人们发现有问题，可以通过追查溯源，在最短的时间里找到添加剂的提供者，并对该种食品进行召回。建立食品溯源体系强化了产业链上各个企业、经营者的责任，同时向消费者提供了食品加工企业和原料提供商的足够信息，弥补了市场信息不对称。

2.2　食品安全监督管理内容

食品安全监督管理的主要内容包括食品安全风险监测、食品安全风险评估、制定和实施食品安全标准、公布食品安全信息、食品安全应急、食品生产经营企业的自身管理与监督管理、食品安全追溯、食品召回等。

2.2.1　食品安全风险监测

食品安全风险监测是通过系统和持续地收集食源性疾病、食品污染以及食品中有害因素的监测数据及相关信息，并进行综合分析和及时通报的活动，即对食源性疾病、食品污染及食品中的有害因素进行监测，包括制定国家和地方的食品安全风险监测计划并组织实施，分析监测发现的问题并及时进行处理和整改。食品安全监测和评价结果对于掌握食品安全动态，及时开展有针对性的食品安全监督有重要意义。《食品安全法》规定，国家食品安全风险监测计划由国务院卫生行政部门会同国务院食品药品监督管理、质量监督等部门，共同制定、实施。

我国早在20世纪80年代就加入了由世界卫生组织（WHO）、联合国粮农组织（FAO）与联合国环境规划署（UNEP）共同成立的全球污染物监测规划/食品项目（global environmental monitoring system/food，GEMS/Food），并于2000年正式启动全国食品污染物监测网工作。2009年以来，在原有食品化学污染物监测网的基础上进一步发展为全国食品安全风险监测（包括化学污染物和有害因素监测）网，已覆盖全国32个省、自治区和直辖市，监测的食品类别和污染物项目也不断增加。

2.2.2　食品安全风险评估

《食品安全法》规定，我国建立食品安全风险评估制度，运用科学方法，根据食品安全风险监测信息、科学数据及有关信息，对食品、食品添加剂，食品相关产品中生物性、化学性和物理性危害因素进行风险评估。国务院卫生行政部门负责组织食品安全风险评估工作，成立由医学、农业、食品、营养、生物、环境等方面的专家组成的食品安全风险评估专家委员会进行食品安全风险评估。食品安全风险评估结果是制定、修订食品安全标准和实施食品安全监督管理的科学依据。

2.2.3 制定和实施食品安全标准

制定食品安全国家标准和地方标准，并保证其切实执行，也是食品安全监督的重要内容。制定食品安全标准应当依据食品安全风险评估结果和食用农产品安全风险评估结果，并参照相关的国际标准和国际食品安全风险评估结果。在制定过程中和正式发布前，还需广泛听取食品生产经营者、消费者、有关部门等方面的意见。食品生产企业可制定严于食品安全国家标准或地方标准的企业标准。

2.2.4 公布食品安全信息

《食品安全法》规定，国家建立统一的食品安全信息平台，实行食品安全信息统一公布制度。国家食品安全总体情况、食品安全风险警示信息、重大食品安全事故及其调查处理信息和国务院确定需要统一公布的其他信息由国务院食品药品监督管理部门统一公布。食品安全风险警示信息和重大食品安全事故及其调查处理信息的影响限于特定区域的，也可以由有关省、自治区、直辖市人民政府食品药品监督管理部门公布。未经授权不得发布上述信息。县级以上人民政府食品药品监督管理、质量监督、农业行政部门依据各自职责公布食品安全日常监督管理信息。

2.2.5 食品安全应急

《食品安全法》规定，国务院负责组织制定国家食品安全事故应急预案。县级以上地方人民政府负责制定本行政区域的食品安全事故应急预案，食品生产经营企业也应当制定食品安全事故应急处置方案，定期检查和落实，及时消除事故隐患。县级以上人民政府食品药品监督管理部门接到食品安全事故的报告后，应当立即会同同级卫生行政、质量监督、农业行政等部门进行调查处理，并采取相应的措施，防止或者减轻社会危害。

2.2.6 食品生产经营企业的自身管理与监督管理

《食品安全法》规定，国家对食品生产经营实行许可制度。从事食品生产、食品销售、餐饮服务，应当依法取得许可。食品生产经营企业应当建立健全食品安全管理制度，对职工进行食品安全知识培训，加强食品检验工作，依法从事生产经营活动。食品生产经营企业应当配备食品安全管理人员，加强对其培训和考核，考核不合格者不得上岗。市场监督管理部门应当对企业食品安全管理人员随机进行监督抽查考核并公布考核情况。食品生产经营者应当建立食品安全自查制度和从业人员健康管理制度。食品生产经营企业应努力达到良好生产规范要求，实施危害分析与关键控制点体系，提高自身的食品安全管理水平。

2.2.7 食品安全追溯

《食品安全法》规定，国家建立食品安全全程追溯制度。食品生产经营者应建立食品安全追溯体系，保证食品可追溯。鼓励食品生产经营者采用信息化手段采集、留存生产经营信息，建立食品安全追溯体系。市场监督管理部门会同农业行政等有关部门建立食品安全全程追溯协作机制。

2.2.8 食品召回

《食品安全法》规定，国家建立食品召回制度。食品生产者发现其生产的食品不符合食品安全标准或有证据证明可能危害人体健康的，应当立即停止生产，并召回已经上市销售的食品。食品经营者发现其经营的食品不符合食品安全标准或有可能危害人体健康的，应当立即停止经营，并通知相关生产经营者和消费者。食品生产者认为应当召回的，应当立即召回。如是由于食品经营者的原因造成的，食品经营者应当召回。食品生产经营者应当对召回的食品采取相应的无害化处理、销毁或补救等措施。食品生产经营者应当将食品召回和处理情况向所在地县级人民政府食品药品监督管理部门报告，食品药品监督管理部门认为必要的，可以实施现场监督。食品生产经营者未依照相关规定召回或者停止经营的，食品药品监管部门可以责令其召回或者停止经营。

2.2.9 其他

协助培训食品生产经营人员，并监督其健康检查；采用各种形式向消费者和食品生产经营者宣传食品安全和营养知识，提高消费者对伪劣食品和"问题食品"的识别能力，提高生产经营者的守法意识；对食品生产经营企业的新建、扩建、改建工程的选址和设计进行预防性卫生监督和审查；对重大食品安全问题和热点问题进行专项检查和巡回监督检查；对违反《食品安全法》的行为依法进行行政处罚，对情节严重者，依法追究其法律责任；食品行业协会应加强行业自律，引导食品生产经营者依法生产经营，推动行业诚信建设等。

2.3 食品安全监督管理原则

食品安全工作实行预防为主、风险管理、全程控制、社会共治，建立科学、严格的监督管理制度。

2.3.1 预防为主

目前世界各国立法普遍认为在食品安全监管方面最有效的措施是关注食品生产的全过程，按照相关标准对食品生产的每个环节实施监控。坚持关口前移、全面排查、及时发现处置苗头性、倾向性问题，严把食品安全的源头关、生产关、流通关、入口关，坚决守住不发生系统性区域性食品安全风险的底线。对于预防食品安全事故的发生，经营者的自我预防要比行政机关的监管和消费者的防范更有效率，经营者也就因此更有责任。对经营者的预防义务和相应的预防责任做出规定，将经营者对食品安全的责任期间提前，而不是在其生产甚至销售了有毒、有害食品后才对其进行处罚，是贯彻预防为主原则的首要条件。通过强化经营者、生产者在产品标识、信息披露、原料来源等方面的责任，实现食品源头的安全监管。

2.3.2　风险管理

随着食品安全风险的不断涌现，食品风险管理已经成为一个全球性的焦点，不断地推动着食品风险管理体制逐步趋向于统一管理、统一协调、高效运作的架构，逐步形成一个由政府、企业、科研机构、消费者共同参与的监管模式。树立风险防范意识，强化风险评估、监测、预警和风险交流，建立健全以风险分析为基础的科学监管制度，严防严管严控风险隐患，确保监管跑在风险前面。

2.3.3　全程控制

严格实施"从农田到餐桌"全链条监管，建立健全覆盖全程的监管制度、覆盖所有食品类型的安全标准、覆盖各类生产经营行为的良好操作规范，全面推进食品安全监管法治化、标准化、专业化、信息化建设。

2.3.4　社会共治

全面落实企业食品安全主体责任，严格落实地方政府属地管理责任和有关部门监管责任。充分发挥市场机制作用，鼓励和调动社会力量广泛参与，加快形成企业自律、政府监管、社会协同、公众参与的食品安全社会共治格局。

2.3.5　建立科学、严格的监督管理制度

（1）增设风险分级管理制度　新修订的《食品安全法》规定食品安全监管部门应当根据食品安全风险监测、评估结果和食品安全状况等确定监管重点、方式和频次，实施风险分级管理，以提高监管效果，合理分配监管力量和监管资源。

（2）增设责任约谈制度　食品安全监管部门可以对未及时采取措施消除隐患的食品生产经营者的主要负责人进行责任约谈；政府可以对未及时发现系统性风险、未及时消除监管区域内的食品安全隐患的监管部门主要负责人和下级人民政府主要负责人进行责任约谈，以督促履行有关方面食品安全监管责任。

（3）实行食品安全信用档案公开和通报制度　食品安全监管部门应当建立食品生产经营者食品安全信用档案，记录许可颁发、日常监督检查结果、违法行为查处等情况，依法向社会公布并实时更新，可以向投资、证券等管理部通报。

2.4　食品安全监督管理依据

食品安全监督依据是指食品安全监督行为借以成立的根据。从某种意义上讲就是食品安全监督主体把食品安全法律规范适用于食品安全相关领域，依法处理具体卫生行政事务的行

政执法行为。食品安全监督必须以事实为依据、以法律为准绳；此外，由于食品安全监督的科学技术性特点，食品安全监督主体在监督中也必须遵循相应的技术规范。因此食品安全监督管理依据一般可以分为法律依据、技术依据和事实依据。

2.4.1 法律依据

食品安全监督的法律依据是指为食品安全监督主体的食品安全监督行为成立的法律根据。食品安全监督主体在食品安全监督过程中，应当遵循我国颁布的所有食品安全法律规范。我国食品安全监督法律依据有具体的表现形式。不同的表现形式由国家不同等级的主体制定，在食品安全法律体系中的地位、法律效力也不同。等级高的主体制定的法律法规自然高于等级低的主体制定的法律法规。在食品安全法律体系中，法律效力层次从高到低依次为食品安全法律、食品安全法规、食品安全规章、食品安全标准、规范性文件等。当下级法律法规同上级相抵触时，就不能适用于下级法律法规。由于食品安全法律法规的复杂性，上述法律的效力层次存在一些特殊规则，如特别法效力优于一般法、新法优于旧法、法律文本优于法律解释。

食品安全法律规范是我国食品安全法律体系的基础，其中《中华人民共和国食品安全法》是我国食品安全法律体系中法律效力层级最高的法律法规文件，也是制定食品安全法规、规章及其他规范性文件的依据。与《中华人民共和国食品安全法》配套的法规或规定包括《中华人民共和国食品安全法实施条例》《食品生产许可管理办法》《食品经营许可管理办法》《食品添加剂生产监督管理办法》《保健食品注册与备案管理办法》《新食品原料安全性审查管理办法》《食品添加剂新品种管理办法》《食品安全国家标准管理办法》《国家重大食品安全事故应急预案》等。此外，《中华人民共和国农产品质量安全法》及《中华人民共和国产品质量法》同上述法律、法规或规定一样，也是开展食品安全监督的法律依据。

2.4.2 技术依据

食品安全监督技术依据指食品安全监督主体在实施食品安全监督中遵照执行的技术法规。技术法规是指规定强制执行的产品特性或其相关工艺和生产方法（包括适用的管理规定）的文件，以及规定适用于产品、工艺或生产方法的专门术语、符号、包装、标志或标签要求的文件。这些文件可以是国家法律、法规、规章，也可以是其他的规范性文件，以及经政府授权由非政府组织制定的技术规范、指南、准则等。通常包括国内技术法规和国外技术法规两种类别。我国技术法规的最主要表现形式：一是法律体系中与产品有关的法律、法规和规章；二是与产品有关的强制性标准、规程和规范。其中标准是指对重复性事物和概念所做的统一规定。它以科学、技术和实践经验的综合结果为基础，经有关方面协商一致，由主管机关批准，以特定的形式发布，作为共同遵守的准则和依据。技术规范是规定产品、过程或服务应满足的技术要求的文件。技术规范可以是标准、标准的一个部分或与标准无关的文件。而规程是为设备、构件或产品的设计、制造、安装、维修或使用而推荐惯例和程序的文件。规程可以是标准、标准的一个部分或与标准无关的文件。由此可见，技术规范和规程可以是标准或是标准的一部分，因此标准在技术依据中占重要地位，食品安全标准在食品安全技术法规中也不例外。

食品安全标准是国家一项重要的技术法规，是食品安全监督主体进行食品安全监督的法定依据，具有政策法规性、科学技术性和强制性。通过食品安全标准可以准确及时地发现食品是否存在安全问题，能公平、公正地判定监督相对人的行为。食品安全标准在食品安全监督中的作用主要体现在：①是食品安全监督检测检验的技术规范；②是食品安全监督评价的技术依据；③是实施食品安全监督执法的技术依据；④是行政诉讼的举证依据；⑤对食品安全监督管理相对人具有约束规范作用。

2.4.3 事实依据

食品安全监督的证据是指用以证明食品安全违法案件真实情况的一切材料和事实。食品安全监督证据的特征包括客观性、关联性和合法性。根据我国《行政诉讼法》第 31 条的规定，行政诉讼的证据有 7 种，即物证、书证、视听资料、证人证言、当事人的陈述、鉴定结论、勘验/现场笔录。

（1）物证 物证是指用其外形及其他固有的外部特征和物质属性来证明食品安全违法案件事实真相的物品。伴随案件的过程形成的物证客观真实性很强，不像人证那样受主观因素的影响较多，容易变化或伪造。即使有人对物证做了歪曲反映，只要物证还存在，就不难被发现。不同的案件会形成不同的物证，此案件物证不能用来证明彼案件事实，即使是同一类型极为相似的物证也不能相互代替。

（2）书证 书证是指以文字、图画或符号记载的内容来证明食品安全违法案件的真实情况的物品。常见的证书有许可证照、公证书、通知书、合格证、证明书等。书证的主要特征：一是书证以文字、符号、图案的方式来反映人的思想和行为；二是书证能将有关的内容固定于纸面或其他有形物品上。在食品安全监督中，书证的形成一般在案件发生之前，在案件发生之后被发现、提取并作为证据。在某些情况下，同一物品可以同时作为书证和物证使用。如果以其记载的内容来证明待证事实，就是书证；如果以其外部特征来证明待证事实，就是物证。

（3）证人证言 证人证言是指当事人以外的知道食品安全违法案件真实情况的人就其所知道的案情向食品安全监督主体以口头或书面方式所作的陈述。根据我国法律的规定，凡是知道案件情况的人，都有做证的义务；但是生理上、精神上有缺陷或者年幼，不能辨别是非、不能正确表达的人，不能做证人。由于证人证言的形成一般经历了感受阶段、记忆阶段和反映阶段，因此证人证言的形成过程自然会受到客观环境和证人的主观感受、记忆质量以及语言文字表达能力的影响，这就决定了证人证言具有一定的客观性、可塑性、含有非客观叙述的内容等特点。

（4）当事人陈述 当事人陈述是指食品安全违法案件的当事人就其了解的案件情况向食品安全监督主体所作的陈述。当事人是案件的直接行为人，对案件情况了解得比较多，当事人的陈述是查明案件事实的重要线索，应当加以重视。由于当事人在案件中是食品安全监督相对人，与案件的处理结果有利害关系。因此，在审查判断当事人陈述时，应当注意这一特点，对当事人的陈述应客观对待，注意是否有片面和虚假的部分。当事人的陈述只有和其他证据结合起来，综合研究审查，才能确定能否作为认定事实的依据。

（5）鉴定结论 鉴定结论是指鉴定人员运用专门知识、仪器设备就与食品安全违法案件有关的专门问题进行鉴定后所作的技术性结论和报告。鉴定结论是根据医学、科学技术所作的分析和判断，作为一种证据，有其特殊的价值，但是有时由于受到主客观条件和科学技术水平的限制，也不一定准确。所以对于鉴定结论同样需要进行审查判断。

（6）勘验、检查笔录　勘验笔录是指食品安全监督人员对能够证明食品安全违法案件事实的现场或者不能、不便拿到监督机关的物证，就地进行分析、检验、勘查后所作的记录。现场笔录是指食品安全监督人员在现场当场实施行政处罚或者其他处理决定时所作的现场情况的笔录。勘验、检查笔录是客观事物的书面反映，也是保全原始数据的一种证据形式，一般说是客观的，但是基于各种因素，有时也可能失实。所以，对于勘验、检查笔录也必须在审查核实后才能使用。

（7）视听资料　视听资料是指利用录音、录像、计算机技术以及其他高科技设备等方式所反映出的音响、影像、文字或其他信息证明案件事实的证据，它包括录像、录音、传真资料、电话录音、电脑储存数据和资料等。视听资料是随着现代科学技术的进步而发展起来的一种独立的证据种类，它具有不同于其他证据的特征：视听资料是以音响、图像、数据、信息所反映的案件事实和法律行为发生证明作用的，能够形象、直观生动、真实地反映案件事实及法律行为。视听资料的形成和证明，要经过制作和播放、显示这两个过程，其录制、储存和播放、显示的真实性受制于人的制作和播放行为，因此视听资料表现的音响、图像、数据、信息也存在被篡改、伪造的可能。由此可见，视听资料要作为食品安全监督证据使用，应附有制作人、案由、时间、地点、视听资料的规格等说明，并有制作人签名、贴封。同时食品安全监督主体对于这种证据，应辨别其真伪，并结合其他相关证据，确定其证据的效力。

2.5　食品安全监督管理手段

食品安全监督管理手段是指食品安全监督管理主体贯彻食品安全法律规范，实施食品安全监督过程中所采取的措施和方法。食品安全监督管理手段主要包括法制宣传教育、风险分析与监测、行政许可、监督检查与抽查、法律责任追究、舆论监督与社会共治等方面。

2.5.1　法制宣传教育

食品安全法制宣传教育是指食品安全监督管理主体将食品安全法律规范的基本原则和内容向社会做广泛的传播，使人们能够得到充分的理解、认识和受到教育，从而自觉地遵守食品安全法律规范的一种活动。食品安全监督主体依法进行食品安全监督，也是一个实施食品安全法律规范的过程。其根本目的是保护人民的健康，维护公民、法人和其他组织的合法权益。为了防止侵犯公民健康权益的违法行为的发生，应当以预防为主，对公民、法人和其他组织实施食品安全法制宣传教育，使广大人民知法、守法。因此，食品安全法制宣传教育已成为监督人员在日常食品安全监督活动中普遍采用的手段之一。

食品安全法制宣传教育根据所针对的对象不同，有一般性的宣传教育和具体的宣传教育两种形式。一般性宣传教育是通过电视、报纸、标语、图画等多种形式的宣传工具，经常性地针对所有的人进行食品安全法制宣传，普及食品安全知识，使人们受到教育；对新颁布和新修订的与食品安全相关的法律法规，要及时开展专题宣传活动以保证法律法规的顺利贯彻实施。具体的宣传教育是指食品安全监督主体或者食品安全监督人员在具体的监督活动中，通过纠正和处理相对人的违法行为，针对某特定的公民、法人或者其他组织进行食品安全法制宣传教育。通过不同形式的食品安全法制宣传教育，无论对消费者、食品安全监督主体还是相对人都具有重要的意义。

2.5.2　风险分析与监测

食品安全风险分析与监测是指通过对食品安全信息收集、分析、判断、评估，发现食品安全潜在风险，有关部门及时发出警示，使社会有关方面能够提前采取措施，避免危害发生或者损失扩大。从食品安全风险监测对象看，包括米、面、油、肉、蛋、奶、蔬菜、水果、小食品等所有入口食品。从监测方面看，包括食品污染、食源性疾病、食品中的有害因素，其中食源性疾病包括细菌性食源性疾病、食源性寄生虫感染、食源性病毒感染、食源性化学性中毒、植物性毒素中毒、动物性毒素中毒、食源性真菌毒素中毒等。食品污染指食品在饲养或种植以及加工、运输等环节，由于环境影响或人为因素，使食品受到有毒有害物质的侵袭而被污染，食品污染物包括残留的农药、天然毒素、重金属、致病微生物以及其他有害物质。食品中的有害因素包括细菌、病毒、重金属、有害化学物质、毒素等。

国家层面，国务院设立食品安全委员会负责分析食品安全形势，研究部署、统筹指导食品安全工作。省级、地级市、县也有相应的负责食品安全工作的食品安全委员会、食品安全监督管理部门、卫生行政部门和其他有关部门，乡镇也组建了负责食品安全的机构。负责食品安全的组织机构，按照下级服从上级的组织原则，形成了高度协调的统一体。协作性体现在同级部门之间需要协作，如食品安全有关信息进行共享，食品安全预警机构及时向有关部门通报、告知食品安全方面的情况，食品安全预警机构围绕食品安全进行会商、研讨，围绕食品安全事件相互配合采取行动共同应对。食品安全监督机构内部，也存在协作，食品监督机构各内部工作机构在各自职责内，涉及食品安全问题的，及时向所在部门反映，需要其他内部机构进行协作的，按照预设方案提出协作请求。食品安全监督管理部门，需要跨管辖区域协作的，按照有关部门规章的规定，向相关食品安全监督管理部门提出协作请求。

2.5.3　行政许可

行政许可是指行政机关依据法定的职权，应行政相对方的申请，通过颁发许可证等形式，依法赋予行政相对方从事某种活动的法律资格或实施某种行为的法律权利的具体行政行为。《食品安全法》第三十五条规定："国家对食品生产经营实行许可制度。从事食品生产、食品销售、餐饮服务，应当依法取得许可。但是，销售食用农产品不需要取得许可。县级以上地方人民政府食品药品监督管理部门应当依照《中华人民共和国行政许可法》的规定，审核申请人提交的本法第三十三条第一款第一项至第四项规定要求的相关资料，必要时对申请人的生产经营场所进行现场核查；对符合规定条件的，准予许可；对不符合规定条件的，不予许可并书面说明理由。"许可证制度已经越来越广泛地适用于国家卫生管理的领域中，已成为食品安全监督的重要手段。

2.5.4 监督检查与抽查

近年来，国家市场监督管理部门加大了对食品监督管理工作的执行力度，运用食品抽样方法对食品安全性进行检查，从而在保证食品监督效果的同时，也极大提高了食品检验效率。为能够有效保障人民健康，让广大人民群众都能吃上放心食品，国家食品监督管理机构就要不断提高食品监督意识和方法，从而使食品监督能够贯彻落实。只有切实有效落实食品监督管理，才能够保证国民生活质量与健康，因此，国家出台了一系列食品监督管理条例，不断优化和完善食品监督管理体系，其核心都是体现了党和政府以人为本的工作重心，将人民群众的健康放在社会发展的重要位置。中央电视台作为国家舆论导向的前沿，已经在食品监督方面做出了表率，通过 315 晚会及日常新闻，对目前存在的食品安全问题进行了深层次的曝光。通过这样一种政府监督与社会监督并存的方式，极大提高了我国食品监督效果，也提升了人民群众对于食品安全的重视程度。

在目前的食品监督中，食品抽样检验方法是比较有效和重要的一种监督管理途径。通过科学合理的食品抽样，能够将大量的食品检验工作高效率、高质量地完成。如果食品抽样方式不健全，将直接影响食品检验结果，从而导致食品监督管理无法有效进行。食品监督工作承担着重大的社会责任，因此相关监督管理人员要加强管理，严格执行食品抽样流程和要求，从而保证我国食品领域的健康有序发展。

食品抽样检验是通过科学合理的数学抽样方法，将不同类型、不同数量的食品进行有选择的提取和检验过程。由于食品数量巨大，使对每个产品都进行检验是无法实现的，而合理的抽样则可以在保证检验覆盖性的前提下，极大降低食品检验的工作量。目前的食品抽样检验是通过检验指标进行食品质量和外包装两方面进行判断。食品质量的检验主要是通过抽样的样品的各项质量标准是否达到食品要求，从而推断该批产品的质量水平。而对于食品外包装的抽样检验，主要是对食品外包装的生产日期、厂址厂名、原料配料、产品标号等相关信息进行检验，从而保证食用者能够熟知食品相关信息。食品抽样检验是现代化食品监督管理中的重要内容，在我国食品管理中占有非常重要的地位。通过对抽样检验工作的规范化管理，能够极大提高我国食品抽样检验工作的有效性。

2.5.5 法律责任追究

（1）行政处罚　　行政处罚是指食品安全监督的主体为维护公民健康，保护公民、法人或其他组织的合法权益，依法对相对人违反卫生行政法律规范、尚未构成犯罪的行为给予的惩戒或制裁。行政处罚是食品安全监督的重要手段。行政处罚具有如下特征：行政处罚的主体具有法定职权的监督主体；行政处罚的对象是违反食品安全法律规范的管理相对人；行政处罚的前提是管理相对人实施了违反食品安全法律规范且未构成犯罪的行为；行政处罚的目的是行政惩戒制裁。

行政处罚必须遵循处罚法定原则，处罚公正、公开原则，处罚与教育相结合原则，做出罚款决定的机构与收缴罚款的机构相分离的原则，一事不再罚原则，处罚救济原则。食品安全监督主体在受理、处罚相对人违反法律规范的行为时，应遵循行政处罚的管辖（地域管辖、级别管辖、指定管辖、移送管辖、涉嫌犯罪案件的移送），即应由哪一级、哪一个区域的食品安全监督主体处罚。

卫生行政处罚的适用是指对卫生行政法律规范规定的行政处罚的具体运用，也就是食品安全监督主体在认定相对人卫生行政处罚行为的基础上，依法决定对相对人是否给予卫生行政处罚和如何给予卫生行政处罚的活动。它是将食品安全法律规范有关卫生行政处罚的原则、形式、具体方法等运用到卫生行政法案件中的活动。

适用卫生行政处罚，必须符合下列条件：以卫生行政违法行为的实际存在为前提；以《中华人民共和国行政处罚法》和相应的食品安全法律规范为依据；由享有该项卫生行政处罚的食品安全监督主体实施；所适用的对象必须是违反卫生行政法律规范并已达到法定责任年龄和有责任能力的公民、法人或者其他组织；适用卫生行政处罚必须遵守时效的规定。

卫生行政处罚适用的方法有：不予处罚或免予处罚、从轻或减轻处罚、从重处罚、行政处罚与刑事处罚竞合适用。根据卫生行政处罚的内容对相对人所产生的影响，卫生行政处罚分为申诫罚、财产罚、行为罚。

申诫罚（精神罚或声誉罚）是影响相对人声誉或名誉的卫生行政处罚，即食品安全监督主体以一定的方式对违反食品安全法律规范的相对人在声誉上或名誉上惩戒，包括警告和通报批评。如管理相对人受到申诫罚后不纠正违法行为就转罚更严厉的处罚方式。财产罚是影响相对人财产权利的处罚。即强制违反卫生行政法律规范的相对人缴纳一定数额的金钱或剥夺其一定的财产权利，包括罚款，没收违法所得、没收非法所得。这是应用最广泛的一类以经济手段进行的处罚。行为罚（能力罚）是影响相对人卫生行政法上的权利能力和行为能力的处罚，即食品安全监督主体限制或剥夺相对人卫生行政权力能力和行为能力的处罚，包括责令停产停业、暂扣许可证、吊销许可证。

根据《食品安全法》的规定，食品安全监管部门或机关可对违反食品安全法律规范的食品生产经营者追究以下行政法律责任：给予警告；责令改正、责令停产停业；处以罚款；没收违法所得；没收违法生产经营的食品、食品添加剂和用于违法生产经营的工具、设备、原料等物品；吊销许可证。被吊销食品生产、流通或者餐饮服务许可证的单位，其直接负责的主管人员自处罚决定作出之日起五年内不得从事食品生产经营管理工作。

（2）刑事责任　中国食品安全犯罪的刑事责任，首先体现在当前《中华人民共和国刑法》对食品安全犯罪的具体规定之中。在《食品安全法》中也做了相应的衔接规定。具体来讲，中国刑法对食品安全犯罪的规定主要表现在以下方面：

1）食品生产经营者的罪行设置　食品生产经营者是食品安全犯罪最重要的主体，中国刑法为其专门设置了生产销售不符合卫生标准以及有毒有害食品罪。这两个罪名分别规定在现行《中华人民共和国刑法》第 143 条和第 144 条之中。根据《中华人民共和国刑法》第143 条和第 144 条的相关规定，这两个罪名的主体可以是任何人，只要其从事了食品生产和销售行为即可以成为生产销售有毒有害以及不符合安全标准食品罪的主体。之所以将这两种行为设置为法定的罪名，主要是因为其犯罪客观上均对社会造成了严重的危害，不仅直接损害了国家良好的食品安全管理秩序，而且还直接对不特定民众的生命健康安全构成了直接的威胁。当然，这两种罪名虽然对社会造成的危害非常类似，但其产生危害的作用过程并不完全相同。因为生产销售不符合卫生标准的食品，并不一定会导致食品中毒等对消费者的生命健康产生威胁的后果，因此只有这一行为可能导致严重威胁消费者的生命健康时，即具有足够危险时, 罪名才成立, 而且并不需要产生实际损害后果, 属于危险犯。而生产销售有害食品罪则只要实施了相应行为, 即构成犯罪, 而不问其是否产生了相应后果。这两种罪名在主观上必须为故意, 过失不构成犯罪。

2) 食品安全监管者的罪行设置　近年来对食品安全加强刑事规制的最重要举措之一是2011年在现行《中华人民共和国刑法》中增加了第408条之一, 即《刑法修正案 (八)》。这一刑法修正案改变了之前刑法在食品安全方面只对食品生产经营者进行规制的局面, 通过食品监管渎职罪的设置, 将食品安全监管者纳入了食品安全犯罪主体之中。食品监管渎职罪的主体只能是承担相应食品安全监管法定职责的国家机关工作人员这一特殊主体, 如食品药品监督管理、卫生、农业以及质量监督、工商行政等与食品安全监管相关的管理机关的工作人员。之所以将其纳入刑法规制之中, 是因为在客观上其玩忽职守或者滥用职权的行为导致了重大食品安全事故或其他严重后果, 不仅丧失了其作为国家机关工作人员的基本职业道德, 而且对民众的生命健康安全造成了严重的侵害。在主观上, 故意或过失都能构成本罪名。其中玩忽职守是过失, 而滥用职权、徇私舞弊则是故意。

3) 其他罪行设置　除了以上3个针对生产经营者和监管主体可能直接导致重大食品安全事故所设置的罪名外, 危害食品安全的行为还有可能触犯其他罪名, 这些罪名的设置也对食品安全的刑法规制起到了重要的补充作用。具体来讲, 这些罪名主要包括和食品安全相关的生产销售伪劣产品罪、以危险方法危害公共安全罪、非法经营罪、虚假广告罪、提供虚假证明文件罪、贪污贿赂罪等。

2.5.6　社会共治

所谓 "社会共治", 就是从有效治理的需要出发, 政府在社会公共治理中发挥主导作用的同时, 也充分发挥社会力量的积极作用, 建立健全各种制度化的沟通渠道和参与平台, 通过社会自身的运作机制和规律, 将相应的制度建设和政策措施纳入相应的法律框架并得到有效落实, 从而达到治理的目的。我国食品安全监管的社会共治就是按照协同共管的要求, 确定多元的监管主体, 在政府主导下, 充分调动企业、行业协会、消费者和大众传媒等各种社会主体主动参与到食品安全监管的社会共治体系中, 明确政府和其他社会监管主体的地位和职责, 发挥各自的功能和作用, 从而形成 "政府监管、企业自律、社会协同、公众参与、法律保障" 的社会共治新格局。

(1) 完善食品安全立法, 建立最严监管体系　立足于整个食品链, 围绕食品安全基本法, 制定科学合理、与食品安全基本法相配套的、法律效力层次较高、涉及工业生产、环境保护、动物福利、统一食品安全标准等方面的法律法规, 形成完整的食品安全的法律法规体系, 以便更好地控制整个食品链的安全。建立最为严格的、覆盖 "从农田到餐桌" 全过程的食品科学监管体系。加大对食品违法的惩处力度。进一步加大对违法企业的罚款数额, 对食品安全事故支持消费者提起精神损害赔偿请求; 加大对违法企业的曝光和监管力度, 对屡犯的企业给予其终身禁止进入食品领域的职业惩罚机制; 加快刑法中关于食品安全法律部分责任的修订, 建议将食品安全犯罪归到 "危害公共安全罪" 中, 降低犯罪的起刑点, 提高量刑幅度。从而形成 "违法食品没有市场, 不良厂商无处藏身" 的良好局面。

(2) 明确政府主导地位, 切实履行监管责任　明确政府作为食品安全监管主导者的身份和地位，细分各监管部门间的责任分工，改变政出多门、职责不清、衔接不畅的局面和监管体系链条过长、环节过多的问题，实现从生产到售后的无缝隙监管。一是切实履行好监管职能。政府的食品安全监管职能应包括对企业食品安全的日常分段监管；实施食品质量安全市场准入制度；查处食品安全违法行为；实施食品安全风险监测制度；普及教育食品安全知识；监督社会舆情等。二是完善监管工作制度。政府通过建立并实施会议制度、信息反馈制度、督导督察制度、重大事件报告制度和应急处理预案、责任追究制度等工作制度，创新监管方式，履行监管责任，明确相关食品安全职能部门及其工作人员的工作职责，加强监管者的自身规制，提升监管队伍的素质，提高监管的水平、效果和效率。三是加大督查考评力度。发挥考核的激励约束作用，加大食品安全监管的督查考评力度，把食品安全工作纳入地方政府绩效考核体系，促进地方政府落实属地管理责任，确保食品安全监管无死角、无遗漏。

（3）落实企业主体责任，推动企业诚信和行业自律　作为食品安全的主体，企业要自觉树立质量意识，保证食品的安全。食品企业要进一步加强食品安全法律法规、科学知识和行业道德伦理等方面的教育，建立健全食品安全管理制度，提高内部质量管理水平；要主动适应市场需求，调整食品产业结构，淘汰落后的生产经营方式，加快食品企业技术升级改造；严格执行食品生产经营企业准入和退出机制，建立企业信用等级制度，通过食品生产经营者的层次管理，形成层层追溯、相互制约的机制。有远见的食品企业面对法律、竞争对手、消费者等各方压力，必然权衡利弊，选择合法经营、诚信经营，提高经营管理水平，建立自我净化机制，保持企业长期可持续发展。建立完善企业违法经营问责制，严惩食品安全领域的违法犯罪，使企业"一处失信，寸步难行"，让不安全食品没有市场，使不法分子无处藏身。作为食品安全社会共治主体之一的食品行业协会，是独立于政府以外、具有独立的法律地位的社团法人。食品行业协会要引导和督促食品企业依法经营，处罚违规经营企业，公布社会食品安全行业真实信息，充分发挥其自律监管作用，实现维护行业正常竞争秩序、保护消费者合法权益、弥补政府监管不足的功能。

（4）鼓励大众传媒实施食品安全舆论监督，提高民众自我保护意识　大众传媒在食品安全监管中发挥的重要作用主要体现在推进食品安全宣传教育、提高民众自我保护意识和防范能力、实施食品安全舆论监督。随着信息技术的快速发展，网络媒体对市场主体的监督作用日益增大。政府要为新闻媒体舆论监督营造更加宽松的环境，支持新闻媒体暗访，鼓励媒体揭露食品安全黑幕，倒逼政府发现监管漏洞，查处违法行为。

（5）建立健全食品安全消费者保护机制，减轻消费者维权成本　进一步明确消费者协会等社会组织的法律地位，有效监督食品安全违法、侵害消费者合法权益的行为。在一般食品安全争议中，消费者协会要主动帮助处于弱势地位的消费者同食品生产经营者谈判；对于涉及严重食品安全事故引发的争议纠纷，消费者协会可以作为诉讼主体代表受害人提起诉讼请求。这样既可以扭转消费者的弱势地位，又可以减轻消费者的维权成本。

（6）建立健全舆情监测机制，畅通公众监督投诉举报渠道　要完善食品安全举报制度，深化公众参与意识，通过建立食品安全信息员制度，及时掌握食品动态信息；选聘社会热心人士担任食品安全义务监督员，加大对食品违法行为举报的奖励力度，激发广大消费者，特别是食品生产经营企业内部人员积极性，在经济上给予举报人的奖励与食品安全事故大小以及影响直接挂钩，并通过落实切实有效的措施，保证对举报者的人身安全。

章尾

1. 推荐阅读

(1) 徐文成, 薛建宏, 毛彦军. 信息不对称环境下有机食品消费行为分析 [J]. 中央财经大学学报, 2017 (3): 59-67.

随着食品安全事件频发和公众健康意识增强, 公众食品消费需求正逐渐发生变化, 消费高品质的有机食品已成为一种新潮。然而, 当前我国有机食品市场份额偏小, 且市场上信息不对称问题比较突出。为此, 本文结合我国认证食品等级分类对 Giannakas (2002) 所给模型进行若干拓展。基于拓展后的模型分析有机食品市场的信息不对称及其对有机食品消费行为的潜在影响。研究结论表明, 信息不对称环境下, 贴有机标签会改变消费者从有机食品消费中获得的效用: 质量偏好较高的消费者从有机食品消费中获得效用增加, 而质量偏好较低的消费者获得效用减少; 由信息不对称所诱发的标签欺诈行为会破坏消费者对有机食品的信任, 进而阻碍消费者对有机食品的消费, 降低有机食品的市场份额; 绿色食品对有机食品的潜在竞争优势和替代性会放大有机标签欺诈行为对有机食品消费行为的负面影响。

(2) AKERLOF, G. The market for lemons: quality uncertainty and the market mechanism [J]. Quarterly Journal of Economics, 84 (3): 488-500.

2001 年, 乔治·阿克尔洛夫, 迈克尔·斯宾塞和约瑟夫·斯蒂格利茨都因为对信息经济学的研究而获得诺贝尔经济学奖。乔治·阿克尔洛夫举了一个二手车 (美国俚语称有瑕疵的车辆为 "柠檬"、Lemon) 市场的案例: 在二手车市场中, 卖者比买者拥有更多关于二手车的信息, 二者之间存在着信息不对称。例如, 卖方认为品质较好的车如果对方出价 30 万美元以上则可出手, 而品质较差的车如果对方出价 10 万美元以上即可出手。但由于买方无从知晓商品的真实品质 (如怀疑对方以次充好), 唯一的办法就是压低价格以避免信息不对称带来的风险损失。例如, 经过讨价还价后买方发现卖方对不同的车有不同的期待价位, 则放弃购买高于平均值 20 万美元的商品。于是无论卖者的二手车多好, 买者都不会出高价。买者的低价反过头来使卖方放弃出售价值在 20 万美元以上的商品, 只能提供品质较低的商品来维持利润。经过一定时期以后, 由于买方仍然无法判断二手车的品质, 因此再次压低价格, 使交易价格的上限降低到 15 万美元。由于这样的恶性循环, 低质品充斥市场, 高质品被逐出市场, 最后导致二手车市场中的商品品质越来越差, 降低社会的整体福利, 例如, 无法买到质优的二手车或低质二手车过多造成交通事故频发。

2. 开放性讨论题

(1) 试用信息不对称理论分析三鹿奶粉事件的形成与发展。

(2) 食品安全监督管理原则在食品安全法中是如何体现的?

3. 思考题

(1) 食品安全信息不对称主要表现在哪些方面?

(2) 食品安全信息不对称会对政府、市场、企业和消费者带来哪些隐患, 如何治理?

(3) 食品安全监督管理主要有哪些内容?

(4) 谈谈你对食品安全监督管理原则的认识。

（5）对食品安全事故的法律责任追究有哪些类型？

参考文献

［1］孙晓红，李云．食品安全监督管理学［M］．北京：科学出版社，2017．

［2］孙效敏．食品安全监管法律制度研究［M］．上海．同济大学出版社，2020．

［3］林彬．食品抽样在食品监督工作中的重要地位［J］．科技创新与应用，2019，
（33）：193-194．

［4］吴云霄，龙子午．食品安全监管中的信息不对称及其治理［J］．武汉工业学院学
报，2011，（3）：103-106．

［5］梅传强，刁雪云．中国食品安全犯罪的刑事政策研究［J］．食品与机械，2017，33
（2）：70-72．

［6］潘慧明．公共治理理论视域下的食品安全监管研究［J］．商业经济研究，2016，
（13）：147-148．

［7］AKERLOF，G. The market for lemons：quality uncertainty and the market mechanism
［J］．Quarterly Journal of Economics，84（3）：488-500．

［8］杜志浩，时洪洋，王军永．食品安全治理的困境、成因与对策：基于信息不对称的
视角［J］．食品工业，2019，40（3）：239-243．

課件

3 食品生产安全监督管理

《食品生产许可
管理办法》解读

 章首

1. 导语

食品安全与人民健康有着密切关系，食品是人们吸收营养的主要渠道。然而，不合格、不健康的食品将严重威胁人们的生命安全。近年来，我国政府非常重视食品安全问题，促进了相关质量管理工作的不断完善，但由于食品范围较为宽广，且有诸多分支领域导致监管难度较大。本章论述了食品安全中质量管理的重要性，并讲述我国食品生产安全监督管理的要求和措施，旨在为行业发展提供参考与借鉴，为人们的健康保驾护航。

通过本章的学习可以掌握以下知识：

❖ 食品生产许可

❖ 食品安全管理体系内容

❖ 食品原辅料监督管理要求和措施

❖ 食品加工过程监督管理要求和措施

❖ 食品包装、贮藏和物流过程监督管理要求和措施

2. 知识导图

3. 关键词

生产许可制度、生产经营许可制度、GMP、SSOP、HACCP、ISO 9000、ISO 22000、危害分析、关键控制点、食用农产品、食品原辅料、食品加工过程、食品包装、食品贮藏、物流过程、食品添加剂

4. 本章重点

❖ 食品生产许可的概念、食品生产许可申请符合的条件
❖ 食品安全管理体系内容
❖ 食品原辅料监督管理要求和措施
❖ 食品加工过程监督管理要求和措施
❖ 食品包装、贮藏和物流过程监督管理要求和措施

5. 本章难点

❖ 食品生产加工过程的监管内容
❖ 食品生产工序、包装、贮藏、物流过程关键环节控制

3.1　食品生产许可

3.1.1　食品生产许可的概念

生产许可制度（Production Licensing System）是行政许可的一部分，它是保证重要工业产品的质量安全，贯彻国家产业政策，促进社会主义市场经济健康协调发展，对直接关系公共安全、人体健康、生命财产安全的重要工业产品生产企业，进行必备条件核查和产品质量检验，确认其具备稳定生产合格产品的能力，并颁发工业产品生产许可证证书，允许其进行生产的一项行政许可制度。

食品生产许可证是工业产品许可证制度的一个组成部分，是为保证食品的质量安全，由国家主管食品生产领域质量监督工作的行政部门制定并实施的一项旨在控制食品生产加工企业生产条件的监控制度。该制度规定：从事食品生产加工的公民、法人或其他组织，必须具备保证产品质量安全的基本生产条件，按规定程序获得《食品生产许可证》，方可从事食品生产。没有取得《食品生产许可证》的企业不得生产食品，任何企业和个人不得销售无证食品。

《食品生产许可管理办法》已于 2020 年 1 月 2 日经国家市场监督管理总局发布。为严格落实"四个最严"要求，贯彻党中央、国务院"放管服""证照分离"改革决策部署，加强食品安全监督管理，规范食品生产许可审查工作，依据《中华人民共和国食品安全法》及其实施条例、《食品生产许可管理办法》等法律法规章的规定，市场监管总局修订发布了《食品生产许可审查通则（2022 版）》。该通则是落实《食品生产许可管理办法》、规范许可审查工作、统一许可审查标准的重要技术规范文件。

3.1.2 食品生产许可管理办法

《食品生产许可管理办法（2020）》共8章61条。本办法是为规范食品、食品添加剂生产许可活动，加强食品生产监督管理，保障食品安全，根据《中华人民共和国行政许可法》《中华人民共和国食品安全法》《中华人民共和国食品安全法实施条例》等法律法规。食品生产许可实行一企一证原则，即同一个食品生产者从事食品生产活动，应当取得一个食品生产许可证。市场监督管理部门根据食品的风险程度，结合食品原料、生产工艺等因素，对食品生产实施分类许可。国家市场监督管理总局负责监督指导全国食品生产许可管理工作。县级以上地方市场监督管理部门负责本行政区域内的食品生产许可监督管理工作。省、自治区、直辖市市场监督管理部门可以根据食品类别和食品安全风险状况，确定市、县级市场监督管理部门的食品生产许可管理权限。保健食品、特殊医学用途配方食品、婴幼儿配方食品、婴幼儿辅助食品、食盐等食品的生产许可，由省、自治区、直辖市市场监督管理部门负责。

食品生产许可的申请，应当按照以下食品类别提出：粮食加工品，食用油、油脂及其制品，调味品，肉制品，乳制品，饮料，方便食品，饼干，罐头，冷冻饮品，速冻食品，薯类和膨化食品，糖果制品，茶叶及相关制品，酒类，蔬菜制品，水果制品，炒货食品及坚果制品，蛋制品，可可及焙烤咖啡产品，食糖，水产制品，淀粉及淀粉制品，糕点，豆制品，蜂产品，保健食品，特殊医学用途配方食品，婴幼儿配方食品，特殊膳食食品，其他食品等。国家市场监管总局可以根据监督管理工作需要对食品类别进行调整。

食品生产企业应当符合下列条件：①具有与生产的食品品种、数量相适应的食品原料处理和食品加工、包装、贮存等场所，保持该场所环境整洁，并与有毒、有害场所以及其他污染源保持规定的距离；②具有与生产的食品品种、数量相适应的生产设备或者设施，有相应的消毒、更衣、盥洗、采光、照明、通风、防腐、防尘、防蝇、防鼠、防虫、洗涤以及处理废水、存放垃圾和废弃物的设备或者设施；③保健食品生产工艺有原料提取、纯化等前处理工序的，需要具备与生产的品种、数量相适应的原料前处理设备或者设施；④有专职或者兼职的食品安全专业技术人员、食品安全管理人员和保证食品安全的规章制度；⑤具有合理的设备布局和工艺流程，防止待加工食品与直接入口食品、原料与成品交叉污染，避免食品接触有毒物、不洁物；⑥法律、法规规定的其他条件。

申请食品生产许可，应当向申请人所在地县级以上地方市场监督管理部门提交下列材料：①食品生产许可申请书；②食品生产设备布局图和食品生产工艺流程图；③食品生产主要设备、设施清单；④专职或者兼职的食品安全专业技术人员、食品安全管理人员信息和食品安全管理制度。

申请食品添加剂生产许可，应当向申请人所在地县级以上地方市场监督管理部门提交下列材料：①食品添加剂生产许可申请书；②食品添加剂生产设备布局图和生产工艺流程图；③食品添加剂生产主要设备、设施清单；④专职或者兼职的食品安全专业技术人员、食品安全管理人员信息和食品安全管理制度。

县级以上地方市场监督管理部门对申请人提出的食品生产许可申请，应当根据下列情况分别作出处理：①申请事项依法不需要取得食品生产许可的，应当即时告知申请人不受理；②申请事项依法不属于市场监督管理部门职权范围的，应当即时作出不予受理的决定，并告知申请人向有关行政机关申请；③申请材料存在可以当场更正的错误的，应当允许申请人当场更正，由申请人在更正处签名或者盖章，注明更正日期；④申请材料不齐全或者不符合法定形式的，应当当场或者在 5 个工作日内一次告知申请人需要补正的全部内容。当场告知的，应当将申请材料退回申请人。在 5 个工作日内告知的，应当收取申请材料并出具收到申请材料的凭据。逾期不告知的，自收到申请材料之日起即为受理；⑤申请材料齐全、符合法定形式，或者申请人按照要求提交全部补正材料的，应当受理食品生产许可申请。

3.1.3　食品生产许可审查通则

《食品生产许可审查通则（2022 版）》共 5 章 39 条，包含 5 个附件。在适用范围和使用原则方面，明确了《通则（2022 版）》适用于市场监督管理部门组织对食品生产许可和变更许可、延续许可等审查工作，规定了《通则（2022 版）》应当与相应的食品生产许可审查细则结合使用。

在申请材料审查方面，规定了申请材料应当符合《食品生产许可管理办法》的规定，以电子或纸质方式提交，申请人对申请材料的真实性负责；明确了对食品生产许可的申请材料应当审查其完整性、规范性、符合性，对申请人申请食品生产许可、变更许可、延续许可的申请材料审查要求分别作出了规定。在现场核查方面，明确了需要组织现场核查的各种情形，规定了现场核查人员具体要求及其职责分工，规定了现场核查程序及特殊情况的处理要求，对现场核查项目及其评分规则进一步细化明确。在许可审查时限方面，现场核查完成时限压缩至 5 个工作日，明确要求审批部门及时组织现场核查、及时向申请人和日常监管部门告知现场核查有关事项，对食品生产许可审查各主要环节完成时限提出了明确要求，提升了食品生产许可工作效率。在审查结果与整改方面，规定了审批部门应当根据申请材料审查和现场核查等情况及时作出食品生产许可决定，要求申请人自通过现场核查之日起 1 个月内完成对现场核查中发现问题的整改，并将整改结果向其日常监管部门书面报告。

3.2　食品安全管理体系

在当前全球食品贸易量日益剧增的形势下，无论是进、出口国，都有责任强化本国的食品控制体系，确保食品质量安全，有效的食品控制体系是确保本国消费者健康和安全的基础。食品安全管理体系应覆盖一个国家所有的食品生产、加工和销售过程，其中最关键的还应是食品生产加工过程的控制。目前，对食品安全管理体系主要包括食品生产经营许可制度（Food Production and Business License System）、良好生产规范（Good Manufacturing Practice，GMP）、卫生标准操作规程（Sanitation Standard Operating Procedures，SSOP）、食品生产的危害分析与关键控制点（Hazard Analysis Critical Control Point，HACCP）、ISO 9000 质量管理体系（ISO 9000）和 ISO 22000 食品安全管理体系（ISO 22000）等。

《食品安全法》明确规定食品生产经营企业的主要负责人应当落实企业食品安全管理制度，对本企业的食品安全工作全面负责。生产食品相关产品应当符合法律、法规和食品安国家标准。对直接接触食品的包装材料等具有较高风险的食品相关产品，按照国家有关工业产品生产许可证管理的规定实施生产许可。食品生产经营者应当依照本法的规定，建立食品安全追溯体系，保证食品可追溯。但是，随着技术的不断进步，食品安全问题仍然层出不穷，在不同层次影响着公众的健康。因此，为了维护公众健康，保证社会持续性发展，一系列先进的卫生管理手段也不断更新，如 GMP 是政府强制性地对食品生产、包装、贮存卫生制定的法规，是保证食品具有安全性的良好生产管理体系；SSOP 是食品生产与贮藏过程中实施的与卫生有关危害的目的程序。SSOP 是由食品企业自己编写，充分保证达到 GMP 要求的卫生操控文件，它实际上也是 GMP 中最关键的基本卫生条件。食品 GMP 是针对食品加工环境所进行的控制，是 HACCP 实施的必要保证。HACCP 系统是用来保障食品生产过程的清洁卫生的系统，也是受到全球食品制造商、食品安全机构，包括世界卫生组织（World Health Organization，WHO）和联合国粮农组织（Food and Agriculture Organization of the United Nations，FAO）及多国政府部门公认的科学食品安全体系。ISO 22000 体系（食品安全管理系统）则对食品产业链上的机构设立了相应的要求，以证明它们识别及控制潜在危害的能力。ISO 9000 体系（质量管理体系）是用于证实企业具有提供满足顾客要求和适用法规要求的产品（食品）的能力，目的在于增进顾客对食品的满意程度。

其中，HACCP 体系与 ISO 22000 体系之间的关系是：ISO 22000 标准整合了 HACCP 体系和实施步骤，且基于审核的需要，该标准将 HACCP 计划与前提方案相结合。HACCP 体系与 ISO 9000 体系的区别则在于：HACCP 体系用于技术控制，其对象主要针对食品企业，具有一定的强制性，而 ISO 9000 体系则侧重于管理控制，适用于各种企业，具有一定的推荐性。但食品和药物管理局特别说明：企业获得 ISO 认证会有利于加快 HACCP 认证步伐，但不能代替危害分析也不能代替 HACCP 计划。上述体系的共同点就是，其首要目标就是确保食品供应链的食品生产加工流程受到充分的管理与监督，除了食品之外，更需重视食品接触的设备机器以及相关化学品，以全面性保障消费者的食品安全权益。

3.2.1 食品安全管理概述

广义上讲食品安全管理包括政府食品安全监督管理相关部门对食品生产经营企业的监督管理、食品行业部门对食品生产经营企业的管理以及企业自身的管理。我国食品安全工作实行预防为主、风险管理、全程控制、社会共治措施，建立科学、严格的监督管理制度。狭义上讲食品安全管理主要指食品生产经营企业内部依据食品安全法律、法规规定的责任和义务，对其生产经营活动进行的相关管理活动。《食品安全法》明确规定，食品生产经营者对其生产的食品安全负责，是食品安全的第一责任人。

食品安全管理的内容依据《食品安全法》主要包括：

（1）各级政府对食品安全工作的管理　县级以上地方人民政府对本行政区域的食品安全监督管理工作负责，统一领导、组织、协调本行政区域的食品安全监督管理工作以及食品安全突发事件应对工作，建立健全食品安全全程监督管理工作机制和信息共享机制。

（2）食品行业协会的管理　食品行业协会应当加强行业自律，按照章程建立健全行业规范和奖惩机制，提供食品安全信息、技术等服务，引导和督促食品生产经营者依法生产经营，推动行业诚信建设，宣传、普及食品安全知识。

（3）食品、食品生产经营企业的自身管理。

1）食品的质量安全管理，应遵守《中华人民共和国农产品质量安全法》的规定。食品生产者应当按照食品安全国家标准和国家有关规定使用农药、肥料、兽药、饲料和饲料添加剂等农业投入品，严格执行农业投入品使用安全间隔期或者休药期的规定，不得使用国家明令禁止的农业投入品。禁止将剧毒、高毒农药用于蔬菜、瓜果、茶叶和中草药材等国家规定的农作物。推行无公害食品、绿色食品和有机食品认证。食品在市场进行销售时应该遵守相关规定进行检验检测，保障食品无毒、无害。

2）食品生产经营企业首先应该取得食品生产经营许可证，生产经营的食品必须无毒、无害，符合应有的营养要求，对人体健康不造成任何急性、亚急性或者慢性危害。

3）食品生产经营企业应当建立健全食品安全管理制度，包括从原料采购、加工、储存至销售各环节均应依法从事生产经营活动。食品生产经营企业应该努力采用 SSOP 规范、实现 GMP 规范和 HACCP 等的要求。食品生产经营企业应当配备食品安全管理人员，加强对其培训和考核，考核不过关的取消上岗资格。

4）食品生产经营企业应定期组织从业人员进行食品安全知识培训，学习食品安全法律法规、标准知识和相关知识，建立培训档案。建立从业人员健康管理制度，新参加工作和临时参加工作人员均要求做健康检查。从业人员做到定期体检，每日报告健康状况。患有有碍食品安全疾病的人员，不得从事接触直接入口食品的工作。

5）食品生产经营企业应建立健全食品记录制度，在食品环节应做好农用投入品的使用记录，如名称、来源、用法、用量和使用、停用日期；动物疫病、植物病虫害发生和防治情况；食品收获、屠宰、捕捞日期。原料采购环节建立进货查验记录，如实记录食品原料、食品添加剂、食品相关产品的名称、规格、数量、生产日期或者生产批号、保质期、进货日期以及供货者名称、地址、联系方式等内容，并保存相关凭证。食品生产环节做好生产工序、设备、包装等生产关键环节的记录，如生产时间、设备名称、清洗消毒、关键限值等的记录。食品生产企业应当建立食品出厂检验记录制度，查验出厂食品的检验合格证和安全状况，如实记录食品的名称、规格、数量、生产日期或者生产批号、保质期、检验合格证号、销售日期以及购货者名称、地址、联系方式等内容。原料或产品的记录和凭证保存期限不得少于产品保质期满后 6 个月；没有明确保质期的，保存期限不得少于 2 年。食品生产经营者应当按照保证食品安全的要求储存食品，定期检查库存食品，及时清理变质或者超过保质期的食品。做好产品储存环节分类记录。

6）食品生产经营者应当建立食品安全自查制度，定期对食品安全状况进行检查评价。生产经营条件发生变化，不再符合食品安全要求的，食品生产经营者应当立即采取整改措施；有发生食品安全事故潜在风险的，应当立即停止食品生产经营活动，并向所在地县级人民政府食品药品监督管理部门报告。

7）网络食品交易第三方平台提供者对入网销售的食品负有管理责任，应当对入网食品经营者进行实名登记，明确其食品安全管理责任；依法应当取得许可证的，还应当审查其许可证。

8）建立食品召回制度，食品生产经营者发现其生产经营的食品不符合食品安全标准或者有证据证明可能危害人体健康的，应当立即停止生产经营，召回已经上市销售的食品，通知相关生产经营者和消费者，并记录召回和通知情况。食品生产经营者应当对召回的食品采取无害化处理、销毁等措施，防止其再次流入市场。但是，对因标签、标志或者说明书不符合食品安全标准而被召回的食品，食品生产者在采取补救措施且能保证食品安全的情况下可以继续销售，销售时应当向消费者明示补救措施。

3.2.2　食品生产经营许可制度

《食品安全法》第三十五条规定：国家对食品生产经营实行许可制度。从事食品生产、食品销售、餐饮服务，应当依法取得许可。但是，销售食品不需要取得许可。因此，对于食品生产者要依法取得食品生产的许可；对于食品销售和餐饮服务要依法取得经营许可。

（1）食品生产许可　食品生产许可实行一企一证原则，即同一个食品生产者从事食品生产活动，应当取得一个食品生产许可证。国家食品药品监督管理部门按照食品的风险程度对食品生产实施分类许可；国家食品药品监督管理总局负责监督指导全国食品生产许可管理工作；县级以上地方食品药品监督管理部门负责本行政区域内的食品生产许可管理工作；省、自治区、直辖市食品药品监督管理部门可以根据食品类别和食品安全风险状况，确定市、县级食品药品监督管理部门的食品生产许可管理权限。保健食品、特殊医学用途配方食品、婴幼儿配方食品的生产许可由省、自治区、直辖市食品药品监督管理部门负责。

食品生产者对食品进行生产加工的过程要满足《食品安全国家标准　食品生产通用卫生规范》（GB 14881—2013）的相关要求。该标准是规范食品生产行为，防止食品生产过程的各种污染，生产安全且适宜食用的食品的基础性食品安全国家标准。它既是规范企业食品生产过程管理的技术措施和要求，也是监督部门开展生产过程监管与执法的重要依据。严格执行食品生产过程卫生要求标准，把监督管理的重点由检验最终产品转为控制生产环节中的潜在危害，做到关口前移，这样可以节约大量的监督检测成本和提高监管效率，更全面地保障食品安全。该标准规定了食品生产过程中原料采购、加工、包装、贮存和运输等环节的场所、设施、人员的基本要求和管理准则。

（2）食品经营许可　食品经营许可（Food Business Licensing）实行一地一证原则，即食品经营者在一个经营场所从事食品经营活动，应当取得一个食品经营许可证。食品药品监督管理部门按照食品经营主体业态和经营项目的风险程度对食品经营实施分类许可。国家食品药品监督管理总局负责监督指导全国食品经营许可管理工作，制定食品经营许可审查通则。县级以上地方食品药品监督管理部门负责本行政区域内的食品经营许可管理工作，在实施食品经营许可审查时应当遵守食品经营许可审查通则。省、自治区、直辖市食品药品监督管理部门可以根据食品类别和食品安全风险状况，确定市、县级食品药品监督管理部门的食品经营许可管理权限。

从事食品经营活动者要严格遵守《食品安全国家标准　食品经营过程卫生规范》（GB 31621—2014）的相关规定。该标准对食品采购、运输、验收、贮存、分装与包装、销售等经营过程中食品安全的要求做出了具体的规定，但是不包括网络食品交易、餐饮服务、现制现售的食品经营活动。同时，该标准中还规定了食品经营企业要建立产品追溯和召回制度、卫生管理制度、岗位培训制度。食品经营的所有过程应进行详细记录，记录内容应完整、真实、清晰、易于识别和检索，确保所有环节都可以进行有效的追溯。

3.2.3 良好生产规范

GMP 是一套适用于食品、制药等行业的强制性标准。GMP 特别注重在产品的制造过程中产品质量与卫生安全的自主性管理制度，它以现代科学知识和技术为基础，应用先进的管理方法，解决产品在生产中遇到的质量和安全问题。GMP 应用于食品行业，即食品 GMP。对食品企业而言，食品良好生产规范应贯穿于食品从"田间"到"餐桌"的整个过程，即包括食品原料的生产、运输、加工、贮存、销售以及使用的全过程。换言之，食品的生产企业从食品生产到使用的每个环节都应有 GMP，并形成一套可操作的作业规范，确保产品质量最终符合法规要求。因此食品 GMP 是实现食品工业现代化、科学化的必备条件，是食品优良品质和安全卫生的保障体系。

（1）GMP 的由来与现状　GMP 源于药品的生产的质量管理需求。第二次世界大战期间，由于发生了几次较大的药物灾难，人们认识到以成品抽样分析检验结果为依据的质量控制方法有一定缺陷，不能保证药的安全及质量要求。为了解决这一问题，美国食品药品监督管理局认识到必须要通过立法加强药品的生产安全，并于 1963 年开始正式实施 GMP。1967 年世界卫生组织在《国际药典》的附录中收录了该制度，并在 1969 年建议各成员国采用 GMP 体系作为药品生产的监督制度，1979 年 GMP 确定为世界卫生组织的法规。此后，中国、日本、英国及大部分的欧洲国家都先后建立了本国的 GMP 制度，并扩展应用于其他领域，包括食品行业。到目前为止，全世界共有 100 多个国家颁布了有关 GMP 的法规。GMP 的诞生标志着企业全面质量管理的开始。

我国食品企业质量管理规范的制定工作起步于 20 世纪 80 年代中期，从 1988 年起，先后颁布了十多个食品企业卫生规范。这些规范的制定有与 GMP 的原则类似的地方，如将保证食品卫生质量的重点放在成品出厂前的整个生产过程的各个环节上，而不仅着眼于最终产品上。提出了针对食品生产全过程相应的技术要求和质量控制措施，以确保最终产品卫生质量合格。此后，随着我国食品企业生产条件和管理水平的不断提高，尤其是一些营养型、保健型和特殊人群专用的食品的生产企业迅速增加，对食品企业管理和食品安全提出了更高的要求，此时制定我国食品企业的 GMP 的时机已经成熟，1998 年卫生部发布《保健食品良好生产规范》（GB 17405—1998）和《食品安全国家标准　膨化食品生产卫生规范》（GB 17404—2016），这是我国首批颁布的食品 GMP 标准。此后相继颁布了乳制品企业、蜜饯企业、饮料企业的GMP。目前我国已经公布了《食品安全国家标准　乳制品良好生产规范》（GB 12693—2010）等 GMP 标准 46 项。这标志着我国食品企业的管理正向高层次、国际化的方向发展。

（2）GMP 的分类。

按适用范围 GMP 可分为以下三大类：

1）具有国际性质的 GMP：如 WHO 制定的 GMP。

2）国家权力机构颁发的 GMP：如中华人民共和国国家食品药品监督管理总局；美国FDA；英国卫生和社会保险部制定的 GMP。

3）工业组织制定的 GMP：如美国制药工业联合会制定的 GMP，中国医药工业公司制定的 GMP 实施指南，还包括企业自身制定的 GMP。

按制度性质 GMP 可分为两类：

1）将 GMP 作为法典规定：如美国、日本及中国的 GMP。

2）将 GMP 作为建议性的规定对质量管理起指导性作用，如联合国 WHO 制定的 GMP。

按照法律效力可以分为强制性 GMP 和推荐性 GMP（或指导性 GMP）。强制性 GMP 是由有关政府部门颁布并监督实施，企业必须遵守的法律法规，如《食品安全国家标准　粉状婴幼儿配方食品良好生产规范》（GB 23790—2010）认证属于强制性 GMP。推荐性 GMP 由国家政府、行业组织或协会等制定的供企业参考的 GMP，企业自愿遵守。

（3）GMP 三大目标要素　实施 GMP 的目标要素在于将人为的差错控制在最低的限度，防止对食品的污染，保证高质量产品的质量管理体系。

1）将人为的差错控制在最低的限度。

（a）在管理方面：质量管理部门从生产管理部门独立出来，建立相互监督检查制度；指定各部门责任者，制定规范的实施细则和作业程；各生产工序严格复核，整理和保管好记录。

（b）在装备方面：各工作间要保持宽敞，消除妨碍生产的障碍；不同品种操作必须有一定的间距，严格分开。

2）防止对食品污染和质量降低。

（a）在管理方面：操作室清扫和设备洗净的标准及实施；对生产人员进行严格的卫生教育；操作人员定期进行身体检查，以防止生产人员带有病菌、病毒而造成污染；限制非生产人员进入工作间等。

（b）在装备方面：要有相应的机械设备（空调净化系统等）；操作室专用化；对直接接触食品的机械设备、工具、容器，选用对食物不发生变化的材质，注意防止机械润滑油对食品的污染；定期灭菌等。

3）保证高质量产品的质量管理体系。

（a）在管理方面：质量管理部门独立行使质量管理职责；机械设备、工具、量具定期维修校正；检查生产工序各阶段的质量，包括工程检查；有计划的、合理的质量控制；追踪食品批号，并做好记录；在适当条件下保存出厂后的产品质量检查留下的样品；收集消费者对食品的投诉情报信息，随时完善生产管理和质量管理等。

（b）在装备方面：操作室和机械设备的合理配备，采用先进的设备及合理的工艺布局；为保证质量管理的实施，配备必要的实验、检验设备和工具等。

（4）GMP 的基本原则　GMP 的实施是要建立一套文件化的质量保证体系，站在系统的高度，本着以预防为主的指导原则，对食品生产的各个环节、各个方面实施有效控制，让全员参与质量形成过程的一种质量保证体系和管理体系。GMP 从生产全过程入手，将保证食品质量的重点放在整个生产过程的各个环节上，而不仅是着眼于最终产品上，从根本上保证食品质量。

GMP 对生产企业及管理人员的条件和行为实行有效控制和制约的措施，它体现如下基本原则：

1）食品生产企业必须有足够的资历，合格的食品生产相适应的技术人员承担食品生产和质量管理，并清楚地了解自己的职责。

2）操作者应进行培训，以便员工能正确地按照规程操作。

3）应保证产品采用批准的质量标准进行生产和控制。

4）应按每批生产任务下达书面生产指令，不能以生产计划安排来替代生产指令。

5）所有生产加工应按批准的工艺规程进行，根据经验进行系统的检查，并证明能够按照质量要求和其规格标准生产产品。

6）确保生产厂房、环境、生产设备、卫生符合要求。

7）符合规定要求的物料、包装容器和标签。

8）合适的储存和运输设备。

9）全生产过程严密的、有效的控制和管理。

10）应对生产加工的关键步骤和加工产生的重要变化进行验证。

11）合格的质量检验人员、设备和实验室。

12）生产中使用手工或记录仪进行生产记录，以证明已完成的所有生产步骤是按确定的规程和指令要求进行的，产品达到预期的数量和质量，任何出现的偏差都应记录和调查。

13）对产品的储存和销售中影响质量的危险应降至最低限度。

14）建立由销售和供应渠道可收回任何一批产品的有效系统。

15）了解市售产品的用户意见，调查质量问题的原因，提出处理措施和防止再发生的预防措施。

16）对一个新的生产过程、生产工艺及设备和物料进行验证，通过系统的验证以证明是否可以达到预期的结果。

（5）GMP的主要内容　GMP实际上是一种包括4M管理要素的质量保证制度，即选用规定要求的原料，以合乎标准的厂房设备，由胜任的人员，按照既定的方法，制造出品质既稳定又安全卫生的产品的一种质量保证制度。其实施的主要目的包括以下3个方面：

1）降低食品制造过程中人为的错误。

2）防止食品在制造过程中遭受污染或品质劣变。

3）要求建立完善的质量管理体系。

GMP的重点是：

1）确认食品生产过程安全性。

2）防止物理、化学、生物性危害污染食品。

3）实施双重检验制度。

4）针对标签的管理、生产记录、报告的存档建立和实施完整的管理制度。

GMP是对生产过程的各个环节、各个方面实行全面质量控制的具体技术要求，它的内容可概括为硬件和软件两部分。所谓硬件指对企业提出的厂房、设备、卫生设施等方面的技术要求，而软件则指可靠的生产工艺、规范的生产行为、完善的管理组织和严格的管理制度等规定与措施。

GMP的主要内容包括：

1）工厂设计与实施　生产企业应有无污染的厂房环境、合理的厂房布局、规范化的生产车间、符合标准的设备和齐全的辅助设施。

2）工具与设备　包括食品加工设备、工具在材质、结构及安装上的要求，定期对食品用具和设备进行洗涤和消毒。

3）食品原料采购、运输及贮藏　包括食品原料、辅料的检验和验收，运输工具、贮藏场所的要求等。

4）食品用水　食品企业用水按用途可以分为生活饮用水、特殊工艺用水、冷却用水等。食品企业生产用水一般用于原料的清洗、蒸煮、冷却、设备清洗等，水质要满足《生活饮用水卫生标准》（GB 5749—2022）。

5）食品的生产过程　包括从原料到成品的整个过程，对食品生产的各个环节的卫生环境进行监控，提出必要的卫生要求，预防食品在加工过程中造成污染。

6）食品包装　应设专门的食品包装间，并内设消毒、灭菌等设施，包装材料符合国家卫生标准等。

7）食品检验　设立质量检验室，并配备经过专业培训、考察合格的检验人员，做好原始记录并妥善管理等。

8）食品生产经营人员　包括食品生产人员的健康和卫生要求，并对人员进行素质教育与培训。

9）工厂的组织与管理　建立相应的卫生管理机构，成立专门的卫生或产品质量检测部门等。

10）工厂的卫生管理　根据 GMP 的要求，结合企业生产特点，制定适合本企业的卫生标准操作程序。

GMP 根据食品药品监督管理局（Food and Drug Administration，FDA）的法规，分为 4 个部分：总则、建筑物与设施、设备、生产和加工控制。GMP 是适用于所有食品企业的，是常识性的生产卫生要求，GMP 涉及的基本上是与食品卫生质量有关的硬件设施的维护和人员卫生管理。符合 GMP 要求是控制食品安全的第一步，其强调食品的生产和储运过程应避免微生物、化学性和物理性污染。我国食品卫生生产规范是在 GMP 的基础上建立起来的，并以强制性国家标准规定来实行，该规范适用于食品生产、加工的企业或工厂，并作为制定各种类食品厂的专业卫生依据。

3.2.4　卫生标准操作程序

卫生标准操作程序简称 SSOP，是 Sanitation Standard Operating Procedure 的英文缩写。SSOP 是食品生产企业为了使其所加工的食品符合卫生要求而制定的指导食品加工过程中如何具体实施清洗、消毒和卫生保持的作业指导文件。一般是由食品加工企业帮助完成在食品生产中维护 GMP 的全面目标而使用的过程，尤其是 SSOP 描述了一套特殊的与食品卫生处理和加工厂环境的清洁程度及处理措施满足它们的活动相联系的目标。该操作程序以 SSOP 文件的形式出现，在文件所列出的程序应依据本企业生产的具体情况，对某人执行的任务提供足够详细的规范，并在实施过程中进行严格的检查和记录，实施不力时要及时纠正。

（1）SSOP 的由来　20 世纪 90 年代，美国频繁暴发食源性疾病，每年约 700 万人次感染和七千人死亡。通过调查研究，表明大部分感染或死亡和肉禽产品的质量有关。这促使美国农业部重视肉、禽产品的质量，1995 年 2 月美国农业部《美国肉、禽类产品 HACCP 法规》第一次提出要求建立一种书面的、常规可行的程序确保生产安全、无掺杂的食品，这种常规可行的程序即为 SSOP。同年 12 月，FDA《美国水产品 HACCP 法规》中进一步明确了 SSOP 必须包括 8 个方面和验证等相关程序，从而建立了 SSOP 完整体系。自此，SSOP 一直作为

GMP 的基础程序和 HACCP 认证的前提。

（2）SSOP 与 GMP 的关系　GMP 是保障食品安全和质量而制定的贯穿食品生产全过程的一系列技术要求、措施和方法。它要求食品生产企业具备良好的生产设备、合理的生产过程、完善的质量管理和严格的质量检测系统，以确保最终的产品质量。GMP 规定了食品在生产、加工、贮运和销售等方面的基本要求，由政府食品卫生安全主管部门用法规和强制性标准形式发布，具有强制性，其规定的硬件和软件两个方面是食品生产企业必须达到的基本要求。

SSOP 是企业为了达到 GMP 所规定的要求，所使用的企业内部作业指导性文件，指导食品在生产加工过程中如何实施清洗、消毒和卫生保持，以保证食品符合卫生要求。它不具有 GMP 的强制性，是企业的内部管理文件，其规定是具体的，负责指导卫生操作和卫生管理的具体措施。

GMP 具有原则性，是食品企业必须要达到的基本条件；SSOP 是企业内部管理性文件，是具体的，它们相辅相成。制订 SSOP 计划要以 GMP 为依据，GMP 是 SSOP 的法律基础。使企业达到 GMP 要求，生产出安全卫生的食品是制定和实行 SSOP 的最终目的。GMP 和 SSOP 共同作为 HACCP 体系建立的基础。

（3）SSOP 的主要内容　SSOP 是食品生产企业为了使其生产加工的食品符合卫生要求，制定的指导食品加工过程中实施清洗、消毒和卫生保持的具体作业指导文件，一般以 SSOP 文件形式出现。它主要包括 8 项内容：

1）与食品接触或与食品接触物表面接触的水（冰）的安全　生产用水（冰）的卫生质量是影响食品卫生的关键因素，食品生产加工企业要有充足的满足卫生要求的水源。保证水（冰）的安全是任何食品生产加工企业的首要问题。一个完整的食品加工企业 SSOP 计划，首先要考虑与食品接触或与食品接触物表面接触的水（冰）的来源与处理应符合相关规定，同时要考虑非生产用水、污水处理的交叉污染问题。食品生产用水、冷却水、锅炉用水等必须符合相应国家标准。我国《生活饮用水卫生标准》（GB 5749—2022）规定：菌落总数 < 100 CFU·mL^{-1}，大肠埃希菌、致病菌不得检出；游离氯，水管末端不低于 0.05 mg·L^{-1}。企业每天对水游离氯进行检测，一年应对所有水龙头都检测到；对水微生物至少每个月检测一次；自备水源每年至少两次。若发现加工用水存在问题，应终止使用，直到问题得到解决。水的监控、维护及其他问题处理都要保持记录。

2）与食品接触的表面（包括设备、手套、工作服）的清洁　食品接触表面指的是接触人类的食品表面以及在正常加工过程中会将水滴溅在食品或食品接触面上的那些面。保持食品接触表面的清洁度是为了防止污染食品。与食品接触表面一般包括直接接触（加工设备、工器具和台案、加工人员的手或手套、工作服等）和间接接触（车间环境、卫生间的门把手、垃圾箱等）两种。

设备必须用适于食品表面接触的材料制作，要耐腐蚀、光滑、易清洗、不生锈。多孔和难于清洁的木头等材料不应被用作食品接触表面。食品接触表面是食品可与之接触的任意表面，若食品与墙壁相接触，墙壁需要一同设计、满足维护和清洁要求。设备的设计和安装应易于清洁。设计和安装应无粗糙焊缝、破裂和凹陷，表里如一，以防止避开清洁和消毒化合物。在不同表面接触处应具有平滑的过渡。此外，设备设计虽好，但超过它的可用期并已刮擦或坑洼不平以至于它不能被充分地清洁的设备应修理或替换掉。食品接触表面在加工前和加工后都应彻底清洁，并在必要时消毒。

3）防止发生交叉污染　交叉污染（Cross Contamination）是通过生的食品、食品加工者或食品加工环境把生物或化学的污染物转移到食品的过程。此方面涉及预防污染的人员要求、原材料和熟食产品的隔离以及工厂预防污染的设计。

（a）工厂和车间的设计、布局：工厂和车间在设计和改造前与有关部门和专家进行探讨，做到加工工艺布局合理，厂区内外没有污染源。

（b）人员卫生管理：进入车间的任何人员（员工、维修人员、参观人员等）必须穿好工作服，并戴好工作帽。头发必须罩入帽子内，不能外露，帽子要经常清洗，保持卫生清洁。注重员工的个人卫生，男员工不留长发，不允许蓄须；女员工不涂口红，不化浓妆，不戴假睫毛、涂指甲、戴假指甲，不允许涂带有浓烈气味的香水。所有员工不允许留长指甲。加工人员接触了不洁物，如如厕、处理脏物的设备和工具后，要按要求进行清洗和消毒。器具、设备和包装物，加工过程中做到器具专用，高清洁区和低清洁区的器具不混用。已清洗和消毒的器具避免二次污染。包装物不允许直接放在地面上。品控部对包装物的微生物进行检测，并要求供方每年提供一次包装材料安全检测报告。所有生产区域和原料、包装材料、成品贮存区不允许存放私人物品。

（c）废弃物的处理：加工过程中产生的废品要装在具有明显标志的废品容器内，及时倾倒处理，送到垃圾存放区。加工区以外的垃圾存放容器应带有遮盖，不允许暴露存放。各种废弃物做到日产日清，垃圾存放容器和存放区域经常消毒，保持一定的清洁度。

（d）监督检查：每天检测员工的个人卫生，每周不定期对员工的手、工作服进行微生物检测，不符合规定要及时处理。

4）手清洁、消毒和卫生间设施的维护　所有的原料和成品都直接接触员工，操作前必须要按规定程序清洗双手并进行消毒，一般的清洗方法和步骤为：清水洗手，擦洗洗手皂液，用水冲净洗手液，将手浸入消毒液（50 mg·kg^{-1}的余氯）中浸泡30 s消毒，用清水冲洗，干手。

操作人员的手必须保持清洁卫生，在下列情况发生时，必须对双手进行清洗消毒：开始工作前，上厕所后，处理不干净的原材料、废料、垃圾后，清洗设备、器具，接触不干净用具之后，用手挖耳、抠鼻、手捂嘴咳嗽后，从事其他与生产无关的活动后。

洗手设施必须在车间进出口、更衣室、厕所或其他适宜位置配备，与生产人员数量相当。手的清洗台的建造需要防止再污染，水龙头以脚踏式或电力自动式较为理想。检查时应该包括测试一部分的手清洗台以确保它能良好工作。

卫生间需要进入方便、卫生、有良好的通风和防蚊蝇设施，具有自动关闭、不能开向加工区的门，离加工车间距离在30 m以上。卫生间的数量依生产人数而定，一般20~30人设立一个蹲位。厕所内设有专门的洗手设施，设专人负责卫生，及时清理并定期消毒。

品控部门每天检查一次洗手消毒设施的清洁和完好，定期对员工的手、工作服表面采样检验，做好检查和检验记录，不符合要求的立即纠正。

5）防止外来污染物污染　食品加工企业经常要使用一些化学物质，如清洁剂、消毒剂、润滑剂、燃料、杀虫剂等，生产过程中还会产生一些污物和废弃物，如冷凝物和地板污物等。污染物的来源主要包括：

（a）有毒化合物：非食品级润滑油；燃料污染可能导致产品污染；只能用被允许的杀虫

剂和灭鼠剂来控制工厂内害虫，并应该按照标签说明使用；不恰当地使用化学品、清洗剂和消毒剂可能会导致食品外部污染，如直接的喷洒或间接的烟雾作用。当食品、食品接触面、包装材料暴露于上述污染物时，应被移开、盖住或彻底地清洗；员工们应该警惕来自非食品区域或邻近的加工区域的有毒烟雾。

（b）因不卫生的冷凝物和死水产生的污染：被污染的水滴或冷凝物中可能含有致病菌、化学残留物和污物，导致产品被污染；缺少适当的通风会导致冷凝物或水滴滴落到产品、食品接触面和包装材料上；地面积水或池中的水可能溅到产品、产品接触面上，使产品被污染。脚或交通工具通过积水时会产生喷溅。

水滴和冷凝水较常见，且难以控制，易形成霉变。一般采取的控制措施有：顶棚呈圆弧形，良好通风，合理用水，及时清扫，控制车间温度稳定，提前降温等。包装材料的控制方法常用的有：通风、干燥、防霉、防鼠，必要时进行消毒，内外包装分别存放。食品贮存时物品不能混放，且要防霉、防鼠等。化学品要正确使用和妥善保管。

任何可能污染食品或食品接触面的掺杂物，建议在开始生产时及工作时间定期检查，并记录每日卫生控制情况。

6）有毒化学物质的标记、贮存和使用 食品加工会涉及的有害有毒化合物主要包括洗涤剂、消毒剂、润滑剂、实验室用药品、食品添加剂等。它们的使用必须小心谨慎，按照产品说明书使用，做到正确标记、储存安全，否则会导致企业加工的食品被污染的风险。

所有这些物品需要适宜的标记并远离加工区域，应有主管部门批准生产、销售、使用的证明；主要成分、毒性、使用剂量和注意事项；带锁的柜子；要有清楚的标识、有效期；严格使用登记记录；自己单独的储存区域，如果可能，清洗剂和其他毒素及腐蚀性成分应储存于密储存区内；要有经过培训的人员进行管理。

品控部门每天对化验室所使用的化学药品进行检查，每周不定期对其他部门的化学药品的储存、使用情况进行检查。各部门每天检查核对所负责的化学药品的品种、数量和标志。

7）员工的健康与卫生控制 食品加工者（包括检验人员）是直接接触食品的人，其身体健康及卫生状况直接影响食品卫生质量。管理好患病或有外伤或其他身体不适的员工，他们可能成为食品的微生物污染源。对员工的健康要求一般包括：

（a）不得患有有碍食品卫生的传染病（如肝炎、结核等）；不能有外伤、化妆、佩戴首饰和带入个人物品；必须具备工作服、帽、口罩、鞋等，并及时洗手消毒。

（b）应持有效的健康证，制定体检计划并设员工健康档案，包括所有和加工有关的人员及管理人员，应具备良好的个人卫生习惯和卫生操作习惯。

（c）涉及有疾病、伤口或其他可能成为污染源的人员要及时隔离。

（d）食品生产企业应制定有卫生培训计划，定期对加工人员进行培训，并记录存档。

8）虫害的防治 害虫主要包括啮齿类动物（如鼠）、鸟和昆虫等。害虫的灭除和控制包括加工厂（主要是生产区）全范围，甚至包括加工厂周围，重点是厕所、下脚料出口、垃圾箱周围、食堂、贮存室等。

除去任何产生昆虫、害虫的滋生地，如废物、垃圾堆积场地、不用的设备、产品废物和未除尽的植物等是减少吸引害虫的因素。安全有效的害虫控制必须由厂外开始。厂房的窗、门和其他开口，如开的天窗、排污洞和水泵管道周围的裂缝等能进入加工设施区。采取的主要措施包括清除滋生地和整改预防进入的风幕、纱窗、门帘，适宜的挡鼠板、翻水弯等，还包括产区用的杀虫剂、车间入口用的灭蝇灯、粘鼠胶、捕鼠笼等，但不能用灭鼠药。

3.2.5 危害分析与关键控制点

HACCP 中文译为"危害分析与关键控制点"，是生产、加工安全食品的一种控制手段。对原料、关键生产工序及影响产品安全的人为因素进行分析，确定加工过程中的关键环节，建立、完善监控程序和监控标准，采取规范的纠正措施。HACCP 是国际上共同认可和接受的食品安全保证体系，主要是对食品中微生物、化学和物理危害进行安全控制，其根本目的是由企业自身通过对生产体系进行全面系统的分析和控制来预防食品安全问题的发生。HACCP 是一种科学的、合理的、针对食品生产加工过程进行控制的预防性体系，该体系的建立和应用可保证食品危害得到有效控制，以防止发生公共危害的问题。

（1）HACCP 的由来与发展　HACCP 体系的建立始于 1959 年，是由美国 Pillsbury 公司 H. Bauman 博士等与宇航局和美国陆军 Natick 研究所共同开发的，主要用于航天食品的质量控制。1971 年，Pillsbury 在美国第一次国家食品保护会议上提出了 HACCP 原理，且立即被 FDA 接受，并决定在低酸罐头食品的 GMP 中采用，于 1974 年正式将 HACCP 原理引入低酸罐头食品的 GMP。HACCP 的概念和原理一经提出，便得到了一些国家、地区和国际组织的响应和认可，并对 HACCP 体系的完善与推广做了大量工作。加拿大、英国、新西兰等国家在食品生产与加工过程中全面应用 HACCP 体系。

HACCP 在我国的发展可分为 3 个阶段：

1）引入阶段（1990—1997）　1990 年，原国家进出口商品检验局组织了 HACCP 理念的"出口食品安全工程的研究和应用计划"，将水产品等十类食品列入计划，近 250 家企业自愿参加，为 HACCP 在我国的实施奠定了基础。HACCP 于 1997 年正式引入我国。

2）应用阶段（1997—2004）　1997 年，HACCP 在我国企业开始正式应用。到 2004 年，中华人民共和国农业部科教司把引进国外 HACCP 技术体系列为中华人民共和国农业部项目予以资助。随后，HACCP 体系在我国种植业、水产养殖和家禽饲养等行业不断开展示范应用。

3）发展提高阶段（2004 年至今）　随着国际贸易形势的新变化，技术壁垒措施越来越多地成为国际食品贸易的调控手段，不仅要求能够建立控制危害的体系，而且要求建立能够对食品企业进行管理的体系。国际 HACCP 理论面临新的发展。2004 年，中国国家质检总局发布了《食品安全管理体系要求》标准，提出了包含 HACCP 原理的食品安全管理原则，并将 HACCP 体系系统地发展为以 HACCP 为核心的食品安全管理体系。2009 年 2 月 17 日发布《GB/T 27341 危害分析与关键控制点（HACCP）体系食品生产企业通用要求》，并于 2009 年 6 月 1 日开始实施。

（2）HACCP 的基本原理　HACCP 是一种系统的管理方法，覆盖了食品从原料到餐桌的整个生产和加工过程，并对生产加工过程的各种因素进行连续系统的分析，迄今为止人们在实践中总结出来的最有效的保障食品安全的管理方法。它的原理适用于食品生产的所有阶段，包括基础农业、食品制备与处理、食品加工、食品服务、配送体系以及消费者处理和使用。

HACCP 原理经过实际应用与修改，被食品法典委员会确认由 7 个方面组成：①进行危害分析；②确定关键控制点；③确定各关键控制点关键限值；④建立各关键控制点的监控程序；

⑤建立当监控表明某个关键控制点失控时应采取的纠偏行动；⑥建立证明 HACCP 系统有效运行的验证程序；⑦建立关于所有适用程序和这些原理及其应用的记录系统。

1）进行危害分析　危害分析与预防控制措施是 HACCP 原理的基础，也是建立 HACCP 计划的第一步。拟定工艺中各工序的流程图，确定与食品生产各阶段有关的潜在危害性及其程度，鉴定并列出有关危害并规定具体有效的控制措施。企业应根据所掌握的食品中存在的危害以及控制方法，结合工艺特点，进行详细的分析。

2）确定关键控制点　在食品的生产加工过程中，许多点、步骤或工序都可以作为控制点（control point，CP），但关键控制点（critical control point，CCP）主要是那些能控制显著危害的点、步骤或工序。CP 不一定是 CCP，而 CCP 一定是 CP。与危害分析一样，确定 CCP 是 HACCP 体系的核心之一。

3）确定各关键控制点关键限值　是确保各 CCP 处于控制下以防止显著危害发生的预防性措施，必须达到的标准。关键限值是一个数值，而不是一个数值范围，每个 CCP 都应有一个或多个关键限值，且关键限值要合理、适宜、可操作性强。

4）建立各关键控制点的监控程序　监控应尽可能采用连续的理化方法，如无法连续监控，也要求有足够的间隙频率次数来观察测定每一 CCP 的变化规律，保证 HACCP 计划的制订与实施。

5）建立关键控制点失控时应采取的纠偏行动　当监控表明，偏离关键限值或不符合关键限值时采取的程序或行动。如有可能，纠正措施一般应是在 HACCP 计划中提前决定的。纠正措施一般包括两步：

第一步：纠正或消除发生偏离关键限值的原因，重新加工控制；

第二步：确定在偏离期间生产的产品，并决定如何处理。采取纠正措施包括产品的处理情况时应加以记录。

6）建立证明 HACCP 系统有效运行的验证程序　用来确定 HACCP 体系是否按照 HACCP 计划运转，或者计划是否需要修改，以及再被确认生效使用的方法、程序、检测及审核手段。

7）建立关于所有适用程序和这些原理及其应用的记录系统　企业在实行 HACCP 体系的全过程中，须有大量的技术文件和日常的监测记录，这些记录应是全面的，记录应包括体系文件，HACCP 体系的记录，HACCP 小组的活动记录，HACCP 前提条件的执行、监控、检查和纠正记录。

（3）HACCP 计划的制订与实施　HACCP 体系在不同的国家、不同食品生产企业的模式不同，即使在同一国家，不同管理部门对不同食品生产推行的 HACCP 体系也不全相同，同一食品生产企业针对不同食品生产建立和实施的 HACCP 体系也有差异。食品法典委员会和美国食品微生物标准顾问委员会，以及我国推荐用 12 个步骤来建立 HACCP，而 FDA 推荐 18 个步骤进行 HACCP 体系的建立，但仅仅做这些步骤还不够，还要有提前准备和后期监督、回顾阶段。根据《危害分析与关键控制点（HACCP）体系食品生产企业通用要求》（GB/T 27341—2009），食品企业 HACCP 建立分为 3 个阶段：准备阶段、HACCP 建立和实施阶段和回顾阶段。

1）准备阶段　为了保证 HACCP 体系的良好建立，必须要做好准备工作。在该阶段主要包括管理承诺和制定前提计划两个方面。

（a）管理承诺：管理者承诺实施 HACCP 体系并关注其利益和成本，这是成功实施 HACCP 的最终目标。最高管理者的决策和支持是企业启动 HACCP 体系的前提和动力。企业的最高管理者应制定本企业的食品安全方针，并做出承诺，在企业内大力宣传食品安全的重要性，同时还要给予人力、物力、财力、时间和技术支持。

（b）制定前提计划：前提计划包括人力资源保障计划，企业 GMP、SSOP 的实施，原辅料和直接接触食品的包装材料安全卫生保障制度，召回与追溯体系，设备设施维修保养计划，应急预案等。首先，企业应当制订并实施人力资源保障计划，确保从事食品安全工作的人员能够胜任。其次，落实 GMP 和 SSOP 的实行力度，GMP 和 SSOP 是 HACCP 的必备程序，是实施 HACCP 的基础。最后，做好相关计划，如维护保养计划、产品召回计划、产品识别代码计划和可追溯性、原料和辅料的接收计划、应急计划等。企业前提计划应经批准并保持记录。

2）建立实施 HACCP 体系阶段　严格按照 HACCP 的 7 项基本原理，建立 HACCP 体系。建立实施 HACCP 体系包括 8 个基本步骤，其中第一个为预备步骤，后面 7 个为 HACCP 基本原理的应用。建立 HACCP 体系的基础步骤如图 3-1 所示。

步骤 1：预备步骤。

预备步骤主要包括 5 点基本内容：组建 HACCP 工作小组、产品描述、确定产品的预期用途、制定流程图、现场确认流程图。

组建 HACCP 工作小组：企业在建立 HACCP 系统时，首先要建立企业的 HACCP 工作小组。企业 HACCP 小组人员的能力应满足本企业食品生产专业技术要求，并由不同部门的人员组成，包括卫生质量控制、产品研究、生产工艺技术、设备设施管理、原料采购、销售、仓储及运输部门的人员，必要时可请外部专家参与。最高管理者应指定一名 HACCP 小组组长，并赋予相应的职责和权限。

产品描述：针对产品，识别并确定进行危害分析所需要的适用信息，如原辅料、食品包装材料的名称、成分等；产品的名称、成分及生物、物理化学特性；产品的加工方式；产品的包装、贮运和交付方式；产品的销售方式和标志等。

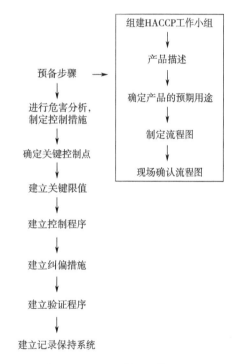

图 3-1　HACCP 体系工作流程图

确定产品的预期用途：不同用途和不同消费者对食品安全的要求是不同的，HACCP 小组要在产品描述的基础上，识别并确定进行危害分析所需的信息，如消费者对产品的消费或使用期望；产品的预期用途、储存条件和保质期；产品预期的食用或使用方式；产品预期的消费者对象；直接消费产品对易受伤害人群的适用性；食品的非预期食用或使用方式等。

制定流程图：HACCP 小组在企业产品生产的范围内，根据产品的操作要求描绘产品的工艺流程图。包括每个步骤及其相应的操作，这些操作间的顺序及相互关系；返工点和循环点；

外部的过程和外包的内容；原料、辅料和中间产品的投入点；废弃物的排放点。流程图应准确、完整、清晰。每个加工步骤的操作要求和工艺参数应在工艺描述中列出。

现场确认流程图：流程图是否准确直接影响着危害分析的准确性，因此流程图必须要得到 HACCP 小组的确认。流程图绘制完成后，应由熟悉操作工艺的 HACCP 小组人员对所有操作步骤在操作状态下进行现场核查，确认并证实与所制定的流程图是否一致，如果不一致，应将原流程图偏离的地方加以修改调整和纠正，以确保流程图的准确性、实用性和完整性。

步骤 2：进行危害分析，制定控制措施。

危害分析是 HACCP 最重要的一个环节。首先进行危害识别。HACCP 小组根据食品风险程度，不仅在要加工步骤中分析生物、化学、物理危害。同时还要考虑产品、操作和环境，消费者或顾客和法律法规对产品及原辅料、食品包装材料的安全卫生要求，产品食用、食用安全的监控和评价结果，历史上和当前的流行病学、动植物疫情或疾病统计数据和食品安全事故案例等。

然后，进行危害评估。HACCP 小组针对识别的潜在危害，评估其发生的可能性和严重性，如果这种危害在该步骤可能发生且后果严重，则应确定为显著危害。同时保持危害评估依据和结果的记录。

其次，制定控制措施。针对每种显著危害，制定相应的控制措施，并提供证实其有效性的证据。应明确显著危害与控制措施之间的对应关系。针对人为破坏或蓄意污染造成的显著危害，要建立食品防护计划作为控制措施。当控制措施设计操作的改变时，应做出相应的变更，并修改流程图。

最后，填写危害分析工作单。HACCP 小组根据工艺流程、危害识别、危害评估、控制措施等结果提供形成文件的危害分析工作单。在危害分析工作单中，应描述控制措施与相应显著危害的关系，并为确定关键控制点提供依据。当危害分析结果受到任何因素影响时，对危害分析工作单做出必要的更新或修订。

步骤 3：确定关键控制点。

HACCP 执行者通常采用判断树来认定 CCP，即对工艺流程图中确定的各控制点使用判断树按先后回答每一个问题，按次序进行审定，如图 3-2 所示。

一种危害往往可由几个 CCP 来控制，若干种危害可以由一个 CCP 控制。CCP 判定的一般原则：在该点或加工步骤上存在一种或一种以上不能由 SSOP 措施控制的显著危害；在该点或加工步骤上存在一项或一项以上可将存在的显著危害防止、消除或降低到可接受水平的预防控制措施；在该点或加工步骤上存在一种或一种以上的显著危害，在本步骤控制后不会在以后的加工步骤上再次出现；在该点或加工步骤上存在以后的加工步骤虽存在可以实施控制的预防控制措施，但在本步骤采用预防控制措施可以更经济、更有效地实施控制，或者必须在本步骤上实施控制，以实现后续步骤上的预防控制措施共同控制某种显著危害。

CCP 判断树是判断 CCP 的一个有效工具，但不是判断 CCP 的唯一工具。使用判断树时应注意如下几个问题：①判断树仅仅是有助于确定 CCP 的工具，不能替代专业知识；②判断树在危害分析后和显著危害被确定的步骤使用；③随后的加工步骤对控制危害可能更有效，可能是更应该选择的 CCP；④加工中一个以上的步骤可以控制一种危害；⑤应用的局限性，不适用于肉禽类的宰前、宰后检验，不能认为宰后肉产品合格就可以取消宰前检疫，又如不

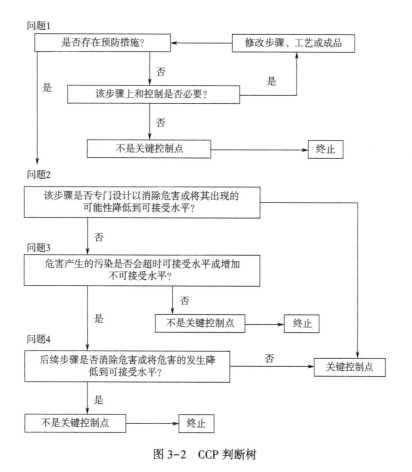

图 3-2 CCP 判断树

能将不卫生的原料经高压杀菌等手段后供人食用。

步骤 4：建立关键限值。

建立关键限值（critical limit，CL）以是否产生危害或者产生危害是否是可接受水平为标准，建立的关键限值必须具有可操作性。在实际操作中，一般使用比关键限值更为严格的操作限值（operational limit，OL）来进行操作，保证关键限值不被突破。在连续生产过程中，对物理和化学指标的监控通常更加准确和快速，尽量不使用微生物指标作为监控数值。

CL 建立应该做到合理、适宜、适用和可操作性强。良好的 CL 应该是直观、易于检测、仅基于食品安全、只出现少量被销毁产品就可以采取纠正措施，不能违背法规、不能打破常规方式，也不是 GMP 要求或 SSOP 措施。表 3-1 是关键限值的例子。

表 3-1 有关产品的 CL 值例子

危害	CCP	CL
细菌性病原体（生物的）	巴氏杀菌	杀死牛奶中的病原菌，≥72℃，≥15 s
细菌性病原体（生物的）	干燥箱	≥93℃，≥120 min，气流≥0.15 m³/min 半成品厚度≤1.27 cm（水分活度≤0.85，以控制被干燥食品中的致病菌）
细菌性病原体（生物的）	酸化	产品质量≤45.4 kg，浸泡时间≥8 h，乙酸浓度≥3.5%，容积≤189 L（在腌制食品中使 pH 小于 4.6 来防止梭状芽孢杆菌）

建立 CL 应该注意如下几点：对每个 CCP 都必须设立 CL；CL 是一个数值，而不是一个数值范围；CL 具有可操作性，多采用物理指标和化学指标；CL 应符合相关的国家标准、法律法规要求；CL 具有科学依据。

步骤 5：建立监控程序。

监控程序需要明确监控对象、监控方法、监控频率和监控人员。当生产工艺流程或有关条件改变时，监控的频率必须做相应的调整。

监控对象：通过观察和测量产品或加工过程的特性，来评估一个 CCP 是否在关键限值内的操作。如热敏性成分是关键时，对温度进行测量；当食品是酸化食品时，则测量 pH。

监控方法：怎样监控关键限值和预防措施。监控必须提供快速或即时的结果，微生物检测耗时长且不容易掌握，应尽量避免。一般是用物理或化学的测量手段。如温度、酸度、水分活度、感官检查的监控。

监控频率：可以是连续的，也可以是非连续的，但最好连续监控。非连续监控是点控制，对样品及测定点要有代表性。非连续监控要规定科学的监控频率，此频率要能反映 CCP 危害特征。

监控人员：从事 CCP 监控的人员可以是流水线上的人员、设备操作者、监督员或质量保证人员。CCP 监控人员具备如下条件：受过 CCP 监控技术的培训，充分理解 CCP 监控的重要性，在监控的方便岗位作业，能对监控活动提供准确的报告，能即时报告 CL 偏离情况。

步骤 6：建立纠偏措施。

当关键限值出现偏离时，就有可能出现危害，这个时候需要采取纠偏措施。措施包括出现偏离的产品保存，并进行相关分析测试，评估产品的安全性，在此基础上，对不合格产品进行销毁；符合重新加工要求的，进行返工处理并达到产品的一致性；或将残次品加工成要求较低的另一种产品。

纠偏措施要解决两类问题：制定使工艺重新处于控制之中的措施，将 CCP 返到受控状态；对 CCP 失控时期生产的食品的处理办法，包括将失控生产的产品进行隔离、扣留、评估其安全性、原辅料及半成品等移作他用、重新加工或者销毁产品等。纠偏行动过程应做记录，包括产品确认，偏离的描述，所有的纠正措施包括受影响的产品的最终处理，采取纠偏措施的负责人姓名，必要时的评估结果。

步骤 7：建立验证程序。

验证目的：验证 HACCP 操作程序，是否适合产品，是否充分和有效控制工艺危害；验证所拟定的监控措施和纠偏措施是否合适和有效。

验证时需要对整个 HACCP 计划及其记录档案进行复查，具体内容包括：要求原辅料、半成品供货方提供产品的合格证明；检测仪器标准，并对仪器仪表矫正的记录进行审核；复查 HACCP 计划制订及其记录和有关文件；审查 HACCP 内容体系及工作日志与记录；复查纠偏情况记录和产品处理情况；CCP 记录及其控制是否正常；对中间产品和终产品的微生物检验；评价所制定的目标限值和操作限值，不合格产品的淘汰记录；调查市场供应中与产品有关的意想不到的卫生和腐败问题；复查已知的、假想的消费者对产品使用情况及反应记录。

验证过程可由食品企业自行实施，也可委托第三方机构实施，官方机构作为 HACCP 方法强制性实施的管理者，也可组织人员进行验证。

步骤8：建立记录保持系统。

HACCP 必须要有完整且准确的记录，具有历史可追溯性，一旦发生问题能从中查询产生问题的实际生产过程或排除某一过程产生问题的可能性。同时也提供一个有效的监控手段，使企业及时发现或调整加工工程中偏离 CCP 的趋势，防止生产过程失去控制。保存的文件有：说明 HACCP 系统的各种措施手段；用于危害分析采用的数据；与产品安全有关的所做出的决定；监控方法及记录；由操作者签名和审核者签名的监控记录；偏差与纠偏记录；审定报告等级 HACCP 计划表；危害分析工作表；HACCP 执行小组会上报告及总结。

各项记录表在归档前要严格审核，CCP 监控记录、限值偏差与纠正记录、验证记录、卫生管理记录等所有记录内容，要在规定的时间内及时交给工厂管理代表审核，通过审核，审核员要在记录上签字并写上日期。所有的 HACCP 记录归档后妥善保管，自生产之日起至少保存 2 年。

3）持续改进，回顾阶段　经过一段时间运行后，有必要对 HACCP 整个实施过程进行回顾与总结。当发生以下情况时，需要对整个 HACCP 体系进行重新检查：原料、产品配方发生变化；加工体系发生变化；工厂布局和环境发生变化；加工设备改进；清洁和消毒方案发生变化；重复出现偏差，或出现新的危害，或有新的控制方法；包装、储存和销售体系发生变化；人员等级和职责发生变化；从市场供应商反馈的信息表明有关于产品的卫生或腐败风险。总结检查工作所形成的正确的改进措施应编入 HACCP 方法中。

3.2.6　ISO 9000

随着经济全球化到来，需要有一个质量认证来制定一个国际标准，为不同国家和地区的顾客提供足够信任的产品。为此，1971 年国际标准化组织成立了认证委员会，该组织的主要任务是研制国际可行的认证制度，促进各国质量认证制度的统一。1987 年国际标准化组织质量管理和质量保证技术委员会发布 ISO 9000 族质量管理体系国际标准，该标准的发布为组织质量管理、实现质量目标、促进市场经济与国际贸易的发展、提高产品质量、消除贸易壁垒起着重大作用。ISO 9000 族标准是目前唯一一套关于质量管理的国际标准，它集中了各国质量管理专家和众多成功企业的经验，蕴含了质量管理的精华。

（1）ISO 9000 系列标准的产生与发展　ISO 9000 族标准是在总结了各个国家在质量管理与质量保证的成功经验基础上产生的，经历了由军用到民用，由行业标准到国家标准，进而发展到国际标准的发展过程。

第二次世界大战后，美国的军事工业高速发展，与此同时质量保证技术也随之一起发展。1959 年以来，美国国防部等发布了《质量保证大纲》等质量标准要求。英国、加拿大、法国、澳大利亚等国家也先后制定了有关质量管理和质量保证的国家标准。随着国际贸易的不断发展，不同国家、企业间的技术合作和贸易频繁，而每个国家质量标准的要求不同，企业为了获得更多的市场，不得不付出大代价去满足各个国家的质量标准要求。同时，有些国家为了保护本国企业，利用严格的标准和质量体系来阻挡外来商品，形成贸易壁垒。因此，许多质量工作者呼吁建立一套国际的、公认的、科学的、统一的质量管理体系，ISO 9000 族标准就此诞生了。

ISO 9000 族系列标准从 1987 年 3 月建立以来，经过多次修改，形成了 5 个版本。分别为

1987 版 ISO 9000 族标准；1994 版 ISO 9000 族标准；2000 版 ISO 族标准；2008 版 ISO 9000 族标准；2015 版 ISO 9000 族标准。

（2）ISO 9000：2015 系列标准的构成　ISO 9000：2015 系列标准由 4 个核心标准、1 个支持性标准、若干个技术报告和宣传性小册子构成。

1）4 个核心标准

（a）ISO 9000：2015 质量管理体系：描述了质量管理体系的基本原理，并规定了质量管理体系的术语。

（b）ISO 9001：2015 质量管理体系：规定了质量管理体系的要求，可用于组织证实其具有稳定地提供顾客要求和适用法律法规要求产品的能力，也可用于组织增强顾客满意；应用了以过程为基础的质量管理体系模式；提出的要求是通用的，旨在适用于各种类型、不同规模和提供不同产品的组织。

（c）ISO 9004：2018 可持续性管理——质量管理方法：帮助已按 ISO 9001 或其他管理体系标准建立管理体系的组织，在推进组织整体持续发展方面发挥作用。关注改进一个组织的总体业绩与效率，通过业绩持续改进，追求成熟的组织，ISO 9004：2018 推荐了指南。在组织有意愿并在合同条件下，ISO 9004：2018 可用于认证或成熟度评估。

（d）ISO 19011：2018 管理体系审核指南：规定了各类管理体系审核步骤、方法及要求，明确了审核方案管理和审核人员能力评价，其适合内、外部审核。

2）支持性标准　为帮助组织系统运用 1SO 9000 核心标准，实施或寻求改进其质量管理过程体系整体绩效，ISO/TC 176 委员会陆续制定了十多个支持性标准，包括管理体质量计划、文件管理以及客户满意、测量技术等，标准给出了详细的指南。例如，ISO 10001/GB/T 19010《质量管理 顾客满意 组织行为规范指南》、ISO 10002/GB/T 19012《质量管理 顾客满意组织 处理投诉指南》、ISO 10003/GB/T 19013《质量管理 顾客满意 组织外部争议解决指南》等。

3）技术报告　ISO 的技术报告（ISO/TR）是指 ISO 提供信息的文件。当 ISO 的技术委员会或分技术委员会在制定国际标准的过程中，对某一项目已经做出文件，但还没有达成共识或没有获得国际标准发布所需要的支持时，经正式成员多数赞同，就可以将这些信息以技术报告的形式出版，供临时使用。技术报告发布后三年内，通过评审决定是否将其转为国际标准。

4）宣传性小册子　质量管理原则、选择和使用指南、小型企业的应用。

（3）ISO 9000：2015 系列标准的特点　相对于 ISO 9000：2008，ISO 9000：2015 的显著特点是其适用于所有产品类别、不同规模和各种类型的组织；可根据实际需要删减某些质量管理体系要求；采用以过程为基础的质量管理体系模式，强调过程的联系和相互作用，逻辑性更强，相关性更好；强调质量管理体系是组织管理体系的一个组成部分，便于与其他管理体系相容；更注重质量管理体系的有效性和持续改进，减少了对形成文件的程序的强制性要求；将质量管理体系要求和质量管理体系业绩改进指南两个标准作为协调一致的标准使用。

（4）ISO 9000：2015 系列标准的管理原则

1）以顾客为关注焦点　组织的生存与发展依赖于顾客，因此，组织需了解顾客当前和未来的需求，满足顾客要求并争取超越顾客期望。企业需了解顾客现实与未来的需求和期望，将组织目标与顾客期望联系起来，同时将顾客的期望传达到整个组织，积极管理顾客关系以获得持续成功。

2）领导作用　领导者确立组织统一的宗旨和方向，创造条件使全员参与实现组织的质量目标。领导是质量方针的制定者和资源的分配者。他需要将组织的使命、愿景、战略、方针和过程传达到整个组织；创建并持续共同的价值观、公平感和伦理模式，使其体现于组织所有层级的行为上，建立信任和诚信的文化，激励、鼓励和认识到员工的贡献。

3）全员参与　为保证所有员工都参与质量管理，需采取必要的措施对员工进行必要培训，使全员都明白自身贡献对组织的重要性，以及清楚自己职责和应具备的职业素质，增强组织合作，促进对经验和知识的公开讨论和分享，创造员工畅所欲言的环境和氛围，启发全员积极提高自身的能力、知识和经验。

4）过程方法　当所有活动都能被了解和得到管理，且因相互作用而构成过程，这些过程相互关联而构成具有系统的功能，就可更有效且高效地实现一致的和可预见的结果。要做到：确定系统目标和实现这些目标的必要的过程；建立完善权利、责任和义务以管理这些过程；了解组织的能力和行动前确定资源的制约因素等。

5）持续改进　成功的组织需要专注于改进，使组织能适应外界环境变化的要求，提高竞争力。做到：使改进成为一种制度，促进组织各层级改进目标；教育和培训各层级员工，使其掌握基本工具和方法的应用，以实现改进目标；确保员工有能力成功推进和完成改进项目；跟踪、评审和审核改进项目的策划、实施、完成和结果；将改进的意见整合进新的或变更的产品和服务的开发及过程中等。

6）基于证据的决策　正确的决策需要管理者用科学的方法和理论，基于对数据和信息的准确分析和评估的决策才能产生比较理想的结果。这需要组织做到：能识别、测量和监视证明组织绩效的关键指标；使员工易于获取所有需要的数据；确保数据、信息足够精确、可信和安全；选择合适的方法分析和评价数据信息等。

7）关系管理　为获得持续成功，组织应管理其与相关方的关系，如供方、顾客、投资人等。组织要做到：识别利益相关方及其与组织的关系；识别需要管理的相关方关系并排序；建立关系以平衡短期利益和长期考虑；收集和分享与利益相关方的信息、专业知识和资源。

（5）ISO 9001：2015 标准的主要内容　ISO 9001：2015 是更加聚焦于质量管理体系的预期结果。ISO 9001：2015 标准主要内容由 10 个条款构成，其增强了不同管理体系标准的兼容性和符合性，便于每个标准的结构框架进行整合。这并不是一个强制性的要求，组织可以自行决定是否采用新版的标准结构、标题和术语。ISO 9001：2015 的 10 个条款内容如下所示：

1）范围　本标准为下列需求的组织规定了质量管理体系要求：需要证实其具有稳定地提供满足顾客要求和适用法律法规要求的产品和服务能力；通过体系的有效应用，以及保证符合顾客和适用的法律法规要求，旨在增强顾客的满意度。ISO 9001：2015 规定的所有要求是通用的，旨在适用于各种类型、不同规模和提供不同产品和服务的组织。

2）规范性引用文件　下述文件中的全部和部分内容在本标准中引用并在应用中不可或缺。凡是注日期的引用文件，该版本适用于本标准。凡未注日期的引用文件，引用文件的最新版本（包括修订版）适用于本标准。

3）术语和定义　采用 ISO 9000：2015《质量管理体系基础和术语》。

4）组织环境　组织应确定其宗旨和战略方向相关的、影响其实现质量管理体系预期结果的内外部因素；组织应对这些内外部因素和相关信息进行监视评审。同时要了解相关方的需求和期望；确定质量管理体系的范围和质量管理体系及其过程。组织应按要求建立、实施、保持和持续改进质量管理体系；组织应保持形成文件的信息以及支持过程运行，以及保留确认其过程按策划进行的文件信息。

5）领导力 最高管理者应证实其对质量管理体系的领导作用和承诺，同时以顾客为关注焦点，应证实其以顾客为关注焦点的领导力和承诺。最高管理者应制定、实施和保持质量方针的方针政策，且应确保整个组织内相关岗位的职责、权限得到分派、沟通和理解。

6）策划 主要包括应对风险和机遇的措施；质量目标及其实现的策划，组织应在质量管理体系所需的相关职能、层次和过程设定质量目标；变更的策划，当组织确定需要对质量管理体系进行变更时，要充分考虑变更目的与潜在后果、质量管理体系的完整性、资源的可获得性和责任权限的分配或再分配。

7）支持 组织需在资源、人员能力和意识等方面提供支持。组织应确定并提供为建立、实施、保持和持续改进质量管理体系所需的资源；确定其控制范围内的人员需具备相应的能力，同时可采取适当的教育或培训等，确保这些人员具备所需能力；应确保其控制范围内的相关工作人员知晓质量方针、相关质量目标等。最后需确定与质量管体系相关的内外部沟通，形成文件信息。

8）运行 组织应通过采取一系列措施，策划、实施和控制满足产品和服务要求所需的过程，确定产品和服务的要求；建立过程、产品和服务的内容准则；确定符合产品和服务要求所需的资源；按照准则实施过程控制；在需要的范围和程度上，确定并保持、保留形成文件信息等。

9）绩效评价 组织应确定需要监视测量的对象以及有效结果所需要的监视、测量、分析和评价方法，以及实施监视和测量的时机。组织应监视顾客需求和期望获得满足的感受程度，并分析和评价通过监视和测量获得的适宜数据和信息。

10）改进 组织应确定并选择改进机会，采取必要措施满足顾客需求和增强顾客满意度。

（6）ISO 9000 质量管理体系的建立与实施 质量管理体系的建立实施一般应包括 4 个阶段：质量体系的建立、质量体系文件的编制、质量体系的运行和质量体系的认证注册。

1）质量体系的建立 领导决策，统一思想，达成共识，才能使企业顺利通过实施 ISO 9000 质量管理体系，建立起有效的质量管理体系需制定质量方针、确立质量目标。

2）质量体系的编制 质量体系文件包括质量手册、程序文件、质量计划和质量记录。

（a）质量手册是开展质量活动的纲领性文件，是企业建立、实施和保证质量体系应长期遵循的文件。

（b）编制程序文件可对企业现有的文件和规章制度进行整理，然后按标准的要求加以修订和补充，应包括程序文件的目的和范围、应该做什么、谁来做、何时何地如何去做、使用什么材料和设备和如何进行控制。

（c）质量计划是针对特定的产品、项目和合同，规定专门的质量措施、资源和活动顺序的文件。

（d）质量记录是为已完成的活动或达到的结果提供客观证据的文件，要如实地记录企业质量体系中的每一要素、过程和活动的运行状态和结果，为评价质量体系的有效性，进一步健全体系提供依据。

3）质量体系的实施运行　质量体系的实施运行指的是执行质量体系文件并达到预期目标的过程，其根本问题就是把质量体系中规定的职能和要求，按部门、专业和岗位落实并严格执行。

4）质量体系认证注册　质量体系认证由第三方公开发布质量体系标准，对企业的质量体系实施评定，评定合格的颁发质量体系认证证书，并予以注册公布，证明企业在特定的产品范围内具有必要的质量保证能力。

3.2.7　ISO 22000

ISO 22000 是在 GMP、SSOP 和 HACCP 的基础上，同时整合了 ISO 9001：2000 的部分要求而形成的。因此它完全涵盖了 HACCP、GMP 和 SSOP 的要求，即满足 HACCP 认证的要求，但并不满足 ISO 9001 认证的要求。它的实施可以有效地识别和控制危害，降低生产成本，减少食品废弃，提高消费者信任度，降低商业风险，确保贸易畅通，促进国际贸易发展。

（1）ISO 22000 标准的应用范围　直接介入食品链中的一个或多个环节的组织，如饲料生产者、原料供应者、食品制造商、贮运经营者、经销商等。

间接介入食品链的组织，如设备供应商、包装材料和清洁剂等其他食品接触材料的供应者。

（2）ISO 22000 标准的特点。

1）标准的适用范围更广　ISO 22000 标准范围适用于食品链中所有类型的组织，表达了食品安全管理中的共性问题，而不是针对食品链中任何一类组织的特定要求。

2）与其他标准具有很强的兼容性　ISO 22000 是在 GMP、SSOP 和 HACCP 的基础上建立起来的，包含了这 3 类标准的主要内容，与它们具有较好的兼容性。该标准体系突出体系管理理念，将组织、资源、过程和程序都融合到体系中，体系结构和 ISO 9001 完全一致，既可单独使用，也可与 ISO 9001 整合使用，与 ISO 9000 兼容。

3）体现了对遵守食品法律法规的要求　ISO 22000 要求组织通过食品安全管理体系以满足与食品安全相关的法律法规要求。

4）强调交互式沟通的重要性　相互沟通是食品安全管理体系的关键要素，在食品链中沟通是必需的，以确保在食品链各环节中的所有相关食品危害都得到识别和充分控制。基于系统性危害分析所进行的沟通，有助于体现客户和供方关于可行性、需要和对最终产品影响的需求。

5）风险控制理论　最高管理者应关注有关食品安全的潜在紧急情况和事故，要能识别潜在的紧急情况和事故，并组织策划应急准备和措施实施。

6）建立可追溯性系统和对不安全产品实施撤回机制　标准提出了对不安全产品采取撤回的要求，同时要求组织建立从原料供应方到直接分销商的可追溯性系统，确保交付后的不安全产品能够及时、完全撤回，降低和消除不安全产品对消费者的伤害。

（3）ISO 22000 安全管理体系的内容　ISO 22000 是一个基于 HACCP 原理，协调自愿性的国际标准。可用于审核的标准，在结构上与 ISO 9001 一致。既是描述食品安全管理体系要求的使用指导标准，又是可供食品生产、操作和供应的组织认证和注册依据。

《ISO 22000—食品安全管理体系　食品链中各类组织的要求》标准包括 8 个方面内容，即范围、规范性引用文件、术语和定义、食品安全管理体系、管理职责、资源管理、安全产品的策划与实现、食品安全管理体系的确认、验证和改进。

3.3 食品原辅料监督管理

食品安全问题的解决很大程度上依赖于食品原料在生产过程中的安全控制。因此，食品安全人提出了"从农田到餐桌"全过程质量跟踪控制的理念。作为食品生产经营企业的主要负责人，应当落实企业食品安全管理制度，对本企业的食品安全工作全面负责。

对食品原料、食品添加剂和食品相关产品等物料的采购和使用的有效管理，是确保物料合格、保证最终食品产品安全的先决条件。食品生产者对于食品原料、食品添加剂、食品相关产品，应当查验供货者的许可证和产品合格证明；对无法提供合格证明的食品原料，应当按照食品安全标准进行检验；不得采购或者使用不符合食品安全标准的食品原料、食品添加剂、食品相关产品。

3.3.1 食品生产过程中原料的品质保障

企业的主要负责人应建立食品原料的采购、验收、投料、运输和贮存等管理规章制度，保障所使用的食品原料符合国家要求。

(1) 建立食品原料进货查验、记录制度。记录、凭证保存期限不得少于产品保质期满后6个月；没有明确保质期的，保存期限不少于两年。

(2) 应当查验食品原料供货商的许可证、产品合格证明等文件，对无法提供合格证明文件的食品原料，应当依照食品安全标准进行检验。食品原料必须经过验收合格后方可使用，不得将可危害人体健康和生命安全的物质用作食品的原辅料。

(3) 原料加工前应进行感官检验，必要时进行理化检验。

(4) 食品原料的运输和贮藏应避免日光直射、备有防雨防尘设施等；根据原料特点和卫生需要，必要时还应采取保温、冷藏等措施。

(5) 原料运输工具和容器应保持清洁、维护良好，必要时应进行消毒。原料不得与有毒、有害物品同时装运，避免交叉污染。

(6) 原料仓库设专人管理，建立良好管理制度，定期检查质量和卫生情况，及时清理变质或超过保质期的食品原料。

(7) 仓库出货顺序应遵循先进先出的原则，必要时应根据不同食品原料的特性确定出货顺序。

(8) 采购者应查阅申报产品涉及各原辅材料的采购文件，重点查阅主要原材料、食品添加剂的采购文件，评价采购结果和采购计划的一致性和制度规定的符合性。

(9) 对于采购验证制度而言，申报材料中的原辅材料应在国家法律法规、标准允许使用的范围内。且生产现场存储和使用的原辅材料、包装材料要一致；对于采购回收食品作为原料，采购验证不合格的原辅材料应与合格品严格区分并妥善处理。

(10) 对于投料而言，要现场询问投料人员如何对使用原料进行计量控制，检查是否如实填写投料记录表。检查企业是否使用不符合国家标准和卫生部公告要求的添加物质。

在上述管理的基础上，还应加强以下5个方面监管：

1）建立健全食品生产过程中原料的管理机制 食品原料的生产源头治理、强化农业投入品的监管和构建农资监管长效机制是农村农业部对放心农产品进入食品原料生产的重要措施。许多国家加强食品原料生产农资管理的核心问题是建立有害农资化学品风险评估和风险管理制度。所以，我国必须建立适合国情的农资化学品风险评估体系，可将风险评估结果作为制定风险管理对策的依据，确保有害农资化学品的使用量和残留限量低于允许水平，从而将风险降至最低。

2）加强对疫病疫情及微生物风险的控制 食品的致病微生物、农药残留、兽药残留、生物毒素、重金属等污染物质的污染和食源性疾病时有发生。抗生素、重金属残留超标、违禁药物等安全问题十分突出。所以对动物食品原料和农牧场生产源头对人体的侵害环节控制至关重要。这一环节也是 HACCP 体系全过程控制食品安全的关键控制点之一。

3）加强产地环境危害因素的监测与控制 由农业、畜牧业对化学品的过度依赖，致使农业生态环境不断恶化，食品成分中的污染物有增无减。食品药品监督管理等部门应加强食品安全的宣传教育，普及食品安全知识和科学使用投入化学品知识，鼓励各组织、食品生产经营者开展食品安全法律、法规以及食品安全标准和知识的普及工作，建立规范的农产品质量安全标准体系，开展食品原料产地环境、农业投入品和农产品质量安全的检测，推行无公害农产品、绿色食品、有机食品标准化的综合示范区、养殖区和示范农场。规范原料产品生产基地建设，强化疫情时动物疫病区的管理，积极开展农产品和食品认证工作，推广"公司+基地+标准化"模式。推广绿色或可持续的生产技术，利用生物技术和物理方法控制作物病虫害。农产品生产者应当按照食品安全标准和国家有关规定使用农药、兽药、肥料、饲料和饲料添加剂等农业投入品，严格执行农业投入品使用安全间隔期或者休药期的规定，不得使用国家明令禁止的农业投入品。禁止将剧毒、高毒农药用于蔬菜、瓜果、茶叶和中草药材等国家规定的农作物。推广应用高效低毒低残留农药和生物农药，并严格执行农业投入品使用安全间隔期或者休药期的规定。

4）建立食品安全追溯制度，加强食品原料监控体系的建立 食品安全全程追溯制度（food safety traceability system）是指国家食品生产经营者采用信息化手段采集、留存生产经营信息，从而进行追踪溯源的一种食品安全追溯体系。食品原料监控体系，就是要形成完善的关于食品生产环境、质量认证、监督管理、市场流通等方面的全过程食品原料控制体系。实行食品安全全程追溯制度，建立和完善食品安全可追溯系统是食品安全管理的一项重要手段。实行该制度，食品的来源地和生产流程可从网络中调出，消费者在购买前可以掌握供方信息。强化了产业链中各企业的责任意识，安全隐患企业将被迫退出市场，生产质量好的企业也可以扩大影响力。溯源制度也可以事先预测危害原因和风险程度，从而可以通过管理将生产过程中的风险降低到最低水平。我国《食品召回管理办法》中规定，在中华人民共和国境内，食品生产者发现其生产的食品不符合食品安全标准或者有证据表明可能危害人体健康的，应当立即停止生产，采取通知或者公告的方式告知相关食品生产经营者停止生产经营、消费者停止食用、召回和处置信息，监督食品生产经营者落实主体责任，并采取必要的措施防控食品安全风险。

5）不断完善农产品检测技术的国际化、标准化，保障我国食品原料的安全性 依据国际标准化组织、食品法典委员会、国际动物卫生组织、国际植物保护公约、国际乳品联合会等国际性标准化组织的食品安全标准，我国现有与农业有关的各类农业相关标准近万个。农业标准化是社会化大生产的必然产物，是农业产业化的必由之路，对于提高食品原料的质量和综合效益、规范农产品市场、优化农业结构将起到显著的促进作用。建立简便易行的快速监测方法，可在非实验室的条件下在现场对样品进行筛检，可快速确定食品原材料的安全性。

3.3.2 食品生产过程中食品添加剂的安全管理

食品添加剂（food additives）是指经国务院卫生行政部门批准并以标准、公告等方式公布的可以作为改善食品品质和色、香、味以及为防腐、保鲜和加工工艺的需要而加入食品的人工合成或者天然物质。对于食品生产过程中食品添加剂的控制，在上述食品生产过程中原料采购、原料验收、投料等原料的控制的基础上，食品添加剂生产者在食品的生产过程中使用的食品添加剂还应符合《食品安全国家标准　食品添加剂使用标准》（GB 2760—2014）。GB 2760—2014规定了我国食品添加剂的定义、范畴、允许使用的食品添加剂品种、使用范围、使用量和使用原则等。我国还制定了《食品安全国家标准　食品营养强化剂使用标准》（GB 14880—2012），对食品营养强化剂（food nutrient fortifier）的定义、使用范围、用量等内容进行了规定。此外我国还制定了《食品安全国家标准　食品添加剂生产通用卫生规范》（GB 31647—2018）。

（1）食品添加剂生产者应当建立食品添加剂出厂检验记录制度，查验出厂产品的检验合格证和安全状况，并保存相关凭证以及记录。凭证保存期限不得少于产品保质期满后6个月；没有明确保质期的，保存期限不得少于两年。

（2）食品添加剂经营者采购食品添加剂，应当依法查验供货者的许可证和产品合格证明文件，如实记录食品添加剂的相关信息并保存相关凭证。记录凭证保存期限与上述相同。食品添加剂必须经过验收合格后方可使用。

（3）运输食品添加剂的工具和容器应保持清洁、维护良好，并能提供必要的保护措施，避免交叉污染。

（4）食品添加剂的贮存应有专人管理，定期检查质量和卫生情况，及时清理变质或超过保质期的食品添加剂。

（5）仓库出货顺序应遵循先进先出的原则，必要时应根据食品添加剂的特性确定出货顺序。

（6）食品添加剂应当有标签、说明书，并在标签、说明书上载明《食品安全法》所规定的事项。

（7）受委托加工的食品添加剂，除应当按照产品质量和食品安全法律法规以及本规定的要求进行食品添加剂标识标注外，还应标明受委托生产者的名称、地址和联系方式等内容。

3.4 食品加工过程监督管理

县级以上质量监督局负责食品相关产品监督管理，主要监督内容有：

（1）采购食品包装材料、容器、洗涤剂等食品相关产品的合格证明文件，实行许可管理的食品相关产品还应查验供货者的许可证。

（2）食品包装材料等食品相关产品必须经过验收合格后方可使用。

（3）运输食品相关产品的工具等应保持清洁、维护良好，并能提供相应的保护措施，避免交叉污染食品。

（4）食品相关产品的贮存应有专人管理，定期检查品质和卫生情况，及时清理变质和超过保质期的食品相关产品。仓库出货顺序遵循先进先出原则。

食品原料、添加剂和包装材料等进入生产区域时应有一定的缓冲区域或外包装清洁措施，以降低污染风险；对于盛装食品原料、直接接触食品的包装材料的包装，其材质应稳定、无毒无害、不易受污染，符合卫生要求。原辅料的采购管理制度应涵盖申报产品涉及的所有原辅料。

生产工序、设备等生产关键环节控制是以《食品安全法》和其实施条例对食品的规定的内容为依据，立足我国食品行业生产现状，借鉴国际组织和发达国家食品安全监督和管理的先进措施。强化食品生产者是食品安全第一责任人的原则下，充分发挥食品企业的主观能动性，自主加强食品生产全过程的食品安全监管。通过危害分析方法明确生产过程中的食品安全关键环节，设立食品安全关键环节的控制措施。在关键环节所在区域，配备相关的文件以落实控制措施，如配料表、岗位操作规程等。主要监管的内容包括控制在生产工序、设备等环节中可能造成的生物、化学、物理污染以及对设计布局、设施设备、材质和卫生管理要求的控制。主要目的是提升对初级生产、设计设施、操作控制、维护和卫生、个人卫生、运输、产品信息和消费者的意识、培训等生产过程各个环节的质量要求，达到既能满足食品生产环节和食品行业食品安全管理的需要，又可推动食品安全质量与行业管理水平的提升。对于食品生产经营企业，应高度重视生产工序、设备等食品生产环节过程中潜在的危害控制，通过HACCP体系明确生产过程中食品安全关键环节，并通过科学依据和行业经验，设立食品安全关键质量控制点的控制程序和作业指导书中各关键控制参数（图3-3）。以加强食品生产环节过程中的生物污染、化学污染和物理污染的风险控制。

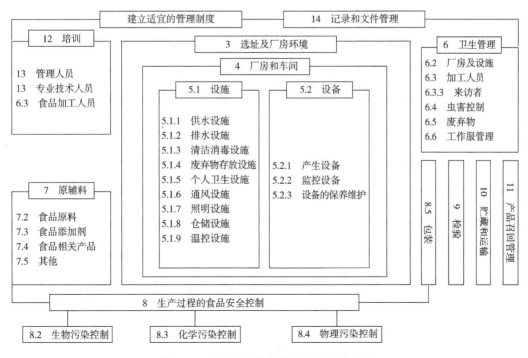

图3-3 标准条款分布情况及内在联系图

3.4.1 食品加工过程生物污染的控制

微生物监控包括环境微生物监控和加工过程微生物监控。微生物是导致食品污染、腐败变质的重要原因。企业应根据食品安全法规和行业标准，结合生产实际情况确定微生物监控指标及其限值、监控时点和监控频次。企业应根据原料、产品和工艺特点，针对生产设备和环境制定完善有效的清洁消毒制度，降低微生物污染的风险，做好食品加工过程微生物控制，做好记录；要及时验证消毒效果、发现问题并及时纠正，以确认所采取的清洁消毒措施能够有效地控制微生物。

对于微生物的监控，根据产品特点确定关键控制环节，进行微生物监控；必要时应建立食品加工过程的微生物监控程序，包括生产环境微生物监控和过程产品微生物监控（图 3-4）。食品加工过程微生物监控程序应包括微生物监控指标、取样点、取样和检测方法、监控频率、评判原则和整改措施等。微生物监控应包括两个方面，一是致病菌监控，二是指示菌监控。食品加工过程微生物监控结果应能反映食品加工过程中对微生物污染的控制水平。监控指标主要以指示微生物（如菌落总数、大肠菌群等）为主，配合必要的致病菌。监控对象包括食品接触表面、与食品或食品接触表面邻近的接触表面、加工区内环境空气、加工中的原料、半成品和产品，以及半成品、产品经过杀菌工艺后容易引起微生物繁殖的区域。

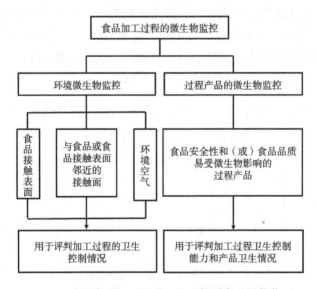

图 3-4　食品加工过程的微生物监控对象及监控作用

对于微生物的监控，在采样方案中通常包含一个已确定的最低采样量，若有证据表明该产品被污染的风险增加，应针对可能导致污染的环节，细查清洁、消毒措施执行情况，可适当增加采样频次、采样点数量和采样量。环境监控以接触表面涂抹取样为主，空气监控以沉降取样为主，检测方法应根据监控指标进行选择，参照相关的标准检测方法进行检测。

对于监控结果，企业可依据监控指标限值进行评判环境微生物是否处于可控状态，环境微生物监控限值可根据微生物控制的效果和其对食品安全性的影响来确定。当卫生指示菌监控结果出现波动时，应当从清洁消毒措施的方面进行考虑评估，同时应增加监控频次。若检出致病菌，应对致病菌进行溯源，找出致病菌出现的环节和部位，并采取有效的清洁消毒措施，预防和杜绝类似情形发生，确保环境卫生和食品安全。

3.4.2 食品加工过程化学污染的控制

建立防止化学污染的管理制度，应对可能污染食品的原料带入、加工过程中的使用、污染或产生的化学物质等因素进行分析，如重金属、农兽药残留、清洁用化学品和实验室化学试剂等，分析可能导致食品加工中的污染源和污染途径，制定适当的计划和程序以控制食品加工过程化学污染。对清洁消毒剂等需做到专人管理、定点放置和清晰标识，以及做好领用记录等。除清洁消毒必需和工艺需要，生产场所中不应使用和存放可能污染食品的化学产品。建立和完善食品添加剂的使用制度，按照 GB 2760—2014 的要求使用食品添加剂。生产设备上可能直接或间接接触食品的活动部件若需润滑，应使用食用油脂或能保证食品安全要求的其他油脂；对于食品添加剂、清洁消毒剂等均应妥善保存，且应明显标示分类储存，做好领用台账记录。不得在食品加工中添加食品添加剂以外的非食用化学物质和其他可能危害人体生命健康的物质。同时关注食品在加工过程中产生的有害物质情况，完善控制计划和控制程序，有效降低其风险。

3.4.3 食品加工过程物理污染的控制

在物理污染控制方面，建立防止异物污染的管理制度，注重异物管理，如玻璃、金属、毛发、木屑等，分析可能引起食品污染的污染源和污染途径，并制定相应的计划和程序以控制食品加工过程物理污染。采用筛网、捕集器、金属检查器等避免异物、碎屑等污染食品装置和正确穿戴工作服帽、灯具防护、门窗管理和虫害防控等有效措施，降低金属和其他异物污染食品的风险。同时，通过设备维护、卫生清洁管理、现场管理、外来人员管理和加工过程监督等措施，最大程度地降低食品受到金属、玻璃、塑胶等异物污染的风险。进行维护、维修和施工等工作时，应采取相应的措施避免异物、碎屑等污染食品。

3.4.4 食品出厂检验控制

检验控制是验证食品生产过程管理措施有效性、确保食品安全的重要手段。《食品安全法》要求生产者对食品自检，食品生产企业应当建立食品出厂检验记录制度，查验出厂食品的检验合格证和安全状况，如实记录食品的名称、规格、数量、生产日期或者生产批号、保质期、检验合格证号、销售日期以及购货者名称、地址、联系方式等内容，并保存相关凭证。

食品生产企业自行检测，应符合下列规定：

（1）企业应具备必要的检验设备、计量器具和相关辅助设备，应依法经检验合格和校准；化学剂应完好齐备并在有效使用期。

（2）检验人员应具备相应能力，经国家职业技能鉴定部门培训考核后持证上岗。

（3）每年必须按食品安全标准进行两次以上的全项检验，并与标准制定检验机构进行一次对比检验，同时建立并保存比对记录。

（4）食品生产企业应保存出厂食品的原始检验数据的原始检验报告记录，包括检验食品的名称、规格、数量、生产日期、生产批号、执行标准、检验结论、检验人员、检验合格证号或检验报告编号、检验时间、购置名称及联系方式、销售日期等记录内容。

（5）食品生产企业应按规定保存出厂检验留存样品，留存样品应与出厂检验样品数量等量，食品保质期少于两年的，保存期限不得少于两年。

除了食品生产企业自行检测，还可以委托《食品安全法》规定的食品检验机构检测。食品检验机构按照国家有关认证认可的规定取得资质认定后，方可从事食品检验活动。即检验机构应当符合《食品检验机构资质认定条件》，并按照国家有关认证认可的规定取得资质认定后，方可在资质有效期和批准的检验能力范围内开展食品检验工作，法律法规另有规定的除外。承担复检工作的检验机构还应按照相关规定取得食品复检机构资质。成品出厂检验由食品检验机构指定的检验人独立进行，实行食品检验机构与检验人负责制。检验机构和检验人对出具的食品检验报告及检验工作行为负责，并承担相应法律责任。

县级以上食品药品监督管理部门应对成品出厂检验进行定期或者不定期的抽样检验，并依据有关规定公布检验结果，不得免检。进行抽样检验，应当购买抽取的样品，委托符合本法规定的食品检验机构进行检验，并支付相关费用；不得向食品生产经营者收取检验费和其他费用。除此之外，在检验中还应综合考虑成品出厂检验产品的特性、工艺特点等因素，确定检验项目和检验频次以有效验证生产过程中的控制措施。净含量、感官指标和其他容易受生产过程影响而变化的检验项目的检验频次应大于其他检验项目。同一品种不同包装的产品，不受包装规格和包装形式影响的检验项目可以一并检验。

1）抽（采）样和样品的处置控制　食品药品监督管理部门可以自行抽样或者委托具有法定资质的食品检验机构承担食品安全抽样工作。对于承担食品安全监督抽检抽样任务的机构和人员不得提前通知被抽样的食品生产经营者。食品安全监督抽检的抽样人员可以从食品生产者的成品库待销产品中或者从食品经营者仓库和用于经营的食品中随机抽取样品，不得由食品生产经营者自行提供样品。食品安全监督抽检的抽样人员在执行抽样任务时应当出示监督抽检通知书、委托书等文件及有效身份证明文件，并不得少于两人。

建立食品抽样管理制度。明确承担抽（采）样工作的检验机构应当建立食品抽（采）样工作程序，制定抽（采）样计划，明确技术要求，规范抽（采）样流程，加强对抽（采）样人员的培训考核，保证抽（采）样工作质量。食品安全监督抽检中的样品应当现场封样。复检备份样品应当单独封样，交由承检机构保存。抽样人员应当采取有效的防拆封措施，并由抽样人员、被抽样食品生产经营者签字或者盖章确认。食品安全监督抽检的抽样人员可以通过拍照、录像、留存购物票据等方式保存证据。食品安全监督抽检的抽样人员应当使用规范的抽样文书，详细记录抽样信息。记录保存期限不得少于两年。抽样人员发现食品生产经营者存在违法行为、生产经营的食品及原料没有合法来源或者无正当理由拒绝接受食品安全抽样的，应当报告有管辖权的食品药品监督管理部门进行处理。

风险监测、案件稽查、事故调查、应急处置中的抽样，不受抽样数量、抽样地点、被抽样单位是否具备合法资质等限制。检验机构应当按照相关标准、技术规范、样品标签标志或委托方的要求进行样品的抽取或采集、运输、流转，确保样品的代表性、完整性、安全性和稳定性，并保存相关记录。对有特殊储存和运输要求的样品，抽样人员应当采取相应措施，保证样品贮运过程符合国家相关规定和包装标示的要求，不发生影响检验结论的变化。

检验机构应有样品的标志系统，并规范样品的接收、存储、流转、准备、保护、处置等工作，确保样品在整个检验期间处于受控状态，避免混淆、污染、损坏、丢失或者其他意外情况出现，影响检验工作的进行或者造成危害。样品的保存期限应满足相关法律法规、标准或委托方要求。

检验机构应在委托检验合同中明确对样品的处理方式，建立超过保存期样品无害化处置程序并保存相关审批、处置记录。样品处置过程应保障客户的所有权和信息安全。

2）检验环节的控制　建立实验室管理制度，明确各检验项目的检验方法。成品出厂检验由检验机构指定的检验人独立进行，检验应严格依据检验标准，确保标准中相关要求的有效实施。因实际情况，对标准检验方法的合理性偏离，应经确认或验证，并在有文件规定、经批准和客户接受的情况下实施。

检验机构应当对检验工作如实进行记录，原始记录应当有检验人员的签名或者等效标志，确保检验记录信息完整、可追溯、复现检验过程。检验机构应当建立结果复核程序，在出现检验结果不合格或检验结果显示存在风险因素时进行复核确认并保存记录。对依照《食品安全法》规定实施的检验结论有异议的，食品生产经营者可以自收到检验结论之日起 7 个工作日内向实施抽样检验的食品药品监督管理部门或者其上一级食品药品监督管理部门提出复检申请，由受理复检申请的食品药品监督管理部门在公布的复检机构名录中随机确定复检机构进行复检。复检机构出具的复检结论为最终检验结论。复检机构与初检机构不得为同一机构。复检机构名录由国务院认证认可监督管理、食品药品监督管理、卫生行政、农业行政等部门共同公布。采用国家规定的快速检测方法对食品进行抽查检测，被抽查人对检测结果有异议的，可以自收到检测结果时起 4 小时内申请复检。复检不得采用快速检测方法。食品生产企业可以自行对所生产的食品进行检验，也可以委托符合本法规定的食品检验机构进行检验。

因风险监测、案件稽查、事故调查、应急处置等工作需要，无规定的标准检验方法或现有标准检验方法无法满足需求时，检验机构可以采用经确认的食品非标准检验方法，但应当遵循科学、先进、可靠的原则，并由组织检验工作的政府相关部门同意后方可使用。

3）检验结果报告的控制　成品出厂检验报告应当有检验机构资质认定标志以及检验机构公章或经法人授权的检验机构检验专用章，并有授权签字人的签名或者等效标志。电子版检验报告经具备资质的第三方服务商对相关盖章和签名进行认证后，具有与纸质版检验报告同等法律效力。检验机构应严格按照相关法律法规关于检验时限规定、委托检验合同约定和客户要求在规定的期限内完成委托检验工作，出具结果报告。

检验机构应建立信息上报制度，在检验工作中，发现食品安全监督抽检的抽样检验结论表明不合格食品可能对身体健康和生命安全造成严重危害的，食品药品监督管理部门和承检机构应当按照规定立即报告或者通报。县级以上地方食品药品监督管理部门组织的监督抽检，检验结论表明不合格食品含有违法添加的非食用物质，或者存在致病微生物、农兽药残留、重金属以及其他危害人体健康的物质严重超出标准限量等情形的，应当逐级报告至国家食品药品监督管理总局。对带有区域性、系统性、行业性食品安全风险隐患的，检验机构应当及时向行政区域内县级以上食品药品监督管理部门报告，并保留书面报告复印件、检验报告和原始记录。被抽检的食品生产经营者和标称的食品生产者可以自收到食品安全监督抽检不合格检验结论之日起 5 个工作日内，依照法律规定提出书面复检申请并说明理由。同意复检的，复检申请人应当在复检机构同意复检申请之日起 3 个工作日内向组织开展监督抽检的食品药品监督管理部门和初检机构提交复检机构名称、资质证明文件、联系人及联系方式、复检申请书、复检机构同意复检申请决定书等材料，复检机构应当在同意复检申请之日起 3 个工作日内按照样品保存条件从初检机构调取样品。

4）检验质量管理的控制。

（a）管理体系：检验机构应当健全组织机构，明确职责和权限，建立、实施和保持与检验工作相适应的管理体系。

（b）人员培训考核：检验机构应当建立健全人员持证上岗制度，规范人员的录用、培训、管理，加强对人员关于食品安全法律法规、标准规范、操作技能、质量控制要求、实验室安全与防护知识和数据处理知识等的培训考核，确保人员能力持续满足工作需求。从事特殊专业检验的人员，应当依照相关法律法规要求取得相应的专业人员资格。检验机构不得聘用国家法律法规禁止从事食品检验工作的人员。

（c）设备与标准物质：检验机构应建立健全仪器设备、标准物质、标准菌（毒）种档案，规范管理，加强量值溯源，保证仪器设备、标准物质、标准菌（毒）种的正常使用并准确可靠。

（d）采购验收：检验机构应当规范对影响检验结果的标准物质、标准菌（毒）种、血清、细胞、试剂和消耗材料等供应品的购买、验收、储存等工作，并定期对供应商进行评价，列出合格供应商名单。实验动物的购买、验收、使用还应满足国家相关规定要求。

（e）文件管理：检验机构应密切关注食品安全风险信息和食品行业的发展动态，及时收集政府相关部门发布的食品安全和检验检测相关法律法规、公告公示，确保管理体系内部和外部文件的有效。检验机构应定期开展食品标准查新，及时进行更新标准的确认，并向资质认定发证机构申请标准变更，防止使用失效标准。

（f）档案管理：检验机构应建立健全档案管理制度，指定专人负责，并有措施确保存档材料安全性、完整性。档案保存期限应满足相关法律法规要求和检验工作追溯需要。

（g）环境设施：检验机构应当确保其环境条件不会使检验结果无效，或不会对所要求的检验质量产生不良影响。对相互影响的检验区域应当有效隔离，互不干扰。微生物实验室和毒理学实验室生物安全等级管理应当符合国家相关规定。毒理学实验室动物饲养、试验设施还应当满足国家关于相应级别动物房管理要求。

（h）内部质量活动：检验机构应当对检验工作实施内部质量控制和质量监督，有计划地进行内部审核和管理评审，采取纠正和预防等措施定期审查和完善管理体系，不断提升检验能力，并保存质量活动记录。

（i）内部质控方式：检验机构应当定期采取加标回收、样品复测、人员比对、仪器比对、空白对照、质控图等方式，加强内部质量控制，确保检验结果准确可靠。毒理学实验室还应采用溶剂对照、阳性对照等方式，保证数据结果准确。

（j）承担政府委托：检验工作要求承担政府相关部门委托检验的机构应当制定相应的工作制度和程序，实施针对性的专项质量控制活动，严格按照任务委托部门制定的计划、实施方案和指定的检验方法进行抽（采）样、检验和结果上报，不得有意回避或者选择性抽样，不得事先有意告知被抽样单位，不得瞒报、谎报数据结果等信息，不得擅自对外发布或者泄露数据。根据工作需要，检验机构应接受任务委托部门安排，完成稽查检验和应急检验等任务。

（k）能力验证领域和频次：检验机构应当在营养成分、重金属、添加剂、药物残留、污染物、微生物、毒理学检测、理化性能等方面每年至少参加一次实验室间比对试验或能力验证，在毒素和转基因检测方面每两年至少参加一次实验室间比对试验或能力验证，并针对可疑或不满意结果采取有效措施进行改进。

（1）信息化要求：运用计算机与信息技术或自动设备系统对检验数据和相关信息采集、记录、处理、分析、报告及存储的，以及开展实验室质量管理、业务流程管理、数据记录集中管理的，检验机构应对上述工作与认证认可相关要求和本规范附件要求的符合性与适宜性进行完整的确认，并保留确认记录。

3.5 食品包装过程监督管理

包装材料的安全是食品安全不可缺少的重要一环。食品包装的主要目的是保护食品质量与安全，食品包装材料质量的好坏直接影响食品的质量安全，目前已受到全世界高度关注，相关国际组织和各国政府都加强了食品包装的研究，并实行严格的监管措施。为加强和规范食品监督管理和市场销售行为，保障食品质量安全，食品药品监督管理总局于 2016 年 1 月颁发制定了《食品市场销售质量安全监督管理办法》。《食品安全法》和《食品市场销售质量安全监督管理办法》对食品的包装、运输、贮存、销售等过程做出明确规定。食品包装安全与食品安全息息相关，加强食品包装安全性监管，不仅保障了食品安全，更保障了消费者的健康。

3.5.1 我国食品包装材料的监管法律法规依据

我国颁布了食品容器、包装材料及加工助剂的国家卫生标准，并出台了一系列产品的卫生管理办法，作为对各类食品包装容器、材料进行监管的法律法规依据。国家质量监督检验检疫总局于 2006 年 7 月发布了《关于对食品用塑料包装、容器、工具等制品实施市场准入制度的公告》以及相关的通则和审查细则，并于 9 月 1 日正式启动 3 大类 39 种食品用塑料包装、容器、工具等制品市场准入制度。随后，由卫生部、农业部、国家工商行政管理总局、国家质量监督检验检疫总局和食品药品监督管理总局等七部门联合发布的《关于开展食品包装材料清理工作的通知》中要求，所有应用于食品包装的单体、添加剂、树脂等进行自查清理。2011 年 10 月，国家食品安全风险评估中心成立，负责我国食品和其包装材料安全风险评估、监测预警等工作。为了规范食品包装材料的生产和流通，国家食品安全风险评估中心和国际化学品制造商联合起草了《食品容器、包装材料生产通用卫生规范》，规定了食品包装材料从采购、加工、运输、储存等环节的场所、设施、人员的基本卫生要求和管理准则。

目前我国已颁布了一系列关于食品包装、材料的政策法规和国家卫生标准，主要有：

《食品用塑料包装、容器、工具等制品市场准入通知》（2006）、《食品用塑料包装、容器、工具等制品生产许可审查细则》（2006）、《食品用塑料包装、容器、工具等制品市场准入查处》(2007)、《关于印发食品用纸包装、容器等制品生产许可的通知》(2007)、《关于开展食品用纸包装、容器等制品生产许可证无证查处工作的公告》(2009)、《关于开展食品包装材料清理工作的通知》(2009)、《餐饮服务食品安全监督管理办法》(2010)等。

《食品安全国家标准 食品接触用塑料树脂》(GB 4806.6—2016)、《食品安全国家标准 食品接触用塑料材料及制品》(GB 4806.7—2016)、《食品安全国家标准 食品接触用纸和纸板材料及制品》(GB 4806.8—2016)、《聚烯烃填充母料》(QB 1126—1991)、《食品包装用聚乙烯、聚苯乙烯、聚丙烯成型品卫生标准的分析方法》(GB/T 5009.60—2003)、《包装用塑料复合膜、袋 干法复合、挤出复合》(GB/T 10004—2008)、《液体食品无菌包装用纸基复合材料》(GB/T 18192—2008)、《塑料制品的标志》(GB/T 16288—2008)、《塑料一次性餐饮具通用技术要求》(GB 18006.1—2009)、《纸和纸板亮度 D65 亮度最高限量》(GB/T 24999—2018)、《食品包装用纸与塑料复合膜、袋》(GB/T 30768—2014)等。

3.5.2 食品包装规定

进入市场销售的食品在包装中使用保鲜剂、防腐剂等食品添加剂和包装材料等食品相关产品,应符合国家食品安全标准。对国内生产的食品包装要求如下:

(1)食品应按照规定包装或附加相关说明标签,在包装或者附加标签后方可销售。

(2)包装或者标签上应当按照规定标注产品名称、产地、生产者、生产日期等内容;对保质期有要求的,应当标注保质期;保质期与贮藏条件有关的,应当予以标注。

(3)有质量分级标准或使用食品添加剂的,应标明产品等级或者食品添加剂名称。

(4)食品标签所用文字应当使用规范的中文,标注的内容应当清楚、明显,不得含有虚假、错误或其他误导性内容。

(5)销售获得无公害农产品、绿色食品、有机农产品等认证的食品以及省级以上农业行政部门规定的其他需要包装销售的食品应当包装,并标注相应标志和发证机构,鲜活畜、禽、水产品等除外。

(6)销售未包装的食品,应当在柜台明显位置如实公布食品名称、产地、生产者或销售者名称或者姓名等信息。

(7)鼓励采取附加标签、标示带、说明书等方式标明食品名称、产地、生产者或者销售者名称、保存条件和最佳食用期等内容。

进口食品包装、标签要求如下:

(a)进口食品的包装标签应当符合我国法律法规和食品安全国家标准,并注明原产地、境内代理商的名称、地址、联系方式。

(b)进口鲜冻肉类产品的包装应标明产品名称、原产地区、生产企业及地址、企业注册号、生产批号;外包装上应当以中文标明规格、产地、生产日期、保质期、贮藏温度等。

(c)分装销售的进口食品,应当在包装上保留原进口食品全部信息和分装企业、分装时间、地点、保质期等信息。

3.5.3 我国各类食品包装材料的管理

随着食品工业和化学工业的快速发展,食品包装材料从木、纸、陶瓷、玻璃、金属等发展到现在的塑料、橡胶、涂料、复合材料等制品。由于这些材料中可能含有某些有害的化学物质，会缓慢迁移或溶解到食品中，对食品安全性造成一定的威胁，需引起重视。

不同的包装材料，可能污染食品的物质也不同，况且包装的食品种类也不同，其污染程度也有一定的差异。目前各国均以模拟溶媒测定包装对食品的污染程度，并且根据污染程度来限制包装材料及容器的使用范围。我国食品包装安全标准和管理规范中不仅对包装材料、包装容器和生产中使用添加剂有严格的要求，限制使用品种和最高用量；也对各种食品包装用的树脂、树脂成型品和涂料分别规定了安全卫生标准，以确保食品包装材料和容器的安全性。

（1）纸制品的安全 纸浆生产过程需加入施胶剂（防渗剂）、填料、漂白剂、染色剂等添加剂。这些添加剂应该无毒或低毒，添加量应符合相关标准法规，生产加工食品包装用原纸的原料须经省级食品卫生监督机构审批后方可使用。与食品直接接触的包装纸不得采用回收废纸作原料，禁止添加荧光增白剂等有害助剂。食品包装纸用蜡应采用食品级石蜡，不得使用工业级石蜡。印刷油墨、颜料应符合食品卫生要求，印刷层不得与食品直接接触。食品包装用原纸及其制品应符合《食品安全国家标准 食品接触用纸和纸板材料及制品》（GB 4806.8—2016），并经检验合格后方可出厂。

（2）金属容器的安全 金属容器材料一般为箔（铝箔或锡箔）和金属板材（镀锡板、铝板等）。铝容器对使用铝材质纯度要求非常高，且需在罐内涂上涂料。国家对食品接触的铝制品容器的卫生标准规定，在4%乙酸浸泡液中，锌≤1 mg·L^{-1}，镉≤0.021 mg·L^{-1}，砷≤0.041 mg·L^{-1}，精铝≤0.21 mg·L^{-1}，回收铝≤51 mg·L^{-1}。

我国《食品安全国家标准 食品接触用金属材料及制品》（GB 4806.9—2016）规定：不锈钢食具容器及食品生产经营工具、设备的主体部分应选用奥氏体型不锈钢、奥氏体·铁素体型不锈钢、铁素体型不锈钢等不锈钢材料；不锈钢餐具和食品生产机械设备的钻磨工具等的主体部分也可采用马氏体型不锈钢材料。用4%乙酸煮沸30 min，再室温浸泡24 h，各金属溶出量限制：Pb≤0.05 mg·kg^{-1}，Cr≤2.0 mg·kg^{-1}，Ni≤0.5 mg·kg^{-1}，Cd≤0.02 mg·kg^{-1}，As≤0.04 mg·kg^{-1}。

（3）陶瓷与搪瓷制品的安全 陶瓷与搪瓷虽有质地差异，但其表面均经过上釉加工，所用的釉是硅酸钠和各种金属盐，含铅较多。瓷器还采用各种颜料做加彩装饰，可引起容器中铅和镉的溶出，带来食品安全问题。世界各国对上釉瓷器的金属（Pb和Cd）溶出量都有限制标准。有些国家还规定了其他的金属限量。我国《食品安全国家标准 陶瓷制品》（GB 4806.4—2016）对陶瓷食具容器的卫生标准规定储存罐以4%乙酸，浸24 h，溶出量Pb≤0.5 mg·L^{-1}，Cd≤0.25 mg·L^{-1}。

（4）玻璃制品的安全 玻璃容器的常规溶出物主要为氧化硅和钠的氧化物，对食品的感观性质没有明显的影响，一般认为玻璃瓶罐作为食品包装容器是安全的。但有色玻璃生产需用着色剂，如茶色玻璃需添加石墨，蓝色玻璃需添加氧化钴，深褐色玻璃需要用重铬酸钾，无色玻璃需用硒，因此也要严格控制金属盐的添加量及杂质含量。

（5）塑料制品的安全 塑料多为混合物，塑料构成成分除树脂外还有多种添加剂，合成树脂是由各种单体聚合而成的。塑料品种多，安全问题比较复杂，由于各种复合塑料的构成和生产方法不同，其安全问题也不同。国家对几种常用的食品包装用塑料成型品、食品容器漆酚涂料、罐头内壁脱模涂料等涂料都制定有各项安全卫生标准，同时规定了控制 PVC 单体含量、蒸发残渣、高锰酸钾消耗量和重金属残留量等指标。合成树脂、加工塑料制品应当符合各自的安全、卫生标准，通过检验合格后才可出厂，凡不符合安全、卫生标准的，不得经营和使用。生产塑料食具、容器、包装材料不得使用回收塑料，所使用的添加剂应符合相应的标准，酚醛树脂不得用于制作食具、容器、生产管道、输送带等直接接触食品的材料。

彩色塑料制品和彩印塑料制品一般均有一定的毒性，主要来自着色剂等添加剂。有研究指出有色塑料袋上的铅含量为：橙色最高，其次为绿色，红色，黄色，蓝色及白色。因此，与食品接触的塑料尽量不加着色剂或者严格控制添加量。

（6）橡胶制品的安全　橡胶制品主要应用于包装容器的密封垫圈和密封胶、奶嘴、输送管道、手套等。橡胶加工过程要加入防老剂、硫化剂、填充剂、促进剂及着色剂等。防老剂有致癌作用；促进剂 TMTD 在体内有蓄积作用，并会引起肝脏病变；这些物质在橡胶使用过程中会转移到食品中，对人体健康造成危害，所以要加以限量或禁止使用。

3.6　食品贮藏与物流过程监督管理

食品贮藏应根据食品的特点和卫生需要选择适宜的贮存、运输条件，必要时应配备保温、冷藏、保鲜等设施。不得将食品与有毒、有害或有异味的物品一同贮存运输。应建立和执行适当的仓储制度，发现异常应及时处理。贮存、运输和装卸食品的容器、工具和设备应当安全、无害，保持清洁，降低食品污染的风险。贮存和运输过程中应避免日光直射、雨淋、显著的温湿度变化和剧烈撞击等，防止食品受到不良影响。

3.6.1　食品贮存与运输概述

《食品安全法》对食品贮存与运输做出如下规定：

（1）具有与生产经营的食品品种、数量相适应的食品原料处理和食品加工、包装、贮存等场所，保持该场所环境整洁，并与有毒、有害场所以及其他污染源保持规定的距离。

（2）贮存、运输和装卸食品的容器、工具和设备应当安全、无害，保持清洁，防止食品污染，并符合保证食品安全所需的温度、湿度等特殊要求，不得将食品与有毒、有害物品一同贮存、运输。

（3）食品经营者应当按照保证食品安全的要求贮存食品，定期检查库存食品，及时清理变质或者超过保质期的食品。食品经营者贮存散装食品，应当在贮存位置标明食品的名称、生产日期或者生产批号、保质期、生产者名称及联系方式等内容。

（4）餐饮服务提供者应当定期维护食品加工、贮存、陈列等设施、设备；定期清洗、校验保温设施及冷藏、冷冻设施。

（5）进入市场销售的食用农产品在包装、保鲜、贮存、运输中使用保鲜剂、防腐剂等食品添加剂和包装材料等食品相关产品，应当符合食品安全国家标准。

（6）违反《食品安全法》规定，未按要求进行食品贮存、运输和装卸的，由县级以上人民政府食品药品监督管理等部门按照各自职责分工责令改正，给予警告；拒不改正的，责令停产停业，并处一万元以上五万元以下罚款；情节严重的，吊销许可证。

3.6.2 食用农产品贮存规定

《食用农产品市场销售质量安全监督管理办法》对食用农产品销售者的销售和贮存场所、设施设备要求如下：

（1）集中交易市场开办者应当按照食用农产品类别实行分区销售。集中交易市场开办者销售和贮存食用农产品的环境、设施、设备等应当符合食用农产品质量安全的要求。

（2）销售者应当具有与其销售的食用农产品品种、数量相适应的销售和贮存场所，保持场所环境整洁，并与有毒、有害场所以及其他污染源保持适当的距离。

（3）销售者应当具有与其销售的食用农产品品种、数量相适应的销售设备或者设施。

销售冷藏、冷冻食用农产品的，应当配备与销售品种相适应的冷藏、冷冻设施，并符合保证食用农产品质量安全所需要的温度、湿度和环境等特殊要求。

鼓励采用冷链、净菜上市、畜禽产品冷鲜上市等方式销售食用农产品。

（4）销售者贮存食用农产品，应当定期检查库存，及时清理腐败变质、油脂酸败、霉变生虫、污秽不洁或者感官性状异常的食用农产品。

销售者贮存食用农产品，应当如实记录食用农产品名称、产地、贮存日期、生产者或者供货者名称或者姓名、联系方式等内容，并在贮存场所保存记录。记录和凭证保存期限不得少于6个月。

（5）销售者租赁仓库的，应当选择能够保障食用农产品质量安全的食用农产品贮存服务提供者。

贮存服务提供者应当按照食用农产品质量安全的要求贮存食用农产品，履行下列义务：

（a）如实向所在地县级食品药品监督管理部门报告其名称、地址、法定代表人或者负责人姓名、社会信用代码或者身份证号码、联系方式以及所提供服务的销售者名称、贮存的食用农产品品种、数量等信息。

（b）查验所提供服务的销售者的营业执照或者身份证明和食用农产品产地或者来源证明、合格证明文件，并建立进出货台账，记录食用农产品名称、产地、贮存日期、出货日期、销售者名称或者姓名、联系方式等。进出货台账和相关证明材料保存期限不得少于6个月。

（c）保证贮存食用农产品的容器、工具和设备安全无害，保持清洁，防止污染，保证食用农产品质量安全所需的温度、湿度和环境等特殊要求，不得将食用农产品与有毒、有害物品一同贮存。

（d）贮存肉类冻品应当查验并留存检疫合格证明、肉类检验合格证明等证明文件。

（e）贮存进口食用农产品，应当查验并记录出入境检验检疫部门出具的入境货物检验检疫证明等证明文件。

（f）定期检查库存食用农产品，发现销售者有违法行为的，应当及时制止并立即报告所在地县级食品药品监督管理部门。

（g）法律、法规规定的其他义务。

（6）市、县级食品药品监督管理部门应当根据年度监督检查计划、食用农产品风险程度等，确定监督检查的重点、方式和频次，对本行政区域的集中交易市场开办者、销售者、贮存服务提供者进行日常监督检查。

（7）集中交易市场开办者、销售者、贮存服务提供者对食品药品监督管理部门实施的监督检查应当予以配合，不得拒绝、阻挠、干涉。

（8）市、县级食品药品监督管理部门应当建立本行政区域集中交易市场开办者、销售者、贮存服务提供者食品安全信用档案，如实记录日常监督检查结果、违法行为查处等情况，依法向社会公布并实时更新。对有不良信用记录的集中交易市场开办者、销售者、贮存服务提供者增加监督检查频次；将违法行为情节严重的集中交易市场开办者、销售者、贮存服务提供者及其主要负责人和其他直接责任人的相关信息，列入严重违法者名单，并予以公布。

市、县级食品药品监督管理部门应当逐步建立销售者市场准入前信用承诺制度，要求销售者以规范格式向社会作出公开承诺，如存在违法失信销售行为将自愿接受信用惩戒。信用承诺纳入销售者信用档案，接受社会监督，并作为事中事后监督管理的参考。

3.6.3　食用农产品运输规定

《食用农产品市场销售质量安全监督管理办法》对销售者委托承运人运输食用农产品的要求：

（1）销售者自行运输或者委托承运人运输食用农产品的，运输容器、工具和设备应当安全无害，保持清洁，防止污染，并符合保证食用农产品质量安全所需的温度、湿度和环境等特殊要求，不得将食用农产品与有毒、有害物品一同运输。

（2）承运人应当按照有关部门的规定履行相关食品安全义务。县级以上地方食品药品监督管理部门应当按照当地人民政府制定的本行政区域食品安全年度监督管理计划，开展食用农产品市场销售质量安全监督管理工作。市、县级食品药品监督管理部门应当根据年度监督检查计划、食用农产品风险程度等，确定监督检查的重点、方式和频次，对本行政区域的集中交易市场开办者、销售者、贮存服务提供者进行日常监督检查。

市、县级食品药品监督管理部门按照地方政府属地管理要求，可以依法采取下列措施，对集中交易市场开办者、销售者、贮存服务提供者遵守本办法情况进行日常监督检查：

（a）对食用农产品销售、贮存和运输等场所进行现场检查。

（b）对食用农产品进行抽样检验。

（c）向当事人和其他有关人员调查了解与食用农产品销售活动和质量安全有关的情况。

（d）检查食用农产品进货查验记录制度落实情况，查阅、复制与食用农产品质量安全有关的记录、协议、发票以及其他资。

（e）对有证据证明不符合食品安全标准或者有证据证明存在质量安全隐患以及用于违法生产经营的食用农产品，有权查封、扣押、监督销毁。

（f）查封违法从事食用农产品销售活动的场所。

集中交易市场开办者、销售者、贮存服务提供者对食品药品监督管理部门实施的监督检查应当予以配合，不得拒绝、阻挠、干涉。

3.7 相关案例分析

3.7.1 2001 年南京冠生园月饼馅事件

南京著名的食品企业——冠生园，在它沿街的一幢厂房里，有整整一层的窗户都被纸蒙得严严实实，记者发现 2000 年的中秋节过后，冠生园食品厂当年没有卖完的价值几百万元的月饼被陆续从各地收了回来，并运进了一间蒙着窗户纸的车间。它们都将在经历几道工序后，入库冷藏被重新加以利用。在 2001 年的 7 月 2 日，也就是离中秋节还有整整三个月的时候，冠生园就正式开工做新月饼了。在从早到晚的生产过程中，冷库的门被打开了，这些保存了近一年的馅料也被悄悄派上了用场。2001 年 7 月 3 日上午，4 箱莲蓉馅从冷库直接拖进了生产车间；2001 年 7 月 23 日下午，20 箱凤梨馅从冷库拖出。在之后的几天里，记者又陆续拍到了好几次月饼馅出库并投入生产的镜头。在这些馅料中，有不少已经发霉变质。据当时的目击证人说，上面已经长满了霉菌，能清楚地看到发绿的部分就是已长出的霉菌，在这箱馅料上，还摆放着一张说明标签，标明它们原本的生产日期是 2000 年 9 月 9 日。有时，这些发霉的馅料会在重新使用之前再被回炉处理一下。2001 年 7 月 18 日，一批桶装的豆沙馅被送进半成品车间接受二次回炉。

最终，所有这些馅料都被送上了生产线，用来加工做成新月饼。在这样的车间里，月饼被源源不断地生产出来，销往各地。

央视 9 月 3 日播出的"南京冠生园大量使用霉变及退回馅料生产月饼"的报道，社会震惊。随后，冠生园申请破产保护。

3.7.2 2008 年中国奶制品污染事件

事故起因是很多食用三鹿集团生产的婴幼儿奶粉的婴儿被发现患有肾结石，随后在其奶粉中发现化工原料三聚氰胺。根据我国官方公布的数字，截至 2008 年 9 月 21 日，因使用婴幼儿奶粉而接受门诊治疗咨询且已康复的婴幼儿累计 39965 人，正在住院的有 12892 人，此前已治愈出院 1579 人，死亡 4 人，另截至 2008 年 9 月 25 日，中国香港有 5 人、澳门有 1 人确诊患病。事件引起各国的高度关注和对乳制品安全的担忧。中国国家质检总局公布对国内的乳制品厂家生产的婴幼儿奶粉的三聚氰胺检验报告后，事件迅速恶化，包括伊利、蒙牛、光明、圣元及雅士利在内的 22 个厂家 69 批次产品中都检出三聚氰胺。该事件也重创中国制造商品信誉，多个国家禁止了中国乳制品进口。2008 年 9 月 24 日，中国国家质检总局表示，牛奶事件已得到控制，2008 年 9 月 14 日以后新生产的酸乳、巴氏杀菌乳、灭菌乳等主要品种的液态奶样本的三聚氰胺抽样检测中均未检出三聚氰胺。

3.7.3 2010 年沙门氏菌污染鸡蛋事件（美国）

2010 年 8 月 18 日美疾病控制中心宣布，美国发生大范围的鸡蛋中毒事件，这些毒鸡蛋受到沙门氏菌污染。明尼苏达、加利福尼亚、亚利桑那、伊利诺伊、内华达、北卡罗来纳、得克萨斯和威斯康星等州都发现了遭污染的鸡蛋和患病的民众。

美国疾病控制和预防中心的科学家布拉登博士估计，至少有几千人已经被沙门氏菌感染，但还没有死亡的报告。早在 2008 年 5 月，美国就有几个州发现了沙门氏菌病暴发疫情。6 月以来，患有沙门氏菌病的人数从平时的每周 50 人增加到 200 人。2010 年 8 月 20 日 FDA 发布公告，表示正和该国农业部、疾控中心等一起研究全国性的因鸡蛋感染沙门氏菌情况。通过调查，FDA 锁定感染源是鸡蛋。这家鸡蛋供应商名为"莱特郡鸡蛋"，事件涉及 13 个牌子。

❀ 章尾

1. 推荐阅读

（1）HULME P E . Environmental Health Crucial to Food Safety ［J］. Science，2013，339（6119）：522-522.

迫切需要推动改善食物链的效率和效力。预计到 2050 年，全球人口将至少达到 90 亿，需要多达 70% 的粮食，并且要求粮食生产系统和食物链要完全可持续。许多问题使这一挑战变得复杂，包括食品供应链的日益复杂，环境的制约，人口的老龄化以及消费者选择和食品消费方式的变化。在这种情况下，食品安全必须是推动者，而不是全球食品安全的阻碍。本文重点介绍了与食品安全有关的最新发展和趋势将如何影响食品部门，并最终影响该部门实现食品安全的能力。

全球大趋势，包括气候变化，人口的增长和老龄化，城市化以及富裕程度的提高，将给食品安全带来挑战，并对生产商，制造商，销售商，零售商和监管机构提出新的要求。全基因组测序，主动包装，追踪技术的发展，信息计算技术和大数据分析等科学技术的进步有潜力帮助缓解挑战和满足需求，但也将带来新的挑战。对于发达经济体和大型食品公司而言，要克服这些挑战将是困难的，但对于中小型企业，发展中经济体和小农而言，则将面临更大挑战，并指出每种挑战都是全球粮食供应的关键组成部分。

（2）Z YU，D JUNG，S PARK，et al. Smart traceability for food safety ［J/OL］. Critical Reviews in Food Science and Nutrition，2020，10（8）. DOI：10. 1080/10408398. 2020. 1830262.

安全食品是食品安全的重要方面，整个供应链中的食品可追溯性是其中的关键组成部分。但是，当前的食品可追溯性系统受到频繁发生的食品安全事件和食品召回的挑战，这些事件破坏了消费者的信心，造成了巨大的经济损失，并给食品安全机构施加了压力。这篇综述着重于智能食品可追溯性，它有可能显著改善全球食品供应链中的食品安全性。总结了各种食品安全检测策略的基本概念和关键观点，包括便携式检测设备，集成在食品包装上的智能指示器和传感器以及数据辅助的全基因组测序。此外，还讨论了物联网和云计算等新的数字技术，旨在为读者提供智能食品可追溯系统中令人兴奋的机遇的概述。

（3）THAISA D S，ELIANA B F. Biological contamination of the common bean（*Phaseolus vulgaris* L. ）and its impact on food safety ［J/OL］. Critical Reviews in Food Science and Nutrition，2021，2（5）. DOI：10. 1080/10408398. 2021. 1881038.

菜豆中生物污染物的出现对食品安全构成挑战，因为它们会影响生产链中的菜豆类制品安全。菜豆的生物污染物除了会降低农作物产量外，还可能通过其直接的毒性作用或引起营养缺乏而损害消费者的健康。该文讲述了通过搜集相关文献，确定由于菜豆生物污染而对食品安全的主要风险。研究表明，许多研究调查了豆类耕种和收获过程中微生物污染物的影响，并且已采用一些策略来避免损失。也有报道指出菜豆中有产毒真菌和某些真菌毒素的存在，这表明菜豆可能带有耐热的有毒残留物，直接影响人类健康。需要进一步的研究来确定微生物在菜豆质量中的作用，并估计其对食品安全的风险。

2. 开放性讨论题

（1）食品企业在加工过程中是如何确保食品安全的？

（2）食品安全可追溯系统如何设计与应用？

（3）对剩余样品的微生物项目是否可以申请复检？

3. 思考题

（1）什么是食品生产许可？

（2）简述实施 GMP 对食品质量控制的意义。

（3）HACCP 体系的 7 大原理及实施 HACCP 体系的意义。

（4）试述 GMP、SSOP、HACCP 三者之间的关系。

（5）简述 ISO 9000 : 2015 标准的基本原则。

（6）简述食品生产加工过程的监管内容。

（7）简述食品生产过程中原料质量控制的主要内容。

（8）简述我国食品包装的基本要求。

（9）简述食品贮存与运输的基本要求。

参考文献

[1] 孙晓红，李云 . 食品安全监督管理学 ［M］. 北京：科学出版社，2017.

[2] 程鸿勤 . 食品安全与监督管理 ［M］. 北京：中国民主法制出版社，2015.

[3] 金征宇，彭池方 . 食品加工与安全控制 ［M］. 北京：化学工业出版社，2014.

[4] 郝利平，聂乾忠 . 食品添加剂 ［M］. 北京：中国农业大学出版社，2016.

[5] 章建浩 . 食品包装学 ［M］. 4 版 . 北京：中国农业出版社，2016.

[6] V. RAVISHANKAR RAI，JAMUNA A. BAI. Food Safety and Protection ［M］. Boca Raton：CRC Press，2017.

[7] 第十二届全国人民代表大会常务委员会 . 2015. 中华人民共和国食品安全法 .

[8] 国家市场监督管理总局令第 15 号，2019，《食品安全抽样检验管理办法》.

[9] 国家市场监督管理总局令第 24 号，2020，《食品生产许可管理办法》.

[10] 国家质量监督检验检疫总局令第 79 号，2015，《食品生产加工企业质量安全监督管理实施细则（试行）》.

[11] 国家质量监督检验检疫总局令第 127 号，2010，《食品添加剂生产监督管理规定》.

[12] 国家工商行政管理总局令第 43 号，2009，《流通环节食品安全监督管理办法》.

[13] 国家食品药品监督管理总局令第 17 号，2015，《食品经营许可管理办法》.

［14］国家食品药品监督管理总局令第 20 号，2016，《食用农产品市场销售质量安全监督管理办法》．

［15］国家食品药品监督管理总局令第 23 号，2016，《食品生产经营日常监督检查管理办法》．

［16］国家卫生和计划生育委员会．GB 14881—2013　食品安全国家标准　食品生产通用卫生规范［S］．北京：中国标准出版社，2013．

课件

4 食品经营安全监督管理

课程思政案例3

章首

1. 导语

《中华人民共和国食品安全法》将食品销售和餐饮服务合并称为食品经营。食品经营安全监督管理包括食品销售和餐饮环节食品安全的日常监督，销售和餐饮环节关系到食品安全，其环境、卫生设施以及从业人员食品安全知识水平、卫生习惯等都直接影响食品的卫生质量。《中华人民共和国食品安全法》规定，国家对食品生产经营实行许可制度。从事食品生产、销售、餐饮服务，应当依法取得许可。食品生产经营企业应当建立健全食品安全管理制度，开展食品安全知识培训，加强食品检验工作，依法从事生产经营活动。市场监督管理部门对食品经营单位和经营者的资格及经营过程进行监督检查，及时发现和纠正违法行为，保证食品销售过程的食品安全。

通过本章的学习可以掌握以下知识：

❖ 食品经营许可制度及食品经营许可证的管理
❖ 食品经营单位的食品安全要求
❖ 食品经营单位的监督检查
❖ 市场销售食用农产品、餐饮服务食品、网络食品经营安全监督管理

2. 知识导图

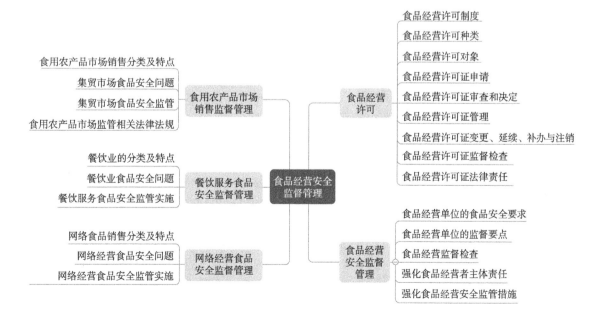

3. 关键词

食品经营许可制度、食品经营许可证、食品经营监督检查、市场销售食品安全监管、餐饮服务食品安全监管、网络经营食品安全监管

4. 本章重点

❖ 食品经营许可制度及食品经营许可证的管理

❖ 食品经营单位的安全要求

❖ 食品经营单位的监督要点

❖ 食品经营单位的监管实施

5. 本章难点

❖ 市场销售食用农产品监督管理

❖ 餐饮服务食品安全监督管理

❖ 网络食品经营安全监督管理

4.1 食品经营许可

我国对食品生产经营实行许可管理。从事食品生产、食品销售、餐饮服务，应当依法取得许可。食品经营许可证也叫食品生产经营卫生许可证，是卫生许可证的类别之一，是国家卫生主管部门对食品生产与经营者颁发的允许进行食品生产经营的法定证件。根据《中华人民共和国食品安全法》（以下简称《食品安全法》）的规定，食品生产经营企业和食品商贩必须先取得卫生许可证，方可向工商行政管理部门申请登记或者变更登记。

4.1.1 食品经营许可制度

为规范食品经营许可活动，加强食品经营监督管理，保障食品安全，根据《中华人民共和国食品安全法》《中华人民共和国行政许可法》等法律法规，制定《食品经营许可管理办法》。《食品经营许可管理办法》中规定，在中华人民共和国境内，从事食品销售和餐饮服务活动，应当依法取得食品经营许可。食品经营许可实行一地一证原则，即食品经营者在一个经营场所从事食品经营活动应当取得一个食品经营许可证。市场监督管理部门按照食品经营主体业态和经营项目的风险程度对食品经营实施分类许可。国家食品药品监督管理总局（2018 年 3 月 13 日，中华人民共和国第十三届全国人民代表大会第一次会议审议国务院机构改革方案，组建国家市场监督管理总局，不再保留国家食品药品监督管理总局）负责监督指导全国食品经营许可管理工作。县级以上地方市场监督管理部门负责本行政区域内的食品经营许可管理工作。省、自治区、直辖市市场监督管理部门可以根据食品类别和食品安全风险状况，确定市、县级食品安全监督管理部门的食品经营许可管理权限。国家市场监督管理总局负责制定食品经营许可审查通则，县级以上地方市场监督管理部门实施食品经营许可审查，应当遵守食品经营许可审查通则。

4.1.2 食品经营许可种类

《食品安全法》规定申请食品经营许可，应当按照食品经营主体业态和经营项目分类提出。食品经营主体业态分为食品销售经营者、餐饮服务经营者、单位食堂。食品经营者申请通过网络经营、建立中央厨房或者从事集体用餐配送的，应当在主体业态后以括号标注。食品经营项目分为预包装食品销售（含冷藏冷冻食品、不含冷藏冷冻食品）、散装食品销售（含冷藏冷冻食品、不含冷藏冷冻食品）、特殊食品销售（保健食品、特殊医学用途配方食品、婴幼儿配方乳粉、其他婴幼儿配方食品）、其他类食品销售；热食类食品制售、冷食类食品制售、生食类食品制售、糕点类食品制售、自制饮品制售、其他类食品制售等。列入其他类食品销售和其他类食品制售的具体品种应当报国家市场监督管理总局批准后执行，并明确标注。具有热、冷、生、固态、液态等多种情形，难以明确归类的食品可以按照食品安全风险等级最高的情形进行归类。国家市场监督管理总局可以根据监督管理工作需要对食品经营项目类别进行调整。

4.1.3 食品经营许可对象

《食品安全法》第三十五条规定从事食品生产、食品销售、餐饮服务，应当依法取得许可；销售食用农产品，不需要取得许可，但需要注意以下 4 种情形在食品经营许可上的特殊性：

（1）食品生产加工小作坊和食品摊贩的经营管理　《食品安全法》第三十六条规定，食品生产加工小作坊和食品摊贩等从事食品生产经营活动，应当符合本法规定的与其生产经营规模、条件相适应的食品安全要求，保证所生产经营的食品卫生、无毒、无害，市场监督管理部门应当对其加强监督管理。县级以上地方人民政府应当对食品生产加工小作坊、食品摊贩等进行综合治理，加强服务和统一规划，改善其生产经营环境，鼓励和支持其改进生产经营条件，进入集中交易市场、店铺等固定场所经营，或者在指定的临时经营区域、时段经营。食品生产加工小作坊和食品摊贩等的具体管理办法由省、自治区、直辖市制定。目前对于食品生产加工小作坊和食品摊贩的经营管理各地立法不同，一般来说分为 3 种：一是许可制度，如北京、上海、宁夏回族自治区等实行准许、许可制度，符合条件的食品生产加工小作坊，需要持相关材料申请获得准许生产证，准许生产的品种目录一般由当地市场监督管理部门编制。二是备案制度，如河南、天津等实行备案管理制度，需要向所在地的区县市场监督管理部门申请发放备案证明，区县市场监督管理部门应当将流动经营的食品摊贩备案信息通报所在地乡镇人民政府、街道办事处，取得备案证明的，方可从事食品经营活动。三是登记制度，如重庆、广东等实行登记制度，食品生产加工小作坊和食品摊贩应当符合当地相关条例的规定，获得登记证后，从事登记范围内食品生产加工活动，登记证一经申请，禁止转让、出租和出借。从部分地区的规定来看，名为登记制度，实为许可制度。

（2）销售食品添加剂　食品添加剂指为改善食品品质和色、香、味以及为防腐、保鲜和加工工艺的需要而加入食品中的人工合成或者天然物质，不属于食品或食品原料，其销售不需取得食品经营许可。但根据相关法律法规的规定，食品添加剂的生产要取得食品生产许可。

（3）利用新食品原料生产食品、食品添加剂、食品相关产品新品种的经营管理　《食品安全法》第三十七条规定利用新的食品原料生产食品，或者生产食品添加剂新品种、食品相关产品新品种，应当向国务院卫生行政部门提交相关产品的安全性评估材料。国务院卫生行政部门应当自收到申请之日起六十日内组织审查；对符合食品安全要求的，准予许可并公布；对不符合食品安全要求的，不予许可并书面说明理由。

（4）铁路、民航运营中食品经营管理　《食品安全法》第一百五十二条规定，铁路、民航运营中食品安全的管理办法由国务院食品安全监督管理部门会同国务院有关部门依照本法制定，即铁路、民航以及物流运输中的食品经营行为，在没有更加明确的法规确定之前，不需要办理食品经营许可证。

4.1.4　食品经营许可证申请

食品经营许可证实施属地管理。《食品经营许可管理办法》规定县级以上地方食品药品监督管理部门（现为市场监督管理部门）负责本行政区域内的食品经营许可的申请、受理、审查、决定及其监督检查工作。食品经营申请者向所在地的市场监督管理部门提出经营许可申请。市场监督管理部门对经营者提供的材料进行审核，必要时到达经营现场勘验（现场核查应当由符合要求的核查人员进行。核查人员不得少于两人）。在承诺的期限内给予许可的答复。对符合规定条件的，准予许可；对不符合规定条件的，不予许可并书面说明理由。

（1）申请人　申请食品经营许可，应当先行取得营业执照等合法主体资格。企业法人、合伙企业、个人独资企业、个体工商户等，以营业执照载明的主体作为申请人。机关、事业单位、社会团体、民办非企业单位、企业等申办单位食堂，以机关或者事业单位法人登记证、社会团体登记证或者营业执照等载明的主体作为申请人。

（2）申请材料　申请食品经营许可，应当向申请人所在地县级以上地方市场监督管理部门提交下列材料：食品经营许可申请书；营业执照或者其他主体资格证明文件复印件；与食品经营相适应的主要设备设施布局、操作流程等文件；食品安全自查、从业人员健康管理、进货查验记录、食品安全事故处置等保证食品安全的规章制度。利用自动售货设备从事食品销售的，申请人还应当提交自动售货设备的产品合格证明、具体放置地点，经营者名称、住所、联系方式、食品经营许可证的公示方法等材料。所有材料应真实、合法、有效，符合相关法律法规规定。

（3）申请条件。

1）一般条件　具有与经营的食品品种、数量相适应的食品原料处理和食品加工、销售、贮存等场所，保持该场所环境整洁，并与有毒、有害场所以及其他污染源保持规定的距离；具有与经营的食品品种、数量相适应的经营设备或者设施，有相应的消毒、更衣、盥洗、采光、照明、通风、防腐、防尘、防蝇、防鼠、防虫、洗涤以及处理废水、存放垃圾和废弃物的设备或者设施；有专职或者兼职的食品安全管理人员和保证食品安全的规章制度；具有合理的设备布局和工艺流程，防止待加工食品与直接入口食品、原料与成品交叉污染，避免食品接触有毒物、不洁物。

2）细化条件　《食品安全法》中规定的条件非常抽象，不便直接操作，各省、自治区、直辖市工商部门根据本地的不同实际，在法规授权范围内，通过制定规范性文件对许可条件作了进一步细化。在对"与经营的食品品种、数量相适应"的许可条件进行细化时，主要从

"经营项目、经营方式和经营面积" 3 个重点方面来考虑。

（a）经营项目：食品经营许可的经营项目主要分为经营"预包装食品"和"散装食品"两种。各省食品安全监督管理部门在制定经营许可证管理的细则时，对于申请经营预包装和散装食品规定了不同审批要件。若申请者申请"预包装和散装食品"兼营的，则应该同时满足两种经营项目的审批要件。一般申请预包装食品经营的，许可审查基本符合一般条件所概括的方面即可，而申请经营"散装食品"时，许可审查除上述一般条件要求外，提出了更高的审批要求。如浙江省规定，散装食品应有明显的区域或隔离措施，生鲜畜禽、水产品与散装直接入口食品应有一定距离的物理隔离；直接入口的散装食品应当有防尘防蝇等设施，直接接触食品的工具、容器和包装材料等应当具有符合食品安全标准的产品合格证明，直接接触食品的从业人员应当具有健康证明；散装食品销售应当在散装食品的容器、外包装上标明食品的名称、生产日期或者生产批号、保质期、生产经营者名称、地址、联系方式等内容；散装食品贮存应当在贮存位置标明食品的名称、生产日期或者生产批号、保质期、生产者名称及联系方式等内容；散装熟食销售须配备具有加热或冷藏功能的密闭立体售卖熟食柜、专用工用具及容器，设可开合的取物窗（门）；申请销售散装熟食制品的，除符合本节上述规定外，申请时应当提交生产单位的合作协议（合同），提交生产单位《食品生产许可证》复印件。

（b）经营方式：食品经营许可的经营方式主要分为批发、零售和批发兼零售 3 种。批发和零售在许可条件设置上通常应有所区别。之所以在食品经营许可中区分批发和零售食品的经营方式，是因为二者在经营许可条件和后续监管方面有大的不同：《食品安全法》第三十三条规定，食品的生产经营者应具有与生产经营的食品品种、数量相适应的食品原料处理和食品加工、包装、贮存等场所，具有与生产经营的食品品种、数量相适应的生产经营设备或者设施，决定了经营者在申请食品经营许可证时应具有不同的经营场所和设备设施。《食品安法实施条例》（中华人民共和国国务院令第 57 号，2009 年 7 月 20 日公布并施行）第 29 条规定，从事食品批发业务的经营企业销售食品，应当如实记录批发食品的名称、规格、数量、生产批号、保质期、购货者名称及联系方式、销售日期等内容，或者保留载有相关信息的销售票据。记录、票据的保存期限不得少于两年，而对食品零售经营者却不要求建立销货台账。这是后续监管方面的不同。目前尚没有更加具体的关于食品批发和零售许可条件的行政规章和章，原卫生部门对食品经营者核发食品经营卫生许可证时，对批发和零售方式所规定的不同许可标准和条件，可供参考。

（c）经营面积：市场监督管理部门在许可工作中，通常根据经营面积大小来确定食品经营户的规模类型，一般把 30 m² 以下的确定为小食品经营户，把 30 m² 以上至 300 m² 以下的确定为中型食品经营户，把 300 m² 以上的确定为大型食品经营户。也有将大型与中型的分界定在 100 m² 的，根据各地区经济发展水平而有很大不同。对不同规模的食品经营户也应设定不同的许可条件，规模越大要求越高。

经营项目、经营方式和经营面积二者要综合考虑，最终才能制定出适应本地区情况的食品经营许可的细化条件。

由于食品经营中，经营者和经营场所应该有相对专门的卫生标准及有关食品经营的卫生规范和条件，按照目前的职能分工，应由市场监督管理部门将卫生部门确定的上述卫生规范要求纳入食品经营许可条件的具体规定中。在目前国内尚无相关标准时，需要参考《食品安全法》生效前卫生部门的相关规定。

4.1.5 食品经营许可证审查和决定

《食品生产许可审查通则（2022年版）》（国家市场监督管理总局公告2022年第33号，2022年11月1日起施行）规定，食品生产许可审查包括申请材料审查和现场核查。市场监督管理部门对申请人提交的食品生产申请材料审查，符合有关要求不需要现场核查的，应当按规定程序作出行政许可决定。对需要现场核查的，应当及时作出现场核查的决定，并组织现场核查。特殊食品注册时已完成现场核查的（注册现场核查后生产条件发生变化的除外）；申请延续换证，申请人声明生产条件未发生变化的，可以不进行现场核查。

市场监督管理部门或其委托的下级市场监督管理部门实施现场核查前，应当组建核查组，制作并及时向申请人、实施食品安全日常监督管理的市场监督管理部门送达《食品生产许可现场核查通知书》，告知现场核查有关事项。

核查组由食品安全监管人员组成，根据需要可以聘请专业技术人员作为核查人员参加现场核查。核查人员应当具备满足现场核查工作要求的素质和能力，与申请人存在直接利害关系或者其他可能影响现场核查公正情形的，应当回避。核查组中食品安全监管人员不得少于两人，实行组长负责制。实施现场核查的市场监督管理部门应当指定核查组组长。核查组应当确保核查客观、公正、真实，确保核查报告等文书和记录完整、准确、规范。

食品经营许可审核是食品安全监督管理部门的主要工作内容之一，必须依照《食品安全法》和《中华人民共和国行政许可法》《食品经营许可管理办法》做好审核工作。对符合规定条件的，准予许可对不符合规定条件的，不予许可并书面说明理由。审核的具体内容有：

（1）对生产场所的审核。

1）厂区　厂区周围无虫害大量滋生的潜在场所，无有害废弃物以及粉尘、有害气体、放射性物质和其他扩散性污染源。各类污染源难以避开时应当有必要的防范措施，能有效清除污染源造成的影响。现场提供的《食品生产加工场所周围环境平面图》与实际一致。厂区环境整洁，无扬尘或积水现象。各功能区划分明显，布局合理。现场提供的《食品生产加工场所平面图》与实际一致。生活区与生产区保持适当距离或分隔，防止交叉污染。厂区道路应当采用硬质材料铺设。厂区绿化应当与生产车间保持适当距离，植被应当定期维护，防止虫害滋生。

2）厂房和车间　应当具有与生产的产品品种、数量相适应的厂房和车间，并根据生产工艺及清洁程度的要求合理布局和划分作业区，避免交叉污染；厂房内设置的检验室应当与生产区域分隔。现场提供的《食品生产加工场所各功能区间布局平面图》与实际一致。车间保持清洁，顶棚、墙壁、门窗和地面应当采用无毒、无味、防渗透、防霉、不易破损脱落的材料建造，结构合理，易于清洁；顶棚结构不利于冷凝水垂直滴落，裸露食品上方的管路应当有防止灰尘散落及水滴掉落的措施；门窗应当闭合严密，不透水、不变形，并有防止虫害侵入的措施；地面应当平坦防滑、无裂缝。

3）库房　应当具有与所生产产品的数量、贮存要求相适应的，与《食品生产加工场所平面图》《食品生产加工场所各功能区间布局平面图》中标注的库房一致。库房整洁，地面平整，易于维护、清洁，防止虫害侵入和藏匿。必要时库房应当设置相适应的温度、湿度控制等设施。原料、半成品、成品、包装材料等应当依据性质的不同分设库房或分区存放。清洁剂、消毒剂、杀虫剂、润滑剂、燃料等物料应当分别安全包装，与原料、半成品、成品、包装材料等分隔放置。库房内的物料应当与墙壁、地面保持适当距离，并明确标识，防止交叉污染。

（2）对设备设施的审核。

1）生产设备 应当配备与生产的产品品种、数量相适应的生产设备，设备的性能和精度应当满足生产加工的要求。生产设备清洁卫生，直接接触原料、半成品、成品的设备、工器具材质应当无毒、无味、抗腐蚀、不易脱落，表面光滑、无吸收性，易于清洁保养和消毒。生产设备维修保养良好，并做好记录。用于监测、控制、记录的设备应当定期校准、维护。停用的设备需标注清晰，不影响正常生产。

2）供排水设施 食品加工用水的水质应当符合 GB 5749 的规定，有特殊要求的应当符合相应规定。食品加工用水与其他不与食品接触的用水应当以完全分离的管路输送，避免交叉污染。各管路系统应当明确标识以便区分。排水系统的设计和建造应保证排水畅通，便于清洁维护，且满足生产的需要。室内排水应当由清洁程度高的区域流向清洁程度低的区域，且有防止逆流的措施。排水系统出入口设计合理并有防止污染和虫害侵入的措施。

3）清洁消毒设施 应当配备相应的食品、工器具和设备等的专用清洁设施，必要时配备相应的消毒设施。清洁、消毒方式应当避免对产品造成交叉污染，使用的洗涤剂、消毒剂应当符合相关规定要求。

4）废弃物存放设施 应当配备设计合理、防止渗漏、易于清洁的存放废弃物的专用设施，必要时可设置废弃物临时存放设施。车间内存放废弃物的设施和容器应当标识清晰，不得与盛装原料、半成品、成品的容器混用。

除以上设施外，还需要对个人卫生设施、通风设施、照明设施、温控设施、检验设备设施等按照相应的标准进行审核。

（3）对设备布局和工艺流程的审核。

1）设备布局 生产设备应当按照工艺流程有序排列，合理布局，便于清洁、消毒和维修保养，避免交叉污染。

2）工艺流程 应当具备合理的生产工艺流程，防止生产过程中造成交叉污染。申请的食品类别、产品配方、工艺流程应当与产品执行标准相适应。执行企业标准的，应当依法备案或公开。食品添加剂生产使用的原料和工艺，应符合食品添加剂食品安全国家标准规定。应当制定所需的产品配方、工艺规程等工艺文件，明确生产过程中的食品安全关键环节和控制措施。生产食品添加剂时，产品命名、标签和说明书及复配食品添加剂配方、有害物质、致病性微生物等控制要求应当符合食品安全国家标准规定。

（4）对人员管理的审核。

1）人员要求 应当配备专职或兼职食品安全管理人员和食品安全专业技术人员，明确其职责。人员要求应当符合有关规定

2）人员培训 应当制定和实施职工培训计划，根据岗位需求开展食品安全知识及卫生培训，做好培训记录。食品安全管理人员上岗前应当经过培训，并考核合格。

3）人员健康管理制度 应当建立并执行从业人员健康管理制度，明确患有国务院卫生行政部门规定的有碍食品安全疾病的或有明显皮肤损伤未愈合的人员，不得从事接触直接入口食品的工作。从事接触直接入口食品工作的食品生产人员应当每年进行健康检查，取得健康证明后方可上岗工作。

（5）对管理制度的审核 包括对采购管理及进货查验记录、生产过程控制、检验管理及出厂检验记录、运输和交付管理、食品安全追溯管理、食品安全自查、不合格品管理及不安全食品召回、食品安全事故处置等相关流程的审核。

4.1.6 食品经营许可证管理

食品经营许可证分为正本、副本。正本、副本具有同等法律效力。国家市场监督管理总局负责制定食品经营许可证正本、副本式样。省、自治区、直辖市市场监督管理部门负责本行政区域食品经营许可证的印制、发放等管理工作。

食品经营许可证应当载明：经营者名称、社会信用代码（个体经营者为身份证号码）、法定代表人（负责人）、住所、经营场所、主体业态、经营项目、许可证编号、有效期、日常监督管理机构、日常监督管理人员、投诉举报电话、发证机关、签发人、发证日期和二维码。在经营场所外设置仓库（包括自有和租赁）的，还应当在副本中载明仓库具体地址。

食品经营许可证编号由 JY（"经营"的汉语拼音字母缩写）和 14 位阿拉伯数字组成。数字从左至右依次为：1 位主体业态代码、2 位省（自治区、直辖市）代码、2 位市（地）代码、2 位县（区）代码、6 位顺序码、1 位校验码。

日常监督管理人员为负责对食品经营活动进行日常监督管理的工作人员。日常监督管理人员发生变化的，可以通过签章的方式在许可证上变更。食品经营者应当妥善保管食品经营许可证，不得伪造、涂改、倒卖、出租、出借、转让。食品经营者应当在经营场所的显著位置悬挂或者摆放食品经营许可证正本。

4.1.7 食品经营许可证变更、延续、补办与注销

食品经营许可证载明的许可事项发生变化的，食品经营者应当在变化后 10 个工作日内向原发证的市场监督管理部门申请变更经营许可。

经营场所发生变化的，应当重新申请食品经营许可。外设仓库地址发生变化的，食品经营者应当在变化后 10 个工作日内向原发证的食品安全监督管理部门报告。

申请变更食品经营许可的，应当提交下列申请材料：

（1）食品经营许可变更申请书。

（2）食品经营许可证正本、副本。

（3）与变更食品经营许可事项有关的其他材料。

食品经营者需要延续依法取得的食品经营许可的有效期的，应当在该食品经营许可有效期届满 30 个工作日前，向原发证的食品安全监督管理部门提出申请。

食品经营者申请延续食品经营许可，应当提交下列材料：

（1）食品经营许可延续申请书。

（2）食品经营许可证正本、副本。

（3）与延续食品经营许可事项有关的其他材料。

县级以上地方市场监督管理部门应当根据被许可人的延续申请，在该食品经营许可有效期届满前作出是否准予延续的决定。县级以上地方市场监督管理部门应当对变更或者延续食品经营许可的申请材料进行审查。申请人声明经营条件未发生变化的，县级以上地方市场监督管理部门可以不再进行现场核查。申请人的经营条件发生变化，可能影响食品安全的，市场监督管理部门应当就变化情况进行现场核查。原发证的市场监督管理部门决定准予变更的，应当向申请人颁发新的食品经营许可证。食品经营许可证编号不变，发证日期为市场监督管理部门作出变更许可决定的日期，有效期与原证书一致。原发证的市场监督管理部门决定准予延续的，应当向申请人颁发新的食品经营许可证，许可证编号不变，有效期自市场监督管理部门作出延续许可决定之日起计算。不符合许可条件的，原发证的市场监督管理部门应当作出不予延续食品经营许可的书面决定，并说明理由。

1）食品经营许可证遗失、损坏的，应当向原发证的市场监督管理部门申请补办，并提交下列材料：

（a）食品经营许可证补办申请书。

（b）食品经营许可证遗失的，申请人应当提交在县级以上地方市场监督管理部门网站或者其他县级以上主要媒体上刊登遗失公告的材料；食品经营许可证损坏的，应当提交损坏的食品经营许可证原件。

材料符合要求的，县级以上地方市场监督管理部门应当在受理后20个工作日内予以补发。因遗失、损坏补发的食品经营许可证，许可证编号不变，发证日期和有效期与原证书保持一致。食品经营者终止食品经营，食品经营许可被撤回、撤销或者食品经营许可证被吊销的，应当在30个工作日内向原发证的市场监督管理部门申请办理注销手续。

2）食品经营者申请注销食品经营许可的，应当向原发证的市场监督管理部门提交下列材料：

（a）食品经营许可注销申请书。

（b）食品经营许可证正本、副本。

（c）与注销食品经营许可有关的其他材料。

3）有下列情形之一，食品经营者未按规定申请办理注销手续的，原发证的市场监督管理部门应当依法办理食品经营许可注销手续：

（a）食品经营许可有效期届满未申请延续的。

（b）食品经营者主体资格依法终止的。

（c）食品经营许可依法被撤回、撤销或者食品经营许可证依法被吊销的。

（d）因不可抗力导致食品经营许可事项无法实施的。

（e）法律法规规定的应当注销食品经营许可的其他情形。

食品经营许可被注销的，许可证编号不得再次使用。

4.1.8 食品经营许可证监督检查

县级以上地方市场监督管理部门应当依据法律法规规定的职责，对食品经营者的许可事项进行监督检查；应当建立食品许可管理信息平台，便于公民、法人和其他社会组织查询；

应当将食品经营许可颁发、许可事项检查、日常监督检查、许可违法行为查处等情况记入食品经营者食品安全信用档案，并依法向社会公布；对有不良信用记录的食品经营者应当增加监督检查频次。

县级以上地方市场监督管理部门日常监督管理人员负责所管辖食品经营者许可事项的监督检查，必要时，应当依法对相关食品仓储、物流企业进行检查。日常监督管理人员应当按照规定的频次对所管辖的食品经营者实施全覆盖检查。县级以上地方市场监督管理部门及其工作人员履行食品经营许可管理职责，应当自觉接受食品经营者和社会监督。接到有关工作人员在食品经营许可管理过程中存在违法行为的举报，市场监督管理部门应当及时进行调查核实。情况属实的，应当立即纠正。县级以上地方市场监督管理部门应当建立食品经营许可档案管理制度，将办理食品经营许可的有关材料、发证情况及时归档。国家市场监督管理总局可以定期或者不定期组织对全国食品经营许可工作进行监督检查；省、自治区、直辖市市场监督管理部门可以定期或者不定期组织对本行政区域内的食品经营许可工作进行监督检查。

4.1.9 食品经营许可证法律责任

未取得食品经营许可从事食品经营活动的，由县级以上地方市场监督管理部门依照《中华人民共和国食品安全法》第一百二十二条的规定给予处罚。许可申请人隐瞒真实情况或者提供虚假材料申请食品经营许可的，由县级以上地方市场监督管理部门给予警告。申请人在1年内不得再次申请食品经营许可。被许可人以欺骗、贿赂等不正当手段取得食品经营许可的，由原发证的市场监督管理部门撤销许可，并处1万元以上3万元以下罚款。被许可人在3年内不得再次申请食品经营许可。食品经营者伪造、涂改、倒卖、出租、出借、转让食品经营许可证的，由县级以上地方市场监督管理部门责令改正，给予警告，并处1万元以下罚款；情节严重的，处1万元以上3万元以下罚款。食品经营者未按规定在经营场所的显著位置悬挂或者摆放食品经营许可证的，由县级以上地方市场监督管理部门责令改正；拒不改正的，给予警告。食品经营许可证载明的许可事项发生变化，食品经营者未按规定申请变更经营许可的，由原发证的市场监督管理部门责令改正，给予警告；拒不改正的，处2000元以上1万元以下罚款。食品经营者外设仓库地址发生变化，未按规定报告的，或者食品经营者终止食品经营，食品经营许可被撤回、撤销或者食品经营许可证被吊销，未按规定申请办理注销手续的，由原发证的市场监督管理部门责令改正；拒不改正的，给予警告，并处2000元以下罚款。

被吊销经营许可证的食品经营者及其法定代表人、直接负责的主管人员和其他直接责任人员自处罚决定作出之日起5年内不得申请食品生产经营许可，或者从事食品生产经营管理工作、担任食品生产经营企业食品安全管理人员。

市场监督管理部门对不符合条件的申请人准予许可，或者超越法定职权准予许可的，依照《中华人民共和国食品安全法》第一百四十四条的规定给予处分。

4.2 食品经营安全监督管理

为加强对食品生产经营活动的监督检查，落实食品生产经营者主体责任，保证食品安全，根据《中华人民共和国食品安全法》等法律法规制定，2021年12月31日国家市场监督管理总局令第49号公布《食品生产经营监督检查管理办法》，自2022年3月15日起施行。

4.2.1 食品经营单位的食品安全要求

食品在销售过程中可能会受到各种污染，若不对此过程进行严格管理，被污染的食品会给消费者健康带来极大隐患。《食品安全法》及《食品生产经营监督检查管理办法》对食品生产经营过程中的卫生要求有严格限制，以求保证食品在销售环节的卫生安全。

（1）食品经营场所、设备设施、工艺流程、包装运输等的卫生要求　具有与生产经营的食品品种、数量相适应的食品原料处理和食品加工、包装、贮存等场所，保持该场所环境整洁，并与有毒、有害场所以及其他污染源保持规定的距离；具有与生产经营的食品品种、数量相适应的生产经营设备或者设施，有相应的消毒、更衣、盥洗、采光、照明、通风、防腐、防尘、防蝇、防鼠、防虫、洗涤以及处理废水、存放垃圾和废弃物的设备或者设施；具有合理的设备布局和工艺流程，防止待加工食品与直接入口食品、原料与成品交叉污染，避免食品接触有毒物、不洁物；餐具、饮具和盛放直接入口食品的容器，使用前应当洗净、消毒，炊具、用具用后应当洗净，保持清洁；贮存、运输和装卸食品的容器、工具和设备应当安全、无害，保持清洁，防止食品污染，并符合保证食品安全所需的温度、湿度等特殊要求，不得将食品与有毒、有害物品一同贮存、运输；直接入口的食品应当使用无毒、清洁的包装材料、餐具、饮具和容器。

（2）食品经营人员的卫生要求　食品生产经营人员应当保持个人卫生，生产经营食品时，应当将手洗净，穿戴清洁的工作衣、帽等；销售无包装的直接入口食品时，应当使用无毒、清洁的容器、售货工具和设备。具体细则由各经营单位依据相关法律法规和实际生产情况制定，基本包括以下5个方面。

1）食品生产经营人员每年必须按时进行健康检查，新参加工作和临时参加工作的从业人员必须先进行健康检查，取得健康证明后方可参加工作。杜绝先上岗后体检，不得超期使用健康证明。

2）凡患有痢疾、伤寒、甲型病毒性肝炎、戊型病毒性肝炎等消化道传染病，以及患有活动性肺结核、化脓性或者渗出性皮肤病等有碍食品安全的疾病的，不得从事接触直接入口食品的工作。

3）接触直接入口食品的从业人员，须穿戴整洁的工作衣帽，操作时带口罩、手套和帽子，不准佩戴戒指、手镯、手表等饰物，不得留长指甲、染指甲，工作服应盖住外衣，头发不得露于帽外，手部有外伤应临时调离岗位。

4）从业人员不得面对食品打喷嚏、咳嗽，不得在食品加工场所或销售场所内吸烟、吃东西、随地吐痰、穿工作服入厕及存在其他有碍食品安全的行为；个人的衣物、药品化妆品等不得存放在食品经营区内。

5）从业人员必须认真学习有关法律法规，掌握本岗位要求，养成良好的卫生习惯，严格规范操作。严格按规范洗手，工作人员操作前、便后以及与食品无关的其他活动后应洗手，按消毒液使用方法正确操作。销售无包装的直接入口食品时，应当使用无毒、清洁的售货工具、戴口罩。不得用手抓取直接入口食品或用勺直接尝味，用后的操作工具不得随处乱放。

（3）食品安全管理与机构要求　食品经营单位应该设置食品安全管理职责部门，负责本单位的食品安全管理。食品生产经营企业应当建立健全食品安全管理制度，对职工进行食品安全知识培训，使全体职工全面了解食品安全法律法规、标准规范、技术要求等，全面提升安全意识和文化素养，提高保障食品安全的自觉性和主动性，建立食品安全培训档案食品生产经营企业应当对相关安全知识的培训及学习情况建立培训档案。对于食品生产经营企业组织和参与的培训和学习情况应当进行汇总、归纳，整理相关培训和学习材料并进行归档，建立本企业食品安全生产经营培训档案。培训档案的建立可以推进食品生产经营企业安全培训的系统性和连贯性，从而针对培训和学习情况，及时更新培训信息，及时改进实际生产中面临的问题。食品生产经营企业应当配备食品安全管理人员，加强对其培训和考核。经考核不具备食品安全管理能力的，不得上岗。食品安全监督管理部门应当对企业食品安全管理人员随机进行监督抽查考核并公布考核情况。监督抽查考核不得收取费用。食品生产经营者应当建立并执行从业人员健康管理制度，对从业人员健康状况进行日常监督管理，及时组织办理健康证明年检及新上岗人员办证，每日组织从业人员晨检。患有国务院卫生行政部门规定的有碍食品安全疾病的人员，不得从事接触直接入口食品的工作。从事接触直接入口食品工作的食品生产经营人员应当每年进行健康检查，取得健康证明后方可上岗工作。

4.2.2　食品经营单位的监督要点

国家市场监督管理总局负责监督指导全国食品生产经营监督检查工作，可以根据需要组织开展监督检查。省级市场监督管理部门负责监督指导本行政区域内食品生产经营监督检查工作，重点组织和协调对产品风险高、影响区域广的食品生产经营者的监督检查。设区的市级（以下简称市级）、县级市场监督管理部门负责本行政区域内食品生产经营监督检查工作。市级市场监督管理部门可以结合本行政区域食品生产经营者规模、风险、分布等实际情况，按照本级人民政府要求，划分本行政区域监督检查事权，确保监督检查覆盖本行政区域所有食品生产经营者。市级以上市场监督管理部门根据监督管理工作需要，可以对由下级市场监督管理部门负责日常监督管理的食品生产经营者实施随机监督检查，也可以组织下级市场监督管理部门对食品生产经营者实施异地监督检查。市场监督管理部门应当协助、配合上级市场监督管理部门在本行政区域内开展监督检查。市场监督管理部门之间涉及管辖争议的监督检查事项，应当报请共同上一级市场监督管理部门确定。上级市场监督管理部门可以定期或者不定期组织对下级市场监督管理部门的监督检查工作进行监督指导。

食品生产环节监督检查要点包括食品生产者资质、生产环境条件、进货查验、生产过程控制、产品检验、贮存及交付控制、不合格食品管理和食品召回、标签和说明书、食品安全自查、从业人员管理、信息记录和追溯、食品安全事故处置等情况。特殊食品生产环节监督检查要点还包括注册备案要求执行、生产质量管理体系运行、原辅料管理等情况。保健食品生产环节的监督检查要点还应当包括原料前处理等情况。

食品销售环节监督检查要点包括食品销售者资质、一般规定执行、禁止性规定执行、经营场所环境卫生、经营过程控制、进货查验、食品贮存、食品召回、温度控制及记录、过期及其他不符合食品安全标准食品处置、标签和说明书、食品安全自查、从业人员管理、食品安全事故处置、进口食品销售、食用农产品销售、网络食品销售等情况。特殊食品销售环节监督检查要点还包括禁止混放要求落实、标签和说明书核对等情况。

集中交易市场开办者、展销会举办者监督检查要点包括举办前报告、入场食品经营者的资质审查、食品安全管理责任明确、经营环境和条件检查等情况。

对温度、湿度有特殊要求的食品贮存业务的非食品生产经营者的监督检查要点包括备案、信息记录和追溯、食品安全要求落实等情况。

餐饮服务环节监督检查要点包括餐饮服务提供者资质、从业人员健康管理、原料控制、加工制作过程、食品添加剂使用管理、场所和设备设施清洁维护、餐饮具清洗消毒、食品安全事故处置等情况。

4.2.3 食品经营监督检查

食品生产经营监督检查一般分为日常监督检查、飞行检查以及体系检查三大类。日常监督检查是指市级、县级市场监督管理部门按照年度食品生产经营监督检查计划，对本行政区域内食品生产经营者开展的常规性检查。飞行检查是指市场监督管理部门根据监督管理工作需要以及问题线索等，对食品生产经营者依法开展的不预先告知的监督检查。体系检查是指市场监督管理部门以风险防控为导向，对特殊食品、高风险大宗食品生产企业和大型食品经营企业等的质量管理体系执行情况依法开展的系统性监督检查。

（1）日常监督检查　食品生产经营者应当配合监督检查工作，按照市场监督管理部门的要求，开放食品生产经营场所，回答相关询问，提供相关合同、票据、账簿以及前次监督检查结果和整改情况等其他有关资料，协助生产经营现场检查和抽样检验，并为检查人员提供必要的工作条件。除飞行检查外，实施日常监督检查（常规性监督检查）应当覆盖检查要点所有检查项目，其中食品销售环节的监督检查主要如下：

1）食品安全自查　具有食品安全自查制度；按照自查制度规定，定期对食品安全状况进行检查评价。经营条件发生变化或自查发现问题，不符合食品安全要求的，立即采取措施整改。自查发现食品安全事故潜在风险时，立即停止经营活动，并向所在地县级市场监管部门报告。

2）食品安全追溯体系　具有食品安全追溯体系，按照法律法规规定如实记录并保存进货查验、食品销售等信息，保证食品可追溯。

3）许可及备案　食品经营许可证合法有效。仅销售预包装食品的食品经营者依法进行备案。实际经营事项与仅销售预包装食品备案信息采集表中相关内容相符。在经营场所显著位置公示食品经营许可证正本，或以电子形式公示。通过第三方平台进行交易的食品销售者在其经营活动主页面显著位置公示食品经营许可证（或仅销售预包装食品备案信息采集表）。通过自建网站交易的食品销售者在其网站首页显著位置公示食品经营许可证（或仅销售预包装食品备案信息采集表）。未发现法律法规规定的禁止性行为：①伪造、涂改、倒卖、出租、出借、转让许可证或备案编号；②未获得许可或取得备案，开展食品销售活动；③超出许可经营项目范围开展销售活动。

4）场所及布局　与有毒、有害场所以及其他污染源保持规定的距离。具有与销售的食品品种、数量相适应的贮存、销售等场所。保持场所环境整洁卫生；具有合理的设备布局和工艺流程，避免食品接触有毒物、不洁物，防止交叉污染。进口冷链食品应当专用通道进货、专区存放、专区销售，不得与其他食品混放贮存和销售。

5）设施设备　具有与销售的食品品种、数量相适应的设施设备，配备相应的消毒、更衣、盥洗、采光、照明、通风、防腐、防尘、防蝇、防鼠、防虫、洗涤以及处理废水、存放垃圾和废弃物的设施设备。用水应当符合国家规定的生活饮用水卫生标准。使用的洗涤剂、消毒剂应当对人体安全、无害。

6）禁止销售的食品　未发现法律法规禁止销售的食品：①用非食品原料生产的食品或者添加食品添加剂以外的化学物质和其他可能危害人体健康物质的食品，或者用回收食品作为原料生产的食品；②致病性微生物，农药残留、兽药残留、生物毒素、重金属等污染物质以及其他危害人体健康的物质含量超过食品安全标准限量的食品、食品添加剂、食品相关产品；③用超过保质期的食品原料、食品添加剂生产的食品、食品添加剂；④超范围、超限量使用食品添加剂的食品；⑤营养成分不符合食品安全标准的专供婴幼儿和其他特定人群的主辅食品；⑥腐败变质、油脂酸败、霉变生虫、污秽不洁、混有异物、掺假掺杂或者感官性状异常的食品、食品添加剂；⑦病死、毒死或者死因不明的禽、畜、兽、水产动物肉类及其制品；⑧未按规定进行检疫或者检疫不合格的肉类，或者未经检验或者检验不合格的肉类制品；⑨被包装材料、容器、运输工具等污染的食品、食品添加剂；⑩标注虚假生产日期、保质期或者超过保质期的食品、食品添加剂；⑪无标签的预包装食品、食品添加剂；⑫国家为防病等特殊需要明令禁止生产经营的食品；⑬其他不符合法律、法规或者食品安全标准的食品、食品添加剂、食品相关产品。

7）食品安全管理制度　具有食品安全管理制度。对职工开展食品安全知识培训。加强食品检验工作。

8）人员管理　企业主要负责人落实企业食品安全管理制度，对本企业的食品安全工作全面负责。配备食品安全管理人员，对其开展培训和考核。食品安全管理人员经考核并具备食品安全管理能力。食品安全管理人员接受食品安全监管部门监督抽查考核，考核情况公布。具有从业人员健康管理制度。从事接触直接入口食品工作的人员应当每年进行健康体检，取得健康证明后方可上岗工作。患有国务院卫生行政部门规定的有碍食品安全疾病的人员，未从事接触直接入口食品的工作。未发现法律法规规定的禁止从业行为：①被吊销许可证的食品生产经营者及其法定代表人、直接负责的主管人员和其他直接责任人员自处罚决定作出之日起5年内申请食品经营许可，或者从事食品销售管理工作、担任食品销售企业食品安全管理人员；②因食品安全犯罪被判处有期徒刑以上刑罚的，从事食品销售管理工作，担任食品销售企业食品安全管理人员。

9）标签、说明书　预包装食品包装上有标签。标签标明的内容符合法律、法规以及食品安全标准规定的各类事项。食品添加剂有标签、说明书和包装。标签上载明"食品添加剂"字样。提供给消费者直接使用的食品添加剂，标签上还注明"零售"字样。标签、说明书的内容还符合法律、法规以及食品安全标准规定的其他事项。进口预包装食品、食品添加剂有中文标签；依法应当有说明书的，还有中文说明书。标签、说明书标示原产国国名或地区区名（如中国香港、中国澳门、中国台湾），以及在中国依法登记注册的代理商、进口商或经销者的名称、地址和联系方式，可不标示生产者的名称、地址和联系方式，符合我国法律、行政法规的规定和食品安全国家标准的要求。标签、说明书清楚、明显，生产日期、保质期等事项显著标注，容易辨识。转基因食品按照规定显著标示。未发现法律法规规定的禁止行为：①标签、说明书有虚假内容，涉及疾病预防、治疗功能；②食品和食品添加剂与其标签、说明书的内容不符；③对保健食品之外的其他食品，声称具有保健功能；④进口的预包装食品没有中文标签、中文说明书或者标签、说明书不符合法律法规标准相关规定。

10）温度全程控制　具有冷藏冷冻食品全程温度记录制度。配备与冷藏冷冻食品品种、数量相适应的冷藏冷冻设施设备。按照标签标示或相关标准的温度、湿度等要求销售、贮存、运输冷藏冷冻食品及其他有温度、湿度等要求的食品。

11）购销过程控制　查验食品供货者的许可证（或备案信息采集表）和食品出厂检验合格证或者其他合格证明。记录和凭证保存期限不得少于产品保质期满后6个月；没有明确保质期的，保存期限不得少于两年。查验食品添加剂供货者的生产许可证和产品合格证明文件，记录所采购食品添加剂的名称、规格、数量、生产日期或者生产批号、保质期、进货日期以及供货者名称、地址、联系方式等内容，并保存相关凭证。记录和凭证保存期限不得少于产品保质期满后6个月；没有明确保质期的，保存期限不得少于两年。具有食品进货查验记录制度。记录所采购食品的名称、规格、数量、生产日期或者生产批号、保质期、进货日期以及供货者名称、地址、联系方式等内容，并保存相关凭证。记录和凭证保存期限不得少于产品保质期满后6个月；没有明确保质期的，保存期限不得少于两年。（从事食品批发业务的经营企业要具有食品销售记录制度，记录食品的名称、规格、数量、生产日期或者生产批号、保质期、销售日期以及购货者名称、地址、联系方式等内容，并保存相关凭证。记录和凭证保存期限不得少于产品保质期满后6个月；没有明确保质期的，保存期限不得少于两年。）销售的无包装直接入口食品，使用无毒、清洁的包装材料、容器、售货工具和设备，配备有效的防虫、防蝇、防鼠设施。销售的散装食品，在容器、外包装上标明食品的名称、成分或配料表、生产日期或者生产批号、保质期以及生产经营者名称、地址、联系方式等内容。销售的散装食品标注的生产日期与生产者在出厂时标注的生产日期一致。包装或分装食品的包装材料和容器无毒、无害、无异味，并符合国家相关法律法规及标准的要求。包装或分装的食品，未更改原有的生产日期，未延长保质期。食品与非食品、生食与熟食的盛放容器不混用。普通食品未与特殊食品、药品混放销售。临近保质期的食品分类管理，作特别标示或者集中陈列出售。在销售场所显著位置设置不向未成年人销售酒的标志（酒类经营者）。经营场所食品广告或宣传的内容真实合法。

12）贮存过程控制　经营场所外设置仓库（包括自有和租赁）的，向发证地市场监管部门报告，副本上载明仓库具体地址。外设仓库地址发生变化的，在变化后10个工作日内向原发证的市场监管部门报告。贮存食品的容器、工具和设备安全、无害，保持清洁，防止食品污染，并符合保证食品安全所需的温度、湿度等特殊要求。在散装食品贮存位置标明食品的名称、生产日期或者生产批号、保质期、生产者名称及联系方式等内容。按照保证食品安全的要求贮存食品，定期检查库存食品，及时清理变质或者超过保质期的食品。食品与非食品、生食与熟食的贮存容器未混用。未发现食品与有毒、有害物品一同贮存。委托贮存食品的，选择具有合法资质的贮存服务提供者，审核其食品安全保障能力，监督其按照保证食品安全的要求贮存食品。委托非食品生产经营者贮存有温度、湿度等特殊要求食品的，审查其备案情况。接受委托贮存食品的，留存委托方的食品生产经营许可证复印件（或仅销售预包装食品备案信息采集表）。如实记录委托方的名称、统一社会信用代码、地址、联系方式以及委托贮存的冷藏冷冻食品名称、数量、时间等内容。记录和相关凭证的保存期限不得少于贮存结束后两年。

13）运输过程控制　运输和装卸食品的容器、工具和设备安全、无害、保持清洁，防止食品污染。未发现食品与有毒、有害物品一同运输。委托运输食品的，选择具有合法资质的运输服务提供者，查验其食品安全保障能力，监督其按照保证食品安全的要求运输食品。

14）食品召回　销售者发现销售的食品不符合食品安全标准或者有证据证明可能危害人体健康后，立即停止经营，通知相关食品生产经营者和消费者，并记录停止经营和通知情况。食品生产者认为需要召回的，配合生产者立即召回。由于食品销售者的原因造成其经营的食品有上述情形的，由食品销售者召回。对召回的食品采取无害化处理、销毁等措施，防止其再次流入市场。对因标签、标志或者说明书不符合食品安全标准而被召回的食品，食品生产者在采取补救措施且能保证食品安全的情况下可以继续销售；销售时向消费者明示补救措施。食品召回和处理情况向所在地县级市场监管部门报告；需要对召回的食品进行无害化处理、销毁的，提前报告时间、地点。

15）委托生产　委托取得食品生产许可、食品添加剂生产许可的生产者生产，审查其生产资质，留存相关证明文件。对委托生产者生产行为进行监督，对委托生产的食品、食品添加剂的安全负责。

16）食品安全事故处置　具有食品安全事故处置方案。定期检查本企业各项食品安全防范措施的落实情况，及时消除事故隐患。

17）其他　检查结果对消费者有重要影响的，在经营场所醒目位置张贴或者公开展示监督检查结果记录表，并保持至下次监督检查。监督检查结果、市场监管部门约谈经营者情况和经营者整改情况记入食品经营者食品安全信用档案。对存在严重违法失信行为的，按照规定实施联合惩戒。检查结果信息形成后20个工作日内向社会公开。

食用农产品、特殊食品、集中交易市场开办者、柜台出租者和展销会举办者、网络食品交易第三方平台提供者、从事食品贮存业务的非食品生产经营者等销售环节的检查要求除上述通用检查项目外，还有其他具体要求，此处不再赘述。

（2）飞行检查　市场监督管理部门可以根据工作需要，对通过食品安全抽样检验等发现问题线索的食品生产经营者实施飞行检查。食品飞行检查是在被检查的食品生产经营单位不知晓的情况下进行的，启动慎重，行动快，不发通知、不打招呼、不听汇报、不用陪同接待、直奔基层、直插现场。即搞突然"袭击"，让企业措手不及，来不及清理现场，来不及准备材料，来不及"弄虚作假"，将最真实的生产状态暴露在督查人员的眼皮子底下。

根据国家食品药品监督管理总局（国家市场监督管理总局）《食品生产飞行检查管理暂行办法（征求意见稿）》规定，有下列情形之一的，市场监督管理部门可以组织开展飞行检查：①监督抽检和风险监测中发现食品生产者存在食品安全问题和风险的；②投诉举报、媒体舆情或其他线索有证据表明食品生产者存在食品安全问题和风险的；③食品生产者涉嫌存在严重违反食品安全法律法规及标准规范要求的；④食品生产者风险等级连续升高或存在不诚信记录的；⑤其他需要开展飞行检查的情形。

飞行检查应当预先制订飞行检查方案，填写飞行检查任务书，明确检查对象、检查时间、检查人员、检查内容等事项。飞行检查应当依据被检查对象的有因情形，确定具体检查内容，制订检查方案。飞行检查组应当由两名及以上检查人员组成，实行组长负责制。组长应由市场监督管理部门具有行政执法资质的人员担任。检查人员检查时应当持有有效执法证件，或经市场监督管理部门以其他方式授权的检查证明。必要时，可以邀请相关领域专家、下级市场监督管理部门行政执法人员等参加检查。负责日常监督检查的市场监督管理部门，应当至少派出两名行政执法人员配合现场检查。

检查组应当按照检查方案依法开展检查。对发现的问题进行书面记录，必要时可拍摄现场情况、收集或复印相关文件资料，并对有关人员进行调查询问。询问记录应经被询问人签字确认，如被询问人拒绝签字的，应予以注明。现场检查发现食品生产者存在可以当场整改的问题，食品生产者应当立即整改。被检查食品生产者涉嫌违法违规的相关证据可能灭失或者以后难以取得的，以及其他需要采取行政强制措施的，负责日常监督检查的食品药品监督管理部门应当立即保存证据或依法采取强制措施。需要现场抽样检验的，检查组应当按照相关规定组织抽样送检，也可以责成负责日常监督检查的食品药品监督管理部门按规定抽样送检。所产生的抽样检验费用由组织实施飞行检查的食品药品监督管理部门承担。检查组组长现场认为需要调整检查对象、检查人员或检查时间等事项，应及时报请组织实施飞行检查的食品药品监督管理部门。检查组应当将现场检查情况适时告知食品生产者，食品生产者负责人（或被委托人）应当在飞行检查记录等文书上签字并盖章确认。检查结束后，检查组原则上应在 7 个工作日内，将检查报告等相关材料上报组织实施飞行检查的市场监督管理部门。检查报告内容包括：检查过程、发现问题、相关证据、检查结果和处理建议等。组织实施飞行检查的市场监督管理部门应将检查报告整理形成警示性文书，及时反馈被检查对象并向社会公示。

负责日常监督检查的食品药品监督管理部门应当根据现场检查发现的问题，依法对食品生产者采取相应的行政处罚或行政强制等措施。必要时，组织飞行检查的食品药品监督管理部门可以直接组织立案查处。飞行检查发现食品生产者违法行为涉嫌犯罪的，由负责立案查处的食品药品监督管理部门依法及时移送公安机关处理。负责日常监督检查的食品药品监督管理部门应逐级上报飞行检查后处理情况。组织实施飞行检查的食品药品监督管理部门应将飞行检查相关材料归档。负责日常监督检查的食品药品监督管理部门应当将飞行检查结果和后处理结果纳入监管档案飞行检查发现日常监管存在问题的，组织飞行检查的市场监督管理部门应责令负责日常监管的市场监督管理部门落实整改，并责成其上级市场监督管理部门督促跟进落实整改，切实履行监管职责。

为加强和规范对食品生产经营活动的监督检查，督促食品生产经营者落实主体责任，国家市场监管总局发布了修订后的《食品生产经营监督检查管理办法》（以下简称《办法》）。《办法》自 2022 年 3 月 15 日起施行。对原《食品生产经营日常监督检查管理办法》进行修订，旨在强化监管部门监管责任，构建检查体系，确定检查要点，充实检查内容，明确检查要求、严格落实食品生产经营主体责任，切实落实食品安全工作"四个最严"要求。

（3）体系检查 市场监督管理部门可以根据工作需要，对特殊食品、高风险大宗消费食品生产企业和大型食品经营企业等的质量管理体系运行情况实施体系检查。由市场监督管理部门组织，依据相应的法律法规以及生产规范，对检查对象生产许可条件保持情况、食品安全管理制度落实情况等进行的系统性检查。

目前国家标准、行业标准及相关现行标准未有涉及食品生产企业体系检查技术规范的标准，仅有类似的地方市监局出台的办法、指南、规程等，如《陕西省特殊食品生产企业体系检查管理办法》、《上海市市场监管局关于开展保健食品生产企业体系检查试点工作的通知（沪市监特食〔2019〕368号）》、新疆《关于开展食品生产企业食品安全生产规范体系检查工作的通知（食药监办〔2018〕56号）》等，广西《食品生产企业体系检查技术规范（征求意见稿）》（DB45/T—01）、天津《食品生产企业体系检查工作规程》（DB12/T 1105—2021）等。天津市市场监督管理委员会发布的《食品生产企业体系检查工作规程》，规定了食品生产企业体系检查工作的一般要求、职责事项、检查准备、检查实施、检查结果的审核和汇总、检查资料归档、结果处置等内容。①体系检查工作应严格按照规定的程序和方法执行，检查要依法依规，要保证工作客观、公正、独立、规范、高效地开展；②市场监督管理部门负责组织实施体系检查工作，确定体系检查执行单位，下达工作任务，体系检查执行单位负责制定《食品生产企业体系检查工作计划》以及检查资料归档，检查组负责制定《食品生产企业体系检查方案》对食品生产企业开展体系检查，并向体系检查执行单位提交《食品生产企业体系检查结果记录表》《食品生产企业体系检查报告》及相关取证材料，属地市场监督管理部门负责结果处置；③检查准备包括确定体系检查任务、制定体系检查计划、准备检查资料、组成检查组、通知检查、检查时间等。体系检查执行单位在体系检查前准备好检查所需资料。检查组由专业技术人员、市场监管人员组成，人数不少于3人，组长由体系检查执行单位确定，人员分工由组长统筹安排，体系检查实行组长负责制，检查组应严格遵守检查工作纪律，对各自检查部分负责，体系检查执行单位应提前一天通知属地市场监管部门、被检查企业。体系检查时间一般为2~5天，可根据检查任务需要而调整；④检查实施包括预备会议、首次会议、检查方式、记录取证、问题报告、内部沟通、末次会议等，检查组应按照体系检查方案开展检查，根据检查工作要求，可采取听取企业汇报，查阅企业记录及账目、票据，询问企业员工，核查生产现场等方式开展检查工作，检查组对发现的问题要及时、详尽地记录在现场检查记录本上，对事后容易产生歧义以及相关证据可能灭失的，检查组应当采用录音、录像、拍照、复印等方式进行现场取证，检查时复印的资料应由被检查企业法定代表人或被授权人签字或加盖公章，并注明"此件由×××提供，经核对与原件相同"的字样，现场检查完成后，由组长召开内部会议，梳理检查发现的问题并商定检查结论，检查组成员对问题的判断分析和结果意见不一致的，应当予以记录，检查组根据讨论汇总情况填写《食品生产企业体系检查情况记录表》并签字，组长组织召开末次会议，检查组应当将现场检查情况反馈被检查企业，企业法定代表人或被授权人应当在《食品生产企业体系检查情况记录表》等文书上签字并加盖公章确认，《食品生产企业体系检查情况记录表》1份反馈企业，1份交属地市场监管部门，1份由体系检查执行单位留存；⑤完成现场检查10日内，检查组汇总本次检查工作整体情况，填写《食品生产企业体系检查报告》；⑥体系检查执行单位负责全部检查资料的归档工作；⑦属地市场监管部门对于体系检查中发现的食品安全风险问题依法处置，并上报下达工作任务单位。

（4）经营监督检查要求　县级以上地方市场监督管理部门应当按照本级人民政府食品安全年度监督管理计划，综合考虑食品类别、企业规模、管理水平、食品安全状况、风险等级、信用档案记录等因素，编制年度监督检查计划。市场监督管理部门应当每两年对本行政区域内所有食品生产经营者至少进行一次覆盖全部检查要点的监督检查。市场监督管理部门可以根据工作需要，对通过食品安全抽样检验等发现问题线索的食品生产经营者实施飞行检查，对特殊食品、高风险大宗消费食品生产企业和大型食品经营企业等的质量管理体系运行情况实施体系检查。

市场监督管理部门组织实施监督检查应当由两名以上（含两名）监督检查人员参加。检查人员较多的，可以组成检查组。市场监督管理部门根据需要可以聘请相关领域专业技术人员参加监督检查。市场监督管理部门实施监督检查，可以根据需要，依照食品安全抽样检验管理有关规定，对被检查单位生产经营的原料、半成品、成品等进行抽样检验；可以依法对企业食品安全管理人员随机进行监督抽查考核并公布考核情况。抽查考核不合格的，应当督促企业限期整改，并及时安排补考；检查人员在监督检查中应当对发现的问题进行记录，必要时可以拍摄现场情况，收集或者复印相关合同、票据、账簿以及其他有关资料；检查人员认为食品生产经营者涉嫌违法违规的相关证据可能灭失或者以后难以取得的，可以依法采取证据保全或者行政强制措施，并执行市场监管行政处罚程序相关规定。

检查人员应当综合监督检查情况进行判定，确定检查结果。有发生食品安全事故潜在风险的，食品生产经营者应当立即停止生产经营活动；发现食品生产经营者不符合监督检查要点表重点项目，影响食品安全的，市场监督管理部门应当依法进行调查处理；发现食品生产经营者不符合监督检查要点表一般项目，但情节显著轻微不影响食品安全的，市场监督管理部门应当当场责令其整改。可以当场整改的，检查人员应当对食品生产经营者采取的整改措施以及整改情况进行记录；需要限期整改的，市场监督管理部门应当书面提出整改要求和时限。被检查单位应当按期整改，并将整改情况报告市场监督管理部门。市场监督管理部门应当跟踪整改情况并记录整改结果。不符合监督检查要点表一般项目，影响食品安全的，市场监督管理部门应当依法进行调查处理。

市场监督管理部门应当于检查结果信息形成后20个工作日内向社会公开。检查结果对消费者有重要影响的，食品生产经营者应当按照规定在食品生产经营场所醒目位置张贴或者公开展示监督检查结果记录表，并保持至下次监督检查。有条件的可以通过电子屏幕等信息化方式向消费者展示监督检查结果记录表。

监督检查结果，以及市场监督管理部门约谈食品生产经营者情况和食品生产经营者整改情况应当记入食品生产经营者食品安全信用档案。对存在严重违法失信行为的，按照规定实施联合惩戒。对同一食品生产经营者，上级市场监督管理部门已经开展监督检查的，下级市场监督管理部门原则上3个月内不再重复检查已检查的项目，但食品生产经营者涉嫌违法或者存在明显食品安全隐患等情形的除外。上级市场监督管理部门发现下级市场监督管理部门的监督检查工作不符合法律法规和本办法规定要求的，应当根据需要督促其再次组织监督检查或者自行组织监督检查。

检查人员（含聘用制检查人员和相关领域专业技术人员）在实施监督检查过程中，应当严格遵守有关法律法规、廉政纪律和工作要求，不得违反规定泄露监督检查相关情况以及被检查单位的商业秘密、未披露信息或者保密商务信息。实施飞行检查，检查人员不得事先告知被检查单位飞行检查内容、检查人员行程等检查相关信息。鼓励食品生产经营者选择有相关资质的食品安全第三方专业机构及其专业化、职业化的专业技术人员对自身的食品安全状况进行评价，评价结果可以作为市场监督管理部门监督检查的参考。

4.2.4　强化食品经营者主体责任

民以食为天，食以安为先，食品安全在百姓生活中扮演着至关重要的角色。然而，近年来食品安全事件依然频发，不仅损害了广大消费者的身体健康和生命安全，而且严重损害了党和政府的形象，损害了经济发展和社会稳定。因此，必须清醒认识到食品安全问题的严重性、紧迫性，必须将食品安全问题提升到国民安全的战略高度上来。食品生产经营者是食品安全第一责任人，这要求食品企业一定要强化自身食品安全第一责任人意识，绝不触碰食品安全红线，提高诚实守信水平和自觉守法意识。

新修订的《食品安全法》在以下4个方面强化了食品生产经营者的主体责任。

一是明确了食品生产经营者的主体责任。规定了食品生产经营者对其生产经营食品的安全负责，应当依照法律、法规以及食品安全标准从事生产经营活动，建立健全食品安全管理制度，保证食品安全，诚信自律，对社会和公众负责，接受社会监督，承担社会责任。

二是强化生产经营过程的风险控制。提出要在食品生产经营过程中加强风险控制，要求食品生产企业建立并实施原辅料、关键环节、检验检测、运输等风险控制体系。增设食品安全自查和报告制度。在生产经营场所的显著位置公示食品生产经营许可、食品安全承诺、食品召回和停止经营、不符合食品安全要求的食品处置等信息，并按照许可范围从事生产经营活动。

三是要求健全落实企业食品安全管理制度。规定了食品生产经营企业应当建立健全食品安全管理制度和职工健康管理制度，组织职工参加食品安全培训、进行健康检查，并建立食品安全培训、健康档案，配备专职或者兼职食品安全管理人员，并加强对其培训和考核。食品安全管理人员应当承担宣传食品安全法律法规、组织开展企业食品安全自查、定期汇总分析本企业食品安全状况信息、履行食品安全事故报告义务等职责。

四是增设食品安全自查和报告制度。提出食品生产经营者要定期检查评价食品安全状况；条件发生变化，不再符合食品安全要求的，食品生产经营者应当采取整改措施；有发生食品安全事故潜在风险的，应当立即停止生产经营，并向市场监管部门报告。

落实食品经营者主体责任可从以下5个方面着手。

（1）加强食品安全监管　加强监督管理是食品生产经营者落实主体责任的一种有效的形式。当前我国食品安全方面的法律、法规、标准日趋完善，新出台的《食品相关产品质量安全监督管理暂行办法》（2022年10月8日国家市场监督管理总局令第62号公布）将有效督促企业落实食品安全主体责任，强化属地监管人员的监管责任，加强食品相关产品质量安全监督管理，保障公众身体健康和生命安全。市场监督管理部门建立分层分级、精准防控、末端发力、终端见效工作机制，以"双随机、一公开"监管为主要方式，随机抽取检查对象，随机选派检查人员对食品相关产品生产者、销售者实施日常监督检查，倒逼生产经营者提高食品安全意识。

（2）提高食品生产经营者素质　作为食品安全第一责任人的食品生产经营者，其自身的素质与食品安全有着密切的关系，其自身的管理在保障食品安全方面起着根本性的作用。提高食品生产经营者素质首先要加大宣传教育，鼓励、督促其学习食品安全法律法规，相关标准和科学知识。其次要加强食品生产经营者的教育培训工作，通过对其法律法规、基本安全知识、操作技能等方面的培训，加强其职业技能水平，切实提高食品生产经营者素质。餐饮从业人员还需经过食品安全培训和健康检查方能上岗工作，餐饮企业除对新员工进行岗位技能培训外，还需进行安全生产和操作环节的培训，形成严格规范的操作流程，避免人为因素造成食品安全事件。

（3）加强食品生产经营诚信建设　落实食品生产经营者的社会责任，提高生产经营者的诚信意识是关键。诚信是企业生存和发展的基石。引导企业加强诚信文化建设，坚持诚信经营，讲究商业道德与经营良知，保证产品质量安全，提升服务于技术水平，重视商业诚信的价值积累。另外，不断完善相关法律法规，治理失信行为，用法律捍卫诚信道德，用系统的制度规范企业行为。

（4）加强社会舆论监督　社会舆论监督是强化食品安全工作的一种有效手段。因此需要畅通公众参与渠道，搭建有效平台，充分发挥人大代表、政协委员监督作用和专家学者的智囊作用，大力发展食品安全协管员和信息员，把监督网络延伸到社会公众中去，鼓励公众依法维权，定期召开新闻发布会，主动发布权威信息。充分发挥新闻媒体的舆论监督作用，依法曝光、揭露食品安全违法犯罪行为，以加强对企业的监督，切实强化食品生产经营者的主体责任意识。

（5）发挥行业协会的作用　食品行业协会在现代化的食品安全治理体系中具有重要地位，既是沟通政府和企业的桥梁和纽带，又是社会多元利益的协调结构。行业协会可通过加强行业自律，按照章程建立健全行业规范和奖惩机制，提供食品安全信息、技术等服务，引导和督促食品生产经营者依法生产经营，推动行业诚信建设，推动食品行业健康发展。

4.2.5　强化食品经营安全监管措施

（1）完善食品安全监管体系。

①完善监管基础制度：近几年，我国出台了不少食品经营监管相关法律法规，但还需全面整合法律资源，建立与之配套的食品安全法律法规系统，形成以《食品安全法》为核心，其他相关法律为补充的法律体系，着力完善公平竞争监管、知识产权保护、信用监管、质量安全监管等重点制度规则，带动市场监管基础制度整体科学化，向制度和监管的科学化要效能，另外，随着时代发展，以前制定的法律中存在的一些滞后的、不再适合现代食品经营者的相关条款需要及时修改、完善和补充，避免监管出现漏洞，对于新出现的食品经营模式，如网络食品经营（包括网络餐饮），具有与传统商品交易明显不同的特点与规律，加强网络食品安全监管，必须研究和遵循其规律，拿出相应的监管对策，制定专属的网售食品安全法律法规，保障网络经营食品安全的基础；②优化监管事项层级配置：合理划分市场监管各层级权责事项，形成有利于发挥各层级履职优势的职能体系，坚持属地管理和分级管理相结合，根据监管事项风险范围、专业要求合理配置监管资源，支持基层监管能力建设，确保基层市场监管部门对下放的监管权限接得住、管得好，建立并动态调整市场监督管理综合行政执法事项指导目录，明确案件管辖、调查、处置以及处罚方面的事权划分；③强化跨部门综合监管：编制并动态调整市场监管权责清单，实现权责一致、依法监管，坚持"谁审批、谁监

管，谁主管、谁监管"原则，厘清行业管理和市场监管职责边界，加强行业准入和市场主体登记协同，健全市场监管领域议事协调工作制度，完善行业管理和市场监管定期会商沟通协调、重要情况及时通报、重点工作协调联动等机制，完善市场监管部门与司法机关之间案源共享及检验鉴定结果互认等制度，加强行刑衔接；④深化综合执法改革：强化地方市场监管综合执法改革的指导，推动形成与统一市场监管相适应的执法模式，建立横向协同、纵向联动的执法办案机制，地市级以上市场监管部门加强对重大跨区域案件的查办、指导，实行重大案件挂牌督办、指定管辖、公开通报制度，加强日常监管与综合执法衔接，建立健全信息通报、案件移交、执法反馈等协调机制，统筹综合执法和专业执法，探索建立分类执法机制，对市场秩序类、产品安全类、质量标准类等不同类型予以分类指导，推进专业化执法，提高综合执法效能，加强职业化专业化执法队伍建设，健全执法人才库和专家库，加快培养跨领域跨专业的复合型执法人才，对于专业性技术性较强的执法岗位原则上实行专人专岗。

（2）抓好食品安全法律法规落实。

①当前我国食品安全法律法规已越来越与实际相结合，但食品安全事件仍然层出不穷，为了抓好食品安全法律法规的落实，关键是要加强执法队伍力量，一是加强对执法人员食品安全法律、法规、标准和专业知识与执法能力等的培训，并组织考核。不具备相应知识和能力的，不得从事食品安全执法工作，二是统筹各方资源，改善基层市场监管部门业务用房、执法车辆、检验检测和执法装备等监管条件，提升基层监管水平。三是适当调整和增加监管人员，以充实监管力量，研究监管新技术，主要是加强对检验人员能力的培养；②建立健全食品安全案件查办机制，增强行政执法的震慑力度，严厉打击制售假冒伪劣食品违法行为，加大食品案件的查办力度，重点查处制售假冒伪劣食品、无证无照经营食品、经销不合格食品和有毒有害食品、食品中使用非食品添加剂、虚假食品广告和假冒食品包装等违法案件，建立健全大要案件通案，大要案督查督办等制度，对于性质恶劣，严重影响民生的案件，在进行教育的同时，加大惩处力度，依法最大限额运用自由裁量权，增强行政执法震慑力。落实处罚到人要求，对违法企业及其法定代表人、实际控制人、主要负责人和其他直接责任人员加大惩处力度，大幅提高违法成本，从而使违法经营者不敢，也不愿再从事违法经营活动。

（3）强化日常监管 《食品相关产品质量安全监督管理暂行办法》明确了对食品相关产品经营者的日常监督检查事项：督促各类食品经营者和市场开办者严格落实食品安全主体的责任和义务，落实从业人员健康管理，加强食品从业人员岗位培训，督促食品从业人员勤洗手、佩戴口罩，做好预防性消毒和场所清洁等工作。要求经营者严格执行食品原料索证索票和进货查验制度，加大对畜禽肉类、水产品、果蔬等产品的进货查验，重点检查进货合格证明、交易凭证等票证和相关台账记录。食品安全监管涉及农副产品生产源头、生产加工、流通、餐饮消费等环节，工作链条长、环节多，因此需要依据具体情况加强对食品经营单位的监督检查频次和力度。日常监督检查发现食品相关产品可能存在质量安全问题的，市场监督管理部门可以组织技术机构对工艺控制参数、记录的数据参数或者食品相关产品进行抽样检验、测试、验证。市场监督管理部门对其他部门移送、上级交办、投诉、举报等途径和检验检测、风险监测等方式发现的食品相关产品质量安全问题线索，根据需要可以对食品相关产品生产者、销售者及其产品实施针对性监督检查。

（4）加强重点监管　建立健全食品安全重点监管机制，确保食品市场的消费安全。在日常监管的基础上，要结合地区实际，制定切实可行的食品安全应急预案，针对监管重点、投诉热点及问题的多发性，明确监管重点，制定考核细则，并将重点监管的考核结果纳入日常长效监管考核之中，有针对性地开展市场巡查，着力解决重点市场、重点区域和重点食品经营者的突出问题，不断探索、建立、完善责任明晰、规范有序、反应迅速、措施有力的重点巡查机制。一是围绕重点食品。对粮、肉、蔬菜、水产品、奶制品、豆制品、酒、饮料、食用油、儿童食品、保健食品等与广大人民群众生活密切相关、消费者投诉多的食品开展重点品种专项执法检查；加强冷链食品安全监管，紧盯经营、贮存等各环节，深入开展冷链食品排查工作，严格追溯管理，切实消除食品安全隐患。二是围绕重点区域。在城乡接合部、农村市场、城区商超、集贸市场、批发市场、餐饮服务单位、养老机构、校园及周边等食品销售频繁区域，开展重点场所专项执法检查，督促食品经营者严格履行食品安全主体责任，严防发生食源性疾病。三是围绕重点时段。在元旦、"五一"、国庆、中秋、春节等食品销售旺盛的节日期间，针对节日食品市场消费特点，开展重点节日期间专项执法检查。四是围绕重点对象。针对日常监管存在问题的多发性，消费者投诉的频繁性，加强小作坊、小摊点、小集市的清理整顿，有针对性地开展无照经营整治等相关专项执法检查。做到有的放矢、重拳出击，有效打击掺杂使假和经营过期霉变、有毒有害食品及不合格食品等违法行为，切实维护食品市场消费安全。

（5）开展全方位监管　在食品流通环节，监管部门需要保障食品安全的全面排查，开展全方位的监督管理工作，切实保障群众的身体健康。对于学校周边、城乡接合部以及食品市场等食品安全问题多发区域需要进行全面排查，重点进行虚假标识食品以及过期食品的检查，并定期开展"黑作坊"与"黑窝点"的排查工作，一经发现立即取缔；对食品添加剂、油炸面制品等重点食品品种加强治理工作，确保速冻食品和粮油米面等食品的质量符合食品安全要求；加大网络订餐专项整治力度，督促网络订餐平台履行主体责任，依法依规登记备案，并依法对平台内经营者的经营资格进行审查、登记、公示，保证入网经营者信息准确可靠。定期开展食品企业及个体经营者的执法检查，及时发现食品生产销售过程中存在的安全问题，加大处罚力度，通过停业整改和吊销执照等方式，提升食品企业及个体经营者对食品安全的重视，有助于食品销售环节安全水平的提升。

（6）开展现代化监管　对于食品经营安全而言，加快推进智慧监管、加强科技支撑体系建设是开展现代化监管的重要内容之一。①充分运用互联网、云计算、大数据、人工智能等现代技术手段，加快提升市场监管效能，建立市场监管与服务信息资源目录和标准规范体系，全面整合市场监管领域信息资源和业务数据，深入推进市场监管信息资源共享开放和系统协同应用，充分应用现代信息技术手段，开发餐饮业食品安全监管、检测、追溯等新技术，加快餐饮食品快速检测新技术的研发、加大对先进检验设备的投入，进一步拓展餐饮检验检测"空白"地带，以有效提高餐饮食品安全监管能力，餐饮业的智能化、数字化发展，如开展明厨亮灶、实时动态监测、原辅料进货检测、追溯系统平台等也为监管机构提供了新的监管方式，监管机构可将企业数据与监管平台对接和共享，共建餐饮食品安全监管大数据平台；②鼓励市场监管领域科研创新，加强市场监管重点领域关键技术攻关和先进装备研制，推进国家食品质量安全检（监）测能力建设工程、国家消费品质量安全风险监测预警能力建设工程等建设，全面提升市场监管科技支撑能力。

（7）健全信用监管长效机制。

①完善信息归集公示机制：强化跨地区、跨部门、跨层级信息归集共享，推动国家企业信用信息公示系统全面归集市场主体信用信息并依法公示，与全国信用信息共享平台、国家"互联网+监管"系统等实现信息共享，整合市场监管领域涉企信息，实现登记注册、行政审批、生产许可、监督抽查、产品认证、行政处罚等信息"应归尽归"，及时将企业登记注册信息推送至有关主管部门，健全信息归集标准规范，建立信用记录核查机制，确保信用记录真实、准确；②完善信用约束激励机制：强化市场监管领域经营异常名录、严重违法失信名单管理及信用约束工作，建立市场监管部门统一的严重违法失信名单管理制度，健全失信惩戒响应和反馈机制，依法推进失信惩戒措施向相关责任人延伸，健全失信惩戒对象认定机制，明确认定依据、标准、程序、异议申诉和退出机制，依法依规建立失信惩戒措施清单，动态更新并向社会公开，推行守信联合激励，完善失信市场主体信用修复机制，依法合理设定信用修复条件和影响期限；③完善信用风险分类管理机制：结合"互联网+监管"系统企业信用评价结果、公共信用综合评价结果、行业信用评价结果等，进一步提高信用监管科学化水平，明确企业信用风险分类标准，根据企业信用等级确定差异化的监管措施，与"双随机、一公开"监管、专业领域风险防控等有机结合，提高监管及时性、精准性、有效性，编制企业信用监管指数，动态优化指标模型，发挥信用监管指数在行业性、区域性监管中的导向作用，全面建立市场主体信用信息核查应用机制，加快推动信用信息嵌入市场监管各业务领域，建立告知承诺事项信用监管制度，加强对市场主体信用状况的事中事后核查，将信用承诺履行情况纳入市场主体信用记录。

（8）构建食品安全监管社会共治体系。

①压实责任：强化党委政府对食品安全工作的组织领导，完善县级党政领导干部食品安全工作责任清单，确保"党政同责"有效落实，持续压紧压实食安委各成员单位食品安全工作责任，做到一级抓一级、层层抓落实；②进一步强化企业主体责任，引导市场主体牢固树立安全责任意识，增强落实主体责任的自觉性和主动性，严格依法组织生产经营，切实履行安全法律责任和社会责任；③通过知识竞答、科普宣讲、拍摄微公益视频、打造教育基地，提高消费者参与监管工作的积极性以及维权意识，引导消费者索证索票，可以要求经营者提供食品生产许可证、食品卫生许可证、从业人员健康证、营业执照、产品合格证等各种证件的扫描件，在自身权益受到损害时积极向相关监管部门投诉举报；④借助媒体的力量开展食品安全监管，通过网络途径向外界传播餐饮食品安全法律、法规及食品安全知识，还可及时揭露和曝光食品安全事件，披露经营者损害消费者权益的信息，有利于监管机构定点排查和专项治理，有效提高监管效率，推动食品企业的健康稳定发展。通过积极推动全社会参与和全员监督的新方式，激发食品安全共建共治新活力，构建食品安全监管社会共治格局。

4.3　食用农产品市场销售监督管理

食用农产品是指来源于农业活动的初级产品，即在农业活动中获得的、供人食用的植物、动物、微生物及其产品。大众日常消费量较大的农产品主要包括畜禽肉及其副产品、水产品、蔬菜、水果、鲜蛋等。为规范食用农产品市场销售行为，加强食用农产品市场销售质量安全监督管理，保证食用农产品质量安全，根据《中华人民共和国食品安全法》等法律法规，国家食品药品监督管理总局局务会议于2015年12月8日审议通过《食用农产品市场销售质量安全监督管理办法》，自2016年3月1日起施行。

4.3.1　食用农产品市场销售分类及特点

食用农产品市场销售可通过集中交易市场、商场、超市、便利店等进行，其中集中交易市场是指销售食用农产品的批发市场和零售市场（含农贸市场），也称集贸市场，是农产品销售场所的重要组成部分。

（1）集贸市场　集贸市场是我国传统的商业形式，是我国农村城乡接合部的主要食品、农副产品的销售场所，有综合集贸市场、一般集贸市场、专业集贸市场、农村集市、城镇早晚市场、庙会和食品展会等。

1）按交易的品类划分为综合型市场和专业型市场两大类　综合型市场经营多种品类、专业型市场则只经营其中的一或二类，甚至是某类中的一种产品。综合型市场经营的品类多，一般与本地生活、生产关系密切相关，但多是本地区的特色产品或传统经营产品，其影响范围大，有的销售至县外、省外甚至国外。

2）按经营的方式划分为批发市场、零售市场或批零兼营市场　不同的经营方式对于市场布局、设施布置、建筑构成、面积大小等均有不同的要求。

3）按布局形式划分为集中式市场和分散式市场　布局形式要结合当地的市场现状、镇区规划、交易品类与经营方式等情况，因地制宜地加以确定。小型集市一般多采取集中一处布置，大、中型集市则多采取分成几处布置，以利于交易、集散和管理。

4）按设施类型划分为固定型和临时型　采取何种类型，应视交易商品的类别、经营方式的特点、经济发展的水平等因素而确定。

5）按服务范围集贸市场可分为镇区型、镇域型、域外型　由于服务范围的不同，影响集市的规模、选址、布局、设施的确定。镇区型系指集市贸易经营的商品主要为镇区内居民服务，如蔬菜、副食、百货等商品。镇域型系指集市贸易经营的商品为镇区及本镇辖区服务，交易本地的产品和本地生产、生活所需的各类物品。域外型集贸市场主要是为了乡镇域之外的县城、县际、省际或国际交易服务，集贸市场经营的商品多为本地区的特色产品，或传统经营的产品。

集贸市场从交易的品类、经营的方式、布局的形式、设施的类型、服务的范围等各方面显示出多样性。它与当地的物产资源、生产特点、生活习俗、自然条件、民族风情、经济水平等因素密切相关，但是有一些共同特点：①集贸市场经营主体大多规模小且流动性大。成规模的农村食品经营主体相对较少,主要是小作坊、小卖店、小餐饮以及流动摊贩等小经营户,有的农村食品经营者经营自己加工的食品,有的是城里批发商倾销到农村地区的食品;食品经营商户流动性大,固定摊位较少;②物品种类繁多,一般为综合性市场,除去粮油、饮品、糕点、豆制品、茶叶、干果、小餐饮、生熟肉、蔬菜等食品外,还有服装鞋帽、塑料五金、工艺美术等各类商品;③集贸市场经营环境较为复杂,卫生条件不容乐观。

(2)商超 商超在最近10年得到快速发展,已经成为现代流通渠道最重要的组成部分之一,也为农产品特别是生鲜农产品提供了新的经营模式。农产品超市由于其统一采购、统一配送能有效提高农产品质量,推进优质安全农产品的标准化和产业化生产、加工。同时生鲜农产品是超市店面的形象中心和利润中心,也是消费者选择商店的重要标准,正逐步成为超市获取竞争优势的重要手段。但是相对于欧美发达国家60%~80%的农产品及其加工制品进入了超市,我国农产品及其加工制品由超市售出的比例远远低于集贸市场。

商超食用农产品市场销售由于规模化集中化经营模式保证了价格稳定性,减少了地区差异。加之市场监管相对规范,使得农产品的质量与安全在机制层面上得以保证。另外,商超经营模式下的农产品需求信息传递渠道通畅,可为消费者提供及时、多样化的农产品。相对于传统的农贸市场,农产品商超经营更具有安全性、便利性和舒适性。

(3)专卖店 专卖店是相对新兴的零售模式,农产品专卖店所占市场比例较小,以销售高质量农产品为主要经营模式。专卖店销售的农产品与传统市场所销售的农产品一般品质较高,具有特色,且有品牌保证。但同时,专卖店销售也存在品种单一,价格偏高等问题。

当前,我国农产品集贸市场仍然是农产品流通的主要市场类型,基本形成了以农产品集贸市场为基础,以农产品批发市场为中心,以直销配送和超市经营为补充,以专营店为探索的农产品市场销售体系。集贸市场由于农产品品类复杂,经营主体规模小且流动性大,参与者众多,存在诸多安全问题,是农产品市场销售监管的难点和重点,下面就其问题与监管展开论述。

4.3.2 集贸市场食品安全问题

集贸市场因其自身特点,其食品安全问题有特殊性。

(1)经营者卫生意识和食品安全责任淡薄 在集贸市场中一些经营人员的卫生意识较差,无工作服、健康证和卫生许可证从事食品经营的现象仍然存在;大量使用非食品袋;餐饮废弃物桶与洗消餐具的水桶无明显分隔,缺乏消毒灭菌设备,易使食品产生二次污染;食品与对人体有害有毒的商品并肩摆放,更为严重的是有的食品竟然与农药、化肥摆放近在咫尺;经营的商品互相混杂,熟食类、鲜活类和蔬菜类在一起混杂经营,容易造成食物交叉污染;鲜肉销售摊位为节约成本,猪、羊、牛、鸡肉不经过检疫就在农村集贸市场销售,导致有病、死的猪、羊、牛、鸡肉销售情况发生;现场制售糕点及卤肉制品,防尘、防蝇、洗消等设施达不到标准,甚至食品添加剂使用泛滥,造成食品安全隐患。

市场开办主体和食品经营户缺乏食品安全责任意识,对与食品安全相关的法律法规、政策知之甚少,不知法、不懂法、不守法。部分农村食品经营者进货不查验供应商的生产许可证、营业执照和产品的相关检验报告,只看价格不看质量,哪家便宜就从哪家进货,也不履行食品索证索票制度，出现问题无从寻根追源；部分食品经营户盲目追求眼前利益，缺少自律意识，进货来源不明的食品和销售不合格食品的行为时有发生，甚至一些熟食小作坊贪图私利非法购进和使用劣质原料制售不合格熟食制品，超范围、超剂量使用食品添加剂。

（2）消费者过度追求廉价，缺乏自我保护意识　受经济水平和消费观念的限制，部分群众消费考虑的首要因素是价格，一般不会特别考虑安全性，大量的食品安全问题，如农兽药残留、重金属污染、大肠杆菌和沙门氏菌超标等，其危害具有长期微效累积效应，消费者不能从外观上直接识别出优劣，也不能通过消费加以"体验"，因此往往并不能认识到其危害，反而在"不干不净，吃了没病"的"吃不死"的观念支配下去购买一些缺乏安全保障的廉价食品。甚至有些消费者明知某种商品已超过保质期，却贪图便宜争相购买，或者在购买的食品已经出现异味的情况下，为"节约"仍继续食之。此外有些消费者对食品安全知识了解不多，在食品选购过程中看重的只是食品的价格、色泽、数量等，对购买的食品是否是正规企业生产，是否过量使用色素、防腐剂、激素等，是否符合食品安全相关强制性标准等，往往不重视或者不知道去如何辨别，也无法认清标签上的信息标签。另外，集贸市场食品经营者和消费者对法律的认知普遍偏低，法治观念淡薄。当自身健康或合法权益受到损害时，不知道如何用法律武器维护自己的合法权益，不能够积极投诉举报，选择自认倒霉、息事宁人的态度，使不法行为者壮了胆，得了利。

（3）监管力量薄弱，监管制度有待落实　集贸市场食品安全监管力量薄弱。一是基层执法人员人数不足，常出现划转不到位情况，二是执法人员知识结构单一，专业知识有所欠缺，三是执法装备落后，相关技术支撑滞后，这就与新形势下食品安全监管任务不相适应，导致了在日常监管和专项整治工作中只能抓大放小，在很大程度上影响了对集贸市场的监管力度。

集贸市场食品监管制度有待落实。部分集贸市场未建立食品检验检测制度，检测项目不全，基本仅限于农残检测，而对于其他有毒有害物质未能覆盖；检测频次少，随机进行，让很多商户存在侥幸心理；部分集贸市场未建立实名登记管理，流动商户居多，且不少商户存在无证经营，难以追责。

（4）行政执法力度不强，惩戒缺乏力度　行政执法力度不强。一些地方政府对食品安全工作不重视，不能充分发挥食安委的组织协调职能，完善公安、畜牧、农业等部门与食品监管部门的办案工作机制，导致集贸市场成为"毒豆芽""毒大米""病死猪肉"的黑窝点。由于受到人员、装备不足的影响，一线执法力量往往都放在生产企业、超市、商场上，使生产企业、超市、商场等的监管相对处于高压态势，而集贸市场却出现了监管盲区，违法行为长期存在。监管执法时往往侧重突击性，阶段性的专项整治，时紧时松，对集贸市场的监管缺乏长效性。另外，随着职责增加，执法风险加大，少数执法人员产生了畏难退缩情绪和消极懈怠思想，习惯于"等、靠、拖"，日常监管、专项整治存在走过场的现象，致使同样的食品问题反复发生。

食品安全违法行为惩戒力度不够。赔偿数额过低、计算方式过于刚性；行政责任罚款数额不高，法律责任规定过于笼统，没有区分故意和过失、惯犯和初犯、企业和个人；刑事责任自由刑量刑过轻，罚金处罚力度低，责任性质定位不准，处罚范围过窄。

4.3.3 集贸市场食品安全监管

集贸市场是农村生活用品流通的重要场所和为群众提供散装食品和预包装食品消费环境的主要载体。但由于集贸市场规范经营程度较低，随着食品监管力度的加强，集贸市场食品安全的一些不安全隐患随之暴露，严重影响着广大农民群众生存生活及农村社会稳定。强化集贸市场食品安全监管工作已成为市场监督管理部门维护广大农民群众身体健康和生命安全的重要职责。

市场监督管理部门依据《食品安全法》《食品生产经营监督检查管理办法》《食品相关产品质量安全监督管理暂行办法》《食用农产品市场销售质量安全监督管理办法》依法对集贸市场进行监督检查。食用农产品市场销售质量安全及其监督管理工作坚持预防为主、风险管理原则，推进产地准出与市场准入衔接，保证市场销售的食用农产品可追溯。

（1）食用农产品销售规定　销售企业应当建立健全食用农产品质量安全管理制度，配备必要的食品安全管理人员，对职工进行食品安全知识培训，制定食品安全事故处置方案，依法从事食用农产品销售活动。鼓励销售企业配备相应的检验设备和检验人员，加强食用农产品检验工作。

销售者应当建立食用农产品质量安全自查制度，定期对食用农产品质量安全情况进行检查，发现不符合食用农产品质量安全要求的，应当立即停止销售并采取整改措施；有发生食品安全事故潜在风险的，应当立即停止销售并向所在地县级食品药品监督管理部门报告。

销售按照规定应当包装或者附加标签的食用农产品，在包装或者附加标签后方可销售。包装或者标签上应当按照规定标注食用农产品名称、产地、生产者、生产日期等内容；对保质期有要求的，应当标注保质期；保质期与贮藏条件有关的，应当予以标明；有分级标准或者使用食品添加剂的，应当标明产品质量等级或者食品添加剂名称。食用农产品标签所用文字应当使用规范的中文，标注的内容应当清楚、明显，不得含有虚假、错误或者其他误导性内容。

销售获得无公害农产品、绿色食品、有机农产品等认证的食用农产品以及省级以上农业行政部门规定的其他需要包装销售的食用农产品应当包装，并标注相应标志和发证机构，鲜活畜、禽、水产品等除外。

销售未包装的食用农产品，应当在摊位（柜台）明显位置如实公布食用农产品名称、产地、生产者或者销售者名称或者姓名等信息。鼓励采取附加标签、标示带、说明书等方式标明食用农产品名称、产地、生产者或者销售者名称或者姓名、保存条件以及最佳食用期等内容。

进口食用农产品的包装或者标签应当符合我国法律、行政法规的规定和食品安全国家标准的要求，并载明原产地，境内代理商的名称、地址、联系方式。进口鲜冻肉类产品的包装应当标明产品名称、原产国（地区）、生产企业名称、地址以及企业注册号、生产批号；外包装上应当以中文标明规格、产地、目的地、生产日期、保质期、储存温度等内容。分装销售的进口食用农产品，应当在包装上保留原进口食用农产品全部信息以及分装企业、分装时间、地点、保质期等信息。

销售者发现其销售的食用农产品不符合食品安全标准或者有证据证明可能危害人体健康

的，应当立即停止销售，通知相关生产经营者、消费者，并记录停止销售和通知情况。由于销售者的原因造成其销售的食用农产品不符合食品安全标准或者有证据证明可能危害人体健康的，销售者应当召回。对于停止销售的食用农产品，销售者应当按照要求采取无害化处理、销毁等措施，防止其再次流入市场。但是，因标签、标志或者说明书不符合食品安全标准而被召回的食用农产品，在采取补救措施且能保证食用农产品质量安全的情况下可以继续销售；销售时应当向消费者明示补救措施。集中交易市场开办者、销售者应当将食用农产品停止销售、召回和处理情况向所在地县级食品药品监督管理部门报告，配合政府有关部门根据有关法律法规进行处理，并记录相关情况。

（2）集贸市场监管主要事项。

1）食品安全管理制度。

市场开办者应当：①建立健全食品安全管理制度，督促销售者履行义务，加强食用农产品质量安全风险防控；②落实食品安全管理制度，对本市场的食用农产品质量安全工作全面负责；③制定食品安全事故处置方案，根据食用农产品风险程度确定检查重点、方式、频次等，定期检查食品安全事故防范措施落实情况，及时消除食用农产品质量安全隐患；④建立食用农产品检查制度，对销售者的销售环境和条件以及食用农产品质量安全状况进行检查。

2）各方档案记录。

①集中交易市场开办者应当建立入场销售者档案，如实记录销售者名称或者姓名、社会信用代码或者身份证号码、联系方式、住所、食用农产品主要品种、进货渠道、产地等信息；②集中交易市场开办者查验并留存入场销售者的社会信用代码或者身份证复印件，食用农产品产地证明或者购货凭证、合格证明文件；③批发市场开办者印制统一格式的销售凭证，载明食用农产品名称、产地、数量、销售日期以及销售者名称、地址、联系方式等项目；④批发市场开办者与入场销售者签订食用农产品质量安全协议，明确双方食用农产品质量安全权利义务；未签订食用农产品质量安全协议的，不得进入批发市场进行销售；⑤销售者提供食用农产品产地证明或者购货凭证、合格证明文件。

3）人员情况和卫生检验设备。

①批发市场开办者应当配备检验设备和检验人员，或者委托具有资质的食品检验机构，开展食用农产品抽样检验或者快速检测，并根据食用农产品种类和风险等级确定抽样检验或者快速检测频次；②鼓励零售市场开办者配备检验设备和检验人员，或者委托具有资质的食品检验机构，开展食用农产品抽样检验或者快速检测；③集中交易市场开办者配备专职或者兼职食品安全管理人员、专业技术人员，明确入场销售者的食品安全管理责任，组织食品安全知识培训；主要负责人应当落实食品安全管理制度，对本市场的食用农产品质量安全工作全面负责。

县级以上市场监督管理部门应当加强信息化建设，汇总分析食用农产品质量安全信息，加强监督管理，防范食品安全风险。集中交易市场开办者和销售者应当按照市场监督管理部门的要求提供并公开食用农产品质量安全数据信息。鼓励集中交易市场开办者和销售者建立食品安全追溯体系，利用信息化手段采集和记录所销售的食用农产品信息。

4）经营环境　集贸市场内的食品安全卫生设施是否完备并运转正常；是否实施工具付货，是否销售超期食品，是否使用不符合食品安全标准的包装材料、容器，所使用的工具、餐具是否符合消毒要求并详细记录，对超期、腐败变质的食品管理是否规范，是否实施对蔬菜水果的农药残留进行监测并公告，废弃物是否做到日产日清。分区要求：按照蔬菜、水果、原粮、畜禽产品、水产品、芽菜产品等类别分区销售，分区标识醒目，柜台、货架陈列摆放整齐有序。集贸市场内生产、加工直接入口食品的，参照食品生产单位的有关规定；销售直接入口食品的，参照食品经营单位的有关规定；从事餐饮经营的，参照餐饮业的有关规定。

5）食品质量安全。

禽畜肉类是否经过兽医卫生检疫，并查验检疫证明与肉类数量是否相符。是否经营禁止销售的食用农产品：①使用国家禁止的兽药和剧毒、高毒农药，或者添加食品添加剂以外的化学物质和其他可能危害人体健康的物质的；②致病性微生物、农药残留、兽药残留、生物毒素、重金属等污染物质以及其他危害人体健康的物质含量超过食品安全标准限量的；③超范围、超限量使用食品添加剂的；④腐败变质、油脂酸败、霉变生虫、污秽不洁、混有异物、掺假掺杂或者感官性状异常的；⑤病死、毒死或者死因不明的禽、畜、兽、水产动物肉类；⑥未按规定进行检疫或者检疫不合格的肉类；⑦未按规定进行检验或者检验不合格的肉类；⑧使用的保鲜剂、防腐剂等食品添加剂和包装材料等食品相关产品不符合食品安全国家标准的；⑨被包装材料、容器、运输工具等污染的；⑩标注虚假生产日期、保质期或者超过保质期的；⑪国家为防病等特殊需要明令禁止销售的；⑫标注虚假的食用农产品产地、生产者名称、生产者地址，或者标注伪造、冒用的认证标志等质量标志的；⑬其他不符合法律、法规或者食品安全标准的。

（3）特殊形式的农产品市场销售监管　庙会、食品展会、美食节等是一种特殊的食品销售形式，其卫生监督检查的重点应放在场地审批和现场检查等方面。

1）许可审批　举办庙会、展会等临时性食品生产经营活动的单位，应在开幕前向食品药品监督行政部门申请临时许可证，申请内容包括：举办单位、负责人及主管部门；展会地址、面积和展销方式；展销的食品种类、范围；参展的食品生产单位、经营单位的经营许可证；参展外埠食品应符合索证要求并提供有关证件；从业人员的健康证明有现场加工食品，必须有上下水等卫生设施当地食品药品监督行政部门对所报资料核实后发放展销会临时经营许可证。

2）现场监督检查　对庙会、食品展会监督检查的重点叙述如下。①所售食品是否符合有关规定，是否有《食品安全法》禁止出售的食品销售。这是这类经营活动中主要的卫生问题；②从业人员是否持有效健康证明；③卫生设施如上下水，垃圾储存是否符合有关要求，防尘、防蝇设施是否完备；④现场制售食品必须符合餐饮的有关卫生要求；⑤盛放食品的用具、器具、包装材料必须清洁卫生，无毒无害，应使用消毒的餐具或一次性餐饮具；⑥展销期间内发布的食品广告，其内容必须符合卫生许可的事项，不得使用医疗用语或者易与药品混淆的用语；⑦举办方要制定食物中毒预案，熟知报告程序和要求；⑧举办庙会、展会必须在既定期内结束。

4.3.4　食用农产品市场监管相关法律法规

现行有效的法律法规中，食用农产品市场监管针对性的文件仅有国家食品药品监督管理总局审议通过的《食用农产品市场销售质量安全监督管理办法》。为进一步规范食用农产品市场销售行为，加强食用农产品市场销售质量安全监督管理，保证食用农产品质量安全，部分地区在此基础上制订了符合本地区实际的管理办法。经查阅我国全部省级行政区，有部分省市如陕西、甘肃、青海、山东、四川、广东等制定了相应的法律法规。甘肃省2016年3月31日制定了《甘肃省食用农产品市场销售监督管理指导意见》，以提高食用农产品质量安全为核心，以确保公众饮食安全为目标，以人民群众基本生活所必需的食用农产品为重点，通过加强食用农产品市场销售质量安全监管，全面落实经营主体责任，规范经营主体行为，有效防止不符合质量安全标准的食用农产品进入市场销售，促进食用农产品质量安全监管体系、检验检测体系、经营者自律体系、社会监督体系更加科学完善。广东省药品监督管理局2017年3月1日审议通过《食用农产品批发市场质量安全管理办法》，明确经营主体义务要求，细化食用农产品包装、标识规定，规范批发市场开办者管理责任的标准要求，强调入场销售者主体责任的标准要求，并通过对监督管理职责划分、处置问题食用农产品、责任约谈、信息通报与源头追溯、信用档案、违法处罚等方面进行了详细的规定，确保市场销售食用农产品监管职责的落实。陕西省市场监督管理局2022年3月9日审议通过《陕西省农贸市场食用农产品质量安全监督管理办法》，规定县级市场监督管理行政执法人员或食品安全监督管理行政执法人员对农贸市场的日常巡查监管主要检查如下内容：经营资格、台账记录、产品质量、包装标识、贮存销售、市场开办者责任。山东省市场监督管理局2022年9月1日审议通过《山东省食用农产品批发市场销售质量安全监督管理办法》，规范了食用农产品市场准入要求，食用农产品包装、标识规定，批发市场开办者管理责任，入场销售者主体责任。安徽省市场监督管理局虽未出台相关法律文件，但于2022年1月下发关于推进食用农产品承诺达标合格证产地准出和市场准入衔接工作的通知，明确了产地准出实施范围：食用农产品生产企业、农民专业合作社、家庭农场列入试行范围，鼓励小农户参与试行，出具承诺达标合格证。实施产地准出的品类为蔬菜、水果、畜禽、禽蛋、养殖水产品，以及市场准入实施范围：依法设立的食用农产品批发市场、农贸市场等食用农产品集中交易市场和商场、超市、便利店、食用农产品配送中心、酒店、食堂等餐饮服务单位、食品加工企业。实施市场准入的品类为蔬菜、水果、畜禽、禽蛋、养殖水产品。

此外，还有一些地区出台了阶段性文件，如湖北省局印发了《食用农产品批发市场落实〈食用农产品市场销售质量安全监督管理办法〉推进方案》的通知（鄂食药监文〔2016〕92号），2016年3月1日起实施至2017年10月底，强化了食用农产品集中交易市场开办者尤其是食用农产品批发市场开办者的责任。2020年11月24日，内蒙古自治区市场监管局出台了《食用农产品市场销售质量安全监管规范化管理三年提升行动实施方案》，旨在利用3年时间在全区开展食用农产品市场销售质量安全规范化管理提升行动。

我国省级行政区中出台直接相关文件的只占少数，还有部分地市自行出台了相关管理办法，总体来说，相关法规还需加强进一步完善，以便更好地规范食用农产品市场。

4.4　餐饮服务食品安全监督管理

为加强餐饮服务监督管理，保障餐饮服务环节食品安全，根据《中华人民共和国食品安全法》《中华人民共和国食品安全法实施条例》，卫生部部务会议于 2010 年 2 月 8 日审议通过《餐饮服务食品安全监督管理办法》，自 2010 年 5 月 1 日起施行。办法规定在中华人民共和国境内从事餐饮服务的单位和个人（以下简称餐饮服务提供者）应当遵守本办法。餐饮服务提供者应当依照法律、法规、食品安全标准及有关要求从事餐饮服务活动，对社会和公众负责，保证食品安全，接受社会监督，承担餐饮服务食品安全责任。国家市场监督管理总局主管全国餐饮服务监督管理工作，地方各级市场监督管理部门负责本行政区域内的餐饮服务监督管理工作。餐饮业是食物链的最末端，是保证消费者健康的最后一道"关卡"。保证餐饮业食品安全对提升我国食品安全整体水平具有重要的作用，所以餐饮业一直都被食品监督管理部门列为监督管理的重点内容。

4.4.1　餐饮业分类及特点

（1）分类　餐饮业的分类有诸多标准，但都可以包括在以下分类中：

1）独立经营的餐饮机构。

（a）以服务方式分类可分为餐桌服务式餐厅、柜台式服务餐厅、自助服务式餐厅、外带服务式餐厅、其他服务方式餐馆。

（b）以经营方式分类可分为独立经营的餐厅和连锁经营的餐厅。

（c）以供应品种分类可分为中餐餐馆、西餐餐馆、其他餐馆。

（d）以供餐时间分类可分为早餐餐馆、正餐餐馆、宵夜餐馆、早午茶餐馆、早午餐餐馆。

（e）以服务对象分类可分为商业性餐厅和企事业单位餐厅。

2）附属餐饮经营机构　由客房、餐厅、酒吧、商场，以及宴会、会议、通信、娱乐、健身等设施组成，能够满足客人在旅行目的地的吃、住、行、游、购、娱、通信、商务、健身等各种需求的多功能、综合性的服务设施。如宾馆、招待所、度假村、培训中心内的餐厅等，常见的餐厅类别有咖啡厅、中餐厅、法式餐厅、多功能厅、风味特色餐厅和其他种类的餐厅。

（2）特点。

1）劳动力密集　餐饮业是劳动力最密集的服务业之一，不论是厨房还是卖场，都需要大量人力投入各项作业的运作。虽然少部分有中央厨房的业主能够以自动化制造设备取代人力，但对绝大多数的经营者而言，厨房仍是高度劳动力密集区。在卖场部分，即使是顾客参与程度最高的速食业，其卖场的劳动力密集度与其他种类服务业相比较仍然很高。

2）产销同时进行　餐饮业从购进原料、加工制作、销售交易、消费都在同时进行，有异于一般工业产品依规格大量订制，因此较不容易估计销售量以控制生产量。餐饮业生产量受顾客数量与季节气候影响，顾客在购买前不可预知，同一原料制作成适合不同顾客嗜好的商品，均是在极短时间内完成交易的，餐饮业兼容了生产与销售。

3）差异性大　一方面餐饮单位规模千差万别，管理模式不尽相同。二是从业人员由于年龄、性别、性格、素质和文化程度等方面的不同，自身素质参差不齐，且流动性大。三是膳食种类较多，制作工艺复杂，原料多种多样。

4.4.2 餐饮业食品安全问题

（1）食品原料安全问题 食品原料是烹饪的基础，没有安全的原料，食品安全就得不到保证。现阶段原料污染是我国食品安全比较突出的问题。如城市建设过程中排放的污水得不到妥善处理，土壤、水源被污染，导致水稻、麦子、玉米等粮食作物以及水产品等重金属离子超标；化肥的过度使用，使食品中的残留严重超标；过量的农药喷洒，使瓜果蔬菜农残严重超标；抗生素、激素和其他有害物质残留于禽、畜、水产品体内，给人们带来巨大的健康威胁。另外，食品原料的成分和质量问题也不容忽视，如发芽的马铃薯、有毒的蘑菇等。

（2）食品辅料安全问题 辅料在很大程度上体现了餐饮业的特色，然而食品辅料问题层出不穷。不少饭店和餐馆为了降低成本，赚取更多的利润，使用地沟油、潲水油等油来进行烹饪，严重影响了食用者的健康。针对劣质油的使用，甚至形成了一条完整的产业链，这些都极大地提高了食品安全隐患。另外，一些饭店为了节约成本，通过非法渠道购进未经卫生许可的不合格产品或非食品添加剂，为提高食品的卖相和口感，超剂量和超范围使用添加剂，包括防腐剂、着色剂、增味剂等，其中许多添加剂对人体有害，相关食品安全管理规定中已经对其的使用作出明确限制。

（3）食品烹饪安全问题 烹饪是对食品原料和辅料进行加工的过程，烹饪过程涉及的食品安全问题不容忽视。如腌制通常需要长时间的腌渍，将食物表面涂满盐，以使表面的微生物失去活性，保证食品内部不会被微生物侵蚀。可是，这种烹饪方法会让食品内部的盐分含量严重超标，在使用这些食物时，盐分的过多摄入会加重身体的负担，影响食用者的健康；烧烤方式及火候的控制关系到食物的安全性，一些烧烤饭店没有将肉类烤熟就送上了餐桌，食客食用之后，很有可能因为消化系统对生肉的不适应而导致腹泻，影响正常生活，对于鱼等海鲜类食品来说，需要全熟才能保证其体内的微生物被杀死。在菜肴的制作环节，如果厨师没有专业的操作经验，没有把处理生肉和熟食的案板分开，也会造成食品制作过程中的"二次污染"。

（4）卫生安全问题 部分餐饮业存在设施简单、环境差、规模小、卫生状况差、排烟设备简陋等安全隐患问题。消毒设施不全或消毒设施陈旧。一些餐饮店的消毒设施非常简陋，或者未对消毒设施及时更新，导致消毒设施陈旧，无法发挥其应有的消毒作用；还有部分小型餐饮店为了能将成本降到最低，消毒设备基本上处于闲置状态；甚至一些小型餐饮店甚至没有消毒设施。部分小型餐饮店铺多租住在临街的房屋楼底改造房甚至是门面房，由于店面以及投入较小，没有最基本的卫生防疫设备，周边垃圾也没有专业清洁人员及时清理，店铺周边环境恶劣；另外，很多商家忙于营业挣钱对店内的环境卫生不够重视，做不到定时清理垃圾，导致店内卫生环境较差，给消费者的身体健康埋下隐患。

4.4.3 餐饮服务食品安全监管实施

（1）餐饮服务监管主要事项。

1）餐饮服务许可证 餐饮服务提供者必须依法取得《餐饮服务许可证》，按照许可范围依法经营，并在就餐场所醒目位置悬挂或者摆放《餐饮服务许可证》。被吊销《餐饮服务许可证》的单位，其直接负责的主管人员自处罚决定作出之日起5年内不得从事餐饮服务管理工作。

2）管理制度制定及记录　餐饮服务提供者应当建立健全食品安全管理制度，配备专职或者兼职食品安全管理人员。餐饮服务提供者应当建立并执行从业人员健康管理制度，建立从业人员健康档案。餐饮服务提供者应当定期组织从业人员参加食品安全培训，学习食品安全法律、法规、标准和食品安全知识，明确食品安全责任，并建立培训档案；应当加强专（兼）职食品安全管理人员食品安全法律法规和相关食品安全管理知识的培训。餐饮服务提供者应当建立食品、食品原料、食品添加剂和食品相关产品的采购查验和索证索票制度。餐饮服务提供者应当制定食品安全事故应急处置制度。上述制度相应的票证、记录、资料、档案等要按时留存，以备食品安全监督检查人员进行监督检查。

3）餐饮服务食品安全操作　①在制作加工过程中应当检查待加工的食品及食品原料，发现有腐败变质或者其他感官性状异常的，不得加工或者使用；②贮存食品原料的场所、设备应当保持清洁，禁止存放有毒、有害物品及个人生活物品，应当分类、分架、隔墙、离地存放食品原料，并定期检查、处理变质或者超过保质期限的食品；③应当保持食品加工经营场所的内外环境整洁，消除老鼠、蟑螂、苍蝇和其他有害昆虫及其孳生条件；④应当定期维护食品加工、贮存、陈列、消毒、保洁、保温、冷藏、冷冻等设备与设施，校验计量器具，及时清理清洗，确保正常运转和使用；⑤操作人员应当保持良好的个人卫生；⑥需要熟制加工的食品，应当烧熟煮透。需要冷藏的熟制品，应当在冷却后及时冷藏。应当将直接入口食品与食品原料或者半成品分开存放，半成品应当与食品原料分开存放；⑦制作凉菜应当达到专人负责、专室制作、工具专用、消毒专用和冷藏专用的要求；⑧用于餐饮加工操作的工具、设备必须无毒无害，标志或者区分明显，并做到分开使用，定位存放，用后洗净，保持清洁。接触直接入口食品的工具、设备应当在使用前进行消毒；⑨应当按照要求对餐具、饮具进行清洗、消毒，并在专用保洁设施内备用，不得使用未经清洗和消毒的餐具、饮具；购置、使用集中消毒企业供应的餐具、饮具，应当查验其经营资质，索取消毒合格凭证；⑩应当保持运输食品原料的工具与设备设施的清洁，必要时应当消毒。运输保温、冷藏（冻）食品应当有必要的且与提供的食品品种、数量相适应的保温、冷藏（冻）设备设施。

（2）餐饮服务监管　市场监督管理部门可以根据餐饮服务经营规模，建立并实施餐饮服务食品安全监督管理量化分级、分类管理制度。市场监督管理部门可以聘请社会监督员，协助开展餐饮服务食品安全监督。

县级以上市场监督管理部门履行食品安全监督职责时，发现不属于本辖区管辖的，应当及时移送有管辖权的市场监督管理部门。接受移送的市场监督管理部门应当将被移送案件的处理情况及时反馈给移送案件的市场监督管理部门。县级以上市场监督管理部门接到咨询、投诉、举报，对属于本部门管辖的，应当受理，并及时进行核实、处理、答复；对不属于本部门管辖的，应当书面通知并移交有管辖权的部门处理。市场监督管理部门在履行职责时，有权采取《食品安全法》规定的措施，按照相应条款规定的措施进行处罚。

食品安全监督检查人员进行监督检查时，应当有两名以上人员共同参加，依法制作现场检查笔录，笔录经双方核实并签字。被监督检查者拒绝签字的，应当注明事由和相关情况，同时记录在场人员的姓名、职务等。

食品安全监督检查人员可以使用经认定的食品安全快速检测技术进行快速检测，及时发现和筛查不符合食品安全标准及有关要求的食品、食品添加剂及食品相关产品。使用现场快速检测技术发现和筛查的结果不得直接作为执法依据。对初步筛查结果表明可能不符合食品安全标准及有关要求的食品，应当依照《食品安全法》的有关规定进行检验。

食品安全监督检查人员抽样时必须按照抽样计划和抽样程序进行，并填写抽样记录。抽样检验应当购买产品样品，不得收取检验费和其他任何费用。食品安全监督检查人员应当及时将样品送达有资质的检验机构。

市场监督管理部门应当建立辖区内餐饮服务提供者食品安全信用档案，记录许可颁发及变更情况、日常监督检查结果、违法行为查处等情况。市场监督管理部门应当根据餐饮服务食品安全信用档案，对有不良信用记录的餐饮服务提供者实施重点监管。

（3）餐饮服务食品监管相关法律法规　现行有效的法律法规中，餐饮服务食品市场监管针对性的文件仅为《餐饮服务食品安全监督管理办法》。餐饮经营活动环节众多，饮食安全涉及的方面很多，是最具复杂性的一项业务活动，因此监管的重要性不言而喻，相较于其他食品经营活动，餐饮服务受到了我国多个省、自治区、直辖市等的重视，许多地区出台了相应的法律法规。2010年7月19日，吉林省食品药品监督管理局出台了《吉林省小型餐饮点餐饮服务食品安全监督管理规定（暂行）》，针对在商场、超市、集贸市场和早、夜市内、外，摆设桌椅、提供餐饮服务的单位（个人）开展监督管理。2012年4月1日，湖北省食品药品监督管理局出台《湖北省餐饮服务食品安全监督信息公示管理办法（试行）》。2012年4月9日，黑龙江省食品药品监督管理局印发《黑龙江省餐饮服务食品安全监督量化分级管理工作实施方案》的通知，旨在坚持日常监管与量化分级相结合，通过餐饮服务食品安全监督量化分级管理工作，全面落实餐饮服务食品安全责任，进一步强化餐饮服务经营者作为餐饮服务食品安全第一责任人的意识，提高餐饮服务单位的管理水平，确保公众餐饮服务食品安全。2017年，辽宁省食品药品监督管理局印发了《辽宁省餐饮服务食品安全监管信息化工作实施方案》（辽食药监办餐〔2017〕57号），通过启用新的"辽宁省食品餐饮安全监管系统"，重点实施大宗商品台账追溯信息电子化管理，保证食品原辅料来源可追溯；开展网络订餐许可资质抽查比对工作，从根源遏制无证从事网络订餐乱象。采集和汇总餐饮监管信息，掌握全省餐饮服务环节基本信息和监管工作的薄弱环节。2022年2月12日，广东省市场监督管理局出台《广东省市场监督管理局餐饮服务食品安全风险分级管理办法（试行）》，规定餐饮服务食品安全风险等级划分，应当结合餐饮服务提供者风险特点，从餐饮服务提供者分类、加工制作食品种类及经营规模、食品安全管理能力、硬件设施等因素，确定餐饮服务提供者食品安全风险等级，并根据监督检查、监督抽检、投诉举报、案件查处、产品召回等监督管理记录实施动态调整。

部分省市针对不同餐饮服务形式和规模，出台了更加细化的法规，如山东省食品药品监督管理局2014年出台了《山东省餐饮服务食品安全监督检查管理办法》的通知（鲁食药监发〔2014〕43号），规定省、市食品药品监督管理部门应制定年度监督检查计划，明确重点区域、重点时段、重点检查内容、高风险业态和本级重点检查的单位数量、分布；县（市、区）食品药品监督管理部门应制定年度监督检查实施方案，明确时间安排、检查频次、内容要求、区域分工、责任落实、结果反馈等内容。2017年6月1日起实施《山东省食品小作坊小餐饮和食品摊点管理条例》，为食品小作坊、小餐饮和食品摊点的生产经营以及监督管理与服务提供指导。2022 年 1 月 24 日起实施《山东省连锁餐饮服务食品安全监督管理办法（试行）》（鲁市监餐食规字〔2021〕15 号），对山东省行政区域内连锁餐饮服务食品安全开展监督管理。这些法律法规为餐饮服务食品安全监管提供了标准和法律依据。

我国餐饮业已经进入行业发展产业化、经营业态多元化、营销模式多样化及技术创新智能化的新阶段，食品安全问题将长期存在并将以新的方式出现，必将为食品安全监管带来更多新的挑战。因此，需要结合时代发展和市场规律，不断完善监督管理法律法规体系，充分应用现代信息技术手段，加大执法监管力度、提升监管人员专业素质、健全信用监管体系、实施信用监管、建立追溯管理，提升监管效率；同时需要经营企业、监管机构、消费者、协会团体及相关媒体的共同参与，只有通过全社会的共同努力，才能减少和遏制危害人类饮食健康的食品安全事件的发生，不断促进我国餐饮业的健康、绿色、可持续的稳定发展。

4.5　网络经营食品安全监督管理

食品与网络的结合产生了外卖和其他网络食品销售行为，网络食品交易的日益繁荣为人民生活提供了很大便利性，但同时，由于网络食品交易的特点，如虚拟化、无店经营和跨地域等，质量、监管和责任都相对复杂，食品经营安全问题层出不穷。为依法查处网络食品安全违法行为，加强网络食品安全监督管理，保证食品安全，根据《中华人民共和国食品安全法》等法律法规，国家食品药品监督管理总局局务会议审议通过了《网络食品安全违法行为查处办法》、《网络餐饮服务食品安全监督管理办法》。保证网络食品安全，不仅是食品安全治理的重要议题，对稳定国家经济，实现产业健康可持续发展也具有重大的现实意义。

4.5.1　网络食品销售分类及特点

（1）销售分类　一般来讲，网络食品就是通过互联网销售的食品，也可以理解为消费者通过网络购买的食品，有些学者称为"网络食品"。网络食品分类可以按食品行业产品类别分类，几乎涵盖了市场监管总局公布的食品生产许可分类目录，也可按销售形式（平台）分类，主要分为 5 类：①综合类网络交易平台，如淘宝、京东等大型购物平台，其涵盖了所有商品类别，且发展较早，具有较完善的物流配送系统；②网络订餐平台，如饿了么、美团等平台，其主要通过外卖配送的方式将餐厅制售的饭菜，在短时间内送到消费者手中；③社交销售平台，如微信、微博等平台，其通过社交媒体进行交易，多为个人与个人之间的食品交易；④直播平台，如淘宝直播、抖音等直播带货平台，其通过主播以视频直播、音频直播、图文直播或多种直播相结合等形式开展食品营销活动；⑤商超配送平台，如京东到家、盒马鲜生等平台，其通过配送的方式将商超内销售的同样食品送到消费者手里。

（2）特点。

①网络食品种类繁多，不仅有日常所见食品，还有各地特产，个人手工制作食品、全球

各地进口食品等可供选择；②网络食品突破了时间和地域的限制，可以 24 小时在线交易，足不出户买遍全球，交易便捷；③与传统的营销模式相比，门面店铺租金等费用大大降低，因此网络食品交易成本低、价格优势明显；④由于网络食品是买卖双方通过网络进行食品交易，所以具有虚拟性、隐蔽性和不确定性。

4.5.2 网络经营食品安全问题

（1）网络食品安全问题。

①网络食品品种多，不同类型的食品流动性大且流通面广，食品运输存在风险，易导致食品质量出现问题；②预包装食品、散装食品、家庭作坊食品有些为无证经营的小作坊生产，质量安全保障的措施不足。有些缺少成分或配料表、净含量保质期等信息，使用添加剂而不做出标识，例如宣称无香精、无色素的纯芒果干检出柠檬黄色素，宣称纯手工制作的地瓜干二氧化硫残留量超标。产品供货不稳定，食品原料及配料缺少相应的筛选、检测环节，受水质、土壤污染、小作坊加工工艺控制不严、运输环节保存不当等影响，卫生状况堪忧，微生物超标，往往存在质量问题；③销售渠道众多，难于监管。如海外代购的购物方式，其食品真伪性存在问题，很难从外观上辨别。再如网红食品通过一些互联网平台进行宣传，如平台主播带货，很多属于经营者自制的散装食品，没有规范的产品外包装，无论是食品的品牌、生产者还是食品的生产日期、保质期等信息，消费者都很难在购买之前清楚获知，而只能得到经营者的口头承诺，在食品安全方面存在很多隐患。造成网络食品安全问题的原因是多方面的，归纳总结如下：

1）网络经营具有虚拟性　网络经营的虚拟性，导致监管对象难以确定。网络交易是远程交易，有别于传统的实体交易，具有交易主体信息非真实、交易行为不透明等特点。大多数网络食品经营主体没有进行工商注册登记及食品经营许可，监管部门因掌握不到真实情况而无法确定具体监管对象，因为无法寻找或寻找不到相关被执行人，使监管工作难以落到实处。

2）违法行为具有隐蔽性　一般来说，从事网络食品经营活动的经营者没有传统意义上的实体店铺。网络食品经营者在销售活动开始之前，一般不向工商机关申请登记；在销售食品活动中，不向消费者出具销售发票。其经营行为较为隐蔽，消费者如果发现食品有质量问题，很难得到赔偿。从监管角度看，收集网络食品经营活动的线索较难。经营者除了利用一些综合性的网络平台进行交易之外，也会经常在互联网的相关论坛上发帖宣传及联系食品销售业务，相关数据及网络交易信息更新速度很快，并且很容易被修改甚至删除。这就给执法人员的调查取证工作造成很多困难。网络食品的线上交易，导致违法行为发现难。网络经营的食品，监管部门看不见、摸不着，一些假冒商品价格比正牌商品低得多，但是质量无明显差异，交易双方对假冒商品都是认可的，一个愿卖一个愿买。这种交易行为，如果不是消费者投诉举报，市场监管部门难以发现，被动执法较为普遍。

3）违法成本低　与普通的食品经营者相比，通过网络商品交易平台销售食品的经营者多数不申请办理工商、卫生、税务等方面的许可手续，即使被发现有违法经营行为，他们也容易立刻改头换面，选择其他的网络交易平台继续违法经营，其违法成本很低。因此，在网络食品经营中，违法行为的发生率较高。

（2）网络餐饮服务安全问题　网络餐饮服务是指第三方平台提供者、餐饮服务提供者，通过互联网的方式，在第三方平台或者自建网站上接受消费者订购需求后，制作并配送膳食的食品经营活动。

在当前我国社会发展过程中，网络餐饮服务以其方便、快捷等特点受到了广大人民群众的喜爱，这一模式也为我国传统餐饮行业的发展注入了新鲜的活力。但是从网络餐饮服务行业的发展情况来看，在繁荣发展的背后也存在很多问题，主要有：①部分网络餐饮服务提供者无证经营，生产环境堪忧，没有食品安全意识，存在着严重的安全隐患；②网络餐饮包装材料安全问题，外卖商家存在使用无食品安全信息的塑料袋、塑料餐盒等外包装商品，未采用密封可避免送餐人员直接接触食品的包装方式，可能存在食品包装材料有毒有害、配送过程食品被污染等问题；③部分网络餐饮服务第三方平台没有对网络餐饮服务者严格把关，管理不规范；④由于网络餐饮服务的虚拟性，同时存在着跨地域服务的特点，当消费者权益受到威胁时，维权行为艰难。造成上述问题的原因是多方面的，归纳总结如下：

1）监管措施不足　监管手段相对单一。目前主要的监管手段是政府食品安全监管部门监管人员现场监管和对第三方平台的管理，少部分借助线上检查，且线上数据主要集中在食品经营许可的真实性核查，监管手段较单一，数据涵盖不全面。

监管技术和专业人员不足。因网络餐饮服务行业是一种新型产业，监管网络餐饮服务食品安全相关政府监管部门和各级地方监管部门除负有监管职责以外，还应承担特种技术设备和大量专业技术监管人员。对于基层，执法人员本身有限，而且几乎是不是专门从事网络餐饮食品安全的监管人员。再加上食品安全事故发生频繁，一个部门监管所有网络上的食品安全监管显得更为难办。除了自己管辖区定期巡查和行政许可以外，基层政府机关还需要应对上级的各类整治还有调研等工作，监管人员不足问题特别是针对网络餐饮服务食品安全监管专业技术人员短缺及打击网络餐饮服务食品安全违法犯罪的专业力量严重不足的问题凸现出来。监管网络餐饮服务食品安全监管的人员不仅要掌握食品安全监管相关的法律法规，还需要掌握网络专业知识。因此政府监管人员的技术水平不高是基层监管机构面临的普遍性的问题。由于缺乏对网络餐饮服务食品安全监管人员的培训，即使配备先进监管检测设备也无法使用，如想要及时地掌握新技术和新设备的使用方法。

2）第三方平台监管不够规范　网络餐饮服务第三方平台的信用评价机制不足。目前的第三方平台虽都建立了自身的信用评价平台，但评价指标笼统，评价等级单调，等级分数计算粗糙，评价单向，缺乏互动，实际运行效果不佳。

第三方平台违法行为处罚力度不够。原国家食品药品监管总局发布的《网络餐饮服务食品安全监督管理办法》（第36号令）对网络餐饮服务第三方平台和入网餐饮服务提供者的行为规范提出了明确要求：对于网络餐饮服务过程中出现的各类违法行为拒不改正的，给予5000元以上3万元以下不等的罚款。一方面，调研中，监管人员认为该处罚金额对第三方平台来讲，在利益驱动、市场为大的背景下，出现违法行为所受到的几万元的处罚太轻，起不到较好的警示和整改效果；另一方面对于入网餐饮服务提供者，小规模餐饮商户占多数，收入不高，而动辄5000元乃至上万元的罚款，商户只能采取关门另起炉灶等这样的极端方式逃避处罚。监管与被监管之间无法建立起稳定而有效的关系，导致各方处于较尴尬的境地。

第三方订餐平台的目的是盈利，对入驻商家的真实性以及卫生状况没有进行严格的筛查，导致部分商家卫生条件极差，混乱外卖市场。随着网络餐饮市场的稳定，第三方平台虽已逐步开始考虑品质问题，但问题仍然存在，一套完备的市场规则亟待形成。例如，现在部分地区推行的可视化后厨系统，持有安卓系统的用户，可以通过发送请求来观看餐厅后厨的实时视频，并对服务进行满意度打分评价。这一方案一经推出呼声很高，但是第三方平台尝试过后，仅有极少数商家在使用，推广受阻。所以第三方平台应该反思受阻原因，从而进行方案创新。平台除了可以依靠自身的力量进行监督以外，消费者反馈也是非常重要的一个环节，通过对消费者的反馈评价进行积极处理，对相应商家给与警告处分，从而提高商家自觉性达到监管的目的。

3）消费者举证艰难，维权成本高　在提供网络餐饮服务的过程中，消费者少则消费几元，多则几十元，而相关取证过程所需费用高昂，常常使很多消费者望而却步。同时，网络餐饮食品的大部分信息都掌握在餐饮服务提供者的手中，消费者对具体的生产制作及配送过程毫不知情，导致取证的过程难度较高。此外，由于消费者与餐饮服务提供者信息不对等，因此，消费者要想在诉讼过程中取得赔偿需耗费大量的时间与精力。在实际生活中，即使有大量消费者的权益受到侵害，往往只是在不能得到合理的补偿后给店家差评或将其加入黑名单。

4.5.3　网络经营食品安全监管实施

（1）网络经营食品监管主要事项。

1）入网食品生产经营者　入网食品生产者应当按照许可的类别范围销售食品，入网食品经营者应当按照许可的经营项目范围从事食品经营。

通过第三方平台进行交易的食品生产经营者应当在其经营活动主页面显著位置公示其食品生产经营许可证。通过自建网站交易的食品生产经营者应当在其网站首页显著位置公示营业执照、食品生产经营许可证。餐饮服务提供者还应当同时公示其餐饮服务食品安全监督量化分级管理信息。

网络交易的食品有保鲜、保温、冷藏或者冷冻等特殊贮存条件要求的，入网食品生产经营者应当采取能够保证食品安全的贮存、运输措施，或者委托具备相应贮存、运输能力的企业贮存、配送。

2）网络食品交易第三方平台提供者　网络食品交易第三方平台提供者和通过自建网站交易的食品生产经营者应当在通信主管部门批准后30个工作日内，分别向所在地省级和地市、县级市场监督管理部门备案，取得备案号，且在后续经营过程中要保障网络食品交易数据和资料的可靠性与安全性。

网络食品交易第三方平台提供者应当建立入网食品生产经营者审查登记、食品安全自查、食品安全违法行为制止及报告、严重违法行为平台服务停止、食品安全投诉举报处理等制度，并在网络平台上公开，且需对入网食品生产经营者食品生产经营许可证、入网食品添加剂生产企业生产许可证等材料进行审查，对入网食用农产品生产经营者营业执照，入网食品添加剂经营者营业执照以及入网交易食用农产品的个人的身份证号码、住址、联系方式等信息进行登记，并建立入网食品生产经营者档案，记录入网食品生产经营者的基本情况、食品安全管理人员等信息，记录、保存食品交易信息。

网络食品交易第三方平台提供者应当设置专门的网络食品安全管理机构或者指定专职食品安全管理人员，对平台上的食品经营行为及信息进行检查；发现存在食品安全违法行为的，应当及时制止，并向所在地县级市场监督管理部门报告；发现入网食品生产经营者有严重违法行为的，应当停止向其提供网络交易平台服务。

对于网络餐饮服务，除上述要求外，网络餐饮服务第三方平台提供者应当与入网餐饮服务提供者签订食品安全协议，明确食品安全责任；在餐饮服务经营活动主页面公示餐饮服务提供者的食品经营许可证，公示餐饮服务提供者的名称、地址、量化分级信息，公示菜品名称和主要原料名称。网络餐饮服务第三方平台提供者提供的食品容器、餐具和包装材料应当无毒、清洁；应当加强对送餐人员的食品安全培训和管理。委托送餐单位送餐的，送餐单位应当加强对送餐人员的食品安全培训和管理。送餐人员应当保持个人卫生，使用安全、无害的配送容器，保持容器清洁，并定期进行清洗消毒。

（2）网络经营食品监管　对网络食品交易第三方平台提供者食品安全违法行为的查处，由网络食品交易第三方平台提供者所在地县级以上地方市场监督管理部门管辖。对网络食品交易第三方平台提供者分支机构的食品安全违法行为的查处，由网络食品交易第三方平台提供者所在地或者分支机构所在地县级以上地方市场监督管理部门管辖。对入网食品生产经营者食品安全违法行为的查处，由入网食品生产经营者所在地或者生产经营场所所在地县级以上地方市场监督管理部门管辖；对应当取得食品生产经营许可而没有取得许可的违法行为的查处，由入网食品生产经营者所在地、实际生产经营地县级以上地方市场监督管理部门管辖。因网络食品交易引发食品安全事故或者其他严重危害后果的，也可以由网络食品安全违法行为发生地或者违法行为结果地的县级以上地方市场监督管理部门管辖。两个以上市场监督管理部门都有管辖权的网络食品安全违法案件，由最先立案查处的市场监督管理部门管辖。对管辖有争议的，由双方协商解决。协商不成的，报请共同的上一级市场监督管理部门指定管辖。

县级以上地方市场监督管理部门，对网络食品安全违法行为进行调查处理时，可以行使下列职权：①进入当事人网络食品交易场所实施现场检查；②对网络交易的食品进行抽样检验；③询问有关当事人，调查其从事网络食品交易行为的相关情况；④查阅、复制当事人的交易数据、合同、票据、账簿以及其他相关资料；⑤调取网络交易的技术监测、记录资料；⑥法律、法规规定可以采取的其他措施。

县级以上市场监督管理部门通过网络购买样品进行检验的，应当按照相关规定填写抽样单，记录抽检样品的名称、类别以及数量，购买样品的人员以及付款账户、注册账号、收货地址、联系方式，并留存相关票据。买样人员应当对网络购买样品包装等进行查验，对样品和备份样品分别封样，并采取拍照或者录像等手段记录拆封过程。

网络食品交易第三方平台提供者和入网食品生产经营者有下列情形之一的：①发生食品安全问题，可能引发食品安全风险蔓延的；②未及时妥善处理投诉举报的食品安全问题，可能存在食品安全隐患的；③未及时采取有效措施排查、消除食品安全隐患，落实食品安全责任的；④县级以上市场监督管理部门认为需要进行责任约谈的其他情形。县级以上市场监督管理部门可以对其法定代表人或者主要负责人进行责任约谈，责任约谈不影响市场监督管理部门依法对其进行行政处理，责任约谈情况及后续处理情况应当向社会公开。被约谈者无正当理由未按照要求落实整改的，县级以上地方市场监督管理部门应当增加监督检查频次。

（3）网络经营食品监管相关法律法规 现行有效的法律法规中，《食品安全法》规定了第三方平台在交易环节中应承担的责任；《网络食品安全违法行为查处办法》对网络餐饮食品安全进行了规范；《网络餐饮服务食品安全监督管理办法》规定了餐饮服务提供者和第三方平台在违反相关义务及范围义务之后应承担的责任。为进一步规范网络食品经营行为，加强网络食品经营监督管理，保障公众饮食安全，部分地区在上述文件的基础上制订了符合本地区实际的具有针对性和操作性的管理办法。如陕西省食品药品监督管理局出台《陕西省网络订餐食品安全监督管理办法（试行）》（陕食药监发〔2016〕72号），2017年1月1日起实施，要求在本省范围内通过互联网（含移动互联网）接受的送餐订单，制作并配送膳食的餐饮服务经营者都需接受本法监管。2021年1月27日，四川省成都市市场监管局发布《关于网络食品交易平台主动履责守法经营的告知书》，督促全市网络食品交易平台要主动履行备案义务、建立完善食品安全制度、加强审查登记、加强线上公示、加强自查报告、加强信息记录、加强培训管理、加强配送管理、畅通投诉举报。2022年2月24日，广东省市场监督管理局印发了《广东省市场监督管理局关于网络食品监督的管理办法》，明确了备案及信息告知制度、第三方平台对其分支机构的管理责任、第三方平台对许可数据比对和现场核实的规定、解决消费纠纷的规定以及实施"明厨亮灶"的规定。此外，还规定和细化了平台方食品安全检查、食品安全信用评价体系的内容，根据不同食品经营者以及经营的食品品种细化了进货查验及记录的内容等。南京市市场监管局在全省率先制定《网络销售食品安全抽样检验工作指南（试行）》并于2022年9月13日起发布实施，指南从网络抽检的范围、设备设施、抽样、检验与结果报送、复检和异议、核查处置及信息发布、影像记录保存等环节规范全流程操作。"抽样"部分着重从抽样方案的制订、抽样人员信息备案、收货地址、平台选择、样品购买、抽样单填写以及收样、拆包等关键步骤细化了具体操作要求，旨在解决网络抽检同线下实体门店抽检在样品获取、信息采集以及样品储运等关键环节存在的差异。

上述文件的推出为深入规范推进网络监管工作提供了可操作性的作业指导，为进一步加大对网络销售食品的监督管理提供了重要支撑。但可以看出，当前国内规制网络食品市场的法律法规大都是部门规章和地方规范性文件，专门针对网络食品市场监管的法律少之又少，且都是一些地方性法规，在实践中地方性规章效力不及法律法规，监管部门也很难依靠适用依据进行规范。与此同时，很多地区甚至未针对相关的网络食品监管市场立法，使各地区在立法和法律适用方面呈现出较大的差异性。总体来说，网络经营食品安全相关法律法规还不够完善，与日益发展壮大的食品网络交易市场不能完全适应。

4.6 相关案例分析

案例一：毒韭菜，毒花生事件

基本案情：2021年2月，根据国家食品安全监督抽检结果，临沂市郯城县码头镇东爱国村郯城恒瑞食品有限公司生产的"香酥花生（称重）"黄曲霉毒素B1项目不符合食品安全标准要求，检验结论为不合格。经查，当事人存在生产不符合食品安全标准食品的违法行为，违反了《中华人民共和国食品安全法》第三十四条第（十三）项的规定。临沂市市场监管局依据《中华人民共和国食品安全法》第一百二十四条的规定，对当事人作出没收违法所得并罚款 7 万元的行政处罚。

2021 年 4 月，根据国家食品安全监督抽检结果，聊城高新区华盛副食百货超市销售的韭菜腐霉利项目不符合食品安全标准要求，检验结论为不合格。经查，当事人存在销售不符合食品安全标准韭菜的违法行为，违反了《食用农产品市场销售质量安全监督管理办法》第二十五条的规定。聊城高新技术产业开发区市场监管局依据《食用农产品市场销售质量安全监督管理办法》第五十条、《中华人民共和国食品安全法》第一百二十四条的规定，给予当事人没收违法所得并罚款 5 万元的行政处罚。

案例分析：黄曲霉毒素是黄曲霉和寄生曲霉等某些菌株产生的双呋喃环类毒素，花生和玉米最容易污染，被世界卫生组织划定为一类天然存在的致癌物。腐霉利是一种低毒内吸性杀菌剂，主要用于蔬菜及果树的灰霉病防治，其对人体眼睛和皮肤有刺激作用。《中华人民共和国食品安全法》明确规定禁止生产经营农药残留超过食品安全标准限量的食品。聊城高新区华盛副食百货超市销售的韭菜腐霉利超标，流入市场后对人民群众的健康造成不利影响。

超市、集贸市场等是消费者采购日常生活所需米面粮油和瓜果蔬菜的主要地方，尤其农村集贸市场是农村生活用品流通的重要场所和为群众提供散装食品和预包装食品消费环境的主要载体，其销售食品或食材的质量安全对消费者健康有很大影响。但由于农贸市场规范经营程度较低，食品安全隐患较多，严重影响着广大农民群众生存生活及农村社会稳定，强化农村集贸市场食品安全监管工作是维护广大农民群众身体健康和生命安全的重要保障。

案例二：海底捞卫生事件

基本案情：2017 年 4 月，海底捞在深圳的宝安海雅缤纷城店因冰箱内生熟食混放、冰库内表示不清等问题遭监管部门责令整改；同年 8 月，海底捞在北京的两家分店也被曝出门店后厨存在"老鼠爬进装食物柜子""清理地面和墙壁的扫帚、抹布与餐具一同清洗""火锅漏勺用于掏下水道垃圾"等卫生问题。北京市食药监局立即对上述两家门店进行立案调查，并对四川海底捞餐饮股份管理有限公司位于北京地区的 1 家中央厨房和 26 家门店开展全面检查，第一时间约谈该公司北京地区负责人。26 日下午，北京市食药监局再次约谈"海底捞"北京公司，将本次对"海底捞"全面检查发现的问题进行通报，要求"海底捞"总部落实食品安全主体责任，全面进行限期整改，主动向社会公开整改情况，主动接受社会监督。同时，北京市食药监局表示，将把上述检查发现问题的门店记入北京市企业信用信息平台，并在第二年度餐饮服务单位量化分级中实施减分降级。此外，要求"海底捞"总部按照承诺对北京各门店实现后厨公开、信息化、可视化，限期一个月完成，同时北京地区负责人能够主动对各门店进行随时检查。

案例分析：海底捞品牌创建于 1994 年，历经二十多年的发展，海底捞国际控股有限公司已经成长为国际知名的餐饮企业，已成功打造出融汇各地火锅特色于一体的优质火锅品牌。然而，近年来海底捞食品安全事件频发，其品牌信誉受到严重损害。《餐饮服务食品安全监督管理办法》规定，在中华人民共和国境内从事餐饮服务的单位和个人（以下简称"餐饮服务提供者"）应当依照法律、法规、食品安全标准及有关要求从事餐饮服务活动，对社会和公众负责，保证食品安全，接受社会监督，承担餐饮服务食品安全责任。在此案例中，海底捞企业未按照日常卫生监督要求的内容执行，尤其对于加工过程的监督严重缺失，加工过程应按照清洁操作区、准清洁操作区、一般操作区的顺序进行。对于动物性食品与植物性食品分池清洗、存放，工具、容器做到原料、半成品、成品分开，清洗消毒并检查清洁程度，还要保持环境卫生等。餐饮业是食物链的最末端，是保证消费者健康的最后一道"关卡"，保证餐饮业食品安全对提升我国食品安全整体水平具有重要的作用。海底捞因严格奉行"服务至上，顾客至上"走红，不少人冲着其"金字招牌"，心甘情愿接受动辄两三个小时的排队叫号。然而维持口碑并非易事，如果连最基本的食品安全卫生都难以保证，海底捞很难仅仅依靠服务和态度留住消费者。

案例三：外卖龙虾盖浇饭中毒事件

基本案情： 2015 年 8 月，多名消费者举报在食用本市某龙虾盖浇饭餐厅供应的食品后，出现腹痛、腹泻、呕吐等不适症状。区市场监管部门接报后立即对该餐厅进行封存，并对事件开展调查。该餐厅厨房面积 23 平方米，餐位 38 个，因经营场所面积较小，其供餐形式以网络订餐外卖、打包外带为主，事件发生前平均每天售出龙虾盖浇饭 1500 余份，属于典型的超负荷加工，加工现场存在食品加工操作不规范、环境卫生差、从业人员健康证上岗等问题。经检测，在部分病人的肛拭中检出致病菌。根据对调查情况的综合分析，认定该起事件是因该餐厅在网络订餐平台大量接单，超负荷加工、不规范操作引起的食物中毒事件。区市场监管部门根据《中华人民共和国食品安全法》《上海市食品安全条例》，对该公司上述违法行为处以吊销《餐饮服务许可证》，没收违法所得并罚款 15.7 万元的行政处罚。

案例分析： 当前在外吃饭和点外卖成为了越来越多人的生活常态，外卖食品是否安全、在外就餐使用的餐饮具消毒是否合格，成为社会关注的热点。随着外卖餐饮持续快速发展，外卖餐饮质量安全问题日益凸显。本案例中由于加工现场操作不规范，环境卫生差，从业人员未持证上岗等，导致食物中毒案件发生，给消费者健康带来不利影响。为进一步提高外卖餐饮质量安全水平、促进餐饮业健康有序发展，建议从责任落实入手，尽快形成一个完整的外卖食品安全监管链条。建立政府抓平台、平台管商户、商户保底线的外卖餐饮食品安全联动机制。网络平台要把好准入关，切实做好对入网商户的资质审核，及时下线违法违规入网商户，坚决取缔无证照经营者，做好入网经营者信息公示。入网商户要具体把好原材料采购、食品加工、配送质量安全关，实行网络订餐亮证亮照经营，让消费者相信外卖、放心消费。增强外卖餐饮服务的透明度，让消费者能够通过网络等途径及时了解情况，有效实施监督，提升消费体验。畅通消费者咨询、投诉、举报渠道，推广外卖食品保险和快速理赔，切实维护消费者合法权益。

案例四：网购食品条形码过期事件

基本案情： 2020 年 5 月，黄岛区市场监督管理局收到举报函，举报人称其通过某农业（青岛）有限公司在电商平台开设的旗舰店购买的蓝莓干产品条形码已注销。经执法人员现场检查，发现被举报公司委托某食品有限公司生产的"蓝莓果干"［净含量 100 克（10包）］的条形码已过期。根据《商品条形码管理办法》的相关规定，黄岛局对该单位使用已经注销的厂商识别代码和相应商品条码的行为给予 1000 元的行政处罚并责令立即改正违法行为。某农业（青岛）有限公司于 2020 年 5 月 14 日向中国物品编码中心注册了条形码，并对库存问题包材加贴了新的条形码进行改正。

案例分析： 网上购物以其种类丰富、价格实惠、方便快捷的优势，成为近年来消费热点。

但是由于网络交易的虚拟性和不确定性的特点，网购食品侵权问题越来越多：不少销售的自制美食都属于"三无产品"，这些自产自销的产品大都无法出具食品经营许可证，食品质量无法保障；代购盛行，网络食品质量参差不齐。我国需要在网购食品方面完善立法体系，明确网络食品的监管和责任主体等，确保消费者权益，还网购食品一片净土。

章尾

1. 推荐阅读

（1）庞国芳．中国食品安全现状、问题及对策战略研究（第二辑）[M]．北京：科学出版社，2020．

该书是中国工程院重大咨询项目研究成果。第一部分是项目综合报告，包括：①新形势下我国食品安全现状；②现阶段我国食品安全问题剖析；③发达国家食品安全监管策略与措施；④我国食品安全保障的战略构想；⑤构建我国食品安全保障体系的对策与建议。第二部分是各课题研究报告，包括：①食品产业供给侧结构性改革发展战略研究；②环境基准与食品安全发展战略研究；③食品风险评估诚信体系建设战略研究；④食品微生物/兽药安全风险控制发展战略研究；⑤食品安全与信息化发展战略研究；⑥经济新形势与食品安全发展战略研究。第三部分是各专题研究报告，包括：①开启食品精准营养与智能制造新时代战略发展研究；②"食药同源"食品改善国民营养健康战略发展研究；③我国"菜篮子"工程水果蔬菜残留农药治理战略发展研究；④加强食品营养健康产业创新，厚植"健康中国"根基战略发展研究。内容丰富，分析到位，剖析问题深刻，从多角度解读食品安全问题。

（2）于瑞莲，王琴，钱和．食品安全监督管理学[M]．北京：化学工业出版社，2021．

这本书基于当前国家食品安全管理政策与思路的调研和分析，讲述了食品安全监管时常用的食品的概念与分类、食品安全监管的要素、食品安全法规、食品安全标准、食品标签、食品安全的行政许可、许可的证后监管、特殊食品安全监管、食品安全的抽检监测、食品安全信息化管理技术等内容，为读者理解相关安全监管宗旨、基本原则并掌握主要内容提供了参考。

2. 开放性讨论题

（1）各监管部门如何有效形成监管合力保障食品安全？

（2）当前我国餐饮食品安全管理存在的问题有哪些？

（3）如何在现有基础上进一步加强网络食品经营安全监督管理？

3. 思考题

（1）食品经营许可证变更、延续可不进行现场核查的情形有哪些？

（2）食品经营主体业态有哪些？

（3）《食品生产经营监督检查管理办法》实施后，如何使用配套表格开展监督检查？

（4）食品生产经营日常监督检查与行政处罚如何衔接？

（5）食用农产品市场销售质量安全监督管理中，食用农产品的范围是什么？关于禁止销售食用农产品情形的判定有哪些？

（6）网络食品经营安全监督管理的难点有哪些？

参考文献

［1］孙晓红，李云．食品安全监督管理学［M］．北京：科学出版社，2017．

［2］李泰然．食品安全监督管理［M］．北京：中国法制出版社，2012．

［3］李洪生，食品流通安全监督管理与实务［M］．北京：中国劳动社会保障出版社，2010．

［4］罗小刚，食品生产安全监督管理与实务［M］．北京：中国劳动社会保障出版社，2010．

［5］第十三届全国人民代表大会常务委员会，《中华人民共和国食品安全法》，2021．

［6］中华人民共和国国务院令第721号，《中华人民共和国食品安全法实施条例》，2019．

［7］国家市场监督管理总局令第33号，《食品生产许可审查通则（2022版）》，2022．

［8］国家食品药品监督管理总局令第17号，《食品经营许可管理办法》，2015．

［9］国家市场监督管理总局令第49号，《食品生产经营监督检查管理办法》，2022．

［10］国家市场监督管理总局令第62号，《食品相关产品质量安全监督管理暂行办法》，2022．

［11］市监食生发〔2022〕18号，《食品生产经营监督检查要点表》，2022．

［12］国家食品药品监督管理总局，《食品生产飞行检查管理暂行办法（征求意见稿）》，2017．

［13］天津市市场监督管理委员会，《食品生产企业体系检查工作规程》（DB12/T 1105—2021），2021．

［14］国发〔2021〕30号，《"十四五"市场监管现代化规划》，2021．

［15］国家食品药品监督管理总局令第20号，《食用农产品市场销售质量安全监督管理办法》，2016．

［16］卫生部令第71号，《餐饮服务食品安全监督管理办法》，2010．

［17］国家食品药品监督管理总局令第36号，《网络餐饮服务食品安全监督管理办法》，2018．

［18］郇正玉，朱晓东．落实食品生产经营者主体责任的原因及对策［J］．现代农业科技，2010（19）：339，348．

［19］刘冬阳．强化源头管控，突出生产经营者主体责任［J］．人民政坛，2017（8）：12-13．

5 特殊食品安全监督管理

⊛ 章首

1. 导语

2015 年，我国修订《食品安全法》首次引入特殊食品的概念，将保健食品、特殊医学用途食品和婴幼儿配方食品归类为特殊食品，与普通食品分开进行更严格的监管。随着这些特殊食品产业以及转基因食品、进出口食品、清真食品、食盐等其他食品相关产品的不断发展，相应的问题也不断出现。对这些食品进行科学、严格的监督管理，才能保障消费者的合法权益，促进特殊食品产业以及我国整体食品产业的健康持续发展。本章将介绍上述食品的国内外监管情况，要求掌握上述食品的基本概念和内涵，监管相关主体、核心法律法规及要求，了解上述食品发展动态、质量安全问题及相关监管办法。

通过本章的学习可以掌握以下知识：

❖ 食品安全、食品安全危害、食品安全监督管理概念

2. 知识导图

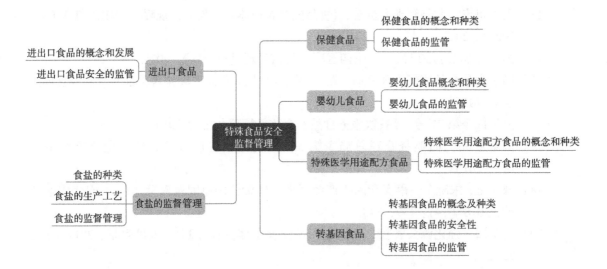

3. 关键词

特殊食品、保健食品、婴幼儿食品、特殊医学用途食品、转基因食品、进出口食品、清真食品、食盐

4. 本章重点

❖ 特殊食品、保健食品、婴幼儿食品、特殊医学用途食品、转基因食品、进出口食品、

清真食品的概念、种类和特点

❖ 上述各类食品的监管要点

5. 本章难点

❖ 保健食品的分类、功能声称、原料要求及注册备案

❖ 特殊医学用途食品的内涵、特点、分类及注册

❖ 保健食品、婴幼儿配方食品与特殊医学用途食品之间的区别

5.1　保健食品

20 世纪 80 年代以来，随着我国经济的飞速发展，国民收入、消费能力及健康意识的提高，以及国家对"治未病"的重视，保健食品市场得到了快速的发展。2016 年国务院印发《"健康中国"2030 规划纲要》，以此来推进健康中国建设，提高人民健康水平。该纲要坚持以预防为主，减少疾病发生，强化早断、早治疗、早康复，而保健食品作为一种具有特定保健功能或者以补充维生素、矿物质为目的的食品，是解决"治未病"的有效手段和途径之一。《2019—2020 中国保健品行业研究报告》显示，到 2019 年中国保健品行业市场规模已高达 2227 亿，同比增长 18.5%。在保健食品急速发展的同时，在产品、市场、监管审批等方面的问题逐渐显露，我国政府在保健品监管方面也逐渐加大力度，使保健食品在注册与备案、原辅料管理、功能声称、产品命名及宣传等方面的政策逐渐完善。

5.1.1　保健食品的概念和种类

保健食品于 20 世纪 90 年代初期首先在日本等亚洲国家兴起。保健食品（health food）是中国对某一种类食品的统一命名，其他国家多称为健康食品、功能性食品、膳食补充剂等。1996 年，我国卫生部颁布并施行的《保健食品管理办法》明确保健食品是指具有特定保健功能的食品，即适用于特定人群食用，具有调节机体功能，不以治疗疾病为目的的食品。2005 年，国家食品药品监督管理总局颁布并实施的《保健食品注册管理办法（试行）》中明确保健食品是指声称具有特定保健功能或者以补充维生素、矿物质为目的的食品，即适用于特定人群食用，具有调节机体功能，不以治疗疾病为目的，并且对人体不产生任何急性、亚急性或者慢性危害的食品。

保健食品作为一类特殊食品，具有一般食品的共性，又因为其具有特定的保健功能而区别于一般食品。保健食品有两个基本特征：其一是安全性，对人体不产生任何急性、亚急性或慢性危害。2015 年 10 月实施的新《食品安全法》强调保健食品不得对人体产生急性、亚急性或者慢性危害，其标签、说明书不得涉及疾病预防、治疗功能，内容应当真实，并载明适宜人群、不适宜人群、功效成分或者标志性成分及其含量等；产品的功能和成分应当与标签、说明书相一致。首次进口的保健食品应当是出口国（地区）主管部门准许上市销售的产品。保健食品首先必须是食品，必须无毒无害。其二是功能性，具有调节人体某一方面功能的作用。其所具有的"特定保健"作用必须明确、具体，而且经过科学实验证实。同时，不能取代人体正常膳食摄入和对各类营养素的需要。保健食品是针对特定的人群而设计的，食

用的范围不同于一般食品，但不能代替药物的治疗作用。对保健食品的监督管理比一般食品更严格。

2003 年 5 月 1 日起实施的《保健食品检验与评价技术规范》中，我国允许注册的保健食品共有 27 种功能：增强免疫力、辅助降血脂、辅助降血、抗氧化、辅助改善记忆、缓解视疲劳、促进排铅、清咽、辅助降血压、改善睡眠、促进泌乳、缓解体力疲劳、提高缺氧耐受力、对辐射危害有辅助保护功能、减肥、改善生长发育、增加骨密度、改善营养性贫血、对化学性肝损伤有辅助保护功能、去痤疮、祛黄褐斑、改善皮肤水分、改善皮肤油分、调节肠道菌群、促进消化、通便、对胃黏膜有辅助保护功能。此外，我国的保健食品还包括营养素补充剂，即以维生素、矿物质为主要原料，以补充人体微量营养素为目的的保健食品。

2019 年国家市场监督管理总局发布了《征求调整保健食品保健功能意见》，对保健食品的保健功能进行了调整、取消，并确定了待研究论证（保留或取消）的功能。其中，①首批拟调整功能声称的保健功能有 18 项，包括有助于增强免疫力、缓解体力疲劳、有助于抗氧化、有助于促进骨健康、有助于润肠通便、有助于调节肠道菌群、有助于消化、辅助保护胃黏膜、耐缺氧、有助于调节体脂（原功能名称为减肥）、有助于改善黄褐斑、有助于改善痤疮、有助于改善皮肤水分状况、辅助改善记忆、清咽润喉、改善缺铁性贫血、缓解视觉疲劳、有助于改善睡眠；②拟取消的保健功能 21 项，包括 a. 拟取消的现有审评审批范围内的保健功能有 3 项，包括美容（改善皮肤油分）/改善皮肤油分、促进生长发育/改善生长发育、促进泌乳。b. 拟取消的过往历史时期曾批准过但现已不再受理审评审批的保健功能有 18 项，包括（辅助）抑制肿瘤、抗突变、改善性功能、单项调节免疫、单项调节血脂、改善微循环、美容（丰乳）、预防脂溢性脱发、促进肠蠕动、阻断 N-亚硝基化合物的合成、防龋护齿、促进头发生长、升高白细胞、预防青少年近视、改善皮肤酸碱度、减少皮脂腺分泌、减少皱纹、皮肤美容（减轻紫外线皮肤的损伤）；③有待进一步研究论证（保留或取消）的保健功能有 6 项，分别是辅助降血脂、辅助降血糖、辅助降血压、对化学性肝损伤有辅助保护功能、对辐射危害有辅助保护功能、促进排铅。

5.1.2 保健食品的监管

（1）中国　1987 年 10 月原卫生部发布实施《中药保健药品的管理规定》。1995 年《食品卫生法》颁布实施，正式把保健食品纳入了法制管理的范畴。1996 年原卫生部颁布了《保健食品管理办法》，对保健食品的审批、生产、标示、广告、监管、检验机构认定等做出了具体的规定。随后，原卫生部陆续颁布了一系列对《保健食品的管理办法》的细化和补充的相关文件。2002 年，原卫生部发布了《关于进一步规范保健食品原料管理的通知（以下简称《通知》）。《通知》中发布了保健食品的可用、禁用名单，即药食同源的物品名单，可用于保健食品的物品名单以及禁用于保健食品的物品名单，同时《通知》对保健食品原料使用的技术要求，食品添加剂、国家保护动植物等物品的使用以及原料个数和总和提出了具体要求。2005 年国家食品药品监督管理总局发布并实施《保健食品注册管理办法（试行）》。保健食品与普通食品的最大区别在于保健食品使用的原料具有一定的功效性且可声称保健功能。保健食品的原料中包含大量的新食品原料。为规范新食品原料安全性评估材料审查工作，2013 年原国家卫生计生委依据原卫生部颁布的《新资源食品管理办法》制定了《新食品原料安全性审查管理办法》，明确原料安全可食用是新食品原料申请的前提。同时规定审查通过的原料应当公布原料名称、来源、生产工艺、主要成分、质量规格要求、标签标识要求等内容。2015 年新《食品安全法》明确提出，将保健食品注册制改为注册与备案双轨制。保健食品的标签、说明书不得涉及疾病预防、治疗功能，内容应当真实，与注册或者备案的内容相一致，载明适宜人群、不适宜人群、功效成分或者标志性成分及其含量等，并声明"本品不能代替药物"。保健食品的功能和成分应当与标签、说明书相一致。保健食品标签要写明成分含量。现在以法律的形式要求标明含量，能有效保障保健食品消费者的知情权。同时，这一条款要求保健食品的说明书、标签声明"本品不能代替药物"，对于一些不具备足够知识的消费者，也能防止他们被欺骗。

2016 年国家食品药品监督管理总局发布并实施《保健食品注册与备案管理办法》，《保健食品注册管理办法（试行）》同时废止。新办法对保健食品实行注册与备案相结合的分类管理制度，标志着保健食品双轨改革正式开始，开创了我国对特定保健食品实施备案审批的新时代。该办法对保健食品注册与备案的概念作出说明，对注册和备案的内容及材料做出了明确规定，细化了总局、省局及基层局等部门职责和工作内容，严格申请人和备案人义务，完善保健食品注册及延续资料要求，增设保健食品注册批件补办程序。新办法对保健食品实行注册与备案相结合的分类管理制度。具体而言，国家对使用保健食品原料目录以外原料的保健食品和首次进口的保健食品实行注册管理，对使用的原料已经列入保健食品原料目录的和首次进口的属于补充维生素、矿物质等营养物质的保健食品首次实行备案管理。省级以上人民政府食品药品监督管理部门应当及时向社会公布已注册或者备案的保健食品目录。

在此之后，国家食品药品监督管理总局于 2016 年 11 月 14 日、2016 年 12 月 19 日和 2017 年 5 月 2 日先后颁布了《保健食品注册审评审批工作细则》《保健食品注册申请服务指南（2016 年版）》和《保健食品备案工作指南（试行）》等文件以加强对保健食品注册及备案工作的指导。此外，对于某些新原料保健食品与首次进口的保健食品，国家食品药品监督管理总局于 2017 年 12 月 2 日发布了相关服务指南以指导该类产品的注册审批工作。2018 年 12 月 18 日经国家市场监督管理总局 2018 年第 9 次局务会议审议通过《保健食品原料目录与保健功能目录管理办法》，自 2019 年 10 月 1 日起施行。

1）监督执法主体及其职责　原国家卫生部负责制订保健食品原料范围、功能范围及毒理学、卫生学理化检验规范。2003 年，保健食品的注册管理主要由国家市场监督管理总局进行监管。国家药监局负责保健食品注册及进口保健食品备案。所在地省、自治区、直辖市食品药品监督管理部门负责国产保健食品的备案。国家卫健委新食品原料技术审评机构负责新食品原料安全性技术审查。国家卫健委、国家市场监督管理总局共同制订按照传统既是食品又是中药材的物质目录。国家市场监督管理总局制订保健食品的保健功能目录、毒理学评价程序、卫生学理化检验规范，并制订特殊食品（如辅酶 Q10、营养素补充剂、保健食品用菌）相关的原料目录、功能目录、技术要求等。

2）保健食品的注册　保健食品注册是指食品药品监督管理部门根据注册申请人申请，依照法定程序、条件和要求，对申请注册的保健食品的安全性、保健功能和质量可控性等相关申请材料进行系统评价和审评，并决定是否准予其注册的审批过程。下列产品当申请保健食品注册：①使用保健食品原料目录以外原料（以下简称目录外原料）的保健食品；②首次进口的保健食品（属于补充维生素、矿物质等营养物质的保健食品除外），即非同一国家、同一企业、同一配方申请中国境内上市销售的保健食品。保健食品（包括首次进口保健食品）注册申请需要提交以下十类材料：①保健食品注册申请表以及申请人对申请材料真实性负责的法律责任承诺书；②注册申请人主体登记证明文件复印件；③产品研发报告，包括研发人、研发时间、研制过程、中试规模以上的验证数据，目录外原料及产品安全性、保健功能、质量可控性的论证报告和相关科学依据，以及根据研发结果综合确定的产品技术要求等；④产品配方材料，包括原料和辅料的名称及用量、生产工艺、质量标准，必要时还应当按照规定提供原料使用依据、使用部位的说明、检验合格证明、品种鉴定报告等；⑤产品生产工艺材料，包括生产工艺流程简图及说明，关键工艺控制点及说明；⑥安全性和保健功能评价材料，包括目录外原料及产品的安全性、保健功能试验评价材料，人群食用评价材料；功效成分或者标志性成分，卫生学稳定性、菌种鉴定、菌种毒力等试验报告，以及涉及兴奋剂、违禁药物成分等检测报告；⑦直接接触保健食品的包装材料种类、名称、相关标准等；⑧产品标签、说明书样稿；产品名称中的通用名与注册的药品名称不重名的检索材料；⑨3个最小销售包装样品；⑩其他与产品注册审评相关的材料，国家食品药品监督管理总局行政受理机构负责受理。

申请首次进口保健食品注册，除提交以上规定的材料外，还应当提交下列材料：①产品生产国（地区）政府主管部门或者法律服务机构出具的注册申请人为上市保健食品境外生产厂商的资质证明文件；②产品生产国（地区）政府主管部门或者法律服务机构出具的保健食品上市销售一年以上的证明文件，或者产品境外销售以及人群食用情况的安全性报告；③产品生产国（地区）或者国际组织与保健食品相关的技术法规或者标准；④产品在生产国（地区）上市的包装、标签、说明书实样。

3）保健食品备案　保健食品备案是指保健食品生产企业依照法定程序、条件和要求，将表明产品安全性、保健功能和质量可控性的材料提交食品药品监督管理部门进行存档、公开、备查的过程。生产和进口下列保健食品应当依法备案：①使用的原料已经列入保健食品原料目录的保健食品；②首次进口的属于补充维生素、矿物质等营养物质的保健食品，其营养物质应当是列入保健食品原料目录的物质。备案的产品配方、原辅料名称及用量、功效、生产工艺等应当符合法律、法规、规章、强制性标准及保健食品原料目录技术要求的规定。

国产保健食品的备案人应当是保健食品生产企业，原注册人可以作为备案人；进口保健食品的备案人，应当是上市保健食品境外生产厂商。申请保健食品备案，除应当提交保健食品注册申请的4~8条规定的材料外，还应提交以下材料：保健食品备案登记表，以及备案人对提交材料真实性负责的法律责任承诺书；备案人主体登记证明文件复印件；产品技术要求材料；具有合法资质的检验机构出具的符合产品技术要求全项目检验报告；其他表明产品安全性和保健功能的材料。申请进口保健食品备案的，除提交以上规定的材料外，补充的材料同申请首次进口保健食品注册及其他材料文件。上述材料由国家食品药品监督管理总局行政受理机构负责受理。

4）标签、说明书及命名　申请保健食品注册或者备案，其产品标签、说明书样稿须包括产品名称、原料、辅料、功效成分或者标志性成分及含量、适宜人群、不适宜人群、保健功能、食用量及食用方法、规格、储存方法、保质期、注意事项等内容及相关制定依据和说明等，且不得涉及疾病预防、治疗功能，并声明"本品不能代替药物"。保健食品的名称由商标名、通用名和属性名组成。商标名是指保健食品使用依法注册的商标名称或者符合《中华人民共和国商标法》规定的未注册的商标名称，用以表明其产品是独有的、区别于其他同类产品；通用名是指表明产品主要原料等特性的名称；属性名是指表明产品剂型或者食品分类属性等的名称。新办法对保健食品的名称和通用名均提出了若干禁止性情形。

5）保健食品的生产　保健食品生产企业在生产前必须向所在地的省级食品药品监督管理部门提出申请，经省级食品药品监督管理部门审查同意后，并在申请者的食品生产许可证上加注"××保健食品"的许可项目方可进行生产。未经国家食品药品监督管理总局行政受理机构审查批准的食品，不得以保健食品名义生产经营。保健食品的生产过程和生产条件必须符合《保健食品良好生产规范》（GB 17405—1998）的要求。我国《保健食品良好生产规范》与国际 GMP 的制定目的、原则一致。《保健食品良好生产规范》的主要内容包括厂房设计与设施、原料、生产过程、品质管理、成品储存与运输、人员、卫生管理等七部分内容。其具备了较好的实用性和可操作性，《保健食品良好生产规范》的内容包括了保健食品生产过程的卫生要求和质量规格要求，既包括生产过程的质量控制，又包括防止污染。生产所用原料和功能声称必须符合《保健食品原料目录与保健功能目录管理办法》的要求。

保健食品生产者必须按照批准内容进行组织生产，不得改变产品配方、生产工艺、企业产品质量标准以及产品的名称、标签、说明书等。对生产工艺执行情况的监督应重点放在对原材料的投放和监督检查上，尤其是对那些贵重或稀有原料的使用情况以及有无滥加违禁物质现象的关注。保健食品的生产工艺应能保持产品功效成分的稳定性。加工过程中功效成分不损失。不破坏和不产生有害的中间体。应采用定型包装，直接与保健食品接触的包装材料或容器必须符合有关卫生标准或卫生要求；包装材料或容器及包装方式应有利于保持保健食品功效成分的稳定。成品的储存和运输应符合《食品安全国家标准　食品企业通用卫生规范》（GB 14881—2013）的卫生要求。成品出厂应采用"先产先销"的原则。对标签说明书的监督着重检查是否有虚假、夸大的功效宣传。

食品药品监督管理部门依照《保健食品良好生产规范》和相关规定，对保健食品生产经营企业进行跟踪检查，并有权采取下列措施：①进入生产经营场所实施现场检查；②对生产经营的保健食品进行抽样检验，原料安全无毒，产品功能确切，配方科学，工艺合理；③查阅、复制有关合同、票据、账簿、批生产记录、检验报告及其他有关资料；④责令停止生产经营并召回不符合保健食品标准的产品；⑤查封、扣押假冒及有证据证明不符合保健食品标准的产品，违法使用的保健食品原料、食品添加剂、食品相关产品，以及用于违法生产经营或者被污染的工具设备；⑥查封违法从事保健食品生产经营的场所。国家食品药品监督管理部门和省、自治区、直辖市食品药品监督管理部门应当根据保健食品质量抽查检验情况，发布保健食品抽验结果。可用于保健食品生产但不得用于其他食品生产的物质目录以及用量（以下称可用于保健食品原料目录）和允许保健食品声称的保健功能的目录，由国务院食品药品监督管理部门会同国务院卫生行政部门、国家中医药管理部门制定、调整并公布。

当前，我国还需要加强①功效成分的监督检测；②功能验证；③违法药物添加行为的监督，以保障我国人民食用保健食品的安全，保健食品产业的健康发展。

（2）其他国家　世界各国关于保健食品的定义、范畴、管理制度不同。各国基于对保健食品不同的认知和理解，各国采取了不同的监督管理办法。保健食品在美国被称为膳食补充剂（Dietary supplements），在澳大利亚称为补充医药产品（Compementary medicines），日本称为功能性食品（Functional foods），欧盟国家称为食品补充剂（Food supplement），德国称为改善食品（Perform food），加拿大称为天然健康食品（Natural health products），韩国称为健康功能食品（Health functional food）。在美国，膳食补充剂是一种旨在补充膳食的产品（而非烟草），可能含有一种或多种如下膳食成分：维生素、矿物质、草本（草药）或其他植物、氨基酸，以增加每日总摄入量而补充的膳食成分，或是以上成分的浓缩品、代谢物、提取物或组合产品等。我国绝大部分保健食品在美国可按照膳食补充剂或是带健康声称的普通食品管理。膳食补充剂安全的监管主要由 FDA 负责，大多是按照普通食品进行管理。FDA 不保证膳食补充剂的有效性，只在被证明不安全时才采取行动。在日本，功能性食品是"为特殊健康需要而设计的食品（Food for specified health uses）"的简称，是指含有影响人体生理机能的保健功能成分，改善与生活方式有关的疾病，有助于增进健康并可用于特定保健用途的食品。使用对象主要是关注自身健康的人群和有轻微不适的人群。2001 年日本厚生劳动省制定实施《保健功能食品制度》，将营养补充以及声称具有保健作用和有益健康的产品分为两大类：①特定保健用食品，是指能够调节机体功能作用或降低因生活习惯引起的健康风险的食品，类似我国保健食品的功能性保健食品；②营养功能食品，以补充特定的营养成分为目的的食品，类似我国保健食品的营养素补充剂。澳大利亚的补充医药产品归类于补充药品/辅助药物，属于治疗产品，介于食品和药品之间，受药物管理局的监管。澳大利亚保健食品有明确的法律规定，控制其有效性并对其生产流程进行严格规范。澳大利亚的辅助药物法在全球具有领先地位，其医疗理论和及时性也是世界一流，因此其保健食品市场领航全球。澳大利亚的补充医药产品不受国际食品法典委员会（Codex Alimentarius Commission，CAC）的标准和法规约束，而必须符合《治疗产品法》《治疗产品管理规定》《治疗产品广告条例》《良好生产操作规范》的规定。

5.2　婴幼儿食品

婴幼儿阶段是人一生中身心健康发展的重要时期，这一阶段的健康生长发育尤其需要优质、营养、安全的食品。儿童食品，特别是婴幼儿食品是一个多学科研发、多企业生产、多部门管理、大人群使用的特殊营养源。它不仅展示了一个国家的科学、技术、法制、管理水平，而且呈现了全社会的文明程度、文化氛围和道德、教育水准。婴幼儿食品的营养含量和卫生安全不仅影响婴幼儿生长发育水平，与儿童期乃至成人期和生命后期的生命质量与安全也息息相关，婴幼儿食品关乎民族的发展和振兴，加强婴幼儿食品的安全性监管尤为迫切和重要。

5.2.1　婴幼儿食品概念和种类

母乳是婴幼儿最理想的食品。在缺乏母乳或无母乳的情况下，婴幼儿配方食品是母乳的最佳替代品。婴幼儿配方乳粉的配方随着人类对母乳组成认识的不断完善也在不断升级，由调整主要营养成分，到调整主要营养成分的结构，并且添加维生素、矿物质、微量元素的种类和数量也越来越趋于合理化，逐步进入了"对母乳精确模拟"的阶段。我国 2010 年修订的婴幼儿食品新标准的规定，婴儿是 0~12 月龄，幼儿是 12~36 月龄。婴幼儿食品是一类专门供给出生至 3 周岁婴幼儿的食品，按照婴幼儿发育阶段，可分为婴儿配方食品、婴幼儿转奶期食品、较大婴儿和幼儿配方食品。GB 2760—2014《食品安全国家标准 食品添加剂使用标准》中将婴幼儿食品分为两大类，婴幼儿配方食品和婴幼儿辅助食品。

婴幼儿配方食品分为以下 3 类：

（1）婴儿配方食品，例如 1 阶段婴儿配方乳粉。

（2）较大婴儿和幼儿配方食品，例如 2、3 阶段婴儿配方乳粉。

（3）特殊医学用途婴儿配方食品，例如早产、低出生体重婴儿配方食品，必须在医生或临床营养师指导下，按照患者个体的特殊状况或需求来使用。近年来，出现更多特色的配方乳粉产品，例如水解乳蛋白减少过敏风险提高蛋白质利用，优化氨基酸组成、脂肪结构母乳化以进一步接近母乳水平，以免疫调节/肠道菌群调节/助大脑和视力发育为目标对乳粉进行营养强化等。

0~6 个月的婴儿倡导纯母乳喂养，6 个月以上的婴儿生长发育加速需要的更多的营养素，母乳已无法满足，必须添加辅助食品。婴幼儿辅助食品又称婴幼儿断奶食品、婴幼儿转奶食品。添加辅助食品的目的有两点：一是让婴儿习惯由流体食物过渡到半流体、固体食物；二是摄取足够的营养素维持身体健康，补充一日所消耗的营养和身体生长发育所必需的营养。根据原料、适应年龄段和包装形式的差异，婴幼儿辅助食品分为两类，婴幼儿谷类辅助食品和婴幼儿罐装辅助食品。

（1）婴幼儿谷类辅助食品，以一种或多种谷物（如小麦、大米、大麦、燕麦、黑麦、玉米等）为主要原料，且谷物占干物质组成的 25% 以上，添加适量的营养强化剂和（或）其他辅料，经加工制成的适于 6 月龄以上婴儿和幼儿食用的辅助食品，例如婴儿营养米粉、蔬菜营养米粉。婴幼儿谷类辅助食品分为：①婴幼儿谷物辅助食品，用牛奶或其他含蛋白质的适宜液体冲调后食用的婴幼儿谷类辅助食品；②婴幼儿高蛋白谷物辅助食品，添加了高蛋白原料，用水或其他不含蛋白质的适宜液体冲调后食用的婴幼儿谷类辅助食品；③婴幼儿生制类谷物辅助食品，煮熟后方可食用的婴幼儿谷类辅助食品；④婴幼儿饼干或其他婴幼儿谷物辅助食品。

（2）婴幼儿罐装辅助食品，即以各种蔬菜、水果、鱼、禽、肉、肝等为原料加工制成的汁、泥、酱、糊状类即食食品，例如苹果泥、胡萝卜泥、鱼肉松等。婴幼儿罐装辅助食品分为：①泥糊状罐装食品，吞咽前不需要咀嚼的泥（糊）状的婴幼儿罐装辅助食品；②颗粒状罐装食品，含有 5 mm 以下的碎块，颗粒大小应保障不会引起婴幼儿吞咽困难、稀稠适中的婴幼儿罐装食品；③汁类罐装食品，呈液体状态的婴幼儿罐装食品。

5.2.2 婴幼儿食品的监管

（1）中国 我国虽然有专门针对婴幼儿食品的法规标准，但基本体系有待完善。相关食品安全法律责任还不够严厉，有些制度缺失，导致监管和治理乏力。以 2004 年阜阳乳粉事件和 2008 年三聚氰胺毒奶粉事件为典型代表的婴幼儿食品安全问题使中国婴幼儿食品行业受到国内外的高度关注，极大影响了国内外消费者的信心，这些事件使我国婴幼儿食品行业受到重创，虽然很大程度上是由于某些企业诚信意识、法律意识和责任意识淡薄，但也反映出加强婴幼儿食品安全保障体系建设，提高我国婴幼儿食品安全水平的紧迫性。

1）监管法律依据　我国高度重视婴幼儿配方食品的安全保障，2013年制定发布了《关于进一步加强婴幼儿配方乳粉质量安全的工作意见》《婴幼儿配方乳粉的生产许可审查细则》《关于不准委托贴牌分装等婴幼儿配方乳粉的公告》等法律文件。婴幼儿食品标准基于科学证据而制定，目的是为婴幼儿提供安全充足的营养素，满足婴幼儿生长发育的需求。婴幼儿食品营养标准是保证婴幼儿食品质量的基石，不仅是婴幼儿配方食品和婴幼儿配方食品检验方法标准，还涉及食品添加剂标准、食品营养强化剂标准、包装材料标准，还有检验方法以外的其他检验方法标准等，这个标准是一套体系。目前，我国针对婴幼儿食品的标准主要有GB 10770—2010婴幼儿灌装辅助食品、GB 10769—2010婴幼儿谷类辅助食品、GB 10767—2010（GB 10767—2021将于2023.2.22开始实施）较大婴儿和幼儿配方食品、GB 10765—2021婴儿配方食品、GB 25596—2010特殊医学用途婴儿配方食品通则等五大类。2015年10月实施的新《食品安全法》对婴幼儿食品的注册、生产及销售做了严格规定。我们将结合新食品安全法的贯彻实施，进一步研究完善婴幼儿配方乳粉的相关监管制度。

2）监管措施　国际食品法典委员会CAC制定发布的《婴幼儿配方乳粉卫生操作规范》为我国婴幼儿食品的品质控制和质量管理提供了重要参考：①用于婴幼儿食品生产的原材料应该品质优良，安全卫生；②对于婴幼儿食品生产厂区的建立、选址和设计应科学合理，设施和设备应安全无污染，并建立严格的卫生控制程序；③婴幼儿食品生产过程中每天与食品接触的工作人员必须进行健康体检，受伤或患病人员不得从事生产；生产过程中保证良好的个人卫生和行为；④对成品进行严格的检验，包括农药残留、食品添加剂、微生物等项目的检测；⑤应重视婴幼儿食品中微生物的分析。生产婴幼儿配方食品的企业，应当按照良好生产规范的要求建立与所生产食品相适应的生产质量管理体系，定期对该体系的运行情况进行自查，保证其有效运行，并向所在地县级人民政府食品药品监督管理部门提交自查报告。新《食品安全法》中规定国家对婴幼儿配方食品应实行严格监督管理。婴幼儿配方食品生产企业应当实施从原料进厂到成品出厂的全过程质量控制，对出厂的婴幼儿配方食品实施逐批检验，保证食品安全。《食品安全法》提出对婴幼儿配方乳粉的配方实行注册和备案管理，婴幼儿配方食品生产企业应当将食品原料、食品添加剂、产品配方及标签等事项向省、自治区、直辖市人民政府食品药品监督管理部门备案。规定婴幼儿配方乳粉的产品配方应当经国务院食品药品监督管理部门注册，注册时应当提交配方研发报告和其他表明配方科学性、安全性的材料，并对相关材料的真实性负责。婴幼儿配方乳粉生产企业应当按照注册或者备案的产品配方、生产工艺等技术要求组织生产。

与一般食品不同，婴幼儿食品有其特殊的营养和卫生要求，必须符合相应的法规标准。生产婴幼儿配方食品使用的生鲜乳、辅料等食品原料、食品添加剂等，应当符合法律、行政法规的规定和食品安全国家标准，保证婴幼儿生长发育所需的营养成分。考虑到采用分装方式生产婴幼儿配方乳粉可引起二次污染的安全隐患，还可能造成一些不法分子在二次分装过程非法添加、以次充好的问题，食品安全法明确规定不得以分装方式生产婴幼儿配方乳粉，同一企业不得用同一配方生产不同品牌的婴幼儿配方乳粉。另外，通过禁止婴幼儿配方乳粉分装，鼓励国内的生产企业集中力量提升研发能力和生产的技术水平，进一步保障婴幼儿配方乳粉的质量安全。提高婴幼儿食品生产许可证颁发条件是婴幼儿食品质量安全得到有效保证的重要方面。对婴幼儿食品加工企业实行严格审核，对于质量不合格、不具备生产条件、技术装备无保证的企业，取消其生产资格。对婴幼儿食品生产企业营业执照审批制度采取严格标准，从生产条件上保证婴幼儿食品质量安全。婴幼儿配方乳粉生产企业应当按照注册或者备案的产品配方、生产工艺等技术要求组织生产。

3）婴幼儿食品中食品添加剂的使用管理　为防范婴幼儿食品中违规使用食品添加剂，建立合理、安全、适当的添加原则，减少因滥用食品添加剂引起的健康问题，国际组织和我国均制定了相应的法律法规。婴幼儿食品中使用的食品添加剂必须符合相应的法典规格。根据婴幼儿这一特定人群的暴露量及每日容许摄入量（ADI）等资料，结合食品添加剂专家委员会（JECFA）对食品添加剂进行的危险性评估，确定食品添加剂在婴幼儿食品中允许的最大使用量或残留。婴幼儿特殊膳食用食品中营养物质的参考清单（CAC/GL10，1979 年通过，1983、1991、2009、2015 年修正，2008 年修订）详细列出了婴幼儿食品中允许使用的营养物质，标明了物质来源及使用限量，主要包括：矿物质和微量元素、维生素、氨基酸和其他营养素（肉碱、牛磺酸、胆碱、肌醇、核苷酸）及为形成特定营养素形式（作为营养素载体）而用的食品添加剂。

根据《食品安全法》规定，对于用于婴幼儿配方食品的添加剂，生产企业应当向省、自治区、直辖市人民政府食品药品监督管理部门备案，严格监管。GB 2760—2014 规定了食品添加剂的使用品种、使用范围和使用量等，关于婴幼儿食品中使用的食品添加剂规定分布在各类食品添加剂的使用条款中。营养强化剂是食品添加剂的一类，广泛用于婴幼儿食品的营养强化，GB 14880—2012《食品安全国家标准　食品营养强化剂使用标准》及卫生相关公告对婴幼儿食品中营养强化剂的来源、品种、使用范围及使用量等作了详细规定。在 CAC 的法规体系中，营养强化剂不属于食品添加剂，对其有单独的管理规定。我国允许在婴幼儿配方食品中使用的食品添加剂主要有乳化剂（单甘油脂肪酸酯、双甘油脂肪酸酯、三甘油脂肪酸酯）、酸度调节剂、抗氧化剂（维生素 C 棕榈酸酯）、其他（主要为钙和铁促进吸收剂）。在上述基础上，对于断奶期及较大幼儿食品，还可添加水分保持剂、膨松剂（磷酸氢钙）。

（2）其他国家。

1）美国　美国奶粉管制严苛，奶粉属于药品管制已是传统。对于婴儿配方奶粉，除了要符合相关食品行业的标准，更要通过药监局的重重检验。其中，奶源必须是美国的，其他原料都需要通过美国 FDA 评价食品添加剂的安全性指标（GRAS）。婴儿奶粉配方必须基于科学依据，并需要通过美国 FDA 长达 90 天的预审审核。早在 1980 年，美国就通过了要求以《联邦食品、药品和化妆品法案》来规范婴儿配方食品的标准和生产方式的法案。目前只有 Bright Beginnings（旭贝尔）等少数几个品牌的奶粉通过 FDA 认证，可以在美国市场上生产和销售婴儿配方奶粉。用药品管理办法来严格监管婴幼儿配方奶粉的生产和销售，不仅是监管方式和标准的变革，更显示出国家对此问题的高度重视和坚定决心。

美国的联邦法规（code of federal regulation，CFR）收纳了美国 FDA 的食品和药品行政法规，第 106 部分是关于婴儿配方奶粉的质量控制程序，程序内容分为总则、保证婴儿配方奶粉营养含量的质量控制程序、记录和报告 4 部分，目的是保护婴儿配方奶粉满足安全、质量和营养的要求。CFR 第 107 部分对婴儿配方奶粉的术语、定义、标签要求、营养素要求及问题产品的召回制度和记录要求进行了规定。美国对婴幼儿食品的专项规定比较少，主要是按照不同产品种类进行规范。

2）欧盟　欧盟的食品安全由食品安全局统一管理，欧盟关于婴幼儿食品的法规标准主要是以不同产品种类规定于各种条例（regulation）、指令（directive）、决定（decision）、建议或意见（recommendation or opinion）中。欧盟委员会指令 91/321/EEC 是对婴幼儿配方食品的规定，该指令对婴幼儿配方食品的必需组分、标签及农残限量均做了规定。2003 年，欧盟食品科学委员会（Scientific Committee on Food，SCF）采纳了修订婴幼儿配方食品标准的意见，建议对婴幼儿配方食品的定义、新成分的规定、标签要求和声明、婴幼儿配方食品中必需组分的规定及营养标签参考值等进行修订。欧盟委员会指令 96/5/EC 是关于婴幼儿谷物食品和幼儿食品的标准规定，而指令 95/2/EC 对正常和特殊婴幼儿食品中食品添加剂（除色素和甜味剂）的使用进行了规定。随着婴幼儿食品研究的深入及食品安全意识的增强，欧盟的食品法规标准也在不断地修订和补充。

3）CAC　1991 年 CAC 通过了较大婴儿和幼儿补充配方食品导则，为较大婴儿和幼儿补充配方食品的生产提供营养和技术方面的指导，具体包括：基于较大婴儿和幼儿的营养需要，使用的产品配方、加工技术、卫生要求、包装规定、标签规定和使用指导。1979 年，CAC 第 13 次会议讨论通过了婴幼儿食品中使用的矿物质和维生素参考清单；1983 年，CAC 第 15 次会议修改了清单中部分维生素的来源；1991 年，CAC 也修改了清单中部分矿物盐和维生素的来源。此参考清单详细列出了婴幼儿食品中使用的维生素和矿物质，并明确了物质元素的来源、纯度要求及使用范围（具体到某类婴幼儿食品），是婴幼儿食品进行维生素和矿物质强化的使用指导。

特殊营养与膳食法典委员会是 CAC 的一个分委员会，主要负责与特殊营养和膳食（包括婴幼儿食品）有关的法典标准的制修订工作。目前，CAC 公布的关于婴幼儿食品的标准有 Codex Stan 72—1981《婴儿配方食品》、Codex Stan 73—1981（1985、1987、1989 修改）《罐装婴幼儿食品》、Codex Stan 74—1981（1985、1987、1989、1991 修改）《加工的谷基婴幼儿食品》和 Codex Stan 156—1987（1989 年修改）《较大婴幼儿配方食品》。标准内容的框架基本一致，包括范围、定义、必需组分和质量因素、食品添加剂、残留物的规定、污染物、卫生、包装、标签、分析和抽样方法等。在质量因素中，标准明确指出所有婴幼儿食品的组分禁止用电离辐射处理。法典标准对婴幼儿食品的生产提出了要求，随着对婴幼儿食品研究的深入，法典标准也在不断地修订和完善。

5.3　特殊医学用途配方食品

随着我国社会经济的快速发展，人口老龄化程度的加深，以及人民的生活方式、疾病谱和死亡谱的较大变化，各种慢性疾病的发生率和死亡率不断上升。营养措施在疾病的预防和治疗中发挥着至关重要的作用。特殊医学用途配方食品是专门为满足特定疾病或状态下的营养需求而设计的，能够维持和改善患者的营养状况，有效降低医疗成本，提高康复效率，在发达国家已有近百年的使用历史。特殊医学用途配方食品在我国起步较晚，20世纪80年以药品的形式正式进入国内市场，在其后相当长的一段时间内，一直按照药品进行注册管理，直至2010年我国才制定相关食品安全标准。特殊医学用途配方食品所体现的"营养医学、营养治疗"理念已成为"健康中国"战略的重要组成部分，已被纳入了国家"十三五"大健康产业中，中国将成为全球最大的消费市场。特殊医学用途配方食品在世界各国均作为特殊膳食用食品进行管理，CAC、欧盟、美国、日本等国家均建立了比较完善的标准体系。随着医疗保障体系的不断完善，特殊医学用途配方食品的临床需求越来越大。因此，亟须建立相应法规标准以规范和指导此类食品的生产与应用。

5.3.1 特殊医学用途配方食品的概念和种类

特殊医学用途配方食品（food for special medical purposes，FSMP）就是为了满足进食受限、消化吸收障碍、代谢紊乱或特定疾病状态人群对营养素或膳食的特殊需要，专门加工配制而成的配方食品。特殊医学用途配方食品是为了满足疾病人群对部分营养素或膳食的特殊要求的配方食品，经过医学验证，具有充分的理论基础和临床证据。在疾病状况下，无法进食普通膳食或无法用日常膳食满足目标人群的营养需求时，可使用特殊医学用途配方食品提供营养支持。该类食品必须在医生或临床营养师指导下，单独食用或与其他食品配合食用。

特殊医学用途配方食品是精准医学营养的重要"武器"，是精准医疗更新迭代、医药科技蓬勃发展以及食品和制药产业融合的产物，它既不同于药品，也有别于保健品和其他食品。该类产品的成分、生理功能及最终的效果都与普通食品和保健食品有明显的区别，例如在食物形态方面，特医食品往往是粉末、液体的摄入形式，而不是片剂、胶囊剂；从营养成分的角度，特医食品所能提供的营养往往是全方面的，甚至对于部分需要管饲饮食的人群而言，特医食品几乎是唯一的营养物质来源。

特殊医学用途配方食品明确归属特殊膳食用食品的范畴，主要包括两大类，即适用于0~12月龄的特殊医学用途婴儿配方食品和适用于1岁以上人群的特殊医学用途配方食品。

根据我国《食品安全国家标准 特殊医学用途婴儿配方食品通则》（GB 25596—2010），特殊医学用途婴儿配方食品是指针对患有特殊紊乱、疾病或医疗状况等特殊医学状况婴儿的营养需求而设计制成的粉状或液态配方食品。在医生或临床营养师的指导下，单独食用或与其他食物配合食用时，其能量和营养成分能够满足0~6月龄特殊医学状况婴儿的生长发育需求。可供6月龄以上婴儿食用的特殊医学用途配方食品，应注明"6月龄以上特殊医学状况婴儿食用本品时，应配合添加辅助食品"。适用于0~12月龄的特殊医学用途婴儿配方食品包括无乳糖配方食品或者低乳糖配方食品、乳蛋白部分水解配方食品、乳蛋白深度水解配方食品或者氨基酸配方食品、早产或者低出生体重婴儿配方食品、氨基酸代谢障碍配方食品和营养补充剂等。

借鉴CAC和欧盟对特殊医学用途配方食品的分类方法，根据不同临床需求和适用人群，我国《食品安全国家标准 特殊医学用途配方食品通则》（GB 29922—2013）将适用于1岁以上人群的特殊医学用途配方食品分为三类，即全营养配方食品、特定全营养配方食品和非全营养配方食品，基本涵盖了目前临床上需求量大、研究证据充足的产品。全营养配方食品适用于需对营养素进行全面补充且对特定营养素没有特别要求的人群。特定全营养配方食品适用于特定疾病或医学状况下需对营养素进行全面补充的人群，并可满足人群对部分营养素的特殊需求，如糖尿病全营养配方食品，呼吸系统疾病全营养配方食品，肾病全营养配方食品，肿瘤全营养配方食品等。非全营养配方食品则适用于需要补充单一或部分营养素的人群，如蛋白质组件、脂肪组件、糖类组件等专用于提供某一营养素，不适用于作为单一营养来源。

5.3.2　特殊医学用途配方食品的监管

国际食品法典委员会、欧洲、澳大利亚和新西兰均称特殊医学用途食品为 FSMP，美国称为医疗食品、医用食品（medical foods），日本称为患者食品、病患用食品（food for sick）。虽然在名称、生产、质控标准及上市许可等方面不尽相同，但是在产品分类和使用、销售方面比较一致，均归属于"特膳食品"类别下，并且规定"在医生或营养师指导下使用，仅允许在医院、康复中心和药店销售"。特殊医学用途配方食品在临床治疗上的成功应用让各国相继制定了该类产品的相关标准和配套管理政策。

（1）其他国家　早在 20 世纪八九十年代国外就已经在临床上普遍使用该类产品，在美国、欧盟等许多发达国家都得到广泛的应用和认可，是临床治疗中不可或缺的产品。21 世纪全球 FSMP 产业发展已进入高速期，当前全世界每年消费 FSMP 560 亿~640 亿元，市场年增速为 6%，欧美年消费量为 400 亿~500 亿元，年增速约 4.5%，日本和韩国年消费量为 150 亿~220 亿元，年增速为 4.8%，澳大利亚年消费量超过 4000 万美元，新西兰年消费量为 250 万~400 万美元，国际市场容量巨大。目前，不少国家已经将此类产品列入医疗保险报销范围，并将其作为一种特殊膳食用食品来管理。很多国际组织和发达国家都有针对性地制定了相应的管理政策和法律法规。各国政府根据国家和企业标准进行必要的监管。多数国家不要求进行产品的专门注册、批准，少数国家要求产品上市前到相关管理部门备案。

1）CAC　CAC 制定了两项关于 FSMP 的标准，一项是 Codex Stan 180—1991《特殊医用食品标签和声称法典标准》，此标准主要对特殊医学用途配方食品的定义和标签标识进行了详细规定；另一项是 Codex Stan 72—1981（2011 修改）《婴儿配方及特殊医用婴儿配方食品标准》，对于 1 岁以下人群的特殊医用食品的安全使用给出了规定。这两项标准为全世界各国制定 FSMP 相关标准提供了参考。

2）欧盟　欧盟国家将 FSMP 同样称为特殊医学用途配方食品，属于特殊用途食品的一类。欧盟在 FSMP 方面起步较早，相关法规经多次修订，相对比较完善。包括《特殊医用食品指令》，该标准直接采用了 CAC 对 FSMP 的定义、标签标识等，规定了各种营养素含量，允许根据特定的疾病、紊乱或医疗状况对营养素做出适当调整。2001 年，欧盟颁布的《可用于特殊营养目的用食品中的营养物质名单》明确规定了可使用在特殊医学用途配方食品中的营养物质，包括化合物来源及使用量等。在食品添加剂的使用方面，只需要符合食品添加剂通用标准。欧盟 28 个成员国均遵循上述法规要求。2009/39/EC 指令规定在欧盟任一成员国首次上市特殊营养用途食品时，其生产商或进口商应当向主管当局提交产品标签样稿以进行通报，（EU）No 609/2013 条例规定了特殊医学用途食品等不同类别食品的一般成分和信息要求。在欧盟，特殊医学用途配方食品在欧盟不需要上市前的注册批准，个别成员国（欧盟成员国荷兰以及欧洲国家英国和瑞士）要求产品上市前到相关部门备案。（EU）2016/128 对具体成分和信息要求进行了规定，也同样规定了上市前需要通报的要求，即当特殊医学用途配方食品上市销售时，食品经营者应通报欧盟成员国的主管部门，提交产品标签样稿或者主管部门要求的任何能说明产品符合该条例的信息，但如果该成员国能够确保该类产品处于有效的官方监管下，则可以免除食品经营者的通报义务。

3）美国、澳大利亚和新西兰　1988 年美国的《孤儿药物法》（也称《罕见病药物法案》）首次对医疗食品进行定义。医疗食品，是指正常食用或者用于口服对某些疾病或是某些身体状况下具有特定的膳食功能提供营养支持的配方食品，这些食品通常需要在医生指导下使用，基于科学原则及医学评估，能够满足特定的营养要求。20 世纪 70 年代之前，医疗食品是按处方药进行监管。美国食品药品监管局于 1972 年重新评估医疗食品的政府监管政策，对医疗食品在保证安全及企业成本上做了一个平衡，于 2007 年发布有关医疗食品的指导说明，将医疗食品限定为"供严重疾病患者及需要将此类食品作为主要治疗方式（treatment modality）的食品"，2013 年发布新版的说明将"治疗方式"改成"某种疾病或状态下所需特定的饮食管理的组成部分"（component of a disease or condition's specific dietary management）。

美国对 FSMP 的管理相对宽松，上市前不需要注册和通报。FDA 有权在医用食品上市后对其进行监管，监管方式包括警告函、召回、禁止进口、没收、禁制令、刑事检控及其他必要措施，另外 FDA 还可以实施随机市场监督。美国在 FSMP 管理上以《医用食品进口和生产指导手册》为核心指导原则，引用联邦政府法律对医用食品的定义，明确该类食品用于特殊疾病的饮食管理，必须在医生的指导下使用，与 CAC 定义相似。该手册将 FSMP 分为全营养配方、非全营养配方、用于 1 岁以上的代谢紊乱患者的配方食品及口服的补水产品四类。对于医用食品中新成分/新原料的使用，美国规定必须经过 GRAS（general recognized as safe）的评估。新产品不需要上市前的注册和批准，只需生产厂家进行注册即可。在食品添加剂、营养强化剂、食品标签标识方面，美国对医用食品没有进行特别规定。美国对于医用食品的管理相对宽松，目前，没有适用于医用食品的上市前审核要求。

同美国一样，澳大利亚和新西兰的特殊医学用途配方食品上市前不需要注册和通报，这两国的特医产品几乎全部来自进口，大多数来自欧洲，部分来自北美，澳新特医标准主要是规范、统一和协调进口产品。

4）日本　特殊医学用途配方食品在日本采取审批制的管理模式。《健康增进法》规定病人用特殊食品上市前需要通过日本厚生省批准。根据此规定，日本制定了病人用特殊食品的审评标准，配方包括了全营养食品、低蛋白质食品、无乳糖食品、除过敏原食品 4 类，《健康增进法》针对每类食品制定许可标准，许可标准中规定了各类产品中的营养素含量、说明书、标签。

（2）中国。

1）法律依据　为满足特殊医学状况婴儿的营养需求，指导和规范我国特殊医学用途婴儿配方食品的生产经营，我国卫生部于 2010 年颁布了《食品安全国家标准　特殊医学用途婴儿配方食品通则》（GB 25596—2010），适用于 0~12 月龄婴儿的特殊医学用途婴儿配方食品，对其营养素含量、标签标识等方面进行规定。

2013 年，在充分借鉴国际食品法典委员会、欧盟、美国及其他国家的相关规定，结合我国国情的基础上，国家卫生和计划生育委员会颁布了《食品安全国家标准　特殊医学用途配方食品通则》（GB 29922—2013）和《食品安全国家标准　特殊医学用途配方食品良好生产规范》（GB 29923—2013）两项国家标准。其中，在《食品安全国家标准 特殊医学用途配方食品通则》标准中明确了 1 岁以上人群特殊医学用途配方食品的定义及全营养配方食品、特定全营养配方食品和非全营养配方食品三种分类，制定了特殊医学用途配方食品的各项限量要求，并要求企业慎重使用食品添加剂和营养强化剂，最大限度保护适宜人群健康。《食品安全国家标准 特殊医学用途配方食品良好生产规范》对特殊医学用途配方食品的生产过程提出要求。标准从厂房和车间的设计布局、建筑内部结构与材料、设施、设备、清洁和消毒、验收、包装、运输、储存等各个环节进行详细的规定。它适用于特殊医学用途配方食品（包括特殊医学用途婴儿配方食品）的生产企业。2015 年 10 月实施的新《食品安全法》重点指出国家应对保健食品、特殊医学用途配方食品和婴幼儿配方食品等特殊食品实行严格监督管理。《食品安全国家标准 特殊医学用途配方食品注册管理办法》是根据《中华人民共和国食品安全法》等法律法规，由国家食品药品监督管理总局制定的，适用在中华人民共和国境内生产销售和进口的特殊医学用途配方食品的。《食品安全国家标准 特殊医学用途配方食品注册管理办法》自 2016 年 7 月 1 日起施行。

2）特殊医学用途配方食品的注册 注册是指国家食品药品监督管理总局根据申请，依照《食品安全国家标准 特殊医学用途配方食品注册管理办法》规定的程序和要求，对特殊医学用途配方食品的产品配方、生产工艺、标签、说明书以及产品安全性、营养充足性和特殊医学用途临床效果进行审查，并决定是否准予注册的过程。新《食品安全法》也对特殊医学用途配方食品应当经国务院食品药品监督管理部门注册作出规定。注册时，应当提交产品配方、生产工艺、标签、说明书以及表明产品安全性、营养充足性和特殊医学用途临床效果的材料。特殊医学用途配方食品广告适用《中华人民共和国广告法》和其他法律、行政法规关于药品广告管理的规定。

注册申请是指拟在我国境内生产并销售特殊医学用途配方食品的生产企业和拟向我国境内出口的特殊医学用途配方食品的境外生产企业应当具备与所生产特殊医学用途配方食品相适应的研发、生产能力，设立特殊医学用途配方食品研发机构，配备专职的产品研发人员、食品安全管理人员和食品安全专业技术人员，按照良好生产规范要求建立与所生产食品相适应的生产质量管理体系，具备按照特殊医学用途配方食品国家标准规定的全部项目逐批检验的能力。申请注册时，应当向国家食品药品监督管理总局提交的材料包括；①特殊医学用途配方食品注册申请书；②产品研发报告和产品配方设计及其依据；③生产工艺资料；④产品标准要求；⑤产品标签、说明书样稿；⑥试验样品检验报告；⑦研发、生产和检验能力证明材料；⑧其他表明产品安全性、营养充足性以及特殊医学用途临床效果的材料；⑨申请特定全营养配方食品注册，还应当提交临床试验报告。

3）审批过程包括：

（a）受理：国家食品药品监督管理总局行政受理机构负责特殊医学用途配方食品注册申请的受理工作。如果申请材料不齐全或者不符合法定形式的。应当当场或者在 5 个工作日内一次告知申请人需要补正的全部内容，逾期不告知的，自收到申请材料之日起即为受理。

（b）现场核查与检验：审评机构应当对申请材料进行审查，并根据实际需要组织对申请人进行现场核查、对试验样品进行抽样检验、对临床试验进行现场核查和对专业问题进行专家论证。核查机构应当通知申请人所在地省级食品药品监督管理部门参与现场核查，省级食品药品监督管理部门应当派员参与现场核查，应当自接到审评机构通知之日起20个工作日内完成对申请人的研发能力、生产能力、检验能力等情况的现场核查，40个工作日内完成对临床试验的真实性、完整性、准确性等情况的现场核查，并出具核查报告。审评机构应当委托具有法定资质的食品检验机构进行抽样检验，30个工作日内完成。审评机构应当自收到受理材料之日起60个工作日内根据核查报告、检验报告及专家意见完成技术审评工作，并做出审查结论，即认为申请材料真实，产品科学、安全，生产工艺合理、可行和质量可控，技术要求和检验方法科学、合理的，应当提出予以注册的建议，受理机构自决定之日起10个工作日内颁发、送达特殊医学用途配方食品注册证书，且应当载明下列事项：产品名称、企业名称、生产地址、注册号及有效期、产品类别、产品配方、生产工艺、产品标签、说明书。特殊医学用途配方食品注册证书有效期限为5年。特殊医学用途配方食品注册证书有效期届满，需要继续生产或者进口的，应当在有效期届满6个月前，向国家食品药品监督管理总局提出延续注册申请，并提交下列材料：特殊医学用途配方食品延续注册申请书、特殊医学用途配方食品质量安全管理情况、特殊医学用途配方食品质量管理体系自查报告、特殊医学用途配方食品跟踪评价情况。如果审评机构提出不予注册建议的，应当向申请人发出拟不予注册的书面通知。申请人对通知有异议的，应当自收到通知之日起20个工作日内向审评机构提出书面复审申请并说明复审理由。

（c）标签和说明书：特殊医学用途配方食品的标签应符合GB 13432—2013和产品标准中对标签的特殊要求，其标签和说明书的内容应当一致，涉及特殊医学用途配方食品注册证书内容的，应当与注册证书内容一致，并标明注册号。特殊医学用途配方食品标签、说明书应当按照食品安全国家标准的规定在醒目位置标示下列内容：请在医生或者临床营养师指导下使用；不适用于非目标人群使用；本品禁止用于肠外营养支持和静脉注射。生产企业对其提供的标签、说明书的内容负责，不得含有虚假内容，不得涉及疾病预防、治疗功能。同时特殊医学用途配方食品应在标签中对产品的配方特点、配方原理或营养学特征进行描述或说明，包括对产品与适用人群疾病或医学状况的说明、产品中能量和营养成分的特征描述、配方原理的解释等，其目的是便于医生或临床营养师指导患者正确使用。

（d）监督检查：特殊医学用途配方食品生产企业应当按照批准注册的产品配方、生产工艺等技术要求组织生产，保证特殊医学用途配方食品安全。出现下列任何一条，国家食品药品监督管理总局可以根据情况撤销特殊医学用途配方食品注册：工作人员滥用职权、玩忽职守做出准予注册决定的；超越法定职权做出准予注册决定的；违反法定程序做出准予注册决定的；对不具备申请资格或者不符合法定条件的申请人准予注册的；食品生产许可证被吊销的；依法可以撤销注册的其他情形。下列任何一条出现时，国家食品药品监督管理总局应当依法办理特殊医学用途配方食品注册注销手续：企业申请注销的；有效期届满未延续的；企业依法终止的；注册依法被撤销、撤回，或者注册证书依法被吊销的；法律法规规定应当注销注册的其他情形。

5.4 转基因食品

1983年首例转基因植物——抗病毒转基因烟草在美国华盛顿大学培育成功，标志着人类利用转基因技术改良农作物的开始。1986 年转基因植物进入田间试验，1993 年延熟保鲜转基因番茄作为第一个转基因食品在美国上市。全世界已培育出抗虫、抗病、抗除草剂的转基因大豆、玉米、棉花、油菜、马铃薯为重点的至少 120 种转基因植物。截至 2010 年年底，全球已有 24 种植物的转基因产品通过了安全性评估，批准用于商业化种植或食用。这些植物包括棉花、玉米、大豆、白菜型油菜、欧洲型油菜、番木瓜、水稻、小麦、马铃薯、番茄、甜菜、玫瑰、矮牵牛、甜椒、烟草、亚麻、苜蓿、香石竹、菊苣、杨树、李子、西葫芦、甜瓜等。20 世纪 90 年代，我国成功将人工合成的杀虫基因导入棉花主栽品种，成为继美国之后，第二个拥有自主研制抗虫棉的国家，之后发展迅速，先后获得了高抗青枯病的转基因马铃薯、耐储藏的转基因番茄、抗病毒的转基因甜椒、番茄。

全球粮食短缺问题一直是困扰很多国家和地区的世界性难题，转基因作物以其成活率高、抵抗力强、产量大的优势已经成为很多粮食短缺国家的选择。转基因作物的开发已经给农业带来了可观的经济效益，逐渐渗透进入人们的日常生活，但转基因食品的相关争议一直存在。

5.4.1　转基因食品的概念及种类

（1）转基因食品的概念　转基因技术从基因水平改造生物体结构和功能，达到按照预先设计的目的，为人类生产出所需要的产品，如粮食、医药等，尤其使培育农作物新品种的时间大为缩短，加快农业生产方式的转变，大幅提高农业生产效率。转基因技术（genetically modified technique）是指使用基因工程或分子生物学技术有针对性地将遗传物质导入活细胞或生物体中，使生物体表现出人们预期的生物学性状，以满足生产及生活需要的相关技术。转基因生物（genetically modified organisms，GMOs）是指通过转基因技术改变遗传物质而不是以自然增殖或自然重组的方式产生的生物，通过转基因技术将有利的基因转移到一种特定受体生物而得到的功能发生改变的生物，以使其获得有利特性，如增强动植物的抗病虫害能力、提高营养成分等，由此可增加食品的种类、提高产量、改变营养成分的构成、延长货架期等。转基因生物包括转基因植物、转基因动物和转基因微生物三大类。转基因食品（genetically modified food，GMF）又称基因改性食品、基因改良食品、基因食品、基因修饰食品，是以转基因生物为直接食品或为原料加工生产的食品或食品添加剂。

（2）转基因食品的种类　目前对转基因食品尚无明确分类，依据的标准不同分类也不同。根据转基因食品来源不同可分为：①植物性转基因食品：以转基因植物为原料或生产的转基因食品。由于转基因农作物是目前转基因生物的主体，因此植物性转基因食品是目前转基因食品的最重要组成部分；②动物性转基因食品：以转基因动物为原料或生产的转基因食品。与植物性转基因食品相比，动物性转基因食品相对较少，主要集中在转基因家畜家禽（牛、猪、羊、兔、鸡等）、水生生物（鲤鱼、鲫鱼、罗非鱼、泥鳅、金鱼、虹鳟鱼、大马哈鱼、鲶鱼、鲷鱼、鲑鱼等）和食用昆虫（家蚕等）；③微生物转基因食品：以转基因微生物为原料或生产的转基因食品，例如转基因大肠杆菌可用于某些酶类（例如凝乳酶、α-乙酰乳酸脱羧酶）的高效生产；④转基因特殊食品：例如，科学家利用生物遗传工程，将普通的蔬菜、水果、粮食等农作物，变成能预防疾病的神奇的"疫苗食品"，使人们在品尝鲜果美味的同时，达到防病的目的。

根据食品中转基因的不同功能分类：①增产型转基因食品；②控热型转基因食品；③高

营养型转基因食品；④保健型转基因食品；⑤新品种型转基因食品。目前批量化生产的转基因食品中，转基因植物及其衍生品占到90%以上，因此现阶段所提及的转基因食品实际上主要指植物性转基因食品。

5.4.2 转基因食品的安全性

转基因作物商业化进程的加快，为消费者提供更多选择，由于该技术是将外源基因片段插入受体生物，很多消费者对这一技术对人类身体健康、生存环境的潜在影响产生忧虑。1998年，英国Aberdeen大学的Rowett研究所SW Ewen和Arpad Pusztai研究发现幼鼠食用转基因马铃薯超过110d，小鼠的体型、体重明显比食用普通食物时要小很多，内脏器官发育不良，免疫系统更脆弱，脑部也比正常老鼠小得多。虽然英国官方对这一研究予以否认，但也引发了全世界对转基因食品安全性的关注和讨论。转基因食品对人类的潜在危害聚焦在对人体健康和环境这两方面：

（1）对人体健康的影响　①基因传递、基因转移（gene transfer）：转基因食品中的新插入基因如果进入人或家禽、家畜细胞，会造成不可预知的危害。②引起中毒、过敏反应或抗生素抗性：转基因食品可能由于新基因的导入而过量表达某些毒性蛋白或能够引起过度免疫应答（致敏、变态或过敏性反应）的新物质（过敏原），从而产生潜在毒性和过敏反应；含有抗生素抗性基因的食品，可能整合进入某些病原微生物，破坏抗生素的治疗效果。③影响人肠道微生物生态环境：转基因食物中的新基因有可能传递给生长繁殖非常活跃的人肠道菌群，从而影响人体功能。④转基因食品的营养结构改变：以增强作物抗逆性等为目的的转基因动植物产品，其营养构成及抗营养因子构成和含量均可能发生较大改变，或降低农产品的营养价值，或影响人体消化吸收，从而可能对人体健康产生影响。

（2）对生态环境的影响　转基因生物相对而言是强势生物，会对周围的生物产生不同程度的影响。①基因逃逸（基因飘移）：转基因农作物中的新基因可能自发向其他近缘野生种转移（也称为异交），甚至不同属间也可能发生，如转入植物的除草剂基因通过花粉的传播与受精，可能漂入野生近缘杂草上而产生难以控制的"超级杂草"或"超级害虫"，2016年，《纽约时报》报道，与禁止转基因作物的欧洲相比，种植转基因作物的北美的除草剂使用量增加了21%，而法国杀虫剂和杀菌剂使用量下降了65%，除草剂用量下降了36%；②影响生物多样性和食物多样性：抗虫抗病类转基因植物能有效抗害虫、抗病菌，也很可能对其他生物产生直接或间接的不利影响，甚至会导致一些生物死亡，有研究表明，植物引入抗除草剂或抗虫的基因后，有些小生物食用了具有杀虫功能的转基因作物可能死亡，有的使一些害虫产生抵御杀虫剂的抗体，有的造成生物数量剧减甚至有使其灭绝的危险等，食物多样性是保证人类健康生存的关键因素之一，转基因作物的大面积单一品种种植以及对周边环境的侵染，将造成生物、食物多样性下降，威胁人类生存；③破坏生态环境：转基因生物目标害虫抵抗力提高的同时，也刺激了害虫的抗药和进化，这就加大了害虫控制的难度，第一、第二代转基因抗虫棉对棉铃虫有很好的抵抗能力，但第三、第四代后，棉铃虫就对转基因棉有了抗性（以棉铃虫为食的有益生物被消灭了），需要喷洒更多的农药，对农田和自然生态环境造成严重危害。另外，生态系统是一个有机整体，任何环节遭到破坏都会危及整个系统。耐盐碱、耐高温、耐高湿、抗病虫害的转基因农作物使一些栖息在盐碱地、沼泽地的物种减少、退化甚至灭绝，使原有的生态系统遭到破坏。

传统的毒理学的食品安全评价方法已不能完全适用于转基因食品。国际经济合作与发展组织（OECD）于 1993 年提出了转基因食品安全性分析的实质等同性（substantial equivalence）原则，其含义是"在评价生物技术生产的新事物和食品成分的安全性时，现有的食品或食品来源生物可以作为比较的基础。如果一种转基因食品与现有的传统同类食品相比较，其特性、化学成分、营养成分、所含毒素以及人和动物食用和饲用此类食品情况是类似的，那么它们就具有实质等同性"。1995 年 WHO 将实质等同性原则正式应用于转基因食品安全性评价，将转基因作物的食品分为三类：与市售传统食品具有"实质等同性"；除某些特定的差异外，与传统食品具有"实质等同性"；与传统食品没有"实质等同性"。该方法是安全性评价过程中关键步骤，但不是安全性评价的全部内容。因为实质等同性不能给危险性定性，因而只能是安全性评价的组成部分：①若某一转基因食品与传统食品具有实质等同性，则认为是安全的；②若某转基因食品与传统食品除引入的新性状外具有实质等同性，则认为是安全的，需实行严格的安全性评价；③若某转基因食品与传统食品不具有实质等同性，则从营养性向安全性角度进行全面分析。

5.4.3　转基因食品的监管

各国政府都制定了各自对转基因生物的管理法规，负责对其安全性进行评价和监控。尽管在转基因食品监管上都本着保证人类健康、农业生产和环境安全的同时促进其发展的出发点，然而由于各国文化和对转基因食品理解的差异，管理模式不尽相同。

（1）以美国、加拿大为代表的宽松型管理模式　美国对转基因食品的管理采取相对宽松政策，其管理原则是转基因生物及其产品与非转基因生物及其产品没有本质的区别，只要转基因生物产品通过新成分、变应原、营养成分和毒性等常规的检验就允许上市。因此，美国的转基因作物和转基因食品发展非常迅速，在世界上处于垄断地位。在转基因食品的标识方面，美国分强制和豁免自愿标识两类。美国涉及食品安全监管的机构超过 10 个，其中最主要的有 4 大政府部门，分别是卫生和公众服务部（DHHS）下属的食品药品监督管理局（FDA），美国农业部（USDA）下属的食品安全检验局（FSIS）、动植物卫生检验局（APHIS）和环境保护署（EPA）。FDA 负责美国州际贸易及进口食品，包括带壳的蛋类食品、瓶装水以及酒精含量低于 7% 的饮料的监督管理。APHIS 负责监督和处理可能发生在农业方面的生物恐怖活动、外来物种入侵、外来动植物疫病传入、野生动物及家畜疾病监控等，从而保护公共健康和美国农业及自然资源的安全。FSIS 是美国农业部负责公众健康的机构，主要负责保证美国国内生产和进口消费的肉类、禽肉及蛋类产品供给的安全、有益，标签、标识真实，包装适当。EPA 负责处理危害人体健康和破坏环境的污染问题，使公共健康和环境免受有毒有害化学药品的污染，设定食物中的农药及其他有毒有害物质的残留限量，保护水质以及风险分析和管理等。

在加拿大，依据《加拿大食品药品条例》，转基因食品作为新资源食品进行监管，实行审批制度。要求新资源食品的制造商或进口商在产品上市前向加拿大卫生部提交申请。包括转基因食品在内的所有食品的标签内容都必须真实，对转基因食品没有强制标识的要求，采取自愿标识，只有当食品有问题或需要特别提醒消费者注意的情况下，监管当局才要求强制贴标签。加拿大允许企业作出食品是转基因或非转基因的广告或标签声称。主要由食品检查服务站（CFIA）和健康组织（HC）两家管理机构对转基因植物产品进行监管。CFIA 主要负责环境排放、田间测试、对环境的安全性、种子法案、饲料法案、品种登记等。HC 主要负责新型食品的安全性评估。生产转基因食品的厂家在生产前必须得到"健康保护部门"的审批，要向该部门备案。生产商应负责保证转基因食品及其相关产品安全，且符合《新食品法规》（1995、1996），《新食品安全性评估标准》（1994）等条例管理要求。

（2）以欧盟为代表的严谨型管理模式　欧盟国家的管理原则是首先假定转基因生物及其产品有潜在危险，所有与之有关的活动都采取了非常严格的管理办法，并对基因工程技术制定新的法规，包括"水平法规"和"产品法规"。1990~2003 年先后四次颁布实施的欧盟理事会条例对转基因产品的标识做出了严格的规定，特点是：①标识制度具有强制性、规范性及科学性；②强制要求转基因食品必须标识，无论是否可以检测出含有转基因食品的 DNA 和蛋白质；③转基因生物原料成分超过 0.9% 就必须在标签中标识。在此基础上，2002 年 9 月欧洲议会和欧洲理事会的 1830/2003 条例提出了关于转基因生物的可追溯性和标识，即转基因生物产品投放市场时，经销者必须保证向下一级经销者传递转基因生物原料相关信息。由于一些消费者强烈反对转基因生物及其产品，欧洲成为世界上对其管理最为严格的地区。奥地利政府还制定了一部纯净种子的法律，禁止常规种子受到高于检测限的转基因品种的污染，甚至明令禁止转基因玉米的出售。

（3）我国对转基因食品的管理　我国政府高度重视转基因食品的安全问题。相对于以美国为代表的对转基因技术的开放政策和以欧盟为代表的极端严谨政策，我国对转基因技术采取了一种介于其间的监管和评价政策。20 世纪 80 年代，我国相继颁布了一系列相关规定，使农业转基因生物的安全管理工作走上了法治化轨道。1993 年 12 月原科学技术委员会（现科技部）发布了《基因工程安全管理办法》，主要从技术角度对转基因生物进行宏观管理，用于指导全国的基因工程研究和开发工作，为我国的基因工程管理建立了一个明确而有效的管理框架。

2000 年，国家环境保护总局制定了《中国国家生物安全框架》，提出了我国在生物安全方面的政策体系、法规框架、风险评估、风险管理技术准则等。同年 7 月第九届全国人民代表大会常务委员会第十六次会议通过的《中华人民共和国种子法》（以下简称《种子法》）对转基因植物作出规定，如转基因植物品种的选育、试验、审定和推广应该进行安全性评价，应采取严格的安全性控制措施，销售转基因植物品种种子的必须用明显的文字标注，并应提示使用的安全控制措施。该法于 2004 年、2013 年进行两次修正，于 2015 年修订并自 2016 年 1 月 1 日施行。2001 年 5 月，国务院发布了《农业转基因生物安全管理条例》。2002 年 1 月原农业部发布《农业转基因生物进口安全管理办法》《农业转基因生物标识管理办法》《农业转基因生物安全许可管理办法》这 3 个配套细则，从实验研究、中间试验、环境释入、商业化生产等方面进行全面管理，于 2004 年开始实施。其中《农业转基因生物标识管理办法》对转基因食品及含有转基因成分的食品实行产品标识制度，从 2002 年 3 月 20 日开始执行，对转基因农产品贴上标签。第一批被贴上标签的食品包括大豆种子、大豆、大豆粉、大豆油、玉米种子、玉米油、玉米粉、油菜种子、油菜籽、油菜籽油、油菜籽粕、棉花种子、番茄种子、鲜番茄、番茄酱。《农业转基因生物加工审批办法》自 2006 年 7 月 1 日起实施，明确了从事农业转基因生物加工应具备的条件，并提出从事农业转基因生物加工的单位和个人应当取得加工所在地省级人民政府农业行政主管部门颁发的《农业转基因生物加工许可证》，才能生产加工。以上法律法规的颁布进一步完善了我国转基因生物及其产品的评价和监管体系。欧盟的转基因食品监管与立法一直走在世界前列，对我国转基因食品监管与立法具有重要参考价值。2005 年我国加入联合国《卡塔赫纳生物安全议定书》，标志着我国转基因食品安全制度正逐步朝着国际普遍标准规范化的方向发展，对保障人类和环境安全有重要意义。2018 年 1 月 22 日，农业部颁布了《2018 年农业转基因生物监管工作方案》，落实了农业转基因监管职责，保障我国农业转基因生物产业健康有序发展。2020 年国家市场监管总局出台了《食品标识监督管理办法（征求意见稿）》，初步提出了一系列对我国市面上流通的转基因产品的标识管理制度。

我国对于转基因作物的食用安全评价体系也在一定程度上借鉴了国际的通用准则，分为关键成分分析和营养学评价、新表达物质的毒理学评价、致敏性评价以及全食品安全性评价等。目前，我国现行的转基因安全评价体系基本上可以满足不同类型转基因作物的安全评价。但还无法满足采用基因编辑、RNA 干扰等新技术研发的新型农作物的安全评价。进一步深入研究并借鉴国际食品法典委员会、经济合作与发展组织、联合国粮农组织、欧盟联合研究中心这些国际组织以及其他国家转基因食品安全评价体系对我国转基因生物及其产品的安全评价和健康发展，以及完善我国转基因食品安全评价体系及监管措施都具有一定意义。

5.5　进出口食品

5.5.1　进出口食品的概念和发展

自我国改革开放以来，以及随着经济全球化的不断深化发展，我国进出口商品贸易得到快速发展，我国进出口食品贸易也在该环境下得到了相对较快的发展。我国的食品产业无论是在满足国内需求还是在对外出口创汇方面都取得了令人瞩目的成就。中国加入 WTO 后，对全球贸易的参与度越来越密切，进出口食品在我国的对外贸易及居民的日常消费中所占的比例与日俱增。物流行业的发展也促进了我国食品贸易的进一步发展。随着我国国民经济持续增长，人均收入和消费能力不断提高，我国人民的饮食需求已从过去的温饱型逐渐向营养型、健康型、休闲型、风味型和体验型转变。各种进口食品以其特殊的异域风味和生产工艺以及其他品质特性，拓宽了消费者的选择范围、丰富了人们的味觉享受。因此，对于进出口食品质量安全监督管理的实际要求也有了极大程度的提升。

进口食品是指非本国品牌的食品，即其他国家和地区食品，包含在其他国家和地区生产并在国内分包装的食品。目前我国较为常见的进口食品种类主要包括休闲食品、冲调饮品、粮油制品、调味品、水果类、母婴用品等。出口食品是指由我国生产加工的，并出口销售至其他国家和地区的食品。我国出口食品的种类非常丰富，有农产品、水产品、粮油制品、酒类、休闲食品等。

近年来，我国进口食品市场和进口食品贸易非常活跃。食品出口在我国出口贸易中占据相当重要的地位,食品的出口额在我国的产品出口总额中所占比重近 30%。据国家市场监督管理总局此前的报告显示,中国进口食品来自欧美、韩国、日本、东南亚等 140 多个国家,约十大系列,逾 20000 个品种。在我国进出口食品呈现稳步发展态势的同时,不时暴发的进出口食品安全问题必须高度重视。食品安全事件同样是影响我国出口食品占国际市场份额的重要因素,现在我国是世界上遭受反倾销最严重的国家之一。其中食品反倾销案件更是不在少数,这给我国的食品出口企业造成了巨大损失。一些国家和国家集团,通过提高检验检测标准,利用技术性贸易壁垒封杀我国出口食品,也是我国食品出口的一大阻碍。在食品生产资源全球配置、生产加工全球协作的背景下,任何一个国家/地区在食品安全问题上都不可能独善其身,具有跨国境性质的进出口食品尤其如此。因此,我国相关法律法规的完善以及监督管理的严格实施都对我国进出口食品产业有着至关重要的影响。

5.5.2 进出口食品安全的监管

我国进出口食品安全法律法规的核心是《中华人民共和国食品安全法》与《中华人民共和国农产品质量安全法》。与进出口食品安全相关的法律主要有 4 部,分别为《中华人民共和国海关法》《中华人民共和国进出口商品检验法》《中华人民共和国进出境动植物检疫法》和《中华人民共和国国境卫生检疫法》。进出口食品安全相关行政法规主要包括《中华人民共和国进出口商品检验法实施条例》《中华人民共和国食品安全法实施条例》《中华人民共和国进出境动植物检疫法实施条例》《中华人民共和国国境卫生检疫法实施细则》《濒危野生动植物进出口管理条例》《进出口货物原产地条例》等。

原《进出口食品安全管理办法》于 2012 年 3 月 1 日发布施行,对进出口食品安全监管发挥了重要作用。近年来,我国政府对食品安全提出更高要求,《中华人民共和国食品安全法》及其实施条例也分别于 2015 年和 2019 年进行整体修订,海关全面深化改革和关检业务深度融合、我国进出口食品贸易量大幅增加、国际贸易摩擦、国际食品安全面临新风险新挑战等新形势新变化,都对海关进出口食品监管提出更高要求。为了保障进出口食品安全,保护人类、动植物生命和健康,根据上述关于进出口的主要 4 部法律及其实施细则和条例、《中华人民共和国农产品质量安全法》和《国务院关于加强食品等产品安全监督管理的特别规定》等法律、行政法规的规定,海关总署于 2021 年 4 月 12 日公布了《中华人民共和国进出口食品安全管理办法》(以下简称《办法》),将自 2022 年 1 月 1 日起施行。

(1)监管基本原则 《办法》遵循史上最严的食品法典《食品安全法》中的"四个最严(最严谨的标准、最严格的监管、最严厉的处罚、最严肃的问责)"要求,明确将"安全第一、预防为主、风险管理、全程控制、国际共治"作为海关食品安全监管基本原则。通过增设一系列制度,建立更为科学、严格的进出口食品安全监管制度。

(2)监管主体 2018 年 3 月,将国家质量监督检验检疫总局的职责整合,将国家质量监督检验检疫总局的出入境检验检疫管理职责和队伍划入海关总署。《办法》规定海关对进出口食品生产经营者及其进出口食品安全实施监督管理,海关总署主管全国进出口食品安全监督管理工作,各级海关负责所辖区域进出口食品安全监督管理工作。

(3)食品进口的监管 进口食品应当符合中国法律法规和食品安全国家标准,中国缔结或者参加的国际条约、协定有特殊要求的,还应当符合国际条约、协定的要求。进口尚无食品安全国家标准的食品，应当符合国务院卫生行政部门公布的暂予适用的相关标准要求。利用新的食品原料生产的食品，应当依照《食品安全法》第37条的规定，取得国务院卫生行政部门新食品原料卫生行政许可。

海关依据进出口商品检验相关法律、行政法规的规定对进口食品实施合格评定。进口食品合格评定活动包括：向中国境内出口食品的境外国家（地区）食品安全管理体系评估和审查、境外生产企业注册、进出口商备案和合格保证、进境动植物检疫审批、随附合格证明检查、单证审核、现场查验、监督抽检、进口和销售记录检查以及各项的组合。海关总署可以对境外国家（地区）的食品安全管理体系和食品安全状况开展评估和审查，并根据评估和审查结果，确定相应的检验检疫要求。

向中国境内出口食品的境外出口商或者代理商应当向海关总署备案。食品进口商应当向其住所地海关备案。境外出口商或者代理商、食品进口商办理备案时，应当对其提供资料的真实性、有效性负责。境外出口商或者代理商、食品进口商备案名单由海关总署公布。

进口食品的包装和标签、标识应当符合中国法律法规和食品安全国家标准；依法应当有说明书的，还应当有中文说明书。对于进口鲜冻肉类产品，内外包装上应当有牢固、清晰、易辨的中英文或者中文和出口国家（地区）文字标识，标明以下内容：产地国家（地区）、品名、生产企业注册编号、生产批号；外包装上应当以中文标明规格、产地（具体到州/省/市）、目的地、生产日期、保质期限、储存温度等内容，必须标注目的地为中华人民共和国，加施出口国家（地区）官方检验检疫标识。对于进口水产品，内外包装上应当有牢固、清晰、易辨的中英文或者中文和出口国家（地区）文字标识，标明以下内容：商品名和学名、规格、生产日期、批号、保质期限和保存条件、生产方式（海水捕捞、淡水捕捞、养殖）、生产地区（海洋捕捞海域、淡水捕捞国家或者地区、养殖产品所在国家或者地区）、涉及的所有生产加工企业（含捕捞船、加工船、运输船、独立冷库）名称、注册编号及地址（具体到州/省/市）、必须标注目的地为中华人民共和国。进口保健食品、特殊膳食用食品的中文标签必须印制在最小销售包装上，不得加贴。进口食品内外包装有特殊标识规定的，按照相关规定执行。

（4）食品出口的监管　出口食品生产企业应当保证其出口食品符合进口国家（地区）的标准或者合同要求；中国缔结或者参加的国际条约、协定有特殊要求的，还应当符合国际条约、协定的要求。进口国家（地区）暂无标准，合同也未作要求，且中国缔结或者参加的国际条约、协定无相关要求的，出口食品生产企业应当保证其出口食品符合中国食品安全国家标准。出口食品监督管理措施包括：出口食品原料种植养殖场备案、出口食品生产企业备案、企业核查、单证审核、现场查验、监督抽检、口岸抽查、境外通报核查以及各项的组合。

出口食品由产地海关实施检验检疫。海关总署根据便利对外贸易和出口食品检验检疫工作需要，可以指定其他地点实施检验检疫。出口食品生产企业、出口商应当按照法律、行政法规和海关总署规定，向产地或者组货地海关提出出口申报前监管申请。产地或者组货地海关受理食品出口申报前监管申请后，依法对需要实施检验检疫的出口食品实施现场检查和监督抽检。出口食品经海关现场检查和监督抽检符合要求的，由海关出具证书，准予出口。进口国家（地区）对证书形式和内容要求有变化的，经海关总署同意可以对证书形式和内容进行变更。

（5）《办法》的其他重要内容　建立境外国家食品安全管理体系和食品安全状况评估审查制度，明确细化评估审查程序及内容，在境外评估审查、指定口岸进口、指定监管场地、合格评定、控制措施等制度中充分贯彻《食品安全法》风险管理理念；明确细化企业主体责任及食品进口商自主审核义务；在授权范围内，补充违反备案变更规定、拒不配合核查、擅自提离海关指定或认可的场所等违法行为的法律责任，增强相应规定的可操作性。细化了《食品安全法实施条例》第 52 条有条件限制进口、暂停或者禁止进口等控制措施的具体方式及适用情形，其中特别明确规定进口食品被检疫传染病病原体污染或者有证据表明能够成为检疫传染病传播媒介的，海关可以采取暂停或者禁止进口的控制措施。落实了对进出口食品安全监管流程与主要制度，明确进出口食品监督管理、进口食品现场查验的具体内容，新增出口申报前监管规定，进一步提升通关时效；明确海关运用信息化手段提升进出口食品安全监管水平。《办法》整合吸纳了进出口肉类产品、水产品、乳品以及出口蜂蜜检验检疫监督管理办法等 5 部单项食品规章中的共性内容，其他需进一步明确的事项将以规范性文件形式发布。同时，考虑到"出口食品生产企业备案"已由许可审批项目调整为备案管理，并已发布相关规范性文件，现行《出口食品生产企业备案管理规定》一并予以废止。通过本次修订，在海关进出口食品监管领域基本形成以《进出口食品管理办法》为基础，《进口食品境外生产企业注册管理规定》为辅，相关规范性文件为补充的执法体系。

5.6　食盐的监督管理

食盐、食用盐，也叫盐巴，是指直接使用和制作食品所用的盐，是海水或盐井、盐池、盐泉中的盐水经煎晒而成的结晶，无色或白色。食盐是烹饪的调味品之一，也是人体必需的矿物质。主要成分氯化钠同样也是重要的化工原料，可生产碳酸钠、氧气、盐酸、氢氧化钠、氯酸盐、次氯酸盐、漂白粉及金属钠等，可用于供盐析肥皂和鞣制皮革等。高度精制的氯化钠可用来制生理盐水，用于临床治疗，如失钠、失水、失血等情况。我国食盐产业飞速发展的过程中，面临着许多问题，诸如各地工艺水平参差不齐，监管力度不同，发展程度不协调等。近年来，食盐行业渐渐由国家调控模式转化为市场需求调节生产和流通的模式。《中华人民共和国食品安全法》中明确指示食品安全工作实行预防为主、风险管理、全程控制、社会共治的监督管理制度。从源头上保证食盐的质量成为食盐产业的重中之重。

5.6.1　食盐的种类

我国食盐的分类标准众多。从原料来源分类，可分为海盐、湖盐、井矿盐三种，又称为原盐；按生产方法划分，可以把食盐分为真空蒸发制盐、平锅制盐、日晒盐和粉碎盐 4 种，又称为精盐；按用途和纯度分为普通食用盐、餐桌盐、肠衣盐、药用盐、健康盐、味精盐、畜牧盐、防雪盐、营养盐等。营养盐主要有雪花盐、加硒盐、加锌盐、加铁盐、核黄素盐、低钠盐、加碘盐等。

从全球食盐消费趋势分析，食盐产品呈现健康、多元化的发展趋势。美国食盐包括调味盐、含盐调味料理、风味盐等近千种产品。韩国食盐包括健康盐、竹盐、牛奶咖啡盐等多种健康类食盐。我国除了开发自己的食盐产品外，也引进了国外产品。中国盐业总公司在 2014 年与美国莫顿盐业签订了协议，引进了莫顿食盐、天然海盐、细海盐、粗粒美食盐等产品。之后，云南、江苏、广东等地盐企业也引进了澳大利亚、日本等地的多种盐产品。今后食盐产业仍然会朝着品种功能多样化的方向发展。

5.6.2　食盐的生产工艺

精制盐厂的主要生产流程分为卤水净化、蒸发、洗涤、离心脱水、加碘、干燥、灌装 7 个过程。其中蒸发和加碘（加入碘酸钾）是关键工序。蒸发的能源为饱和蒸汽，通过对卤水进行加热，使卤水沸腾，水分蒸发后析出盐。盐浆通过洗涤以后进入离心机进行脱水，脱水以后的盐含水量在 3% 左右，再经过加碘进入干燥系统进行干燥，最终成品盐的水分达到 0.3% 左右，氯化钠含量在 99.1% 以上，与碘混合均匀后进行灌装。经过人类加工制作形成的盐为人工盐。因为自然盐的数量不够，或某地缺少自然盐的资源，人工加工生产盐成为必然选择。在中国，加工生产的盐主要是海盐、井矿盐、湖盐。

（1）海盐　以海水（含沿海地下卤水）为原料晒制成的盐。我国的海盐生产，一般采用日晒法（滩晒法），利用滨海滩涂，筑坝开辟盐田，通过纳潮扬水，吸引海水灌池，经过日照蒸发变成卤水。当卤水浓度蒸发达到 25°Bé 时，析出氯化钠，即为原盐。日晒法生产原盐，其工艺流程一般分为纳潮、制卤、结晶、收盐四大工序。

（2）井矿盐　井矿盐资源分为埋藏在地下的固体石盐和液体卤水。井矿盐是采用打井的方式，开采埋藏在地下几十米甚至几千米的固体石盐或液体卤水，并通过一定生产工艺精制而成。井矿盐生产主要分为采卤和制盐两个环节，不同的矿型采用不同的采卤方法。提取天然卤的方法有提捞法、气举法、抽油采卤、深井潜卤泵、自喷采卤等方法。在岩盐型矿区大多采用钻井水溶开采方法，有的采用单井对流法，有的采用双井水力压裂法。

（3）湖盐　湖盐是第四纪以来可溶盐分聚于成盐盆地，矿化水经过浓缩，盐类矿物逐渐沉积而形成的现代矿床。湖盐分为原生盐和再生盐，主要采用采掘法或滩晒法。以采掘而言，有些湖经过长期蒸发，盐沉淀湖底，不需经过加工即可直接捞取。如柴达木盆地的盐湖，历经数千万年变化，形成了干湖，其盐露于表面。这一类盐目前以采盐机或采盐船进行生产，它的工艺流程大致是：剥离覆盖物→采盐→管道输送（或汽车输送）→洗涤→脱水→皮带机输送→成品盐坨。滩晒法与海盐生产工艺类似。

5.6.3　食盐的监督管理

（1）中国　食盐专营制度在我国已延续数千年，当前中国仍在实施食盐专营制度，但是目的和出发点与以往已截然不同，保障社会稳定与国民身体健康成了目前专营制度得以维系的核心原因。专营通常是指国际对某种商品或相关产品在生产、配送、销售等环节实行统一管理、严格控制，具有一定的垄断性。国家专营制度的优势非常明显，能够制止多头倒卖，避免产生市场、价格混乱等状况，能够保证社会经济生活稳定健康发展。这种制度的缺点也非常明显，我国近些年来一直在探寻食盐专营管理体制改革的新道路。

1）现行的相关国家标准　在质量检验方面，食盐的国家标准主要有《食品安全国家标准　食盐指标的测定》（GB 5009.42—2016）、《进出口加碘食盐中碘的检验方法》（SN/T

0929—2000)、《进出口食盐检验规程》（SN/T 0623—2010）。在食盐生产方面，相关国标主要有《食盐小包装制作技术规范》（QB/T 4510—2013）、《食盐加碘生产工艺规范》（QB/T 5269—2018）。在食盐质量安全管理方面的国标主要有《食盐配送中心建设与管理技术规范》（QB/T 2764—2006）、《食盐定点生产企业质量管理技术规范》（GB/T 19828—2018）、《食盐安全信息追溯体系规范》（QB/T 5279—2018）、《食盐批发企业管理质量等级划分及技术要求》（GB/T 18770—2020）。

2）相关法规　我国食盐的监管除了《中华人民共和国食品安全法》，还有《盐业管理条例》《食盐专营办法》《食盐加碘消除碘缺乏危害管理条例》《食盐价格管理办法》等。在这些国家层面法律法规基础上，各地也发布实施一些地方行政法规。为加强食盐质量安全监督管理，保障公众身体健康和生命安全，根据《中华人民共和国食品安全法》及其实施条例、《食盐专营办法》等法律法规，于2019年12月23日经国家市场监督管理总局通过了《食盐质量安全监督管理办法》（以下简称《办法》），自2020年3月1日起施行，这是目前我国食盐生产经营产业监管的主要依据。

3）食盐的生产经营许可　《办法》规定"从事食盐生产活动，应当依照《食品生产许可管理办法》的规定，取得食品生产许可。食盐的食品生产许可由省、自治区、直辖市市场监督管理部门负责。从事食盐批发、零售活动，应当依照《食品经营许可管理办法》的规定，取得食品经营许可"。按照食盐专营管理要求，2018年底前，全国已有131家食盐定点生产企业（含多品种盐）取得定点生产许可证，名单已在工业和信息化部网站发布。按照《办法》要求，只有上述食盐企业才有资格依照《食品生产许可管理办法》的规定的程序、内容等具体要求，向所在省、自治区、直辖市市场监管局提出食品生产许可申请。收到企业许可申请后，各省、自治区、直辖市市场监管局会依法依规进行受理、审查，作出准予生产许可或不予生产许可的决定。

4）食盐的生产经营　食盐生产经营者应当按照《食品安全法》等法律法规和食品安全标准开展食盐生产经营活动，保证生产经营的食盐质量符合《食品安全国家标准　食用盐》（GB 2721—2015）、《食品安全国家标准　食品生产通用卫生规范》（GB 14881—2013），加碘食盐的碘含量符合《食品安全国家标准　食用盐碘含量》（GB 26878）等食品安全国家标准的规定。按照食品安全管理相关法规，食盐生产批发除了符合《食盐定点生产企业和食盐定点批发企业规范条件》《食盐定点生产企业和食盐定点批发企业规范条件管理办法》要求外，还应符合下列食品安全管理方面的要求：具有与生产经营的食盐品种、数量相适应的食盐原料处理和食盐加工、包装、贮存等场所，保持该场所环境整洁，并与有毒、有害场所以及其他污染源保持规定的距离；具有与生产经营的食盐品种、数量相适应的生产经营设备或者设施，有相应的消毒、更衣、盥洗、采光、照明、通风、防腐、防尘、防蝇、防鼠、防虫、洗涤以及处理废水、存放垃圾和废弃物的设备或者设施；有专职或者兼职的食品安全专业技术人员、食品安全管理人员和保证食品安全的规章制度；具有合理的设备布局和工艺流程，防止待加工食盐与原料、成品交叉污染，避免食盐接触有毒物、不洁物；贮存、运输和装卸食盐的容器、工具和设备应当安全、无害，保持清洁，防止食盐污染，并符合保证食盐安全所需的温度、湿度等特殊要求，不得将食盐与有毒、有害物品一同贮存、运输；食盐生产经营人员应当保持个人卫生，生产经营食盐时，应当将手洗净，穿戴清洁的工作衣、帽等；使用的洗涤剂、消毒剂应当对人体安全、无害；法律、法规规定的其他要求。非食盐生产经营者从事食盐贮存、运输和装卸的，应当符合前款第 5 项的规定。

5）食盐中的食品添加剂 《办法》规定食盐定点生产企业应当按照食品安全国家标准使用食品添加剂，不得超过食品安全国家标准规定的使用范围和限量使用食品添加剂。《食品安全国家标准 食用盐》（GB 2721—2015）、《食品安全国家标准 食品添加剂使用标准》（GB 2760—2014）等食品安全国家标准中允许使用的食品添加剂主要有二氧化硅、硅酸钙、氯化钾、柠檬酸铁铵、亚铁氰化钾、亚铁氰化钠、阿拉伯胶、酒石酸铁等。食盐定点生产企业应当建立健全食品添加剂使用管理制度，从正规渠道购进食品添加剂原料，生产过程中要准确称量、规范添加，不得超范围、超剂量使用食品添加剂和营养强化剂，在食盐的标签上要准确标识所使用的添加剂名称和用量。例如，一些企业在产品中添加了抗结剂，又在标签上标识"未抗结剂""零添加"字样，这违反了食品标签管理规定；加碘盐的碘含量标识也有不规范的问题，建议各企业认真对照法规要求，规范标签标识。

6）食盐的包装标签标识 《办法》第九条规定"食盐的包装上应当有标签。禁止销售无标签或者标签不符合法律、法规、规章和食品安全标准规定的食盐。加碘食盐应当有明显标识并标明碘的含量。未加碘食盐的标签应当在显著位置标注"未加碘"字样。按照我国食品安全相关法规要求，食盐生产经营者生产销售食盐的包装上应当有标识，标签应当符合食品安全法及其实施条例、《食品标识管理规定》《食品安全国家标准 预包装食品标签通则》（GB 7718—2011）、《食品安全国家标准 预包装食品营养标签通则》（GB 28050—2011）等法律法规和食品安全国家标准的规定。加碘食盐应当有明显标识并标明碘的含量。未加碘食盐的标签应当在显著位置标注"未加碘"字样。

（2）其他国家 目前世界的盐业体制大体分为三大类：一是坚持专营体制，如印度；二是完全依靠市场主体竞争，如美国、英国，但两国采取的竞争政策略有所不同，美国采取原则性禁止政策，反对市场垄断行为，英国则采取规制弊害原则，防止托拉斯集团的形成，但最终还是形成了几家自然垄断盐企；三是逐步放开专营市场，实现市场化，如日本、韩国。日本经过 5 年产业保护期（含 3 年进口管制期）的过渡改革，2005 年取消了专营制度，但国家仍保留食盐基本保障和战略储备职能，采取了介于市场与政府中间的体制，这与日本盐资源条件较差有关。韩国模仿日本采取设置过渡期取消了专营制度。瑞典尽管盐业非国家专营，但盐价受到国家管制。总之，除美国等极少数国家外，包括英国、法国、德国等发达国家，均经历了盐专卖制度或盐税制度时代，但随着盐的应用向化工的延伸使食盐占比大幅下降，工业化制盐实现了大规模生产，盐的安全监管体系不断完善等原因，世界盐业体制逐步从专营向市场化转变。

美国的盐资源也十分丰富，拥有众多的岩盐矿层、湖盐、天然卤水等资源。美国是全世界较早实行盐业市场化流通模式的国家，经过市场竞争、兼并重组、优胜劣汰，形成了产销合一、寡头垄断、以销定产、有序竞争的经营格局，实现了盐业市场运行高度市场化。美国未制定专门的盐业法规，也没有管理盐业的专门机构，盐产品与其他普通商品一样在市场竞争的框架内运行，受反垄断法、反倾销法、食品法等法律法规的管制。政府及美国盐业协会对各种用途盐的技术标准做出规定，各公司必须严格遵照执行。公司作为市场经营的主体，自觉遵守相关法律法规和市场经营规则。美国盐业协会（盐学会）对促进行业发展发挥了积极作用。美国盐业协会是一个基于北美地区，致力于倡导盐的诸多益处，特别是为确保冬季道路安全、优良水质和健康营养的非营利性行业组织。协会成立于 1914 年，成立之初叫盐生产者协会，1963 年改名为盐业协会。目前协会有团体会员 37 个（团体会员除美国国内相关成员单位外，还包括北美、南美、欧洲、亚洲等相关国家的单位，中国盐业总公司系该协会的团体会员）。美国盐业协会代表美国盐行业与政府保持经常性的联系，协调企业与政府之间的公共政策、公共关系，代表行业说话，为行业争取合法权益；负责协调会员单位之间的相互关系；盐业协会还经常开展食盐知识宣传，盐的生产、使用等方面的调查与研究，组织开展各种学术活动，为会员提供信息服务。如当前社会存在偏见，有些人认为吃盐有害健康，对盐业市场造成困扰。为此，协会履行"消除不准确的公众认知"职责，通过组织专家研究，客观公正地提供正确信息，引导社会舆论，促进市场销售。美国盐业协会积极发挥作用，补充和完善了美国盐业的市场运行机制。美国对制盐生产企业和盐业销售企业采取不同的市场准入模式。政府负责盐矿开采的审批，制盐企业必须在 FDA 进行登记。但盐的销售企业设立相对简单，按普通的市场经营主体看待，无特殊进入门槛。美国盐业市场化流通模式对我国正在进行的以市场化为导向的盐业体制改革、培育我国成熟的盐业市场流通主体，具有十分重要的借鉴意义。

5.7　相关案例分析

5.7.1　保健食品

2018 年 3 月 14 日，国家食品药品监督管理总局官网公布 10 起保健食品欺诈和虚假宣传典型案例，主要问题集中在非法添加药物、未经许可生产经营、虚假标识声称、违法营销宣传、欺诈销售。

保健食品中非法添加是目前保健品市场一个明显存在的问题。以减肥保健食品为例，可能的非法添加化合物至少 111 种，其中以西布曲明、酚酞、芬氟拉明、奥利司他、布美他尼、二甲双胍、甲基安非他命等药物最为常见。中国食品药品监督管理总局已经给出了部分常用保健食品的非法添加物的检测项目，但还有很多与其有着同种功效的类似药物未被列入检测项目。管理总局 2017 年 11 月批准了《保健食品中 75 种非法添加物的检测方法》。对于保健食品中的非法添加物而言，相关部门应加大惩处力度，加强对相关企业的相关人员的教育，正确利用新闻媒体的监督作用；国家相关部门应加紧制定更加完善、齐全的保健食品中非法添加物的检测项目；尽快开发相关检测方法及标准，以便能高效、快速地检测相关非法添加物；此外，还应及时跟踪新药研发进展，关注功能类型物的开发，并及时纳入非法添加物的考察对象。

5.7.2　婴幼儿食品

2019 年 5 月 18 日，湖南省郴州市永兴县通报调查情况，称是在销售过程中，廖某军夫妇经营的永兴县爱婴坊母婴店将"倍氨敏"蛋白固体饮料宣称为特殊医学用途配方食品销售，涉嫌虚假宣传。涉案的 5 名儿童头围在正常值范围内，但不同程度存在营养不良、体重偏轻、身高偏矮、维生素 D_3 摄入不足等情况。同时，还追责 2 名市场监管执法人员。该事件中，涉案的食品不再像"三鹿奶粉"事件系伪劣产品，而是合格产品且明示为固体饮料。此案件的原因在于以固体饮料冒充特殊医学用途婴儿配方食品（是特殊医学用途配方食品中的一种），而固体饮料无法提供足够的营养。固体饮料属于普通食品，而特殊医学用途配方食品则是为满足进食受限制、消化吸收障碍、代谢紊乱或者特定疾病状态人群对营养素或者膳食的特殊需求，专门加工配置而成的配方食品。二者在适用人群、食用要求、营养提供上存在着很大的区别。最特殊之处是：特殊医学用途配方食品虽然不是药品，但必须在医生或者临床营养师指导下单独食用或者与其他食品配合食用。因此，此事件属于虚假宣传案件。

5.7.3 特殊医学用途食品

2020 年 6 月，临海市市场监督管理局（以下简称办案单位）执法人员对辖区内的临海市某母婴用品店进行检查时发现货架上有一罐优博乳蛋白深度水解配方和一罐优博敏佳特殊医学用途婴儿配方食品乳蛋白部分水解配方待售，而该母婴用品店的食品经营许可证的经营项目中并没有特殊医学用途配方食品销售这一项。优博乳蛋白深度水解配方产品外包装上标注有注册商标 Synutra® 和优博®，标注产品名称为乳蛋白深度水解配方，规格为 360 g/罐，标注的适用人群为食物蛋白过敏婴儿，标注的生产日期为 2019 年 5 月 10 日，但未标注特殊医学用途配方食品注册号，也未标注中文厂名厂址、生产许可证编号，仅标注有生产厂家 SY 营养食品有限公司的英文名称及英文的厂址。优博敏佳特殊医学用途婴儿配方食品乳蛋白部分水解配方产品外包装上标注的产品名称为特殊医学用途婴儿配方食品乳蛋白部分水解配方，规格为 300 g/罐，标注的适用人群为 0~12 月龄乳蛋白过敏高风险婴儿，且标注有注册号国食注字 TY20180004，生产厂家为 SY 营养食品有限公司，食品生产许可证编号为 SC10537021100467。优博乳蛋白深度水解配方和优博敏佳特殊医学用途婴儿配方食品乳蛋白部分水解配方两种产品的外包装风格较为一致，但优博乳蛋白深度水解配方未标注注册号，优博敏佳特殊医学用途婴儿配方食品乳蛋白部分水解配方标注有注册号。执法人员通过国家市场监督管理总局网站查询到了优博敏佳特殊医学用途婴儿配方食品乳蛋白部分水解配方的特殊医学用途配方食品注册信息，但未查询到优博乳蛋白深度水解配方的特殊医学用途配方食品注册信息，基本确定了优博乳蛋白深度水解配方属于未经注册的特殊医学用途配方食品的事实。

本案例的难点之一在特殊医学用途配方食品的认定上。执法部门通过涉案食品外包装标注有"适用人群为食物蛋白过敏婴儿"判定了涉案食品针对的是对食物蛋白过敏的特殊医学状况的婴儿；其次，通过涉案食品外包装上标注的"请在医生或临床营养师指导下使用""本品可以作为单一营养来源满足 6 月龄以下目标人群的营养需求；6 月龄以上特殊医学状况婴儿食用本品时，应配合添加辅助食品"的警示说明，判定了涉案食品功能属性是满足有特殊医学状况婴儿的营养需求；最后，再结合现场检查、对当事人的询问等证据，判定涉案食品属于特殊医学用途配方食品中的特殊医学用途婴儿配方食品。

依据《特殊医学用途配方食品注册管理办法》第四十八条、第四十九条的规定，上述优博乳蛋白深度水解配方属于特殊医学用途配方食品。临海市某母婴用品店未取得特殊医学用途配方食品经营许可从事特殊医学用途配方食品销售的行为违反了《食品安全法》第三十五条第一款的规定，应依据《食品安全法》第一百二十二条第一款的规定处以 5 万元以上 10 万元以下的罚款。该店销售未按规定注册的特殊医学用途配方食品的行为违反了《食品安全法》第一百二十四条第一款第六项的规定，应当依法处以 5 万元以上 10 万元以下的罚款。应择一重处罚，按照"一事不再罚"原则处以 5 万元以上 10 万元以下的罚款。

5.7.4 转基因食品

2018 年 2 月 13 日农业农村部办公厅发布了《关于 7 家单位违反农业转基因生物安全管理规定处理情况的通报》，北京大北农生物技术有限公司、北京华农伟业种子科技有限公司、安徽徽商同创高科种业有限公司、江苏农科种业研究院有限公司、丹东市国斌农业科技有限公司、黑龙江优田农业科技开发有限公司、黑龙江梅亚种业有限公司这 7 家单位存在违反农业转基因生物安全管理规定，在试验基地开展转基因玉米中间试验，前两家单位转基因试验田共 18 亩，后 5 家单位栽种转基因玉米共 335 株，尽管试验基地具备安全控制措施和控制条件，但未按照法规要求向农业转基因生物安全管理办公室报告。黑龙江省农业行政主管部门已依法终止试验、销毁材料。现决定暂停上述单位 2018 年农业转基因生物安全评价中间试验。进一步梳理农业农村部的处分通报发现，2016 年及 2017 年，有 18 家单位因转基因试验违规被处分，其中绝大部分被暂停了全年的农业转基因生物安全评价中间试验资格，其中辽宁省丹东农业科学院受到的处分最为严重，被暂停了 3 年的试验资格，其承担的一个综合试验站项目也被终止。

2014 年 6 月山东登海种业股份有限公司与北京大北农生物技术有限公司（以下简称"北京大北农"）签订了转基因合作协议，由北京大北农承担玉米自交系 DH 351 的转基因工作，登海种业负责上述转基因的研究工作。2016 年 10 月，北京大北农向登海种业移交了 400 粒转育成功的转基因 DH 351 种子，公司在此基础上合规繁育出了约 50 kg 转基因 DH 351 种子，并在公司种子库中保存。直到此时，登海种业的转基因种子繁育并未出现违规问题。而随后，这 50 kg 转基因种子却因"内部管理"问题被当成了常规自交系原种于公司农场扩繁出了约 12 t 亲本。该批种子被转至伊犁分公司封存，待国家转基因政策放开后再行使用。但到了伊犁后，这批本应被封存的转基因亲本却再度被"误种"于巩留县 2590 亩土地上。2018 年 7 月 10 日晚间，山东登海种业股份有限公司连续发布两份公告，内容直指其涉嫌的违规种植情况，承认了其关于本次事件信息披露迟延。上述两次违规种植行为均违反了《农业转基因生物安全管理条例》的相关规定。我国目前还没有放开转基因玉米生产，违规种植销售严重扰乱了市场，一些大中型种子企业合法生产经营的常规品种面积也不断被挤压和蚕食，致使利润下滑，生存举步维艰。

应该高度重视农业转基因生物安全管理，落实主体责任，严格遵守法律法规要求，强化内部管控，依法开展农业转基因研究、试验、生产、经营、进出口和加工等活动。

5.7.5 进出口食品

2020 年 12 月，无锡市市场监管局执法人员在进口冷链食品执法检查中，发现 1 箱未在我国"进口肉类境外生产企业注册名单"内的波兰企业生产的进口鹅掌。执法人员核实确认上述进口鹅掌供货企业信息后，从支付宝转账记录、微信朋友圈信息、物流运输单据等细节入手，多维度查访涉案冻品供货渠道，先后在流通销售、仓存储运环节连续查获王某、黄某经营无法提供检验检疫合格证明的进口冷冻肉类食品 188 余吨。2021 年 6 月，无锡市市场监管局依法对王某、黄某经营未经检验检疫进口冻品行为处以罚款 365 万元并没收涉案食品的行政处罚。

2021 年 7 月，佛山市顺德区伦教市场监管所接获线索，在伦教永丰村年丰路某私人住宅发现一处私设的进口冻品冷库。执法人员现场查获 2.9 t 无合法来源进口冻品，1 t 无录入"冷库通"系统备案进口冻品。在疫情常态化防控时期，违法违规储存售卖来源不明进口冻品，严重威胁和影响市民健康与安全。伦教市场监管所当即协调组织所属地村委会和卫健部门进行处置，对物品、环境、人员进行核酸检测采样。经检测，结果为阴性。执法人员依法查封该批冻品，案件正在进一步调查中。进口冷链食品经营者需落实食品安全经营主体责任，做好疫情防控措施：①对作业区实行清洁区、半污染区和污染区的"三区管理"；②查验供货商（委托方）资质，并对贮存货物索证索票，确保进口冷冻食品"三证一码"齐全（入境货物检验检疫证明、新冠病毒阴性检测报告、消毒证明和随附追溯码），出入库信息要在当天登记到"冷库通"系统中，确保产品可追溯；③严格落实场所清洁消毒制度，加强对食品销售场所，包括地面、墙壁和有关设施设备的清洁消毒，对室内密闭空间的空气过滤装置进行清洁消毒。建立人员健康监测、物品检测消毒、环境监测消毒记录"三本台账"并定期登记。在进口冷链食品从业人员方面要做到：①每日扫码查验及每周核酸检测并进行台账登记，如实上报；②做好日常个人防护，在作业时必须佩戴口罩、一次性手套，以及"两套衣服"供更换消毒；③有发热、咳嗽等病症的人员不得从事经营和配送等工作。

5.7.6　清真食品

在我国，具有清真饮食习惯的主要涉及 10 个民族，人口超过 2300 万。随着市场经济和商品流通的快速发展，清真食品管理方面还存在着一些比较突出的困难和问题，包括"清真不清"、擅打或滥用"清真"品牌的问题和现象在个别地区时有发生。一些不良企业、商家的利益驱动，它们恶意炒作"清真"概念、未经许可滥用清真标识，为其产品争夺市场，表象为尊重和维护少数民族群众合法权益，服务少数民族群众，实为谋一己之私，误导消费者。清真泛化，是将原本属于饮食范围内的具有特定民族宗教象征的标识，泛化至饮食之外的家庭生活甚至社会生活领域，例如清真水、清真牙膏、清真纸巾等。2019 年 9 月内蒙古自治区乌海市执法人员对辖区多家集贸市场进行了全面检查，重点检查了清真类预包装食品是否在独立柜台或独立冷冻柜内摆放，牛肉、羊肉等是否分离摆放，检查中发现了不含动物肉类及其衍生物而使用"清真"标识的食品以及使用"清真"字样、清真寺图案标识的非食用性产品，一律要求下架处理。截至目前已累计查食品、商品 46 种，对在检查中发现个别预包装食品混放情况责令商户当场完成整改。

5.7.7　食盐

2018 年，贵州全省共查获食盐违法案件 37 起，涉案盐产品数量为 738 t，涉案金额约 80 万元，移送公安机关案件 5 件，罚款 105046 元。贵州省市场监管局向社会公布 3 起食盐违法典型案例。

（1）非食盐定点批发企业经营食盐批发业务案　2018 年 6 月，独山县市场监管局在市场检查中发现，百泉镇杨某经营的副食批发店从四川乐山某盐化公司购进食盐，将其批发给镇上副食零售户，共计批发食盐 39 件，价值金额 1560 元。杨某无食盐定点批发许可证擅自从事批发业务的行为违反了《食盐专营办法》第十二条规定，属于非法转批食盐的行为。按照《食盐专营办法》第二十六条第二款规定，独山县市场监管局对其依法作出没收所扣押的食盐 3 件，没收违法所得 78 元，罚款人民币 10000 元的处罚。《食盐专营办法》第十二、第二十六条，《食盐加碘消除碘缺乏危害管理条例》第十七、第二十四条，《贵州省食盐管理条例》第十、第十九条均对食盐定点批发制度作出规定，非食盐定点批发企业不得经营食盐批发业务。违反相关规定的行为将受到没收违法生产经营的食盐、没收违法所得、罚款等处罚。根据《最高人民检察院关于办理非法经营食盐刑事案件具体应用法律若干问题的解释》第二条第一款以及《中华人民共和国刑法》第二百二十五条第一款规定，情节严重的，如非法经营食盐数量在二十吨以上，应当追究刑事责任。

（2）从食盐定点批发企业以外的单位或者个人购进食盐进行零售案　2018 年 11 月，贞丰县市场监管局在龙场镇三街进行检查时发现，杨某经营的小卖部从食盐定点批发企业以外的单位购进食盐从事零售，违反了《食盐专营办法》第十六条规定，属于非法购进食盐的行为。按照《食盐专营办法》第二十八条第二款规定，贞丰县市场监管局依法对其作出没收违法购进的食盐 1040 袋，罚款人民币 2250 元的处罚。《食盐专营办法》第十六、二十八条，《食盐加碘消除碘缺乏危害管理条例》第十七条规定，食盐零售单位应当从食盐定点批发企业购进食盐，不得从未经批准的单位和个人购进食盐。违反此规定的行为将受到没收违法购进的食盐，处违法购进的食盐货值金额 3 倍以下的罚款的处罚。

（3）经营不合格食盐案　2018 年 8 月，贵州省流通环节食品安全检验中心对印江县朗溪镇罗某经营的副食店中一款深井精制加碘食盐进行抽样，经检验，碘含量不合格，为不合格食盐。印江县市场监管局对该案件进行立案调查后，根据《食品安全法》第 34 条第 10、12 款规定结合《行政处罚法》《贵州省食品药品监督管理局行政处罚自由裁量权适用规则》对当事人罗某依法作出没收违法所得 100.8 元，罚款人民币 10000 元的处罚。根据《食品安全法》第 34 条规定，禁止生产经营的食品、食品添加剂、食品相关产品中，第 12 款为：国家为防病等特殊需要明令禁止生产经营的食品。非食用盐、不合格碘盐、不合格食盐是属于国家为防控碘缺乏病特殊需要明令禁止在缺碘地区食盐市场上销售的，将受到行政处罚。根据最高人民法院、最高人民检察院《关于办理危害食品安全刑事案件适用法律若干问题的解释》第一条、刑法第一百四十三条规定，在食盐市场上销售非食用盐、不合格碘盐、不合格食盐，情节严重的应当移交公安、司法机关追究刑事责任。

🔄 章尾

1. 推荐阅读

（1）Ewen S W, Pusztai A. Effect of diets containing genetically modified potatoes expressing Galanthus nivalis lectin on rat small intestine ［J］. The Lancet, 1999, 354：1353-1354.

1999 年，英国 Rowett 研究所的 Ewen SW 和 Pusztai A 利用转雪花莲凝集素基因的马铃薯喂养老鼠，发现老鼠食用转基因马铃薯后体重和器官重量减轻，免疫系统受到破坏。此事件轰动一时，绿色和平组织极力抵制这种转基因马铃薯，策划了一系列的游行示威活动。对此英国皇家科学院非常重视，组织了大量专家进行同业审查，于次年 5 月发表评论，该实验的设计不合理，供试动物数量少，未做双盲测定，实验结果不具有广泛的科学意义。

（2）Tang G, Qin J, Dolnikowski G G, et al. Golden Rice is an effective source of vitamin A [J]. Amecican Journal of Clinical Nutrition, 2009, 89：1776-1783

2012 年绿色和平组织发布消息称，美国一家科研机构选取湖南衡阳某小学学生做转基因"黄金大米"的人体试验。具体事件是美国塔弗茨大学联合湖南省疾控中心以及中国疾病预防控制中心营养与食品安全所的研究人员发表的《"黄金大米"中 β 胡萝卜素与油胶囊中胡萝卜素对儿童补充维生素 A 同样有效》一文。为此中国相关部门对该事件展开详细的调查，调查结果：湖南省衡阳某小学 25 名学生于 2008 年 6 月 2 日随午餐每人食用了 60 g "黄金大米"，该米饭是由美国塔夫茨大学研究人员在美国烹制后，未向有关部门申报于 2008 年 5 月 29 日携带入境。该研究违反了国务院农业转基因生物安全管理的有关规定，存在学术不端的行为，并对涉事的相关人员进行了处罚。

2. 开放性讨论题

（1）我国保健食品的功能声称中尚有 6 项需要进一步论证，请分析讨论这 6 项应该取消还是保留。

（2）根据特殊医学用途食品的概念和定位，分析其与普通食品、药品的区别。

（3）就目前转基因农作物在全世界的种植情况以及对人类和环境的影响，各国转基因食品的食用情况，以及转基因食品对人和动物健康的实验研究，分析探讨转基因食品带给世界的影响。

3. 思考题

（1）如何理解保健食品的功能性？原料使用和功能声称应该遵循什么规范？标签和说明书必须包括哪些内容？

（2）在什么情况下保健食品必须进行注册？注册应该准备哪些材料？

（3）按照婴幼儿发育阶段，婴幼儿食品如何分类？婴幼儿配方食品如何分类？

（4）什么是特殊医学用途食品？主要分哪两大类，其中适用于 1 岁以上人群的特医食品包括哪三类？适用于 0~12 月龄的特殊医学用途婴儿配方食品包括哪些？

（5）特医食品注册应该准备哪些材料？

（6）转基因食品可能对人类健康和生态环境带来的影响有哪些？美国和欧盟对转基因食品的监管各有什么特点？

（7）我国规范进出口食品质量安全的四部主要法律是什么？

（8）从国际层面，如何理解清真食品；从国内层面，如何理解清真食品？《国际食品法典"清真"术语使用通用准则》中哪些食品类别为"不合法"食品？

（9）按照原料来源，食盐分哪三类？

（10）目前我国食盐生产经营监管的主要依据是什么？

参考文献

［1］ 孙昱, 孙国祥, 李焕德. 保健食品相关的原料范围界定和注册管理研究［J］. 中南药学, 2021, 19（1）: 1-6

［2］ 黎超. 我国婴幼儿食品行业质量报告［J］. 质量与标准化, 2014, 4: 32-35.

［3］ 柴秋儿, 陈岩, 王柏琴, 等. 国内外婴幼儿食品法规标准的制定状况及分析［J］. 食品与发酵工业, 2006, 3（10）: 98-102.

［4］ 肖平辉. 美国医疗食品监管经验对中国特殊医学用途配方食品的启示［J］. 食品与发酵工业, 2017, 43（1）: 271-275

［5］ 孙晓红, 李云. 食品安全监督管理学［M］. 北京: 科学出版社, 2017.

［6］ 倪岳峰. 关于公布《中华人民共和国进出口食品安全管理办法》的令（海关总署第249 号令）［J］. 饮料工业, 2021, 24（2）: 1-6.

章件

国内外食品过敏原
标识管理要点

6 食品标签、广告及
知识产权监督管理

⚙ 章首

1. 导语

食品标签、广告及知识产权是食品生产经营企业和消费者之间进行食品信息交流的主要渠道，也是他们维护自身权益的主要依据。近年来，由食品标签、广告及知识产权引起的食品贸易或纠纷事件不断，有些是明知故犯，有些是无心之失。了解食品标签、广告及知识产权相关法律法规及标准对避免食品安全事件、维护自身权益具有重要意义。本章从食品标签、广告及知识产权的基本知识入手，主要介绍了《预包装食品标签通则》《预包装食品营养标签通则》《食品标识监督管理办法》《广告法》《药品、医疗器械、保健食品、特殊医学用途配方食品广告审查管理暂行办法》《知识产权保护法》《商标法》等主要法律法规和标准，为今后从事食品标签、广告及知识产权监督管理和权益维护方面的工作提供依据。

通过本章的学习可以掌握以下知识：

❖ 预包装食品、食品标签、食品营养标签、食品广告等相关术语和概念
❖ 食品标签、食品营养标签等主要标示内容和标示要求
❖ 食品标签、广告及知识产权监管相关法律主要内容
❖ 食品知识产权保护的重要性和意义

2. 知识导图

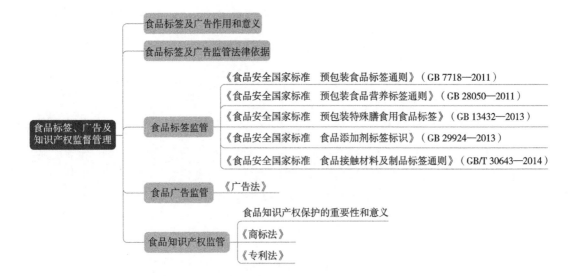

3. 关键词

预包装食品、特殊膳食用食品、生产日期、保质期、食品标签、食品营养标签、营养成分表、食品广告、商标、专利所有权、食品知识产权

4. 本章重点

❖ 食品标签、广告作用及意义

❖《预包装食品标签通则》《预包装食品营养标签通则》主要内容

❖ 食品标签、广告及知识产权监管相关法律主要内容

❖ 食品知识产权保护重要性和意义

5. 本章难点

❖ 预包装食品概念的理解

❖ 食品标签、食品营养标签等主要标示内容和标示要求

❖ 监管相关法律、标准的实施与运用

6.1　概述

食品标签、广告和知识产权近年来逐渐受到食品企业尤其是知名食品企业或规模以上食品企业的重视。食品标签和广告既是食品生产企业向广大消费者传递、推介食品产品信息的一种主要渠道，也是消费者选择和购买食品的主要参考依据，更是食品市场监督管理部门进行食品安全监管重点整治领域之一。食品标签往往被食品企业尤其是小微食品企业忽视，导致食品标签内容不真实、不完整、不规范，不符合相关法律法规和标准，这不但会误导消费者，还可能受到市场监督管理部门的处罚。另外经常出现一些出口食品因为食品标签不符合进口国食品标签相关法律法规而造成退运或销毁处理，造成了出口企业巨大的经济损失。尽管食品企业很重视广告宣传，如通过邀请名人代言或创意广告宣传语等方式提高食品知名度和企业形象，吸引消费者注意力，引导消费者购买。但部分企业为了追逐利益，往往存在虚假广告、虚假宣传等违法现象，不仅给消费者带来了较大的经济损失，还严重影响了公众对食品行业的信心，一定程度上阻滞了食品产业的发展。"王老吉"与"加多宝"的商标之争让越来越多的食品企业开始重视知识产权的注册申请和保护工作。注册商标、申请专利等保护知识产权是通过法定程序确定发明创造的权利归属关系，不仅可以保护自己的技术和产品，还可以打击他人的侵权行为，从而切实维护企业的切身利益。近年来，我国在食品标签和食品广告方面加大了监管力度，制定并完善了食品标签、食品广告相关法律法规及标准体系，建立了有效的监管体制，维护企业和消费者的合法权益，促进食品贸易，保证食品安全。

6.2　食品标签及广告监管

6.2.1　食品标签及广告相关概念

（1）预包装食品　在超市或食品商店中，我们经常看到两类待销售食品，一种是没有包装的待销售食品，即非预包装食品，如散称的大米、玉米渣、绿豆、黄豆等；另一种是各种各样包装的待销售食品，即预包装食品，预包装食品形式多样，有袋装、盒装、瓶装、罐装等，还有以计量称重形式进行销售的有包装的食品，如果冻、山楂片等。所谓预包装食品，在食品安全国家标准评审委员会秘书处于 2019 年 12 月发布的《食品安全国家标准　预包装食品标签通则》（GB 7718—2011）征求意见稿中给出的定义明确指的是"预先包装或者制作在包装材料和（或）容器中的食品，包括预先定量包装以及预先定量制作在包装材料和容器中并且在一定量限范围内具有统一的质量、体积及长度标识的食品，也包括预先包装或者制作在包装材料和容器中以计量称重方式销售的食品。"按照以往的规定，计量称重形式的预包装食品属散装食品，不在 GB 7718—2011 监管范围内。而这次新的定义将计量称重的预包装食品纳入了 GB 7718—2011 的范畴，扩大了预包装食品的范围，也杜绝了一些食品企业钻空子的不良行为。

（2）食品标签　食品标签是食品综合信息的重要载体，是食品生产经营企业向消费者传递食品信息、宣传食品产品的重要媒介和主要渠道，消费者一般可以通过食品标签了解食品产品信息，从而判断或决定是否购买。食品标签一般是指食品包装上的文字、图形、符号及一切说明物。由于包装材料和容器的不同，食品标签形式多样，通常情况下分为两种：一种是将文字、图形、符号直接印制或压印在包装袋、盒、瓶、罐或其他包装容器上；另一种是将文字、图形、符号先单独印制在纸签、塑料薄膜或其他材质的载体上，然后粘贴在食品包装容器上。需要注意的是，法律定义上的食品标签与我们日常生活中的食品标签概念是有显著区别的。因为法律意义上的食品标签不仅包括了食品包装上常见的食品配料表、营养成分表、生产日期、保质期及贮存条件等，还包括包装上的商标、标识语、警示语、广告语以及其他与食品产品本身有关的说明信息。非预包装食品其实也有标签，只是相对预包装食品来说，内容更简单，一般要求生产经营者在非预包装食品的贮存或销售位置标明食品的名称、生产日期或生产批号、保质期、生产者名称、生产者联系方式等内容。

（3）食品广告　食品广告一般情况下是指为了食品销售的需要，通过某种特定的传播媒介，公开而广泛地向公众传递信息的宣传手段。常见的广告形式有视频广告、广播广告、报纸广告、杂志广告、户外广告等，其中以视频广告较为常见，如邀请明星代言的可比克食品广告和康师傅方便面广告等以视频形式经常出现在电视、互联网等媒介中。视频食品广告形象生动，表现更加直接，往往能吸引消费者的注意，深受食品企业喜欢。另外，广告的定义是指可以利用各种特定的传播媒介，因此很多食品企业常常利用食品标签这种较为特殊却非常直接的媒介作为广告对食品进行宣传，如对食品标签上的文字、图形、符号、宣传用语以及包装等进行适当设计，使其具有表达食品本身的产品特性和功能性质的同时，还具有广告的效果。

6.2.2 食品标签及广告作用和意义

食品标签及食品广告在食品贸易和食品安全方面具有重要的作用和意义。一个合法、合规、合标准的食品标签、食品广告可以帮助食品生产经营者提高经济效益、避免经济损失，可以为消费者提供有价值的信息指导，维护消费者知情权。除此之外，食品标签在食品健康知识科普宣传方面具有一定的促进作用。具体来说，食品标签及广告具有以下几个方面的作用和意义。

（1）展现食品真实属性　食品标签和食品广告是食品生产经营者向消费者推介食品产品的一种重要渠道，它们通过外化于食品本身的形式向消费者直观地展现食品的真实属性，食品标签则需展示食品名称、类型、配料表、营养成分表、保质期、使用方法等。一般来说，食品标签需具有合法性、规范性、真实性、直观性、安全性等特点。食品标签的安全性主要以消费者健康为中心，体现在食品的贮存方法、食用方法以及含有的过敏原成分提醒标示等。《食品安全法》第二十六条第四款规定：食品安全标准应当包括对与卫生、营养等食品安全要求有关的标签、标志、说明书的要求。这说明食品标签被纳入食品安全标准监管的范畴，要符合食品安全标准的有关规定和要求，已成为食品安全监管体系的重要组成部分。食品广告则必须做到真实、合法，不得含有虚假、夸大内容，不得涉及疾病预防、治疗功能，不得欺骗和误导消费者。

（2）保障消费者知情权和选择权　我国《消费者权益保护法》第二章规定了消费者的人身及财产不受损害的权利、知情权、自主选择权、公平交易权等9项权利。在这些权利中，知情权和选择权是消费者享有的最基本的权利。消费者有权根据商品或者服务的不同情况，要求经营者提供商品的价格、产地、生产者、用途、性能、规格、等级、主要成分、生产日期、有效期限、检验合格证明、使用方法说明书、售后服务，或者服务的内容、规格、费用等有关情况。消费者有权自主选择提供商品或者服务的经营者，自主选择商品品种或者服务方式，自主决定购买或者不购买任何一种商品、接受或者不接受任何一项服务。对于食品消费来说，食品标签和食品广告是保证消费者知情权的基础，也是食品消费者选择和购买食品产品的主要参考依据。如果食品标签和食品广告存在虚假、违规信息，这不仅保障不了消费者的知情权和选择权，还会危及消费者健康安全。但现实中一些食品生产经营者故意为之，在食品标签中故意隐瞒、错误标示或虚假标示一些信息，如没有按照规定标示转基因食品或转基因成分、错误标示营养成分表数值等；在食品广告中故意涉及疾病预防、治疗功能等。

（3）促进食品国际贸易　在经济全球一体化大背景下，食品国际贸易越来越频繁。高质量的食品广告可以打开国际市场，甚至抢占市场制高点，以争夺有限的消费者资源，有利于食品国际贸易和流通。规范的食品标签同样能保证食品国际贸易正常开展。但一些发达国家为保护本国消费者和本国环境，制定了严格的食品标准和法规，对进口食品标签做了严格要求，以贸易保护为重要手段，增加了食品标签方面的技术贸易壁垒，这样严重影响了发展中国家的食品国际贸易。据有关统计，在2003~2007年这5年的时间里，美国FDA因标签问题扣留我国食品、机电、化工等行业产品8300余批，其中食品产品共计735批，约占总被扣总数的 8.8%，给食品企业带来了严重的经济损失，影响了我国出口食品国际贸易。食品企业应当加强食品标签国际化意识、做好食品标签规范化管理，提高对主要目标出口国食品标签技术贸易措施的认识，合理运用食品标签在国际贸易中的作用，可以有效避免食品标签技术贸易壁垒，促进食品国际贸易。

(4) 政府加强食品安全监管的重要抓手　食品标签和广告是架起食品消费者和生产经营者之间的桥梁和纽带，因此食品标签、食品广告也是政府加强食品安全监管的重要抓手。食品一旦出现与食品标签标示不符或食品广告宣传不符的安全问题，消费者有权要求政府市场监管部门查处或直接向法院起诉食品生产经营者，以维护自己的合法权益。因此，市场监督部门通过建立健全食品标签、食品广告相关法律法规和标准，不断加强食品标签和食品广告管理，引导食品生产企业提升食品标签意识和食品广告质量，防范食品标签和食品广告安全风险，维护食品企业形象。在法律法规和标准方面，我国专门制定了《广告法》《药品、医疗器械、保健食品、特殊医学用途配方食品广告审查管理暂行办法》以及《食品安全国家标准　预包装食品标签通则》（GB 7718—2011）、《食品安全国家标准　预包装食品营养标签通则》（GB 28050—2011）等。这些法律法规和标准一方面进一步规范了我国食品标签和广告要求，也是政府市场监督管理部门进行食品标签执法监管的主要依据。

6.2.3　食品标签及广告监管法律依据

(1)《食品安全法》　《食品安全法》是国家进行食品安全监督管理的基本法律。现行《食品安全法》（2021 年 4 月 29 日第二次修正）在第四章第三节中专门对食品标签、说明书和广告进行了概括性规定。在食品标签方面，第三节第六十七条明确规定："预包装食品的包装上应当有标签。标签应当标明下列事项：（一）名称、规格、净含量、生产日期；（二）成分或者配料表；（三）生产者的名称、地址、联系方式；（四）保质期；（五）产品标准代号；（六）贮存条件；（七）所使用的食品添加剂在国家标准中的通用名称；（八）生产许可证编号；（九）法律、法规或者食品安全标准规定应当标明的其他事项。专供婴幼儿和其他特定人群的主辅食品，其标签还应当标明主要营养成分及其含量。食品安全国家标准对标签标注事项另有规定的，从其规定。"对于散装食品标签方面在第六十八条也做了规定，要求"食品经营者在销售散装食品，应当在散装食品的容器、外包装上标明食品的名称、生产日期或者生产批号、保质期以及生产经营者名称、地址、联系方式等内容"。第六十九条规定："生产经营转基因食品应当按照规定显著标示。"第七十条和第七十一条规定了食品添加剂标签、说明书和包装的具体要求，明确食品和食品添加剂的标签、说明书，不得含有虚假内容，不得涉及疾病预防、治疗功能。生产经营者对其提供的标签、说明书的内容负责。食品和食品添加剂的标签、说明书应当清楚、明显，生产日期、保质期等事项应当显著标注，容易辨识。食品和食品添加剂与其标签、说明书的内容不符的，不得上市销售。第七十二条规定："食品经营者应当按照食品标签标示的警示标志、警示说明或者注意事项的要求销售食品。"在食品广告方面，第七十三条明确规定："食品广告的内容应当真实合法，不得含有虚假内容，不得涉及疾病预防、治疗功能。食品生产经营者对食品广告内容的真实性、合法性负责。县级以上人民政府食品安全监督管理部门和其他有关部门以及食品检验机构、食品行业协会不得以广告或者其他形式向消费者推荐食品。消费者组织不得以收取费用或者其他牟取利益的方式向消费者推荐食品。"

（2）《广告法》 食品广告是广告的一种，必然要符合《广告法》的要求，是市场监督管理部门监管食品广告的主要依据。现行的《广告法》于2015年9月1日开始施行，2021年4月29日第十三届全国人民代表大会常务委员会第二十八次会议对进行了修改。《广告法》是为了规范广告活动，保护消费者的合法权益，促进广告业的健康发展，维护社会经济秩序而制定的，一共六章74条，明确了广告内容准则、广告行为规范、监督管理和法律责任。在我国境内，商品经营者或者服务提供者通过一定媒介和形式直接或间接地介绍自己所推销的商品或服务的商业广告活动均要遵守本法。食品作为一种商品而发布的食品广告均要符合该法的规定和要求。新修改的《广告法》进一步完善了广告代言制度，尤其对明星代言和未成年人代言进行了严格限定。明星代言虚假广告的将被禁止代言三年，还将承担连带民事责任。同时对食品广告也明确规定和严格限定，如对于保健食品广告，要求不能表示功效、安全性的断言或者保证；不能涉及疾病预防、治疗功能；不能声称或者暗示广告商品为保障健康所必需；不能与药品、其他保健食品进行比较；不能利用广告代言人作推荐、证明等。除此之外，保健食品广告还应当显著标明"本品不能代替药物"。《广告法》还明确规定禁止在大众传播媒介或者公共场所发布声称全部或者部分替代母乳的婴儿乳制品、饮料和其他食品广告。

6.2.4 食品标签及广告监管

我国在食品标签和食品广告监管方面基本上建立了较为完善的法律法规和标准体系，主要由相关的法律法规、部门规章、标准以及规范性文件等组成。其中法律法规主要以《食品安全法》《食品安全法实施条例》《广告法》等为主。部门规章主要有市场监管总局发布的《药品、医疗器械、保健食品、特殊医学用途配方食品广告审查管理暂行办法》（2020年3月1日正式施行）、《食品标识监督管理办法》（2020年7月27日由国家市场监督管理总局发布征求意见稿）等。在我国国家标准体系中，目前一共有5项与食品标签有关的国家标准，即《食品安全国家标准　预包装食品标签通则》（GB 7718—2011）、《食品安全国家标准　预包装食品营养标签通则》（GB 28050—2011）、《食品安全国家标准　预包装特殊膳食用食品标签》（GB 13432—2013）、《食品安全国家标准　食品添加剂标签标识》（GB 29924—2013）和《食品接触材料及制品标签通则》（GB/T 30643—2014）等。前四项是食品安全国家标准，属强制执行的标准。最后一个标准是国家推荐性标准，规定了食品接触材料及制品标签的基本原则、制作要求和标注内容。

（1）食品标签监管 在食品安全监管实践中，食品标签常见问题主要有虚假标注生产日期、转基因食品未按规定进行显著标示、食品名称及配料标注不规范、食品添加剂标示不规范、标示具有保健或预防治疗疾病作用的内容等。那么食品标签应当符合什么要求？在预包装食品标签上要标示哪些内容？如何标注？哪些是强制性标示内容？哪些情况下强制性标示内容可以免除标示？哪些标签违法违规？作为监管执法人员和食品生产经营者，这些都需要熟练掌握。《食品安全国家标准　预包装食品标签通则》（GB 7718—2011）规定了预包装食品标签的通用性要求，细化了《食品安全法》及其实施条例对食品标签的具体要求，增强了标准的科学性。

《食品安全国家标准　预包装食品标签通则》（GB 7718—2011）最早于1987年颁布实施，经历了1987年、1994年、2004年、2011年共4个版本，为了适应食品安全监管实际需求，2016年11月该标准再次被列入食品安全国家标准修订计划，并于2019年12月发布征求意见稿。新修订的《预包装食品标签通则》修改了预包装食品的定义，将预先包装以计量称重方式销售的食品纳入预包装食品的范围，扩大了标准的实施范围。同时强制性标示内容、食品名称相关规定、配料表及配料定量标示、生产者经销者地址的标示要求等其他标示内容也做了相应修改。一般来说，食品标签标示内容分为四个方面，即直接和非直接向消费者提供的预包装食品标签标示内容、标示内容的豁免和推荐标示内容（如批号、食用方法、致敏物质）。其中直接向消费者提供的预包装食品标签标示应包括食品名称、配料表、净含量和规格、生产者和（或）经销者的名称、地址和联系方式、生产日期和保质期、贮存条件、食品生产许可证编号产品标准代号及其他需要标示的内容如辐照食品、转基因食品、营养标签、质量（品质）等级等。

案例一：生产、经营标注虚假生产日期被罚款9万元

2018年6月12日，江苏省某市场监管局接到举报后依法对A调味品商行（以下简称当事人）经营场所进行了执法检查。执法人员在当事人经营场所退货区查获乳胶材质的生产日期粘贴章3枚（其中一枚油墨印迹有"2018-01-12"字样）、喷码机专用清洗剂4瓶（其中1瓶已拆封使用）、生产日期印膜钢板1块。经查，这些物品系当事人用于标注虚假食品生产日期的工具。执法人员在当事人仓库检查发现已经完成标注虚假生产日期并准备用于销售的12种食品共107袋，包括豪香鸡味鲜（400 g/袋）、淘大上等老抽等；检查还发现已经擦除原生产日期准备用于标注虚假生产日期的原料食品共7种297袋（瓶），包括豪香鸡味鲜（400 g/袋）、渊源老陈醋（500 mL/瓶）等。市场监管部门进一步检查当事人的销售单据，发现当事人向7家超市（另案处理）销售了8种共107袋（瓶）食品，这些食品均为当事人完成标注虚假日期并已经销售的食品。经进一步核实，当事人生产经营标注虚假生产日期食品的货值金额合计为998.61元。

因此执法部门调查认定当事人的行为违反了《食品安全法》第三十四条第（十）项的规定：禁止标注虚假生产日期、保质期或者超过保质期的食品、食品添加剂。根据《食品安全法》第一百二十四条第一款第（五）项规定：有生产经营标注虚假生产日期、保质期或者超过保质期的食品、食品添加剂的，尚不构成犯罪的，由县级以上人民政府食品安全监督管理部门没收违法所得和违法生产经营的食品、食品添加剂，并可以没收用于违法生产经营的工具、设备、原料等物品；违法生产经营的食品、食品添加剂货值金额不足一万元的，并处五万元以上十万元以下罚款；货值金额一万元以上的，并处货值金额十倍以上二十倍以下罚款；情节严重的，吊销许可证。对当事人作如下处罚：没收标注虚假生产日期的食品和用于标注虚假生产日期的工具；没收违法所得167.42元；罚款90000元。罚没款合计90167.42元。当事人在法定期限内履行了行政处罚决定。

案例二：销售标签不合法的进口预包装食品被处罚28.9万元

2017年3月17日，江西省樟树市市场监督管理局接消费者举报称，其在某商业零售有限公司的某分店（以下简称当事人）购买到标签不符合规定的进口预包装食品，当事人行为涉嫌违反《食品安全法》的有关规定。经查，发现当事人销售的进口预包装食品存在以下三

个方面的问题。①未标示中文标签。当事人货架上销售的进口预包装食品"阿斯达橙汁"（1000 mL/瓶）、"阿斯达橙汁"（200 mL/瓶）、"阿斯达苹果汁"（200 mL/瓶）、"尊尼获加红牌®"等产品均无中文标签，涉案商品货值总计 1727.3 元；②未标示境内代理商的名称、地址和联系方式，经查还发现当事人店内销售的其他进口预包装食品"WITOR'S"牌巧克力碎片可可味曲奇等商品均未标示境内代理商的名称、地址、联系方式，涉案商品货值共计 50995.7 元；③存在标示虚假标签行为。经办案人员进一步检查，发现当事人购进的进口预包装食品"深蓝伏特加"（7瓶 375 mL 装，9瓶 750 mL 装）外包装上标注的进口商为金巴厘（北京）贸易有限公司，其海关进口货物报关单上显示进口商为上海新发展进出口贸易实业有限公司，存在进口商不一样现象。此外，当事人销售的"小马奔腾珍珠菇"产品外包装标签上标示"等级：二级"，但无相关证明材料。涉案商品货值金额共计 1578 元。

因此执法部门调查认定当事人的行为违反了《食品安全法》第九十七条"进口的预包装食品、食品添加剂应当有中文标签；依法应当有说明书的，还应当有中文说明书。标签、说明书应当符合本法以及我国其他有关法律、行政法规的规定和食品安全国家标准的要求，并载明食品的原产地以及境内代理商的名称、地址、联系方式。预包装食品没有中文标签、中文说明书或者标签、说明书不符合本条规定的，不得进口"的规定。

根据《食品安全法》第一百二十五条第（二）项规定：违反本法规定，有下列情形之一的，由县级以上人民政府食品安全监督管理部门没收违法所得和违法生产经营的食品、食品添加剂，并可以没收用于违法生产经营的工具、设备、原料等物品；违法生产经营的食品、食品添加剂货值金额不足一万元的，并处五千元以上五万元以下罚款；货值金额一万元以上的，并处货值金额五倍以上十倍以下罚款；情节严重的，责令停产停业，直至吊销许可证：（二）生产经营无标签的预包装食品、食品添加剂或者标签、说明书不符合本法规定的食品、食品添加剂。最终对当事人作如下处罚：①没收违法生产经营的食品；②对当事人经营无中文标签的进口预包装食品的行为，处罚款 3 万元；③对当事人经营的未标示境内代理商的名称、地址、联系方式的进口预包装食品的行为，处以货值金额 5.1 倍的罚款。以上处罚共计 289058 元，上缴国库。对暂扣的部分物品解除强制措施，返还给当事人，责令当事人改正违法行为，采取补救措施向执法部门报备后再销售。

（2）食品营养标签监管　食品营养标签是预包装食品标签的一部分。食品营养标签的标示主要依据两个食品安全国家标准，即《食品安全国家标准　预包装食品营养标签通则》（GB 28050—2011）和《食品安全国家标准　预包装特殊膳食用食品标签》（GB 13432—2013）。为进一步增强标准的可操作性，相关部门还专门出台了《〈预包装食品营养标签通则〉（GB 28050—2011）问答》，其最新版主要包括了标准制定基本情况，对适用对象和范围，营养成分表，数值分析、产生和核查，营养声称和营养成分功能声称，营养标签的格式以及实施日期，营养标签标准咨询，进口预包装食品的营养标签等方面做了问答和解释。

营养标签是指预包装食品标签上向消费者提供食品营养信息和特性的说明，包括营养成分表、营养声称和营养成分功能声称。营养标签中的核心营养素包括蛋白质、脂肪、碳水化合物和钠。《预包装食品营养标签通则》标准明确规定预包装食品营养标签标示的任何营养信息，应真实、客观、不得标示虚假信息，不得夸大产品的营养作用和其他作用。营养标签的强制性标示内容包括能量、核心营养素的含量值及其占营养素参考值（Nutrient Reference Values，NRV）的百分比。当标示其他营养成分时，应采取适当形式使能量和核心营养素的标示更醒目。营养标签可以以文字格式标示，如营养成分/100 g：能量××kJ，蛋白质××g，脂肪××g，碳水化合物××g，钠××mg；也可以表格即营养成分表形式标示，一般营养成分表有5种格式可选（见图6-1）。食品企业可根据食品的营养特性、包装面积的大小和形状等因素选择使用其中一种格式。营养标签应标在向消费者提供的最小销售单元的包装上。

营养成分表

项目	每100克（g）或100毫升（mL）或每份	营养素参考值%或NRV%
能量	千焦（kJ）	%
蛋白质	克（g）	%
脂肪	克（g）	%
碳水化合物	克（g）	%
钠	毫克（mg）	%

（a）仅标示能量和核心营养素的营养标签

营养成分表

项目	每100克（g）或100毫升（mL）或每份	营养素参考值%或NRV%
能量	千焦（kJ）	%
蛋白质	克（g）	%
脂肪	克（g）	%
——饱和脂肪	克（g）	
胆固醇	毫克（mg）	%
碳水化合物	克（g）	%
——糖	克（g）	
膳食纤维	克（g）	%
钠	毫克（mg）	%
维生素A	微克视黄醇当量（μg/RE）	%
钙	毫克（mg）	%

注：核心营养素应采取适当形式使其醒目。

（b）标示更多营养成分的营养标签

营养成分表 nutrition information

项目/Items	每100克（g）或100毫升（mL）或每份per 100g/100mL or per serving	营养素参考值%或NRV%
能量/energy	千焦（kJ）	%
蛋白质/protein	克（g）	%
脂肪/fat	克（g）	%
碳水化合物/carbohydrate	克（g）	%
钠/sodium	毫克（mg）	%

（c）附有外文的营养标签

营养成分表

项目	每100克（g）/毫升（mL）或每份	营养素参考值%或NRV%	项目	每100克（g）/毫升（mL）或每份	营养素参考值%或NRV%
能量	千焦（kJ）	%	蛋白质	克（g）	%
碳水化合物	克（g）	%	脂肪	克（g）	%
钠	毫克（g）	%	—	—	%

注：根据包装特点，可将营养成分从左到右横向排开，分为两列或两列以上进行标示。

（d）横排格式的营养标签

营养成分表

项目	每100克（g）或100毫升（mL）或每份	营养素参考值%或NRV%
能量	千焦（kJ）	%
蛋白质	克（g）	%
脂肪	克（g）	%
碳水化合物	克（g）	%
钠	毫克（mg）	%

营养声称如：低脂肪××。

营养成分功能声称如：每日膳食中脂肪提供的能量比例不宜超过总能量的30%。

营养声称、营养成分功能声称可以在标签的任意位置。但其字号不得大于食品名称和商标。

（e）附有营养声称和（或）营养成分功能声称的营养标签

图6-1　5种表格形式的食品营养标签

但在实际情况下，有些预包装食品由于受其所含成分、包装面积等因素影响，可以豁免强制标示营养标签。具体豁免的预包装食品共有7类，具体种类和豁免原因见表6-1。

表6-1　豁免强制标识营养标签的预包装食品类别及原因

序号	预包装食品类别	豁免原因
1	生鲜食品，如包装的生肉、生鱼、生蔬菜和水果、禽蛋等	食品中的营养素含量波动大
2	乙醇含量≥0.5%的饮料酒类	除水分和酒精外，基本不含其他任何营养素
3	包装总面积≤100 cm² 或最大表面面积≤20 cm²	包装小，不能满足营养标签内容
4	现制现售的食品	现场制作、销售并可即时食用
5	包装的饮用水	主要提供水分，基本不提供营养素
6	每日食用量≤10 g 或 10 mL 的预包装食品	食用量少，对机体营养素的摄入贡献较小，或者成分单一
7	其他法律法规标准规定可以不标示营养标签的预包装食品	法律法规规定

特殊膳食用食品主要是指为满足特殊的身体或生理状况和（或）满足疾病、紊乱等状态下的特殊膳食需求，专门加工或配方的食品。常见的有婴幼儿配方食品、婴幼儿辅助食品、

特殊医学用途配方食品（特殊医学用途婴儿配方食品设计的品种除外）以及辅食营养补充品、运动营养食品等其他特殊膳食用食品。这类食品的适宜人群、营养素和（或）其他营养成分的含量要求等有一定特殊性，对其标签内容如能量和营养成分、食用方法、适宜人群的标示等有特殊要求。因此其营养标签不仅要符合 GB 7718—2011 规定的基本要求外，还要符合《食品安全国家标准　预包装特殊膳食用食品标签》（GB 13432—2013）的相关规定。关于该标准的详细解释可查阅制定的《〈预包装特殊膳食用食品标签〉（GB 13432）问答》。

案例三：某复合型烧烤调料包装袋未标示核心营养素被处罚

某地市场监督管理部门发现一企业生产的复合型烧烤调料，其包装袋标签上的"成分或配料表栏"只标示了"配料表：枯茗（孜然）、小茴香、芝麻、食用盐、味精"，未标明营养成分表。因此认定其不符合食品安全标准，违反了相关法律和标准规定受到了处罚。但企业认为该调料属于每日食用量≤10 g 或 10 mL 的预包装食品，可豁免强制标示营养标签而提起上诉。但法院最终驳回了上诉，维持了原判。其依据是，《食品安全国家标准　预包装食品营养标签通则》（GB 28050—2011）第 2.4 条规定，营养标签中的核心营养素包括蛋白质、脂肪、碳水化合物和钠。第 4.1 条还规定，所有预包装食品营养标签强制标示的内容包括能量、核心营养素的含量值及其占营养素参考值（NRV）的百分比。根据这两条规定，食盐属于应当标示百分比的核心营养素。另外，在《〈预包装食品营养标签通则〉问答》第十五条规定：对于单项营养素含量较高、对营养素日摄入量影响较大的食品，如腐乳类、酱腌菜（咸菜）、酱油、酱类（黄酱、肉酱、辣酱、豆瓣酱等）以及复合调味料等，应当标示营养标签。而该企业生产的调味料属于复合型调味料，因此不属于豁免强制标示范围［内容摘自食品安全专业知识（法律法规标准）解读］。

（3）食品广告监管　《广告法》第六条规定：国务院市场监督管理部门主管全国的广告监督管理工作，国务院有关部门在各自的职责范围内负责广告管理相关工作。县级以上地方市场监督管理部门主管本行政区域的广告监督管理工作，县级以上地方人民政府有关部门在各自的职责范围内负责广告管理相关工作。这明确了我国广告监管机构是国家市场监督管理总局和县级以上地方市场监督管理局。国家市场监督管局总局机关部门——广告监督管理司的主要工作职责是拟订广告业发展规划、政策并组织实施；拟订实施广告监督管理的制度措施，组织指导药品、保健食品、医疗器械、特殊医学用途配方食品广告审查工作；组织监测各类媒介广告发布情况；组织查处虚假广告等违法行为；指导广告审查机构和广告行业组织的工作。

在实际监管中，虚假宣传、夸大宣传以及涉及疾病预防、治疗功能是食品广告违法的主要原因。《广告法》第十七条规定："除医疗、药品、医疗器械广告外，禁止其他任何广告涉及疾病治疗功能，并不得使用医疗用语或者易使推销的商品与药品、医疗器械相混淆的用语。"第十八条则对保健食品广告作了明确限定，要求保健食品广告不得含有下列内容：（一）表示功效、安全性的断言或者保证；（二）涉及疾病预防、治疗功能；（三）声称或暗示广告商品为保障健康所必需；（四）与药品、其他保健食品进行比较；（五）利用广告代言人作推荐、证明；（六）法律、行政法规规定禁止的其他内容。保健食品广告应当显著标明"本品不能代替药物"。另外第二十三条单独对酒类广告做了明确要求，即"酒类广告不得含有下列内容：（一）诱导、怂恿饮酒或者宣传无节制饮酒；（二）出现饮酒的动作；

（三）表现驾驶车、船、飞机等活动；（四）明示或者暗示饮酒有消除紧张和焦虑、增加体力等功效。"第五章则对违反《广告法》的法律责任作了详细规定，一般包括责令停止发布广告、责令在相应范围内消除影响、罚款、赔偿消费者损失、吊销营业执照等处罚，构成犯罪的，依法追究刑事责任。

案例四：宣称普通奶粉预防过敏，宁波特壹食品有限公司被罚 20 万

2020 年 1 月，浙江省市场监督管理局公布 2019 年普通食品、保健食品十大违法广告典型案例，其中 1 例是宁波特壹食品有限公司（以下简称当事人）为销售其奶粉（普通食品），利用互联网发布含有"迅速缓解牛奶过敏症状，湿疹、腹泻；序贯治疗，巩固疗效更放心；预防过敏，增强免疫""与普通配方奶粉的区别就是将其中的蛋白质成分以 100% 游离氨基酸替代，其他的营养分如碳水化合物、脂肪、维生素、矿物质等都与普通配方奶粉一样"等内容的广告。监管部门认为，宁波特壹食品有限公司上述广告内容与实际情况不符，并使用医疗用语或者易使推销的商品与药品、医疗器械相混淆的用语，当事人的行为违反了《广告法》第四条："广告不得含有虚假或者引人误解的内容，不得欺骗、误导消费者。广告主应当对广告内容的真实性负责"和第十七条："除医疗、药品、医疗器械广告外，禁止其他任何广告涉及疾病治疗功能，并不得使用医疗用语或者易使推销的商品与药品、医疗器械相混淆的用语"的相关规定。依据《广告法》第五十五条第一款："违反本法规定，发布虚假广告的，由市场监督管理部门责令停止发布广告，责令广告主在相应范围内消除影响，处广告费用三倍以上五倍以下的罚款，广告费用无法计算或者明显偏低的，处二十万元以上一百万元以下的罚款；两年内有三次以上违法行为或者有其他严重情节的，处广告费用五倍以上十倍以下的罚款，广告费用无法计算或者明显偏低的，处一百万元以上二百万元以下的罚款，可以吊销营业执照，并由广告审查机关撤销广告审查批准文件、一年内不受理其广告审查申请"的相关规定。据此，2019 年 11 月宁波市市场监管局杭州湾新区分局对当事人作出以下行政处罚：责令停止发布违法广告，消除影响，并处罚款 20 万元。

6.3 食品知识产权监管

知识产权一般是指创造者对其智力成果在一定时期内依法享有的专有权或独占权（Exclusive Right），主要包括商标权、专利权、著作权等。在曝光的食品安全事件典型案例中，有不少涉案食品都是商标侵权商品。近年来，食品行业商标权争夺、专利权纠纷等知识产权事件频频发生，尤其是传统食品、老字号食品企业在知识产权保护方面因重视不够而造成巨大经济损失，如 2006 年 7 月，中华老字号"王致和"商标在德国被 OKAI 公司抢注。王致和公司为夺回商标权在德国慕尼黑地方法院向 OKAI 公司提起诉讼，历经近 3 年的维权最终获胜。在王致和律师团队搜集证据过程中，还发现德国 OKAI 公司还抢注了老干妈、今麦郎、洽洽、白家、郫县豆瓣酱等其他国内知名食品的商标。2012 年暴发的广州医药集团有限公司（即广药集团）与加多宝之间争夺价值 1080 亿的"王老吉"商标也引起了社会广泛关注，成为中国商标第一案并入选了"2017 年推动法治进程十大案件"。因此，食品企业要不断增强知识产权保护意识，积极维护并保护好企业的商标、专利等知识产权权益。

6.3.1 食品知识产权保护的重要性和意义

2021 年 2 月 1 日出版的第 3 期《求是》杂志发表习近平总书记重要文章:《全面加强知识产权保护工作 激发创新活力推动构建新发展格局》,这是习近平总书记在中央政治局第二十五次集体学习上的重要讲话,其内容是加强我国知识产权保护工作,指出要"提高对知识产权保护工作重要性的认识",并以"五个关系"阐述了知识产权保护工作的重要意义,即知识产权保护工作关系国家治理体系和治理能力现代化、关系高质量发展、关系人民生活幸福、关系国家对外开放大局、关系国家安全。在食品行业加强知识产权保护同样具有类似重要意义。

(1) 是国家食品安全风险治理体系和治理能力现代化建设的需要 食品安全风险治理体系和治理能力现代化是国家治理体系和治理能力现代化的重要构成部分,是实施"食品安全战略"和"健康中国"建设的基本保障。食品安全问题既是"重大的政治问题",又是"重大的经济问题和民生问题"。创新是引领发展的第一动力,保护知识产权就是保护创新,知识产权保护是从经济学角度解决食品安全问题的途径之一。党的十八大以来,以习近平同志为核心的党中央在全力推进依法治国的同时,基于中国特色的国家制度与中国社会治理的新思想,提出了一系列食品安全风险治理方面的重大战略思想和重大理论观点,作出了一系列重大制度安排,创造性地明确了食品安全风险治理在我们党治国理政中的基本定位,基本完成了具有中国特色的食品安全风险治理的顶层设计。以政府食品安全监管体制为核心的食品安全监管体系是食品安全风险治理体系的基本组成部分,具有不可替代的作用。国家食品安全风险治理体系和治理能力现代化建设必须要加强和重视食品知识产权保护工作。

(2) 有利于严厉打击侵权假冒行为,保护食品企业利益促进企业发展 侵权假冒商品大量剽窃合法商品,以此来欺骗和误导消费者,以从中非法获利,这对拥有知识产权的企业品牌经济和品牌形象带来了严重的伤害。食品生产经营过程中存在的假冒商标、盗用设计、假冒商品等侵权行为若不严厉打击,可能给拥有知识产权的企业带来不可估计的经济损失,甚至会导致企业走向衰落或破产。知识产权的专有性决定了企业只有拥有自主知识产权,才能在市场上立于不败之地。成立于 2012 年以坚果、干果等森林食品的研发、分装和销售的现代新型企业——安徽三只松鼠电子商务有限公司用时 7 年时间成交额突破 100 亿元人民币。其快速发展的重要原因之一是其注重对知识产权的保护。"三只松鼠"成立当年就开始递交专利申请,涉及焙烤产品、糖食及其加工工艺、果蔬处理装置、包装运输装置、商业管理系统等,其中食品技术领域的发明专利申请约占 50% 以上。据有关报道,"三只松鼠"是行业内拥有专利数最多的互联网食品企业,截至 2019 年年底,共申请注册了 1435 件商标、370 项专利,包括 242 件发明专利、68 件外观设计专利和 60 件实用新型专业。2019 年国庆期间,"三只松鼠"通过官微发表声明,声明中指出从未授权任何经销商和店铺在拼多多进行上售卖,其所属商品皆为"来源不明的商品",且侵犯了三只松鼠知识产权。最终,"三只松鼠"通过法律武器维护了企业的权益,降低了经济损失。因此,保护知识产权不仅可以保护食品企业利益,还可以激发企业创新的积极性,促进企业高质量发展。

(3) 有利于维护广大消费者权益,提高人民生活幸福感 如果食品企业的知识产权得不到保护,市场上必然充满了假冒伪劣商品,消费者在购买时难以区分正牌食品和冒牌食品,一旦买到假冒伪劣食品，如假冒烟酒，侵权的老干妈、郫县豆瓣以及东北大米等，不仅享受不到正牌食品的给人们带来的优良品质和可享受性，还可能给人体健康造成严重的伤害甚至死亡。2004 年，广州发生的毒酒案是最终造成 9 人死亡的重大食品安全事故。经有关部门查明，此次事件系租住广州市白云区钟落潭的易祖启（又名易树发）夫妇、太和镇的易辉发夫妇以及租住天河区新塘街凌塘村的郑光月夫妇等人，利用民宅作家庭式制酒作坊，将工业酒精当作食用酒精共勾兑了约 1550 kg 的散装毒酒。这些毒酒共导致 50 多人中毒住院，其中 9 人死亡。这些假冒侵权商品不仅给消费者造成经济损失，还给家庭带来了巨大的伤害，同时让广大人民群众在"买得放心、吃得安心"上产生了疑虑，严重降低了人民群众的幸福感、获得感和安全感。

（4）有利于促进国际食品贸易　近年来在国际食品贸易中，高技术和高附加值食品贸易占比越来越大，因此涉及知识产权问题越来越多，知识产权在国际贸易和市场竞争中的作用也越来越大。知识产权在国际贸易中已不仅仅是某一智力成果的所有权，更是一种无形的商品，以商品附加值的形式成为国际贸易中至关重要的一个部分。以食用菌产业为例，我国基于食用菌种植与气候、温度、土壤之间的关联性，从法律层面对食用菌原产地注册、标注以及食用菌商标的注册和审核程序作出了明确规定，同时还完善了食用菌生产、加工等环节的专利申请和相关保障工作，从而实现了对食用菌产业知识产权的全方位保护，使得我国食用菌进出口贸易额实现了飞速增长，食用菌出口品种数量也实现了质的提升。据不完全统计，仅在 2014 年，我国食用菌出口交易金额就达到了 20 亿美元，总产量位居世界第一位。

6.3.2　食品知识产权监管

我国知识产权保护法律体系主要由法律、行政法规和部门规章等组成。20 世纪 80 年代开始，我国便开始了知识产权保护的法制建设。经过多年建设，基本建立了相对完善的知识产权保护法律体系，得到了国内外的普遍认可。目前食品领域知识产权相关的法律主要有《商标法》《专利法》等。

（1）监管机构　当前知识产权的监管由国家知识产权局具体负责。国家知识产权局是国家市场监督管理总局管理的国家局，其工作职责主要有：（一）负责拟订和组织实施国家知识产权战略。拟订加强知识产权强国建设的重大方针政策和发展规划。拟订和实施强化知识产权创造、保护和运用的管理政策和制度。（二）负责保护知识产权。拟订严格保护商标、专利、原产地地理标志、集成电路布图设计等知识产权制度并组织实施。组织起草相关法律法规草案，拟订部门规章，并监督实施。研究鼓励新领域、新业态、新模式创新的知识产权保护、管理和服务政策。研究提出知识产权保护体系建设方案并组织实施，推动建设知识产权保护体系。负责指导商标、专利执法工作，指导地方知识产权争议处理、维权援助和纠纷调处。（三）负责促进知识产权运用。拟订知识产权运用和规范交易的政策，促进知识产权转移转化。规范知识产权无形资产评估工作。负责专利强制许可相关工作。制定知识产权中介服务发展与监管的政策措施。（四）负责知识产权的审查注册登记和行政裁决。实施商标注册、专利审查、集成电路布图设计登记。负责商标、专利、集成电路布图设计复审和无效等行政裁决。拟订原产地地理标志统一认定制度并组织实施。（五）负责建立知识产权公共服务体系。建设便企利民、互联互通的全国知识产权信息公共服务平台，推动商标、专利等知识产权信息的传播利用。（六）负责统筹协调涉外知识产权事宜。拟订知识产权涉外工作的政策，按分工开展对外知识产权谈判。开展知识产权工作的国际联络、合作与交流活动。

中华人民共和国成立后，我国的商标注册工作先后由中央私营企业局和中央工商行政管理局主管。1978年国家恢复工商行政管理机关后，内设商标局，主管全国商标注册和管理工作。2018年3月，中共中央印发《深化党和国家机构改革方案》，将国家知识产权局的职责、国家工商行政管理总局的商标管理职责、国家质量监督检验检疫总局的原产地地理标志管理职责整合，重新组建国家知识产权局，由国家市场监督管理总局管理。2018年11月15日《中央编办关于国家知识产权局所属事业单位机构编制的批复》规定，将原国家工商行政管理总局商标局、商标评审委、商标审查协作中心整合为国家知识产权局商标局，负责商标监管工作。商标局主要职责为：承担商标审查注册、行政裁决等具体工作；参与商标法及其实施条例、规章、规范性文件的研究制定；参与规范商标注册行为；参与商标领域政策研究；参与商标信息化建设、商标信息研究分析和传播利用工作；承担对商标审查协作单位的业务指导工作；组织商标审查队伍的教育和培训；完成国家知识产权局交办的其他事项。

（2）相关法律　《商标法》。我国于1982年8月23日首次通过了《商标法》，并于1983年3月1日正式实施，在实施过程中历经四次修正，现行的《商标法》是于2019年4月23日第十三届全国人民代表大会常务委员会第十次会议上通过。《商标法》制定的主要目的是加强商标管理，保护商标专用权，促使生产、经营者保证商品和服务质量，维护商标信誉，以保障消费者和生产、经营者的利益，促进社会主义市场经济的发展，共八章73条。内容主要包括总则，商标注册的申请，商标注册的审查和核准，注册商标的续展、变更、转让和使用许可，注册商标的无效宣告，商标使用的管理，注册商标专用权的保护以及附则等内容。新修改的《商标法》进一步加强了商标专用权保护，显著提高了侵权违法成本。如在原《商标法》已确立惩罚性赔偿制度的基础上，提高了恶意侵犯商标专用权的侵权赔偿数额计算倍数，由以前的一倍以上三倍以下提高到一倍以上五倍以下，法定赔偿数额上限也由以前的三百万元提高到五百万元。除此之外，还进一步明确了对假冒注册商标的商品的材料、工具的处置等内容。

《专利法》。我国首部《专利法》于1984年3月12日由第六届全国人民代表大会常务委员会第四次会议通过，历经1992年、2000年、2008年和2020年四次修正。2020年10月17日，第十三届全国人民代表大会常务委员会第二十二次会议通过修改《中华人民共和国专利法》的决定，自2021年6月1日起施行。《专利法》的主要目的是保护专利权人的合法权益，鼓励发明创造，推动发明创造的应用，提高创新能力，促进科学技术进步和经济社会发展。新修订的《专利法》新增加了惩罚性赔偿制度，对故意侵犯专利权规定进行一倍以上五倍以下的惩罚性赔偿，将法定赔偿额上限提高至五百万元。这进一步完善了专利行政保护，提高对假冒专利行为的行政处罚力度。同时明确赋予管理专利工作的部门处理专利侵权纠纷所需的必要调查取证手段，国务院专利行政部门可以处理在全国有重大影响的专利侵权纠纷等内容。其中第二十条规定："申请专利和行使专利权应当遵循诚实信用原则。不得滥用专利权损害公共利益或者他人合法权益。滥用专利权，排除或者限制竞争，构成垄断行为的，依照《中华人民共和国反垄断法》处理。"第四十二条对不同类别专利权限作了明确规定："发明专利权的期限为二十年，实用新型专利权的期限为十年，外观设计专利权的期限为十五年，均自申请日起计算。"

《中华人民共和国刑法》。《中华人民共和国刑法》以为了惩罚犯罪，保护人民，根据宪法，结合我国同犯罪作斗争的具体经验及实际情况而制定的。首次于 1979 年 7 月 1 日颁布，1980 年 1 月 1 日起实施。后经过多次修订，现行的《中华人民共和国刑法》修正案于 2020 年 12 月 26 日由全国第十三届人民代表大会常务委员会第二十四次会议通过，自 2021 年 3 月 1 日起施行，新《中华人民共和国刑法》对侵犯知识产权犯罪条文作了重大修改。一是完善了入罪标准，将第二百一十四条销售假冒注册商标的商品罪中的"销售金额数额较大的"修改为"违法所得数额较大或者有其他严重情节的"；二是加重刑罚，取消包括第二百一十三条假冒注册商标罪，第二百一十四条销售假冒注册商标的商品罪，第二百一十五条非法制造、销售非法制造的注册商标标识罪在内的共计 6 类犯罪基本刑配置中"拘役"的规定，并将其中 5 类犯罪的加重刑由"三年以上七年以下有期徒刑，并处罚金"统一提高至"三年以上十年以下有期徒刑，并处罚金"；三是扩大刑事规制范围，将服务纳入假冒注册商标罪的打击范围。

《广告法》。《广告法》中也有涉及知识产权方面的内容，其中第十二条规定："广告中涉及专利产品或者专利方法的，应当标明专利号和专利种类。未取得专利权的，不得在广告中谎称取得专利权。禁止使用未授予专利权的专利申请和已经终止、撤销、无效的专利作广告。"

案例五：食品商标侵权案处理应注意涉案食品的质量安全

2018 年 12 月 19 日，"牛栏山"注册商标权利人委托的代理人向湖南省益阳市安化县市场监督管理局举报称，有一批假冒"牛栏山"酒正在东坪镇资江路物资局仓库装车。安化县市场监督管理局立即派执法人员前往检查，在现场发现标有酒精度为 42°、净含量为 500 mL 装的"牛栏山"牌陈酿白酒共计 100 件。经鉴定，涉案白酒为商标侵权商品，但没有添加危害人体健康的物质，属于合格的食用白酒。

经立案查明，涉案白酒系王某自 2017 年 11 月 12 日以来，在淘宝平台以 6 元/瓶的平均价格多次购进共计 630 件。在采购过程中，王某既未向销售方索取食品经营许可证、产品检验报告和产品合格证，也没有建立产品进销台账。除被扣押的 100 件外，其余 530 件都已通过赶集的方式在龙塘乡、江南洞市场等地以均价 9 元/瓶的价格销售完毕，经营金额为 67860 元。案发后，市场监管局要求王某责令改正，王某立即挨家挨户寻找，以销售价均价 9 元/瓶的价格找回了 644 瓶。执法部门认为王某的行为已构成《商标法》第五十七条第（三）项的规定："有下列行为之一的，均属侵犯注册商标专用权：（三）销售侵犯注册商标专用权的商品的"。但其在案发后积极改正，减轻违法行为的危害后果，属《行政处罚法》第二十七条第（一）项规定的可以从轻处罚情形。最终，安化县市场监督管理局认为，王某销售的是合格的食用白酒而非不合格的劣质白酒，没有添加危害人体健康的物质，不适用于《食品安全法》。但是王某侵犯了他人的商标专用权，根据《商标法》第六十条第二款的规定，对其进行以下处罚：没收侵权的"牛栏山"牌陈酿白酒；罚款 5 万元。

章尾

1. 推荐阅读

（1）认证监管应知应会工作手册［M］.北京：中国工商出版社，2020.

该丛书主要内容以三定方案及法律法规为依据，梳理相关业务条线涉及的业务问题。其中既包括相关业务的基础知识，也包括市场监管日常工作中需要注意的一些问题。本书为《认证监管应知应会工作手册》，按照业务条线进行分类，还包括《广告监督管理应知应会工作手册》《知识产权监督管理应知应会工作手册》《食品安全监管应知应会工作手册》等。

（2）刘丁．食品标识知多少（食品营养标签）［M］.北京：中国计量出版社，2021.

本书是识标准知生活全民标准知识普及丛书，从跟我们生活密切相关的预包装食品标签标识切入，带大家走进专业的食品知识领域，通过介绍食品名称、配料表、营养成分表、日期和净含量等标示内容，拓展到包括食品生产许可、食品添加剂种类、营养素组成、各种食品分类及区别等，希望通过活泼易懂深入浅出的语言，配以卡通清新的插画，让大家对"最熟悉的陌生人"——食品有个初步大体的了解，并且学会看食品标签、科学地选购食品。

2. 开放性讨论题

（1）食品标签和食品广告的功能作用有哪些？

（2）请简述食品标签与食品营养标签的区别。

（3）如何加强知识产权保护工作，促进我国食品国际贸易？

3. 思考题

（1）名词解释：预包装食品，特殊膳食用食品，食品标签，食品营养标签，食品广告，生产日期，保质期，营养声称，营养成分功能声称。

（2）食品标签和食品营养标签主要标示内容分别有哪些？

（3）营养成分表标示的方法有哪些？

（4）《商标法》的主要内容有哪些？

（5）《专利法》的主要内容有哪些？不同类型专利时限分别是多长时间？

（6）请简述食品知识产权保护的重要性和意义。

参考文献

［1］刘源，顾朝煜．食品标签法律制度比较研究［M］.北京：中国政法大学出版社，2016.

［2］市场监管部门食品安全监管典型案例评析　编写组．市场监管部门食品安全监管典型案例评析［M］.北京：中国工商出版社，2020.

［3］程鸿勤．食品安全与监督管理［M］.北京：中国民主法制出版社，2014.

［4］董晓慧．食品安全违法行为案例评选［M］.北京：中国工商出版社，2020.

［5］吴林海．中国食品安全风险治理体系与治理能力现代化研究报告［N］.中国社会

科学报，2018-12-27（11）.

［6］吴林海，尹世久，李锐，等．中国食品安全风险治理体系与治理能力现代化研究报告［N］．中国社会科学报，2020-01-14（4）.

［7］许倩倩，景维民．食品企业与政府在食品质量安全监管中的演化博弈——基于知识产权保护视角［J］．贵州社会科学，2016，322（10）：158-162.

［8］徐瑾．互联网时代食品行业的热点观察［J］．中国食品，2021（9）：110-112.

［9］昝佳．中国国际贸易中知识产权保护问题研究［J］．经济研究导刊，2021（5）：150-153.

［10］雷勤颖．知识产权保护视角下我国农产品国际贸易的促进策略［J］．农业经济，2021（6）：126-128.

7 食品安全抽检监测监督管理

 章首

1. 导语

近年来，我国食品安全事件屡见不鲜，为人们敲响警钟，在社会范围内造成了极为恶劣的影响。为保证食品质量安全，我国于 2015 年出台并实施了《中华人民共和国食品安全法》，提升食品安全监管水平。抽检制度作为食品安全监督管理的关键环节，是判断食品质量、防范食品安全风险和提升食品安全治理能力的技术支撑和重要落脚点。在食品安全监督工作中，要强化抽检抽样管理力度，保证抽检抽样工作的有效性，为食品安全监督工作的开展提供重要的参考依据，确保食品质量安全。

通过本章的学习可以掌握以下知识：

❖ 抽样检验的概念及特点

❖ 抽样的基本原理

❖ 抽样检验中常见的参数

❖ 抽样方案

❖ 现场抽检的原则、程序、要求及应用

❖ 食品安全监督抽检工作程序

❖ 飞行检验

2. 知识导图

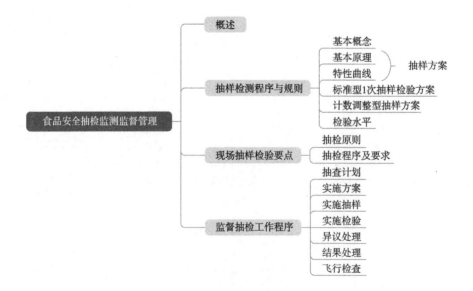

3. 关键词

抽样检验、不合格品、抽样方案、OC 曲线、检验水平、现场抽检、采集样品、食品安全监督抽检、抽查结果、飞行检验

4. 本章重点

❖ 食品安全抽样检验基本概念

❖ 食品安全抽样方案

❖ 审批安全现场抽样原则

❖ 监督抽检工作程序

5. 本章难点

❖ 抽样的基本原理及特征曲线

❖ 检验结果的应用和评价

❖ 监督抽查结果处理方式

7.1 概述

食品安全抽检监测监督管理是有执法权的行政执法部门对本地区的食品进行定期或不定期的抽样检验，以监督食品生产者、食品销售者等参与食品加工、流通的相关人员，达到对食品安全保障管理的目的。

我国对食品安全抽检监测监督管理有一系列相关立法规定。《食品安全法》第六十条：县级以上质量监督、工商行政管理、食品药品监督管理部门应当对食品进行定期或者不定期的抽样检验。《产品质量法》第十五条规定，国家对产品实行以抽查为主要方式的监督检查制度。根据监督抽查的需要，可以对产品进行检验。上述法律确立了我国的食品抽样检验制度和产品（含食品）监督抽查制度。目前，质检部门将两项制度统称为监督抽查制度。

监督抽查是由产品质量监督部门依法组织各有关质量技术监督部门和产品质量检验机构对企业生产的各种食品进行抽样、检验，并对抽查结果依法公告和处理的活动。具体实施抽检监督时，由国家市场监督管理总局监督司负责产品质量国家监督抽查工作，由食品司负责食品专项监督抽查工作。监督抽查是国家对食品质量安全进行监督检查的主要方式。监督抽查的目的是通过监督检验确认企业生产加工的食品是否符合国家强制性标准或企业的明示标准，督促不合格食品的企业进行整改，从而提高食品生产加工企业管理水平和食品质量。

7.2 食品安全抽样检验程序与规则

食品安全抽样检验是当前普遍采用的行政管理措施，为有针对性地调整监管重点、整治风险隐患问题的政策措施提供依据，能够促进监管部门公信力提升，是不断巩固食品安全基础的重要手段。同时，食品安全抽样检验是对食品是否符合规定要求的一种技术性查验，是

对企业的硬约束，能够有效遏制企业的违法违规行为，促使企业自觉加强质量管理、落实主体责任。

7.2.1 食品安全抽样检验基本概念

（1）抽样检验是按数理统计的方法，从一批待检产品中随机抽取一定数量的样本，并对样本进行全数检验，再根据样本的检验结果来判定整批产品的质量状况并做出接收或拒收的结论。因此，抽样检验就是用统计的方法规定样本量与接收准则的一个具体实施方案。

（2）抽样检验的特点。

优点：检验量少，检验费用低；所需检验人员较少，管理不复杂，有利于集中精力，抓好关键质量；适用于破坏性检验；由于是逐批判定，对供货方提供的产品可能是成批拒收，这样能够起到刺激供货方加强质量管理的作用。

缺点：经抽样检验合格的产品批中，容易混杂一定数量的不合格品；抽样检验存在着一定的错判风险，但风险的大小可以根据需要加以控制；抽样检验前要设计抽样检验方案，增加了计划工作和文件编制工作量；抽样检验所提供的质量情报比全数检验少。

（3）与抽样检验相关的名词。

1）计数检验　根据给定的技术标准，将单位产品简单地分成合格品或不合格品的检验；或是统计出单位产品中不合格数的检验。前一种检验又称"计件检验"；后一种检验又称"计点检验"。

2）计量检验　根据给定的技术标准，将单位产品的质量特性（如长度、重量等）用连续尺度测量出具体数值并与标准对比的检验。

3）单位产品　单位产品是为实施抽样检验的需要而划分的产品总体的基本单位，如1瓶罐头、1袋奶粉、1根火腿肠等，又称检验单位。

4）生产批　在一定条件下生产出来的一定数量的单位产品所构成的总体称为生产批，简称批。

5）检验批　在抽样检验中对产品的检验是按批进行的，为实施抽样检验的需要而汇总起来的在同一条件下生产出来的若干单位产品称为检验批。批的形式有稳定批和流动批两种。稳定批是将整批产品存放在一起，同时提交检验；流动批的单位产品不需预先形成批而是逐个地从检验点通过，由检验工序检验。同一批产品应该是在生产基本稳定的条件下，由同型号同规格的产品构成。

6）批量　指生产批或检验批中单位产品的数量。

7）不合格　在抽样检验中，不合格是指单位产品的任何一个质量特性不符合规定要求。按严重程度可将不合格情况分为以下几类：A类不合格（认为最被关注的一种不合格）、B类不合格（认为关注程度比A类稍低的一种类型的不合格）、C类不合格（关注程度低于A类和B类的一类不合格）。

8）不合格品　有一个或一个以上不合格的单位产品。

A类不合格品：有一个或一个以上A类不合格，同时还可能包含B类和（或）C类不合格的产品。

B类不合格品：有一个或一个以上B类不合格，也可能有C类不合格，但没有A类不合格的产品。

C 类不合格品：有一个或一个以上 C 类不合格，但没有 A 类、B 类不合格的产品。

（4）抽样方案及划分　规定了每批应检验的单位产品数（样本量或系列样本量）和有关接收准则（包括接收数、拒收数、接收常数和判断规则等）的一个具体方案。抽样方案可以有以下几种划分方法。

按检验特性值的属性分：计数抽检方案、计量抽样方案。

按抽样方案制定原理分：标准型抽样方案、挑选型抽样方案、调整型抽样方案、连续生产型抽检方案。

按检验次数分：一次抽样方案、二次抽样方案、多次抽检方案。

一次抽样方案：只抽取一个样本就应作出"批合格与否"的判断。

二次抽样方案：至多抽取两个样本就应作出"批合格与否"的判断。

多次抽样方案：至多抽取 i 个样本就应作出"批合格与否"的判断。

7.2.2　抽样方案的基本原理

（1）抽样方案的记法　如一次抽样方案（N，n，Ac，Re），二次抽样方案（N，n_1，n_2，Ac_1，Ac_2，Re_1，Re_2），通式为（N，n_1，n_2，$\cdots$，n_i，Ac_1，Ac_2，$\cdots$，Ac_i，Re_1，Re_2，$\cdots$，Re_i），其中 N 为某批产品数量，n 为抽样量，Ac_i 为第 i 次抽样的合格判定数，Re_i 为第 i 次的不合格判定数。

（2）抽样基本原理　若选择的抽样方案为（N，n_1，n_2，$\cdots$，n_i，Ac_1，Ac_2，$\cdots$，Ac_i，Re_1，Re_2，$\cdots$，Re_i）。

第一次抽样检验时：样本量为 n_1，检验出的不合格品数为 d_1，若有 $d_1 \leqslant Ac_1$，则判定该批产品合格；若有 $d_1 \geqslant Re_1$，则判定该批产品不合格；若有 $Ac_1 < d_1 < Re_1$，则不能判定该批产品合格或不合格，需要进行第二次抽样检验。

第二次抽样检验时：样本量为 n_2，检验出的不合格品数为 d_2，若有 $d_1 + d_2 \leqslant Ac_2$，则判定该批产品合格；若有 $d_1 + d_2 \geqslant Re_2$，则判定该批产品不合格；若有 $Ac_2 < d_1 + d_2 < Re_2$，则不能判定该批产品合格或不合格，须要进行第三次抽样检验。

第三次抽样检验时：样本量为 n_3，检验出的不合格品数为 d_3，若有 $d_1 + d_2 + d_3 \leqslant Ac_3$，则判定该批产品合格；若有 $d_1 + d_2 + d_3 \geqslant Re_3$，则判定该批产品不合格；若有 $Ac_3 < d_1 + d_2 + d_3 < Re_3$，则不能判定该批产品合格或不合格，须要进行第四次抽样检验。

依次类推，直到第 i 次抽样检验时，只存在 $d_1 + d_2 + d_3 + \cdots + d_i \leqslant Ac_i$ 或 $d_1 + d_2 + d_3 + \cdots + d_i \geqslant Re_i$ 两种情况，即能判定该批产品为合格与否时，而不存在 $Ac_i < d_1 + d_2 + d_3 + \cdots + d_i < Re_i$ 情况时，抽样检验完成。

对于抽样检验方案为（N，n_1，n_2，$\cdots$，n_i，Ac_1，Ac_2，$\cdots$，Ac_i，Re_1，Re_2，$\cdots$，Re_i）的抽样检验，有 $Re_{(i-1)} > Ac_{(i-1)} + 1$，且有 $Re_i = Ac_i + 1$。

7.2.3　抽样方案的特性曲线

（1）抽样方案中的基本概念。

1）不合格品率 P：一批检验品中，不合格品数量（d）占检验总量（n）的百分比。

$$P = \frac{d}{n} \times 100\%$$

2）接收概率：用给定的抽样方案（n，Ac）去验收批量 N 和批质量 P 已知的连续检验批时，把检验批判为合格而接收的概率，记为 P_A。

$$P_A = \sum_{d=0}^{Ac} \frac{(nP)^d}{d!} e^{-nP}$$

3）操作特性函数 $L(P)$：对于一定的抽样方案（N，n，Ac）来说，每一个不同的 P 值都对应着唯一的接收概率 $L(P)$。当 P 值连续变化时，特定抽检方案的接收概率随 P 值的变化规律称为抽检特性。在直角坐标系中将这一规律用曲线描绘出来，就称为抽样检验方案特性曲线，简称为 OC 曲线（operating characteristic curve）。

（2）抽样检验方案特性曲线。

1）批接收概率 $L(P)$ 随批质量 P 变化的曲线称为抽检特性曲线或 OC 曲线。OC 曲线表示了一个抽样方案对一个产品的批质量的辨别能力。

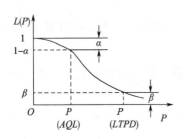

图 7-1 理想的 OC 曲线

如果我们规定，当批的不合格品率 P 不超过规定的数值 P_0 时，这批产品是合格的。当 $P > P_0$ 时，该批产品是不合格的。那么，一个理想的抽检方案应当满足：当 $P \leqslant P_0$ 时，接收概率等于 1；当 $P > P_0$ 时，接收概率等于 0。

事实上，这种 OC 曲线（图 7-1）在实际中是不存在的，因为即使采用全检，也难免出现错检和漏检。

2）实际好的 OC 曲线　在实际中得到的 OC 曲线的形状是介于理想 OC 曲线与线性 OC 曲线之间的，在设计抽样方案时，应力求使 OC 曲线的形状接近其理想形状。

事实上，一个实际好的 OC 曲线形状应具有以下特点：当这批产质量较好时，如 $P \leqslant P_0$ 时，应以高概率判定它合格；当这批产质量较差时，且已超过某个规定的界限，如 $P \geqslant P_1$ 时，应以高概率判定它不合格；当产质量在 P_0 和 P_1 之间时，接收概率应迅速减小。

3）实际采用的 OC 曲线

P_0：接收上限　对 $P \leqslant P_0$ 的产品批以尽可能高的概率接收；

P_1：拒绝下限　对 $P \geqslant P_1$ 的产品批以尽可能高的概率拒收。

$\alpha = 1 - L(P_0)$ —生产者风险

$\beta = L(P_1)$ —消费者风险

一般 $\alpha = 0.05$　　$\beta = 0.1$

P_0 与 P_1 由供需双方协商

（3）OC 曲线分析　影响 OC 曲线形状的因素主要有批量 N、样本大小 n 和合格判定数 C：

1）当 $n \approx N$，且 Ac 适当，则 OC 曲线接近于理想曲线，这在实际抽样检验中无意义；

2）Ac 一定时，n 增大，OC 曲线会左移，此时，α 增大，β 减小，曲线斜率增大，形成拐点，表示方案的鉴别能力提高；

3）n 一定时，Ac 增大，OC 曲线会右移，标志着方案趋向质量放宽；

4）OC 曲线的曲率越大，表明它对质量变化的反应越敏感，所代表的方案越严，对批质量水平的鉴别能力越强；

5）在特定的方案中，N 对 OC 曲线的影响非常小。对于稳定的生产工序，可将 N 加大，以便在同样风险率的情况下，相对减少检验量 n，降低检验成本。

（4）抽样检验中常见的参数。

1）可接受质量水平，也称合格质量水平，是指在抽样检验中经供需双方所认定的合格批的批不合格品率（或每 100 个单位产品中的平均缺陷数）的上限，用 AQL 表示，即 P_0。生产者比较关心这一参数。通常凡是 $P \leqslant AQL$ 的检验批应以不低于 $1-\alpha$ 的高概率接受。

2）批允许不合格品率是指经供需双方共同认定的不合格批的批不合格品率的下限，也称极限质量水平，简称 LTPD，即 P_1。P_1 有利于消费者的利益，消费者较关心这一参数。

3）平均出厂质量是指在抽样检验完成后，企业最终交付用户的平均产品不合格率。也称平均出厂不合格率（简称 AOQ）。如果交验产品的批量为 N，不合格率为 P，抽样检验方案的样本数为 n，合格判定数为 AC，则接受概率为 $L(P)$，拒收概率为 $1-L(P)$。

$$\text{AOP} = P_A \cdot P \cdot \frac{N-n}{N} = L(P) \cdot P \cdot \frac{N-n}{N}$$

4）平均出厂质量极限值　对于 AOQ，当 P 增大到某一数值时，AOQ 的值达到极大值，该极值即为平均出厂质量极限值（AOQL）。

5）平均总检验量　长期平均的检验量（ATI）。

$$\text{ATI} = P_A \cdot n + (1 - P_A) \cdot N = n + (N - n)[1 - L(P)]$$

7.2.4　抽样方案

（1）计数标准型 1 次抽样检验方案　标准型抽样检验方案，是按供求双方共同认可的 OC 曲线，对一批产品进行抽样检验的方案。需要确定的参数有 P_0，α，P_1，β 以及抽检方案 $(N，n，c)$。通过选择适当小的 α 和 β 值，同时满足生产者和消费者双方的质量保护要求。希望不合格品率为 P_1 的批尽量判为不合格，其接收概率仅为 $L(P_1) = \beta$；希望不合格率为 P_0 的批尽量判为合格，其不合格率为 $1-L(P_0) = \alpha$。据此应建立一组联立方程来求样本大小 n 和判定数 c。由于计算比较复杂，实际工作中常采用查表法确定。

（2）计数调整型抽样方案。

1）计数调整型抽样检验方案的类型　计数调整型抽样检验可以根据过去的检验情况调整检验方案，不一定要采用某种固定的验收方案。具体实施时，根据质量的实际情况，采用一组正常、加严和放宽等三个严格程度不同的方案，并且用一套转换规则把它们有机地联系起来。正常抽样方案是在产品质量正常的情况下采用的检验方案。加严抽样方案是在产品质量变差或生产不稳定时采用的抽样方案，以保证产品质量，减少第 2 种错误的概率，保护消费方的利益。放宽抽样方案是在产品质量比所要求的质量稳定性好时采用的抽样方案，鼓励供货者提高产品质量，降低检验费用，它可以降低第 1 种错误的概率，对生产方有利。

因此，抽样方案的调整是根据产质量的好坏来调整检验的宽严程度。

2）计数调整型抽样检验方案转换规则　在使用调整型抽样检验系统时，还需要一套转换规则，在 GB 2828—87 中具体规定如下（以下的"批"均指初次提交检验的批）。

① 从正常到加严，连续 5 批或不到 5 批中有 2 批不合格。

② 从加严到正常，连续 5 批合格。

③ 从正常到放宽，需要下列条件同时满足：连续 10 批合格，且其中的不合格品累计数不超过 GB 2828—87 表 1 中规定的限制数，生产正常，主管质量的部门同意。

④ 从放宽到正常，下列条件之一发生时：本批不合格数超过接收界限（如本批不合格数按特宽检验未达到拒收的界限则本批接收），下一批转为正常；生产不正常；主管质量的部门认为有必要。

⑤ 从加严到暂停，从加严检查开始后不合格批累计达到 5 批；或连续 10 批停留在加严检验。

7.2.5　检验水平

检验水平是用来对产品批合格与否进行鉴别的能力，决定批量与样本大小之间关系的等级。检查水平越低，样本量越少，检查费用也就越少，错判概率 α 和 β 就大，鉴别能力就越低。反之，鉴别能力就越强。ISO 2859 共有七级检查水平，由低到高，分别是四个特殊检验水平：S-1、S-2、S-3、S-4 和三个一般检验水平：Ⅰ、Ⅱ、Ⅲ，可根据需要指定其中的一个（表 7-1）。

表 7-1　样本大小字码表

批量	特殊检验水平				一般检验水平		
	S-1	S-2	S-3	S-4	Ⅰ	Ⅱ	Ⅲ
2~8	A	A	A	A	A	A	B
9~15	A	A	A	A	A	B	C
16~25	A	A	B	B	B	C	D
26~50	A	B	B	C	C	D	E
51~90	B	B	C	C	C	E	F
91~150	B	B	C	D	D	F	G
151~280	B	C	D	E	E	G	H
281~500	B	C	D	E	E	H	J
501~1200	C	C	E	F	G	J	K
1201~3200	C	D	E	G	H	K	L
3201~10000	C	D	F	G	J	L	M
10001~35000	C	D	F	H	K	M	N
35001~150000	C	E	G	J	L	N	P
150001~5000000	C	E	G	J	M	P	Q
>5000000	C	E	H	K	N	Q	R

在没有特别要求的情况下，通常使用检验水平Ⅱ。当降低抽样方案对产品批质量判别能力能接受时，可采用检验水平Ⅰ。当需要提高抽样方案对产品批质量的判别能力时，可采用检验水平Ⅲ（适用检验费用比较低的场合）。检验水平 S-1~S-4 适用于破坏性试验或代价大的试验（产品单价高或实验时间长），即宁愿增加对批质量误判的危险性，仍希望尽量减少样本容量的情况。

7.3　食品安全现场抽样检验要点

7.3.1　现场抽检的原则

（1）合法性原则　抽检的机构和人员、抽检的方法和频率、检测项目和操作规程以及出具报告的形式必须符合有关法律、法规、规章、标准和技术规范的要求。

（2）客观性原则　监督抽检的样品应客观反映实际情况。

（3）代表性原则　监督抽检的样品，能真正反映被抽检对象的整体水平，即通过对具有代表性样品的监督抽检能客观推断全部被测产品、场所和环境的质量安全状况。

（4）典型性原则　监督抽检的样品，能充分、有效地说明被测产品、场所和环境是否受到污染或者产品是否存在掺假掺杂。

（5）适时性原则　检测结果能正确反映抽样当时的实际情况。在突发事件调查中应在第一时间采集样品；在日常监督中，应在正常生产经营和服务时采集样品，并在采样后及时送检。

7.3.2　现场抽检的程序及要求

（1）现场抽样的准备。

1）抽检人员应了解抽检目的，并备好抽检文书、抽样工具、容器、仪器设备、材料和试剂等。

2）抽样工具与容器应保持清洁干燥，需要做微生物检验的，应预先经灭菌消毒处理。

3）熟悉采样仪器设备、材料和试剂的性能、适用范围和使用方法。

（2）现场样品采集要求。

1）监督抽检必须由两名以上监管人员执行。抽样前应出示证件，表明身份，说明来意及监督抽检依据，告知被监督抽检人所享有的权利和义务，在被监督抽检者的陪同下进行样品的采集。

2）抽取样品时应避免受到污染，并遵守被监督抽检者的卫生、安全规定。对需进行微生物指标检测的样品，采样时应注意无菌操作。

3）为取得良好的总体代表性，采样应当遵循随机原则。

4）采样时，必须现场制作样品采集记录单，经两名以上执法人员签名后，交由被采样者核对签名，并留置一联。

（3）常规采样方法。

1）根据采样目的，抽检样品应当保证同批次，每份样品采集量满足监测项目和留样的需要，也可根据需要抽取同批次的另一份样品备查。执法人员不得随意扩大采样量。

2）样品应进行统一编号，执法人员必须当场制作现场检查笔录，按产品样品和非产品样品如实填写相应的采样记录单，并经被采样人签字确认。

3）在流通市场抽取样品时，应当以《产品样品确认告知书》的形式告知被抽产品标签所标注的生产或进口代理单位，要求其确认被抽样品的真实性。《产品样品确认告知书》可要求该产品的经营单位代为送达。

4）散装样品采样 ①液体或半液体：先充分搅拌均匀，再采样；难以搅拌均匀的，按容器高度（深度）等距离分为上、中、下三层，在四角和中间的三层中各取同样量的样品，混合后，再取检验所需样品；对流动的样品，采用定时定量从输出口取样，混合后，再取检验所需样品。②固体（颗粒或粉末）：采用分区、分层、分点采样法。每个区域面积一般为 $50 cm^2$，区内设"梅花"采样点，然后分层采样，经混合后，取检验所需样品。

5）大包装样品 ①液体或半液体：混合均匀的，按比例从大包装中采样，经混合后，取样；混合不均匀的，按比例从大包装的不同层中采样，经混合后，取样。②固体（颗粒或粉末）：按比例从大包装的不同层中采样，采用"四分法"分取平均样品。

6）小包装样品 按照生产日期、班次或批号，按比例随机取样。

7）物体表面 涂抹法、纸片法或洗涤法取样。

（4）采集样品的保存及送检。

1）样品应以尽可能快的方式传送到检验机构，且尽可能使样品保持原有的状态，水果、蔬菜等还应避免水分的散失，易腐败变质的样品要冷藏或冷冻。

2）仲裁用的样品，运送前要密封，加贴封条，写明日期并盖公章，或用石蜡封口，以防运送途中样品被更换。

3）特殊样品要在现场做相应处理后送检，避免样品之间交叉污染；易碎、易损样品包装应作特殊保护。

4）样品应尽快送达检验机构，并填写样品送检单，被查样品应按样品规定的条件保存。

（5）检验指标的选择 根据抽检任务和目的，结合产品特性选择检验指标，一般应首选食品安全国家标准中规定的指标，其次也可以选择地方标准中规定的指标、企业标准中规定的指标、相关技术规范的指标以及与产品标识或广告宣传内容有关的指标等。

7.3.3 检验结果的应用和评价

执法行为应使用具有认证认可标志的检验室出具的正式检验报告。为了确认检验结果的客观性和科学性，使用检验结果时应注意考虑以下可能的因素：

（1）当检测结果为阴性时应考虑 样品是否具有代表性，数量是否足够；检测方法是否具有灵敏度；是否存在不恰当的样品保存条件；实验室检验或操作过程是否存在错误等。

（2）当检测结果为阳性时应考虑 所用检验方法是否有特异性、检验过程是否存在干扰因素；样品采集、保存、运输及实验室操作过程是否存在污染；实验室操作过程是否存在错误等。

7.4 食品安全监督抽检工作程序（含飞行检查）

根据食品安全监督抽检工作程序要求，实施监督抽查应包括确定抽查计划、制订抽查实施方案、抽样、检验、异议的处理与汇总、监督抽查结果处理六个程序。

7.4.1 确定抽查计划

监督抽查的产品主要是行政执法部门根据涉及人体健康和人身、财产安全的产品，影响国计民生的重要工业产品以及消费者、有关组织反映有质量问题的产品，结合时令特色的食品，各地支柱食品，以及在上一年度抽查工作中发现应列入下一年度抽查计划的食品制订年度、季度、月度的抽查计划及不定期的抽查计划。监督抽查计划应当重点涵盖存在倾向性质量问题的区域、质量不稳定的企业以及微生物、重金属、添加剂、有毒有害物质等重点指标。在征求有关方面意见的基础上，制订监督抽查计划，并向有关单位下达监督抽查任务。

7.4.2 制订抽查实施方案

各级质量技术监督部门、检验机构接受监督抽查任务后应当制订抽查方案。抽查方案应当包括以下内容。

（1）适用的实施规范或者制定实施细则。

（2）抽样方法　说明抽样依据的标准、抽样数量和样本基数、检验样品和备用样品数量。

（3）检验依据　说明检验依据的标准。其检验依据设置应当符合下列原则。

1）当企业明示采用的企业标准或者质量承诺中的安全、卫生等指标低于强制性国家标准、强制性行业标准、强制性地方标准或者国家有关规定时，应以强制性国家标准、行业标准、地方标准或者国家有关规定作为检验依据。除强制性标准或者国家有关规定要求之外的指标，可以将企业明示采用的标准或者质量承诺作为检验依据。

2）没有相应强制性标准、企业明示的企业标准和质量承诺的，以相应的推荐性国家标准、行业标准作为检验依据。

3）检验项目　检验项目应当突出重点，主要选择涉及人体健康和人身安全的项目及主要的性能、理化指标等。

4）判定规则　有关国家标准或者行业标准中有判定细则的，原则上按标准的规定进行判定。标准中没有综合判定的，可以由承担抽查任务的检验机构提出方案，经相关任务下达部门批准同意后执行。

5）提出被抽查企业名单　确定抽查企业时，应当突出重点并具有一定的代表性，大、中、小型企业应当各占一定的比例，同时要有一定的跟踪抽查企业的数量。必要时，可以专门指定被抽查企业的范围。

6）抽查经费预算　抽查经费预算应当按照不盈利的原则制定，主要包括检验费、差旅费、样品运输费、公告费等。

监督抽查方案中的抽样、检验依据、检验项目、判定规则等内容应当坚持科学、公正、公平、公开的原则。抽查方案经相关任务下达部门审查批准后，向承检机构出具《监督抽查任务书》《监督抽查通知书》。

7.4.3 实施抽样

（1）抽样人员要求 抽样人员应当是承担监督抽查的部门或者检验机构的工作人员。抽样人员应当熟悉相关法律、法规、标准和有关规定，并经培训考核合格后方可从事抽样工作。

监督抽查抽样人员按各地要求组成。但国家监督抽查抽样人员应当由被抽查企业所在地的省级质量技术监督部门指派的人员和承检单位的人员组成。

抽样人员不得少于2名。抽样前，应当向被抽查企业出示组织监督抽查的部门开具的监督抽查通知书或者相关文件复印件和有效身份证件，向被抽查企业告知监督抽查性质、抽查产品范围、实施规范或者实施细则等相关信息后，再进行抽样。

抽样人员应当核实被抽查企业的营业执照信息，确定企业持照经营。对依法实施行政许可和相关资质管理的产品，还应当核实被抽查企业的相关法定资质，确认抽查产品在企业法定资质允许范围内后，再进行抽样。

抽样人员抽样时，要将该企业现场生产条件、卫生状况、工作状态以及封样情况等，简要记录在抽样单上；必要时，可进行现场录像或照相，其资料留存到异议期过后。

抽样人员抽样时，若发现企业有违法生产行为的，要立即报告给被抽检企业所在地的质监部门，由当地质监部门依法进行查处。

抽样人员抽样时，应当公平、公正，不徇私情。

（2）样品要求 抽查的样品应当在企业成品仓库内的待销产品中抽取，并保证样品具有代表性。抽取的样品应当是经过企业检验合格的近期生产的产品。

1）遇有下列情况之一的，不得抽样：

① 被抽查企业无《监督抽查通知书》所列产品的；

② 产品未经企业检验合格的；

③ 有充分证据证明拟抽查的产品为企业自产自用且非用于销售的；

④ 产品为按有效合同约定而加工、生产的；

⑤ 抽样时有充分证据证明该产品用于出口，并且出口合同对产品质量另有规定的；

⑥ 产品标有"试制"或者"处理"字样的；

⑦ 产品抽样基数不符合抽查方案要求的。

⑧ 抽样人员封样时，应当使用封签标识，有防拆封措施，以保证样品的真实性。

2）未抽到样品情况的处理：

① 企业转产、停产或暂不生产计划所列产品的，应查验库房和出货单，确认无误后请企业出具情况说明，并加盖公章，与抽查总结材料一并上报；若该企业一旦恢复生产，当地质监部门应及时抽样，将样品送承检机构检验。

② 由于企业倒闭或其他客观原因抽不到样且无法出具企业证明的，由抽样人员出具抽样过程情况说明，加盖当地质监部门公章后，与抽查总结材料一并上报。

③ 被抽查企业无正当理由拒绝监督抽查的，抽样人员应当填写拒绝监督抽查认定表，列

明企业拒绝监督抽查的情况，由企业人员、当地质监部门和抽样人员共同确认；企业拒不签字的，当地质监部门和抽样人员共同确认也可，并报组织监督抽查的部门。

3）抽样单填写要求 抽样工作结束后，抽样人员应当填写抽样单。抽样单中有关企业名称、商标、规格型号、生产日期、抽样日期、抽样基数、抽样数量、执行标准、检验依据、是否为合格待销产品、是否为出口产品、该批产品是否有合同、生产许可证和获证的情况等内容必须逐项填写清楚。企业需要特别陈述的内容，在备注栏中加以说明。

抽样单必须由抽样人员和被抽样企业有关人员签字，并加盖被抽样企业公章。对特殊情况，可由当地质量技术监督部门予以确认。如所抽样品执行的是企业标准时，应当将该企业标准的文本复印件和样品一同带走，并妥善保管。如产品为委托加工，且加工合同对产品和质量有明确要求的，抽样人员必须要求企业当场提供委托加工备案手续或者合同复印件，并要求企业负责人在复印件上签字、加盖公章。如企业拒不提供合同，或者合同对产品和质量无明确要求的，要向企业说明情况，产品必须按照本办法的要求进行检验、判定，并做好告知记录。企业如有需要特别陈述的情况，抽样人员应当在备注栏中加以说明。抽样单一式四份，分别留存检验机构和企业，寄送当地省级质量技术监督部门和报送国家质检总局。

抽取样品一般应全数由抽样人员负责携带或者寄送至承担检验工作的检验机构。对于易碎品和有特殊贮存条件的样品，抽样人员应当采取措施，保证样品运输过程中状态不发生变化。需要企业协助寄、送样品的，企业应在规定时间内将样品寄、送至指定的检验机构。无正当理由不寄、送样品的，按拒检论处。

特殊情况下，抽取的备用样品可以封存在企业，由被检企业妥善保管。企业不得自行更换、处理已抽查封存的样品。一旦在市场抽取样品时，抽样单位应当以特快专递形式书面通知产品包装或者铭牌上标称的生产企业，确认产品真伪等情况。生产企业有异议的，应当于接到通知之日起15日内向组织监督抽查的部门提出，并提供证明材料。逾期无书面回复的，视为无异议。组织监督抽查的部门应当核查生产企业提出的异议。样品不是产品标称的生产企业生产的，移交销售企业所在地的质监部门依法处理。

7.4.4 实施检验

检验机构接收样品时应当检查、记录样品的外观、状态、封条有无破损及其他可能对检验结果或者综合判定产生影响的情况，并确认样品与抽样文书的记录是否相符，对检验和备用样品分别加贴相应标识后入库。在不影响样品检验结果的情况下，应当尽可能将样品进行分装或者重新包装编号，以保证不会发生因其他原因导致不公正的情况。

检验机构应当妥善保存样品。制定并严格执行样品管理程序文件，详细记录检验过程中的样品传递情况。检验过程中遇有样品失效或者其他情况致使检验无法进行的，检验机构必须如实记录即时情况，提供充分的证明材料，并将有关情况上报组织监督抽查的部门。

检验原始记录必须如实填写，保证真实、准确、清晰，并留存备查；不得随意涂改，更改处应当由检验人员签名。对需要现场检验的产品，检验机构应当制定现场检验规程，并保证对同一产品的所有现场检验遵守相同的规程。除因样品失效或者其他情况致使检验无法进行外，检验机构应当出具抽查检验报告，检验报告应当内容真实齐全、数据准确、结论明确。检验机构应当对其出具的检验报告的真实性、准确性负责。禁止伪造检验报告或者其数据、结果。

检验工作结束后，检验机构应当在规定的时间内将检验报告及有关情况报送组织监督抽查的部门。国家监督抽查同时抄送生产企业所在地的省级质量技术监督部门。

检验结果为合格的样品应当在检验结果异议期满后及时退还被抽查企业。检验结果为不合格的样品，应当在检验结果异议期满三个月后退还被抽查企业。样品因检验造成破坏或者损耗而无法退还的，应当向被抽查企业说明情况。被抽查企业提出样品不退还的，可以由双方协商解决。

7.4.5 异议的处理与汇总

被抽查企业或者样品经过确认的生产企业对检验结果有异议的，应当在接到《监督抽查检验结果通知单》之日起 15 日内，向组织实施监督抽查任务的质量技术监督部门提出书面报告，并抄送检验机构。逾期未提出异议的，视为承认检验结果。

若为国家监督抽查任务时，国家质检总局可以委托省级质量技术监督部门、检验机构处理企业提出的异议，检验机构收到企业书面报告，需要复验时，经任务下达单位同意，应当按抽查方案采用备用样品检验，并应当在 10 日之内作出书面答复。若为国家监督抽查任务时，复验结果抄报国家质检总局，抄送企业所在地的省级质量技术监督部门。特殊情况下，由任务下达单位指定检验机构调整进行复验。

7.4.6 监督抽查结果处理

组织监督抽查的部门应当汇总分析监督抽查结果，依法向社会发布监督抽查结果公告，向地方人民政府、上级主管部门和同级有关部门通报监督抽查情况。对无正当理由拒绝接受监督抽查的企业，予以公布。

对监督抽查发现的重大质量问题，组织监督抽查的部门应当向同级人民政府进行专题报告，同时报上级主管部门。负责监督抽查结果处理的质量技术监督部门（以下简称负责后处理的部门）应当向抽查不合格产品生产企业下达责令整改通知书，限期改正。监督抽查不合格产品生产企业，除因停产、转产等原因不再继续生产的，或者因迁址、自然灾害等情况不能正常办公且能够提供有效证明的以外，必须进行整改。

企业应当自收到责令整改通知书之日起，查明不合格产品产生的原因，查清质量责任，根据不合格产品产生的原因和负责后处理的部门提出的整改要求，制订整改方案，在 30 日内完成整改工作，并向负责后处理的部门提交整改报告，提出复查申请；企业不能按期完成整改的，可以申请延期一次，并应在整改期满 5 日前申请延期，延期不得超过 30 日；确因不能正常办公而造成暂时不能进行整改的企业，应当办理停业证明，停止同类产品的生产，并在办公条件正常后，按要求进行整改、复查。企业在整改复查合格前，不得继续生产销售同一规格型号的产品。

监督抽查不合格产品生产企业应当自收到检验报告之日起停止生产、销售不合格产品，对库存的不合格产品及检验机构退回的不合格样品进行全面清理；对已出厂、销售的不合格产品依法进行处理，并向负责后处理的部门书面报告有关情况。对因标签、标志或者说明书不符合产品安全标准的产品，生产企业在采取补救措施且能保证产品安全的情况下，方可继续销售。

监督抽查的产品有严重质量问题的，依照《产品质量监督抽查管理办法》第四章的有关规定处罚。负责后处理的部门接到企业复查申请后，应当在 15 日内组织符合法定资质的检验机构按照原监督抽查方案进行抽样复查。监督抽查不合格产品生产企业整改到期无正当理由不申请复查的，负责后处理的部门应当组织进行强制复查。复查检验费用由不合格产品生产企业承担。

监督抽查不合格产品生产企业有下列逾期不改正的情形的，由省级以上质量技术监督部门向社会公告：

（1）监督抽查产品质量不合格，无正当理由拒绝整改的；

（2）监督抽查产品质量不合格，在整改期满后，未提交复查申请，也未提出延期复查申请的；

（3）企业在规定期限内向负责后处理的部门提交了整改报告和复查申请，但并未落实整改措施且产品经复查仍不合格的。

监督抽查发现产品存在区域性、行业性质量问题，或者产品质量问题严重的，负责后处理的部门可以会同有关部门，组织召开质量分析会，督促企业整改。各级质量技术监督部门应当加强对监督抽查不合格产品生产企业的跟踪检查。监督抽查不合格产品及其企业的质量问题属于其他行政管理部门处理的，组织监督抽查的部门应当转交相关部门处理。

7.4.7 飞行检查

飞行检查（Unannounced Inspection），简称飞检，是跟踪检查的一种形式，指事先不通知被检查部门实施的现场检查。飞行检查是国际上产品认证机构对获证后的工厂最常用的一种跟踪检查方法，也是提高工厂检查有效性的重要手段。飞行检查，是监管部门针对行政相对人开展的不预先告知的监督检查，具有行动的隐秘性、检查的突然性、接待的绝缘性、现场的灵活性、记录的即时性等特点。

2006 年，国家食品药品监督管理局发布《药品 GMP 飞行检查暂行规定》，建立了飞行检查制度，即事先不通知被检查企业而对其实施快速的现场检查。飞行检查有利于监管部门掌握药品生产企业药品生产的真实状况，克服药品 GMP 认证过程中存在的形式主义和检查走过场的不足，对药品 GMP 认证检查也起到了监督促进作用。以往的跟踪检查由于事先通知被检查企业，检查组很难掌握药品生产企业的即时生产状况，特别是针对举报实施的检查，由于企业有所准备，给现场检查核实问题带来困难。采取飞行检查的形式进行监督检查，对药品生产企业起到极大的震慑作用，强化了企业的自律意识和守法自觉性。

飞行检查作为一种有效的监管手段，很快被推广到其他的认证单位。在政府重点关注和社会热点领域，加强相关检测能力和监督管理。检查的重点是涉及人身安全、食品安全、节能、环境保护等领域。

附：飞行检查样表

学校食堂（集体用餐配送）食品安全飞行检查表

学校、托幼机构全称：＿＿＿＿＿＿＿ 地址：＿＿＿＿＿＿＿ 学校类型：＿＿＿＿＿＿＿

在校生数：＿＿＿＿＿ 住校生数：＿＿＿＿＿ 日用餐数：＿＿＿＿＿

学校管理人：＿＿＿＿＿ 职务：＿＿＿＿＿ 手机：＿＿＿＿＿

餐厅面积：＿＿＿＿＿ m² 从业人员数：＿＿＿＿＿ 人 经营方式：＿＿＿＿＿

承包企业：＿＿＿＿＿ 地址：＿＿＿＿＿ 承包人（经理）：＿＿＿＿＿ 电话：＿＿＿＿＿

项目	检查内容	是	否	存在问题	整改
组织管理	建立了以校长（法人）为第一责任人的食品安全管理机构，健全了制度（看材料）	√			
	建立了食品安全责任追究制度，明确了各环节岗位人员的责任（看材料）				
	学校经常研究食品安全工作，每学期3次以上（查会议记录）	√			
	学校每年与食堂负责人签订食品安全责任书（看材料）	√			
	上级有关学校食品安全法律法规、文件留存好并贯彻落实（看材料）	√			
	有专职食品安全管理人员（看材料）	√			
安全管理	食堂卫生、安全设施齐全，无任何食品安全隐患（看现场）	√			
	学校专职管理人员定期检查食堂，记录详细，问题整改到位（查记录本）	√			
许可情况	食堂持有效期内的餐饮服务许可证，并公示在醒目位置（看现场）	√			
	经营项目与许可相符，无违规制售凉菜、冷饮、油炸水煮现象（问学生）	√			
	没有转让、涂改、出借、倒卖、出租许可证的行为	√			
	校外订餐，确认生产者许可证上有"集体配餐"或"学生营养餐"项目（看材料）				
食堂环境设施	食堂25m内无厕所、化工等污染源、有毒源（看现场）	√			
	食堂整体卫生环境洁净，各项管理制度上墙明示（看现场）	√			
	采取了灭蝇、鼠、蟑螂和其他有害昆虫及其孳生环境的措施（看现场）	√			
	冷藏、冷冻、清洗、排烟、灶具等设施设备齐全、充足（看现场）	√			

项目	检查内容	是	否	存在问题	整改
从业人员管理	建立并落实了从业人员健康档案管理制度（看材料）	√			
	从业人员都经过培训，持有健康合格证，掌握基本知识（看材料、提问）	√			
	都穿戴工作衣帽口罩，佩合格证上岗，不留长指甲、戴首饰（看现场）	√			
	未发现患有食品安全疾病的从业人员加工直接入口食品（看现场）	√			
落实索证	采购食品、原料、油、肉、米是否逐一查验、落实索证索票制度（看材料）	√			
	台账记录是否详细（看台账）	√			
	不存在国家禁止使用或来源不明的食品及原料、食品添加剂及食品相关产品	√			
贮存管理	贮存食品、原料的设施、房间符合要求，食品添加剂专柜保存（看现场）	√			
	食品、原料优质、新鲜，在保质期内（现场抽检）	√			
清洗消毒	卫生消毒设施（柜）齐全，且数量满足需要（看现场）	√			
	消毒池未与其他水池混用，并有标识（看现场）	√			
	原料、餐饮具清洗彻底，消毒人员掌握消毒知识，每餐消毒（现场抽检）	√			
食品制作管理	加工制作生、熟分开，不存在交叉污染情况（看现场）	√			
	加工食品，特别是菜豆、豆浆，做到烧熟煮透（看现场、问学生）	√			
	存放超过 2 h 的食品要加热，无违法添加食品添加剂情况（看现场）	√			
	没有使用超期变质等影响食品安全可疑食品的行为	√			
留样管理	留样冰箱运转正常，保持在 0~6℃（看现场）	√			
	每份食品留 100 g，48 h 以上，留样记录本详细（看现场、看材料）	√			
使用食品添加剂	食品添加剂使用符合《食品安全国家标准　食品添加剂使用卫生标准》（GB 2760—2014）	√			
	达到专店采购、专柜存放、专人负责、专用工具、专用台账要求	√			
学校食堂开放日	开展"洁厨亮灶"情况（视频监控、明档厨房、网络明厨等）				
	是否组织开展学校开放日活动				

章尾

1. 推荐阅读

(1) 段永升,许新建. 食品安全抽样检验管理办法条文解读 [M]. 北京:中国工商出版社,2020.

食品安全抽检监测,是《中华人民共和国食品安全法》确立的重要制度,是食品安全监管的重要支撑,也是市场监督管理部门有效掌握食品安全形势和质量安全状况的重要手段。为适应新时代食品安全监管工作需要,建立健全食品安全抽检监测工作机制,国家市场监督管理总局2019年修订并发布实施《食品安全抽样检验管理办法》(以下简称《办法》)。该书对监督抽检、风险监测和评价性抽检的概念进行诠释,对"网络食品"等新兴业态食品抽检规程进行解读,对抽检不合格食品检验结论复检、异议相关规定进行详细解释。文中所引用的实例,均源于各级市场监督管理部门、承检机构在食品安全抽检监测工作中出现的各类问题和咨询,具有较好的代表性。

(2) 刘作翔. 食品监督管理典型案例及其评析 [M]. 北京:中国医药科技出版社,2019.

该书从2008年至2017年,选取了54个食品监督管理典型案例,每个案例分别通过案情简介、处罚内容、法律依据和案例评析等方面进行了解读,有助于了解相关案例或者涉及日常生活中的常见或者涉及常规执法中的可重复操作。本书有助于建立食品药品监督管理执法领域的案例指导制度,以便于基层执法活动提供参考。

(3) 王瑞萍. 食品安全现场检查操作实务 [M]. 北京:中国工商出版社,2019.

该书基于现场检查的场景,针对食品安全监管的具体环节、具体要点进行了逐一详解,便于日常监管工作的直接应用。它包含食品生产监督检查、食品销售监督检查、餐饮服务监督检查、食用农产品市场销售质量安全监督检查、特殊食品销售监督检查和网络食品安全监督检查六个部分,分为"检查内容、检查结果问题表现、违法行为或涉嫌案件线索、法律依据"四项内容共计198个条目,直观、简洁、易懂。

2. 开放性讨论题

如何发挥食品抽检在食品安全监管中的作用?

3. 思考题

(1) 抽样检验的优缺点有哪些?

(2) 什么是抽样检验的 OC 曲线,如何进行评价?

(3) 现场抽检的原则是什么?

(4) 食品安全现场抽检过程及相关要求有哪些?

(5) 什么是飞行检查?如何制订抽查实施方案?

参考文献

[1] 柳泉伟,汪亚娜. 食品安全抽检分离改革难点分析及抽检闭合管理操作实务 [J].

现代食品，2021（5）：125-128.

［2］黄晶，蔡德玲，陆江成，等．食品安全监督抽检抽样工作中存在的问题和对策探究［J］．中国食品，2021（9）：132-133.

［3］李欣，温一菲．食品安全监督抽检环节风险点［J］．食品安全导刊，2020（36）：84.

［4］卢永福．提升食品安全抽检质量的探索与思考［J］．中国市场监管研究，2020（11）：46-49.

［5］彭碧宁，黄晶，陆江成，等．食用农产品抽检实操中存在的问题及对策［J］．中国食品，2021（7）：96-97.

［6］徐桂锋，王宏．食品安全监督抽检抽样工作中存在的问题及其改进建议［J］．食品安全质量检测学报，2019，10（12）：3725-3729.

课件

8 食品安全风险监测、评估与预警

章首

1. 导语

食品安全问题不仅关系到消费者的健康，也是影响各国食品国际贸易和政治稳定的重要因素。保障食品安全是国际社会面临的共同挑战和责任。各国政府和相关国际组织在解决食品安全问题、减少食源性疾病、强化食品安全体系方面不断探索，食品安全管理水平不断提高，特别是在风险监测、评估与预警的理论与实践上得到广泛认同和应用。本章就食品安全风险监测体系、食品安全风险评估方法、食品安全预警体系以及食品安全标准的风险监测、评估四个方面进行介绍。

通过本章的学习可以掌握以下知识：

❖ 了解我国食源性疾病监测工作的发展历程；制定国家年度食品安全风险监测计划的程序、内容和应遵循的选择原则；构建剂量—反应分析模型的过程；食品安全风险评估的程序

❖ 熟悉危害识别、暴露评估的任务、数据资料来源和主要方法；毒理学研究试验设计时必须遵循的原则；食品中的有害化物和有害微生物，暴露评估时要考虑的因素；风险特征描述的主要内容、方法

❖ 掌握食品安全风险监测的定义；国家食品安全风险监测体系的核心内容；食品安全风险评估的定义和分类；毒理学试验中常用指标的定义和含义；流行病学研究的分类方法；暴露评估的核心内容及能够解决的问题；风险特征的定性描述和定量描述的内容

2. 知识导图

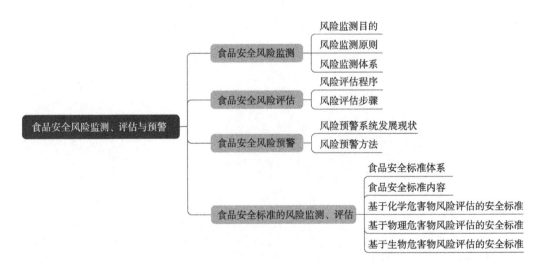

3. 关键词

食品安全风险监测、食品安全风险评估、食品安全风险预警、数据来源、食品安全标准、危害识别、危害特征描述、暴露评估、风险特征描述、定性描述、定量描述、流行病学、毒理学

4. 本章重点

❖ 开展国家年度食品安全风险监测计划的程序、内容和应遵循的选择原则

❖ 食品安全风险监测的定义和国家食品安全风险监测体系的核心内容

❖ 食品安全风险评估的定义、分类和程序

❖ 危害识别的任务、数据资料来源和主要方法

❖ 毒理学试验中常用指标的定义、含义和试验设计时必须遵循的原则

❖ 流行病学研究的分类方法

❖ 危害特征描述、暴露评估的核心内容，能够解决的问题

❖ 开展暴露评估的数据来源

❖ 定性描述和定量描述的内容

❖ 风险特征描述的主要内容、方法

5. 本章难点

❖ 食品安全风险评估的程序

❖ 构建剂量—反应分析模型的过程

❖ 食品中的有害化学物和有害微生物暴露评估时要考虑的因素

❖ 风险特征描述的主要内容、方法

8.1　食品安全风险监测

2009 年我国颁布《中华人民共和国食品安全法》（以下简称"食品安全法"）将食品安全风险监测确立为一项重要的法律制度，对食源性疾病、食品污染以及食品中的有害因素进行监测。国务院卫生行政部门会同国务院食品药品监督管理、质量监督等部门，制订、实施国家食品安全风险监测计划。食品安全风险监测制度是有关食品安全风险监测管理部门、检测机构、检测内容、监测计划、检测范围、监测效果等制度的总称。

食品安全的风险来源贯穿于由农田到餐桌的各个环节，我国的食品安全风险具有多样性和复杂性的特点。具体表现为：

（1）食品供应链源头污染问题凸显　我国正处于工业化、城镇化和农业集约化快速发展时期，大量生活和工业"三废"的产生及农药化肥不合理使用等行为导致农业产地环境污染问题凸显，由此形成的环境污染物都可以进入食物链。因此，农产品产地环境污染问题是我国食品安全亟待解决的关键性问题。

（2）食品生产工艺、包装和操作环境造成的微生物污染时有发生　目前我国部分食品生产过程中自动化、规模化程度较低，导致生产过程中的人为因素不易控制，常常造成有害微

生物污染食品。例如，速冻米面食品、冷冻海产品。

（3）运输、储运成为食品安全问题产生的主要环节　农产品生产主要集中在农村及城郊，规模小而分散，我国日益发达的物流业促进了各种农产品从乡村到城镇间的快速流通。水果、蔬菜、畜产品、水产品等自然条件下或人工种植养殖的鲜活农产品，具有品种复杂、易腐败变质、保存困难的自然属性。储存仓库、运输车辆不清洁，运输途中包装破损或温度控制不好等问题都是增加储运环节食品安全风险因素的原因。

（4）销售管理不规范引入的食品安全问题时有发生　例如，假冒伪劣产品、"修改"标签和出售"三无"食品及劣质食品等。目前我国采用集市贸易形式进行食品销售的方式仍然较为常见，规模小且分散，监管难度比较大。部分经营者缺乏必要的技术、设备及规范管理，经营者诚信自律缺失的现象较为常见。

8.1.1　食品安全风险监测的目的

（1）了解我国食品安全整体状况，科学评价食源性疾病、食品污染和食品中有害因素对我国居民健康带来的危害及其造成的经济负担，为有效制定食品安全管理政策提供技术依据；

（2）了解国家或地区特定食品及特定污染物的水平，掌握污染物的变化趋势，为食品安全风险评估、风险预警、食品安全标准的制定和修订，以及采取有针对性监管措施提供科学依据；

（3）从一个侧面反映一个地区食品安全监管工作的水平，指导确定监督抽检重点领域，评价干预措施效果，为政府食品安全监管提供科学信息；

（4）指导科学发布食品安全预警信息，客观评价并发布食品安全客观情况，科学宣传食品安全知识，维护人民群众的知情权，指导消费，增强国内消费者信心，促进国际食品贸易发展。因此食品安全风险监测是食品安全科学监管的重要手段，监测获得的数据也是制定食品安全标准的重要依据。

8.1.2　食品安全风险监测遵循的选择原则

国家开展食品安全风险监测遵循优先选择原则。国家食品安全风险监测计划由国家食品安全风险评估专家委员会根据食品安全风险评估工作的需要提出，于每年6月底前报送卫生部。卫生部会同国务院有关部门于每年9月底以前制定并印发下年度国家食品安全风险监测计划。在制订国家食品安全风险监测计划时，应征求行业协会、国家食品安全标准审评委员会以及农产品质量安全评估专家委员会的意见。在省级层面，由省级卫生、市场监管、农业、商务、财政等部门联合制订并下发年度食品安全风险监测实施方案，监督并考核下级实施情况；省级以下各级政府卫生、市场监管、农业等部门，依据国家和省级监测方案，结合本辖区食品安全风险实际情况，制订相应食品安全风险监测方案，依法落实工作任务，并接受上级考核。以卫生系统为例，各级卫生行政部门一般指派辖区疾病预防控制中心具体承担食品安全风险监测的工作职责。疾病预防控制中心安排专人负责食品样品采集、登记、实验室检测、数据网报、结果分析以及食源性疾病病例信息收集、生物样本检测、事件处置等工作，依法履行法律赋予的使命。

兼顾常规监测范围和年度重点，将以下情况作为优先监测的内容：

（1）健康危害较大、风险程度较高以及污染水平呈上升趋势的；

（2）易于对婴幼儿、孕产妇、老年人、病人造成健康影响的；

（3）流通范围广、消费量大的；

（4）以往在国内导致食品安全事故或者受到消费者关注的；

（5）已在国外导致健康危害并有证据表明可能在国内存在的。

食品安全风险监测能够对相关食品安全数据进行主动收集，并分析食品中已知或未知的风险因素，进行有害因素的检测、检验、流行病学分析，及时发现食品安全隐患，为食品安全监管提供线索，做到尽早发现、尽早预防。

8.1.3　食品安全风险监测体系

1976 年，世界卫生组织、联合国粮农组织和联合国环境规划署共同发起全球环境及食品监测项目（GEMS/FOOD），旨在掌握各成员国食品污染状况，了解食品污染物的摄入量，保护人体健康，促进贸易发展。目前 70 多个国家和组织参与到该项目，我国在 20 世纪 80 年代参与到该项目中，由中国疾病预防控制中心营养与食品安全所牵头工作。GEMS/FOOD 体系要求每个会员国依据本国国情进行食品污染物的监测工作，收集相关的污染水平数据，并通过电子网页或者电子文档的形式上报给 GEMS/FOOD 相关组织，进行污染物数据的收集和整理，从而了解和掌握国际的食品污染物污染状况和水平。项目通过两种方式开展食品监测，一是对食物中污染物开展长期滚动监测，以分析食物污染情况，达到提示风险的目的；二是总膳食调查研究，通过调查居民膳食污染情况，对污染物暴露水平进行较为准确的评估。两种监测方式相辅相成，互为补充。

世界卫生组织全球沙门氏菌监测网（WHO Global Salm-Surv，WHO GSS）建立于 2000 年，是 WHO 为加强其成员对食源性疾病及食源性病原菌耐药性的监控能力的全球合作项目，成员为来自 148 个国家的 129 个公共卫生机构及近 800 名专业人员。主要进行技术培训、实验室间的质量控制，提供实验室和流行病学的培训手册、参比实验室等技术信息和技术支持。目前已经建立了 4 个区域性中心和 5 个国家级中心。

（1）我国食品安全风险评估及监管体系的建立　为了规范国家食品安全风险监测工作，实施食品安全风险监测制度，依据 2009 年《食品安全法》第二章明确提出，国家卫计委（原卫生部，以下类同）会同有关部门制定、实施了国家食品安全风险监测计划，负责组建了食品安全风险评估专家委员会，对食源性疾病、食品污染以及食品中的有害因素进行监测，并根据食品安全风险监测信息、科学数据以及有关信息，对食品、食品添加剂、食品相关产品中生物性、化学性和物理性危害因素进行风险评估，对可能具有较高程度安全风险的食品及时提出食品安全风险警示，并予以公布。

2010 年 1 月我国通过了《食品安全风险监测管理规定》，对食品安全风险监测第一次进行了法律界定与约束。食品安全风险监测定义为：通过系统和持续地收集食源性疾病、食品污染以及食品中有害因素的监测数据及相关信息，并进行综合分析和及时通报的活动。

国家卫计委先后会同有关部门共同制定并实施了《食品安全风险评估管理规定（试行）》《食品安全风险监测管理规定（试行）》等系列管理制度，对风险评估相关内容进行了详细的规定，明确了食品安全风险监测的范围、国家食品安全风险评估专家委员会的职责、预警管理机制、自身能力建设等相关问题，国家食品安全风险监测与评估工作的法制建设进入快速发展的阶段，法律法规体系框架已初步构建。目前，国家食品安全风险监测体系有两个核心部分，即全国食源性疾病监测网络和全国食品污染物监测网络（以下简称"两网"），监测的对象包括化学污染物和有害因素、食品微生物及其致病因子、食源性疾病等。

《食品安全法实施条例》第十四条和第六十三条中要求，省级以上人民政府卫生行政、农业行政部门应当及时相互通报食品和食用农产品的风险监测评估等相关信息，食用农产品质量安全风险监测评估由县农业行政部门进行。《中华人民共和国农产品质量安全法》（以下简称"农产品质量安全法"）总则的第六条规定，由农业行政主管部门设立了"农产品质量安全风险评估专家委员会"，负责对可能影响农产品质量安全的潜在危害进行风险分析和评估，并根据农产品质量安全风险评估结果，采取相应管理措施，将农产品质量安全风险评估结果及时通报国务院有关部门。2015 年修订的《食品安全法》第十四条至第十六条涉及了食品安全风险监测的相关条款。表 8-1 列举了《食品安全法》中涉及食品安全风险监测的相关条款。

表 8-1　《食品安全法》中涉及食品安全风险监测的相关条款

第十四条　国家建立食品安全风险监测制度，对食源性疾病、食品污染以及食品中的有害因素进行监测。国务院卫生行政部门会同国务院食品药品监督管理、质量监督等部门，制定、实施国家食品安全风险监测计划。国务院食品药品监督管理部门和其他有关部门获知有关食品安全风险信息后，应当立即核实并向国务院卫生行政部门通报。对有关部门通报的食品安全风险信息以及医疗机构报告的食源性疾病等有关疾病信息，国务院卫生行政部门应当会同国务院有关部门分析研究，认为必要的，及时调整国家食品安全风险监测计划。省、自治区、直辖市人民政府卫生行政部门会同同级食品药品监督管理、质量监督等部门，根据国家食品安全风险监测计划，结合本行政区域的具体情况，制定、调整本行政区域的食品安全风险监测方案，报国务院卫生行政部门备案并实施。

第十五条　承担食品安全风险监测工作的技术机构应当根据食品安全风险监测计划和监测方案开展监测工作，保证监测数据真实、准确，并按照食品安全风险监测计划和监测方案的要求报送监测数据和分析结果。食品安全风险监测工作人员有权进入相关食用农产品种植养殖、食品生产经营场所采集样品、收集相关数据。采集样品应当按照市场价格支付费用。

第十六条　食品安全风险监测结果表明可能存在食品安全隐患的，县级以上人民政府卫生行政部门应当及时将相关信息通报同级食品药品监督管理等部门，并报告本级人民政府和上级人民政府卫生行政部门。食品药品监督管理等部门应当组织开展进一步调查。

（2）食源性疾病监测网　随着全球贸易的快速发展，食源性疾病暴发呈现出跨区域传播、变化快、难预测等特点。食源性疾病不仅成为日益严重的全球性公共卫生问题之一，也是食品安全问题的首要重点。为了应对食源性疾病给公众身体健康与生命安全、社会、经济带来严重危害，许多国家相继开展食源性疾病监测，识别、监视和预警暴发，确定特定疾病的发展趋势、危险因素和疾病负担，减少发病和死亡。

食源性疾病：指通过摄食进入人体的各种致病因子引起的通常具有感染或中毒性质的一类疾病。

食源性疾病监测：系统持续地收集食源性疾病信息，通过对疾病信息进行汇总、分析和核实，以识别食源性疾病暴发和食品安全隐患，掌握主要食源性疾病的发病及流行趋势，确定疾病发生的基线水平、危险因素和疾病负担，是国家食品安全风险监测体系的重要组成部分。

● 我国的食源性疾病监测网

2009 年颁布的《食品安全法》中规定："国家建立食品安全风险监测制度，对食源性疾病、食品污染以及食品中的有害因素进行监测。"国家卫生健康委员会负责开始全面启动我国食源性疾病监测体系的构建。先后制定了《食品安全风险监测管理规定（试行）》《食源性疾病监测报告工作规范（试行）》《食品安全事故流行病学调查指南》等一系列相关文件，通过实施统一的《国家食品安全风险监测计划》，我国食源性疾病监测工作组织架构逐渐清晰，监测内容由过去单一的群体性事件报告向病例监测、溯源调查、暴发监测为一体的综合监测转变，监测模式也由过去的被动监测变为主动监测和被动监测互为补充，食源性疾病监测、调查、溯源能力逐步提升。

食品微生物及其致病因子监测包括卫生指示菌、食源性致病菌、病毒等指标。在我国监测的不同类别食品中，水产品样品阳性率较高，主要受副溶血性弧菌、霍乱弧菌的污染，是引起细菌性食物中毒的主要原因。肉与肉制品中金黄色葡萄球菌、沙门氏菌、单核细胞增生李斯特氏菌阳性检出率较高。肉食类制作业、餐饮服务业及家庭厨房必须严格生熟分开、防止交叉污染，避免细菌性食物中毒的发生。监管部门应从生产、养殖、屠宰、配送、销售、餐饮等各个环节加强监督管理，确保消费者的食品安全。

我国的食源性疾病监测工作发展脉络如下：

2000 年，我国开始建立食源性致病菌监测网，针对食品中沙门菌、单增李斯特菌、肠出血性大肠埃希菌 O157 : H7 和弯曲杆菌进行连续主动监测。2004 年建立 PulseNet China，全国多个省市疾病预防控制中心（CDC）实验室建立了脉冲场凝胶电泳（Pulsed-Field Gel Electrophoresis，PFGE）分型技术。2010 年，国家开始建立全国食源性疾病报告系统、食源性疾病事件报告系统和疑似食源性异常病例/事件报告系统，对病例和所有处置完毕的、发病人数为 2 人及以上或死亡人数为 1 人及以上的食源性疾病事件进行监测。2011 年，国家食品安全风险评估中心利用覆盖全国的哨点医院，实现"以疾病找食品"和"以食品找食品"双管齐下的溯源防控策略。该监测体系不仅可以对哨点医院提供的患者的生物标本进行检验识别，还可以对相同食品污染引发的病例进行聚集性分析，对食品安全事件进行病原追踪。2019 年，为规范卫生健康系统食源性疾病监测报告工作，国家卫生健康委组织制定了《食源性疾病监测报告工作规范（试行）》。表 8-2 为食源性疾病报告名录。

表 8-2 食源性疾病报告名录

序号	食源性疾病名称
	细菌性（12 种）
1	非伤寒沙门氏菌病
2	致泻性大肠埃希氏菌病

序号	食源性疾病名称
细菌性（12 种）	
3	肉毒毒素中毒
4	葡萄球菌肠毒素中毒
5	副溶血性弧菌病
6	米酵菌酸中毒
7	蜡样芽孢杆菌病
8	弯曲菌病
9	单核细胞增生李斯特菌病
10	克罗诺杆菌病
11	志贺氏菌病
12	产气荚膜梭菌病
病毒性	
13	诺如病毒病
寄生虫性	
14	广州管圆线虫病
15	旋毛虫病
16	华支睾吸虫病（肝吸虫病）
17	并殖吸虫病（肺吸虫病）
18	绦虫病
化学性	
19	农药中毒（有机磷、氨基甲酸酯）
20	亚硝酸盐中毒
21	瘦肉精中毒
22	甲醇中毒
23	杀鼠剂中毒（抗凝血性、致惊厥性）
有毒动植物性	
24	菜豆中毒
25	桐油中毒
26	发芽马铃薯中毒
27	河豚毒素中毒
28	贝类毒素中毒
29	组胺中毒
30	乌头碱中毒

序号	食源性疾病名称
真菌性	
31	毒蘑菇中毒
32	霉变甘蔗中毒
33	脱氧雪腐镰刀菌烯醇中毒
其他	
34	医疗机构认为需要报告的其他食源性疾病
35	食源性聚集性病例（包括但不限于以上病种）

2019 年，我国首个基于全基因组测序（WGS）技术的食源性疾病分子溯源网络建成并投入使用。基于全基因组测序的分子分型技术在食源性疾病聚集性病例识别和暴发溯源调查中已显示出极大的应用价值和发展潜力，逐渐成为国际研究热点，欧美相关国家已相继开展研究和布局。我国研究团队搭建了我国首个全基因组数据计算云引擎，将标准化的 WGS 数据分析流程转移到云端，大大降低了 WGS 数据分析、运算及使用门槛。开发了基于阿里云 OSS 的 WGS 三级架构 WGS 原始测序数据交付中心，实现了原始数据的实时、快速上报及安全传输。在此基础上，建立了基于 WGS 原始及拼接后数据的全基因组特征基因图谱识别算法，通过以上两种分析方式的相互校正，显著提高了全基因组特征基因分析的准确性，同时建立了分辨力高、重复性好的全基因组多位点序列分型（wgMLST）和核心基因组多位点序列分型（cgMLST）标准化方法，结合流行病学信息，构建了溯源分析知识库，实现了不同实验室间 WGS 数据的快速分析、比对与共享。我国的研究团队还进一步研究并整合 NCBI、CARD、ResFinder、VFDB 等公共数据库中的特征基因数据，开发了常见食源性致病菌毒力因子、耐药基因、血清分子分型等自动化分析功能模块，有助于各级实验室开展食源性微生物遗传与变异特征、致病和耐药机制及菌株进化等方面的基础研究。目前网络已经在泰国肠炎沙门氏菌暴发病例的跨省溯源、冷冻饮品中单核细胞增生李斯特氏菌的跨省追踪等事件调查中得到成功应用。网络的建成和运行，为我国食源性疾病暴发的快速调查和精准溯源提供了技术支撑。

目前，由食源性疾病监测报告系统、食源性疾病暴发监测系统、食源性疾病分子溯源网络（TraNet）三大核心系统构成了我国的食源性疾病监测网，监测范围覆盖包括社区卫生服务中心（乡镇卫生院）在内的 70000 多家医疗机构和 3000 余家疾病预防控制机构。其中，食源性疾病监测报告系统由遍布全国的哨点医院构成，哨点医院发现接收的病人属于食源性疾病病人或者疑似病人，就会对症状、可疑食品、就餐史等相关信息进行询问和记录。食源性疾病分子溯源网络主要由全国省级疾控中心和部分地级疾控中心构成，通过比对分析，找到不同病例之间、病例和食品之间的关联，追溯污染源。食源性疾病暴发监测系统由全国的省、市、县三级疾病预防控制中心构成，通过对已经发现的暴发事件进行调查和归因分析，为政府制定、调整食品安全防控策略提供依据。

我国食源性疾病的及时处置和报告率明显提高，瞒报、漏报率降低，食源性疾病暴发每年的报告数量由 1992~2010 年的年均 558 起上升到 2011~2018 年的年均 2796 起。但由于不同地区的经济、技术发展水平等存在差异性，因此在我国东部发达地区的监测工作开展较好、体制较完善，广东、上海、江苏、浙江等省（市）还研发了当地的监测报告系统，很多公立医院都研发出了医院管理信息系统（HIS），其他省的部分地区如山东省泰安市、甘肃省白银市也通过 HIS 系统实现了自动获取基本信息的功能。深圳市在 2010 年筹建深圳市食源性疾病监测体系，其系统设计合理，简单性、灵活性、时效性均较高，领先于国家监测系统平台，在医生中接受度较高，被评为监测系统的成功典范。另外各个省（区、市）对食源性疾病的监测结果也有所不同，如浙江省 0~5 岁儿童是食源性疾病监测的主要人群；而深圳市监测结果显示 21~40 岁年龄段的病例最多；根据广西诺如病毒的监测结果，0~5 岁的托幼儿童、散居儿童、婴幼儿和老年人（离退休人员）是发病的主要人群，学校则是主要的发生场所；对应的食源性疾病事件监测中，2016 年广西食源性疾病事件罹患率为 11.1%，病死率为 0.7%。

相关部门制定实施了一系列政策措施，通过不断探索，我国食源性疾病监测工作从无到有，已初步建成了具有中国特色的、具备复合功能的监测体系。根据监测结果，初步获得了区域性疾病负担资料，并在暴发病因查明、病因性食品的追溯等方面取得一定进步，为开展重点监管、风险评估、标准的制订和修订提供了数据支持。

● 其他国家的食源性疾病监测网

1980 年，美国成立了经费预算仅次于国防部的健康和公众服务部（Health and Human Services，HHS）。疾病控制中心（CDC）是其一个下属部门，是从事全国性疾病监测的主要联邦机构，并与州和地方卫生部门合作。HHS/CDC 对食源性疾病的监测工作由若干不同部门来承担。

①PulseNet　HHS/CDC 的食源性疾病疫情报告系统分为两部分。一是通过州公共卫生部门的定期报告对食品感染病例进行全国性例行监测。二是以网络为基础的报告系统，称为"食源疾病疫情电子报告系统"（EFORS）。报告信息包括疫情范围及影响、导致疫情的病原体、与疫情有关的食品（如果确定）、用于确定污染食品的信息性质以及其他相关调查信息（见 WWW. cdc. gov/foodborne out breaks）。美国 CDC 的科学家利用脉冲凝胶电泳技术（pulsed field gel electrophoresis，PFGE），将暴发的食源性疾病病人和可疑食物中分离得到的病原菌 DNA 指纹图谱相比对来判断事件起原，以及时有效地防止了食源性疾病的蔓延和扩散。在此情况下，HHS/CDC 与公共卫生实验室联盟合作，创建了美国监控食源性疾病的亚型分级网络 PulseNet。

PulseNet 是基于脉冲凝胶电泳检测技术的细菌分子分型国家电子网络（PulseNet），其主要功用是为其所涵盖的美国数十个州的实验室提供食源性病原体亚型分级。这些实验室随时可以进入 PulseNet 数据库，将可疑菌的检测结果与电子数据库中致病菌的"指纹"图谱比对，及时快速地识别致病菌，有助于迅速地确定和调查疫情。PulseNet 还包括一项电子信息交换能力，把网络内的实验室互相连接，可以迅速交流信息和排除故障以及分享"指纹"规律。PulseNet 有效地提高了对食源性疾病病原菌的快速检测能力，使全美的公共卫生实验室的科学家能快速比较从病人分离得到的细菌 PFGE 图谱，预防大规模食物中毒的暴发。PulseNet 大大提高了美国对食源性疾病的调查和预警能力，对食源性疾病的风险识别具有重要的作用。

PulseNet 是一个极为成功的病原菌 DNA 指纹识别网络，其技术和模式在国际上得到了高度认可，并迅速在全球建立了类似的检测网络。目前，HHS/CDC 正致力于在全球范围内实现 PulseNet 的构想。1999 年，美国和加拿大卫生部就 PulseNet 建立起了密切的合作伙伴关系。加拿大的 6 个州级公共卫生实验室和一个联邦政府的食品安全实验室加入了美国的 PulseNet，成立了 PulseNet Canada，通过网络可以对实验室进行技术指导、质量控制和数据实时共享。2003 年 6 月在法国巴黎召开研讨会，以丹麦哥本哈根国家血清研究所为首的欧洲科学家正在为建立 PulseNet Europe 而努力。2002 年 12 月 12 日，由 HHS/CDC 与美国公众健康实验室协会（APHL）合作组织，中国、澳大利亚、孟加拉国、印度、日本、韩国、马来西亚、新西兰、菲律宾、泰国和越南等国家和地区参与，在夏威夷檀香山召开了探讨成立 PulseNet Asia Pacific 的会议。中国香港公众健康实验室中心与日本国家传染病署共同组织协调建立 PulseNet Asia Pacific 的相关活动。日本、韩国和新西兰等国家和地区已经建立起了 PulseNet 网络，并开始积极投入食品传播病原体的实时亚型分级。2004 年 9 月 2 日 PulseNet China 成立，目前纳入 PulseNet China 监测网络的病原菌包括：鼠疫杆菌、霍乱弧菌、大肠杆菌 O157、炭疽杆菌、伤寒副伤寒杆菌、痢疾杆菌、小肠结肠炎耶尔森菌、单核细胞增生李斯特菌、空肠弯曲菌、钩端螺旋体、莱姆病螺旋体、结核杆菌等。除 PulseNet 监测网络外，世界各国都建立了各自的食源性疾病监测体系，如丹麦的 DanMap、欧盟的 EnterNet、澳大利亚和新西兰的 OzFoodNet 以及日本的 LASR 等。

②FoodNet　FoodNet 于 1996 年建立，是 HHS/CDC 负责的传染病预防计划（EIP）中食源性疾病管理的重要组成部分。FoodNet 包括 HHS/CDC，HHS/FDA、食品安全检验局（FSIS）和 10 个 EIP 定点。这些站点积极主动地收集临床实验室发现的食源性疾病信息，从患者处了解关于疾病的详细信息，以确定哪些食品与具体病原体有关，为食源性疾病监测提供精确而翔实的数据，是细菌和寄生虫感染率报告的最佳来源，也是某一病原体在同一人群中长期感染变化情况的最佳报告来源。FoodNet 的食源性疾病监测以及相关的流行病学研究，能有效地帮助公共卫生部门更好地了解美国食源性疾病的流行病学机理，为及时应对新的食源性疾病的发生提供了一个实时监控网络。

③食品化学污染物和有害因素监测体系　该体系主要监测食品及食品相关产品中化学污染物和有害因素的污染情况等。

食品污染物是指造成食品安全性、营养性和感官性状发生改变的有害物质。食品中有害因素是指食品生产、流通、餐饮服务等环节，除了食品污染以外的其他可能途径进入食品的有害因素，包括自然存在的有害物、违法添加的非食用物质以及被作为食品添加剂使用的对人体健康有害的物质。虽然化学污染物和有害因素污染整体污染情况较轻，但污染物超标涉及的食品种类较多。根据国际食品安全管理的一般规则，在食品生产、加工或流通等过程中因非故意原因进入食品的外来污染物，一般包括金属污染物、农药残留、兽药残留、超范围或超剂量使用的食品添加剂、真菌毒素以及致病微生物、寄生虫、持久性环境污染物、加工污染物、包装迁移物等。

为了解和掌握我国食品污染物的污染状况和水平，保护我国居民的身体健康，我国早在20 世纪 80 年代就加入了由世界卫生组织（World Health Organization，WHO）、联合国粮农组

织 (Food and Agriculture Organization of the United Nations, FAO) 与联合国环境规划署 (United Nations Environment Programme, UNEP) 共同成立的全球污染物监测规划/食品项目 (Global environmental monitoring system /Food, GEMS /Food), 并于 2000 年正式启动全国食品污染物监测网工作。截至 2008 年, 监测的区域横跨 16 个省市, 累计数据 70 多万条。2009 年, 根据《食品安全法》的规定, 在原有食品化学污染物监测网的基础上做了相应调整, 发展为全国食品安全风险监测——化学污染物和有害因素监测网 (图 8-1)。监测的区域扩大为全国 32 个省、自治区和直辖市, 监测点延伸到县级, 监测的食品类别和污染物项目大量扩增。随着监测点的不断扩展、数据的不断增多, 数据的收集和管理也变得尤为重要。以往的数据是通过 E-mail 上传 Excel 电子文件来分级整理汇总监测数据, 这种形式会造成上报数据格式不统一、数据零散、数据丢失、信息非标准化等问题。为了满足工作的需求和适应信息化的飞速发展, 建立了全国食品污染物监测网络平台 (图 8-2)。

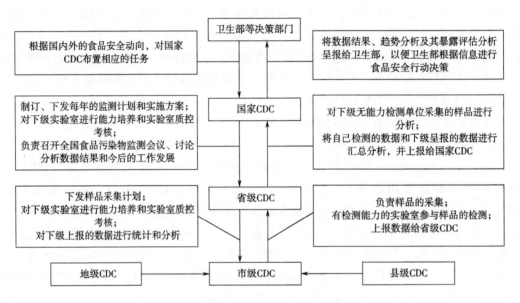

图 8-1　全国食品污染物监测工作整体业务流程

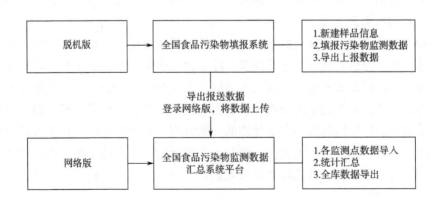

图 8-2　全国食品污染物监测网络平台设计图

从国内外现状来看，GEMS /Food 在 1996 年开发了分析实验室操作程序（operating program for analytical laboratories，OPAL）Ⅰ、Ⅱ，建立了食品污染物数据库。美国通过招募全国范围内的实验室参与到电子实验室交换网络系统（electronic laboratory exchange network，ELEXNET），来实现实验室数据的收集，提高实验室食品的检测能力。美国农业部建立了远程数据录入系统（remote data entry，RDE）进行农残监测数据的传送。英国建立食品监测系统（UK food surveillance system），以数据库形式收集管理英国食品监测的采样及污染物数据信息。德国建立食品安全数据信息系统，收集食品监控和食品监测所获得的数据。

● **小结**

目前，美国食品安全监测体系由联邦政府中多个部门共同承担。食品药品监督管理局、疾病预防控制中心等部门负责食品安全监测预警和信息管理发布，包括人群总膳食调查、农副产品农药残留监测，对污染严重的农副产品进行处罚，将监测信息向社会及相关机构通报。美国农业部所属食品安全检验局、动植物检验局等部门是食品安全监测预警及科研机构，承担兽药残留监测工作，主要涵盖畜禽类食品及进口农产品的检验检疫，依托遍布全国的监测网络及科研机构的研发能力，开展食品安全风险预警和评估。欧盟在食品安全领域具有完备的法律基础和监测网络。2000 年欧盟公布《食品安全白皮书》，明确提出建立食品安全预警体系，制定食品安全保障措施，以保护消费者的合法权益，将食品安全上升为具体的法律文件，发布欧盟《通用食品法》，使食品安全监管在法律约束下运行。在此基础上，于 2004 年成立欧洲食品安全局，制订欧盟统一的食品安全监测方案，主要内容包括动物性食品的兽药残留、植物性食品的农药残留，并负责协调欧盟各国食品污染物的监测活动。除管理机构外，欧盟还建立一个名为食品和饲料快速预警系统的庞大监测网络，欧洲各成员国、经济区、欧盟委员会均包含其中。通过此系统可及时进行信息交流、情报沟通，为有效解决和处理食品安全相关问题提供重要支撑。

中国利用覆盖全国 85% 的县级行政区域的食品安全风险监测系统，每年采集包括 30 大类食品中的近 300 项生物性和化学性危害物含量指标，初步建立了食源性疾病数据库。此外，中国初步建立了包括 1000 多种食品中有毒有害物质的毒理学基础数据库和毒性信息查询平台，可满足专业人员、社会公众等不同群体的检索查询要求；中国已成功开展五次总膳食研究，收集了食物加工、持久性有机污染物、真菌毒素、甲基汞、无机砷、反式脂肪酸等多种污染物含量以及膳食暴露量等数据。这些基础数据成为国家食品安全风险评估优先项目和应急评估任务的重要基础。

8.2 食品安全风险评估

风险评估既是风险分析框架的科学核心部分，也是应用科学原理和技术对危害事件发生的可能性和不确定性进行科学评估的过程，主要基于自然科学，如毒理学、流行病学、微生物学、化学等方面的知识，就危害物对人体和环境暴露所造成危害的可能性和严重性进行评估。国际食品法典委员会 CAC 将风险评估定义为：一个以科学为基础的过程，包括危害识别、危害特征描述、暴露评估以及风险特征描述四个步骤。

根据采用的评估方法，风险评估一般可分为确定性评估（Deterministic assessment）和相对复杂的概率性评估（Probabilistic assessment）两种方法。根据结果的产出形式，风险评估可分为定性评估（Qualitative assessment）和定量评估（Quantitative assessment）。定性评估是用高、中、低等描述性词语来表示风险；而定量评估是以量化的数值表示风险大小及其伴随的不确定性。食品安全风险评估的主要研究对象识别和界定食品安全问题的属性和特征，明确食品安全问题的主要研究对象是实施风险评估的起点。以熟肉制品中单增李斯特菌定量风险评估为例，其模型示意图见图 8-3。

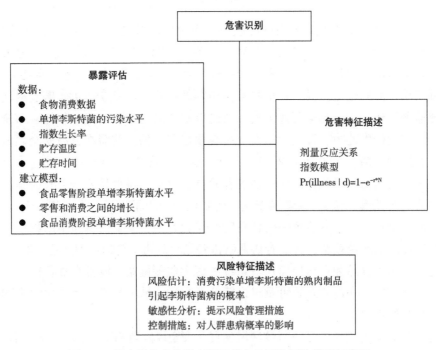

图 8-3　熟肉制品中单增李斯特菌定量风险评估模型示意图

8.2.1　食品安全风险评估程序

由于风险本身往往缺乏直接可见的人体不良反应症状，并且存在一定的不确定性和混杂因素，因此有必要对风险评估过程制定程序化框架，以保证风险评估的质量和可比性。图 8-4 为食品安全风险评估工作程序。

（1）确定风险评估项目　风险评估项目来源包括风险管理者委托的评估任务和委员会根据目前食品安全形势和需要自行确定的评估项目。在正式委托或确定风险评估项目前，委员会原则上需与风险管理者合作，对拟评估的食品安全问题进行分析，以确定风险评估的必要性。分析时应着重考虑食品安全问题的起因、可能的危害因素及所涉及的食品、消费者的暴露途径及其可能风险、消费者对风险的认知以及国际上已有的风险控制措施等。当分析结果提示风险可能较高但其特性尚不明确、风险受到社会广泛关注或符合《食品安全法》《食品安全风险评估管理规定》中关于开展风险评估的条件时，可确定风险评估项目并下达风险评

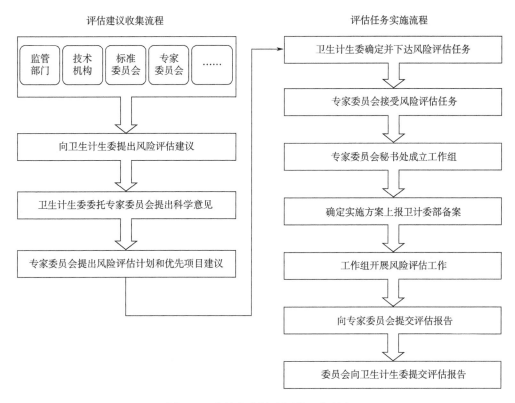

图 8-4　食品安全风险评估工作程序

估任务书。

（2）组建风险评估项目组　委员会在接到风险评估任务后，应成立与任务需求相适应，且尽可能包括具有不同学术观点的专家的风险评估项目组。必要时可分别成立风险评估专家组和风险评估工作组。专家组主要负责审核评估方案、提供工作建议、作出重要决定、讨论评估报告草案等工作；工作组主要负责起草评估方案、收集评估所需数据、开展风险评估、起草评估报告、征集评议意见等工作。

（3）制定风险评估政策　项目组需要在任务实施前与风险管理者积极合作，共同制定适于本次评估的风险评估政策，以保证风险评估过程的透明性和一致性。风险评估政策应对管理者、评估者以及其他与本次风险评估有关的相关方的职责进行明确规定，并确认本次评估所用的默认假设、基于专业经验所进行的科学判断、可能影响风险评估结果的政策性因素及其处理方法等

（4）制订风险评估实施方案　风险评估项目组应根据风险评估任务书要求制订风险评估实施方案，内容包括风险评估的目的和范围、评估方法、技术路线、数据需求及采集方式、结果产出形式、项目组成员及分工、工作进程、经费等。必要时需要写明所有可能影响评估工作的制约因素（如费用、资源或时间）及其可能后果。风险评估实施方案在实施过程中可根据评估目标的变化进行必要的调整。调整的内容需与风险评估报告一同备案。风险评估目的应针对风险管理者的需求，根据风险评估的任务规定解决项目设定的主要问题，也包括有助于达到风险评估目的的阶段性目标。

风险评估范围应对评估对象及其食品载体以及所关注的敏感人群进行明确界定。根据管理需要、评估目的和有效数据等因素确定风险评估方法后，应制定合理、可行的技术路线。在风险评估数据需求中，应根据评估目的和所选择的评估方法，尽可能列出完成本次风险评估所需的详细数据及表示方式、来源、采集途径、质量控制措施等。对于缺失的关键数据，需提出解决办法或相关建议。实施方案应根据评估任务量、项目组成员的专业特长及对项目内容的熟悉程度进行明确分工，制定工作进度计划、具体的阶段性目标及经费需求。风险评估结果原则上应在充分利用现有数据的基础上达到风险评估目的，满足风险管理需求。

（5）开展风险评估工作　风险评估工作开展之前需要采集风险评估数据。风险评估者需要采集的数据种类取决于评估对象和评估目的，应在科学合理的前提下，尽可能采集与评估内容相关的所有定量和定性数据。具体要求见《食品安全风险评估数据需求及采集要求》。所采集的数据在正式用于风险评估前，应组织专业人员对数据的适用性和质量进行审核。膳食暴露评估所需的消费量、有害因素污染水平、营养素或添加剂含量数据原则上应在保证科学性的前提下，优先选用国内数据；特殊情况下可选用全球环境监测系统/食品部分（GEMS/FOOD）区域性膳食数据或其他替代数据，但必须提供充足理由。除了膳食暴露评估所需数据之外，还应尽可能采集基于流行病学或临床试验的内暴露或生物监测数据。

（6）报告起草与审议　风险评估项目组可按照评估步骤指定各部分内容的起草人和整个报告统稿人。风险评估报告撰写格式和内容参见《食品安全风险评估报告撰写指南》。风险评估报告草案经国家食品安全风险评估专家委员会审议通过后方可报送风险管理者。具体审议程序及要求参见《国家食品安全风险评估专家委员会管理文件——食品风险评估报告审议程序》。

（7）记录　为了保证风险评估的公开、透明，整个风险评估过程的各环节需要以文字、图片或音像等形式进行完整且系统地记录并归档。为了保证与评估相关各类文件的可追溯性，对于风险评估的制约因素、不确定性和假设及其处理方法、评估中的不同意见和观点、直接影响风险评估结果的重大决策等内容要进行详尽记录，必要时可商请专家签名。记录应与风险评估过程中产生的其他材料（包括正式报告）妥善存档，未经允许不得泄露相关内容。具体保密要求可参见《国家食品安全风险评估专家委员会管理文件—档案管理》。

8.2.2　食品安全风险评估步骤

8.2.2.1　危害识别

危害识别（hazard identification，HI）是指确定某一种或某一类特定食品中可能引起健康损害效应的生物性、化学性或物理性因素的过程。危害识别是对各种危害因素特性进行定性、定量描述的过程，其工作的开展基于对多种来源的研究数据的综合分析。危害识别是风险评估研究的起点，其目的是明确食品中的危害物质可能产生的人体健康损害效应，以及产生这种损害效应的可能性和不确定性。具体任务包括：

（1）识别危害因子的性质，并确定其所带来的危害的性质和种类等。

（2）确定这种危害对人体的影响结果。确定人体暴露来源、体内代谢机制、可能产生的毒性及其作用机制等。

（3）检查对于所关注的危害因子的检验和测试程序是否适合、有效。

（4）确定什么是显著危害。这对于评估能否完全和彻底十分重要。在某些时候，不同分析人员可能会对某些个体的危害物质所带来的不利影响究竟有多大存在不同的看法。

用于危害识别的数据资料来源可以是人群流行病学研究、动物实验研究、体外实验研究、结构—活性关系研究等。不同类型的研究所提供的证据强度不同，从高到低依次为流行病学研究、动物试验研究、体外试验、定量结构—活性关系研究。具体数据来源包括：

（1）权威技术资料。参考世界卫生组织（WHO）、FAO/WHO食品添加剂联合专家委员会（JECFA）、美国食品药品监督管理局（FDA）、美国环保署（EPA）、欧洲食品安全局（EFSA）等国际权威机构最新的技术报告或述评进行危害识别描述；

（2）对于缺乏上述权威技术资料的危害因素，可根据在严格试验条件（如良好实验室操作规范等）下所获得的科学数据进行描述；

（3）对于资料严重缺乏的少数危害因素，可以根据国际组织推荐的指南或我国相应标准开展毒理学研究工作。若危害因素是化学物质，危害识别应从危害因素的理化特性、吸收、分布、代谢、排泄、毒理学特性等方面进行描述。若是微生物，需要特别关注微生物在食物链中的生长、繁殖和死亡的动力学过程及其传播/扩散的潜力。

在选用适宜的数据资料进行危害识别的过程中，需要对各种来源的研究数据进行充分评议，根据对现有的研究资料的综合分析，确定毒性或不良健康损害效应的特点，并确定毒作用的靶器官或靶组织。危害识别的主要方法包括毒理学研究（包括体内试验、体外替代试验、毒理学测试新技术及人体试验等）、食源性疾病监测、食品中污染物监测和流行病学研究等。接下来就对这些方法和步骤进行详细介绍。

● 毒理学研究

毒理学（toxicology）是一门研究外源因素（化学因素、物理因素和生物因素）对生物机体和生态系统的损害作用/有害效应与机制的科学。现代毒理学采用先进的化学、生理学、生物化学与分子生物学知识，借助于计算机技术，不断渗透到多个专业领域，逐步形成许多分支学科和交叉学科：按学科领域分类，有环境毒理学、食品毒理学、工业毒理学、临床毒理学、毒理流行病学、管理毒理学等；按靶器官分类，有肝脏毒理学、肾脏毒理学、免疫毒理学等；从机制角度分类，则有分子毒理学、遗传毒理学等。

食品毒理学是研究食品中外源化学物质的性质、来源、形成和它们的不良反应与可能的有益作用和机制，确定这些物质的安全限量和评价食品安全性的一门科学。研究内容包括急性食源性疾病以及具有长期效应的慢性食源性危害，涉及从食物的生产、加工、运输、贮存及销售全过程的各个环节，食物生产的工业化和新技术的采用，以及对食物中有害因素的新认识。研究的外源化学物包括工业品及工业使用的原材料、食品添加剂、农药等传统的物质，以及近来新出现的氯丙醇、丙烯酰胺、三聚氰胺、兽药残留、霉菌毒素等。随着经济、贸易、科技的高速发展，全球食品安全风险因素也日益繁杂。

1. 毒理学研究基本术语

（1）毒物　毒物（toxicant）是指较小剂量就能引起生物体损害的化学物质；其余的称为非毒物。毒物作用于生物体所产生的各种损害统称为有害影响（harmful effect）。毒物引起生物体损害的能力称为毒性（toxicity）。毒物是人们生产和制造的各类化学品以及人类活动过程中产生的各种有毒害的副产品。而生物（动物、植物、微生物）体内形成的可引起其他生物体损害的物质称为生物毒素，简称毒素（toxin），以此与人工合成的毒物相区别。

按来源和用途毒物分为：环境污染物、工业化学品、农用化学品、医用化学品、日用化学品和嗜好品、生物毒素、军事毒物、放射性元素以及存在于食品中的有害物质。按毒性大小和危害程度可将毒物分为：剧毒物、高毒物和低毒物。按毒理作用部位（靶器官）和生物学效应可将毒物分为：肝毒物、肾毒物、神经毒物、致癌物、致畸物、致突变物等。

（2）暴露　生物体以不同的途径和方式直接或间接接触到毒物，毒物的毒性才可以体现出来，称为暴露（exposure）。生物体只有通过不同的途径和方式接触到外源物，外源物才有对生物体造成损害的可能。因此暴露是外源物对生物体体现出毒性的前提条件。在研究和评价外源物的潜在危害时，要研究这些物质的理化性质、生物学效应、剂量水平，还应考虑它们的暴露途径和方式、暴露时间、暴露频率和暴露间隔等重要因素。

外源物进入生物体的途径主要有：呼吸道、消化道、皮肤。外源物所引起的毒性反应大小会因为暴露途径和方式的不同而有很大的差别。消化道吸收是外源物进入食物链的主要吸收途径，主要部位是小肠和胃。外源物的理化性质、胃肠的蠕动和内容物的多少以及胃肠道内的酸碱度都是吸收速度的主要影响因素。

（3）毒性效应反应　外源物对生物体的毒性效应，主要有化学物致敏反应、特异体质反应、即时毒性效应和迟发毒性效应、局部毒性效应和全身毒性效应以及可逆性毒性效应和不可逆性毒性效应等类型。

化学物致敏反应：又称变态反应或超敏反应，是一类由于暴露某种或某类化合物而引起并由免疫诱导的有害效应。

特异体质反应：某些人有先天性的遗传缺陷，会对某些化学毒物表现出异常的反应性。一般是指某些个体表现为对某种化学物质的异常敏感或者异常不敏感。

即时毒性效应：单次暴露外源物后随即发生或出现的毒性作用。

迟发毒性效应：一次或多次暴露外源物后间隔一段时间才出现的毒性作用。

局部毒性效应：在生物体最初暴露外源物的部位直接发生的毒性作用。

全身毒性效应：外源物进入机体后，经吸收和转运分布至全身或靶器官（靶组织）而引起的毒性效应。

可逆性毒性效应：有些毒性效应是可逆的，即机体停止接触引起毒性效应的外源性化学物质后已造成的损害可逐渐消失。对肝脏等再生能力强的组织器官的损害，大部分是可逆效应。

不可逆性毒性效应：有些毒性效应则不可逆，即机体停止接触外源性化学物质后已造成的损害作用仍不能消失甚至可能进一步加重。对中枢神经系统的损害，基本上是不可逆毒性效应。

高敏感性：指某一群体在接触较低剂量的特定化学毒物后，当大多数成员尚未表现出任何异常时，就有少数个体出现了中毒症状。

高耐受性：指接触某一化学毒物的群体中有少数个体对其毒性作用特别不敏感，可以耐受远高于其他个体所能耐受的剂量。

（4）剂量—反应（效应）关系　对于食品中的外源性化学物质来说，毒性大小在很大程度上取决于摄入的剂量。

剂量—反应关系和剂量—效应关系，都是指外源物作用于生物体时的剂量与所引起的生物学效应的强度或发生率之间的关系。剂量—反应关系是评价外源物的毒性和确定安全暴露水平的基本依据，分为"定量个体剂量—反应关系"和"定性群体剂量—反应关系"两种基本类型。

定量个体剂量—反应关系：描述不同剂量的外源物所引起的生物个体的某种生物效应强度以及两者之间的依存关系。

定性群体剂量—反应关系：反映不同剂量外源物引起的某种生物效应在一个群体（实验动物或调研人群）中的分布情况即该效应的发生率或反应率。

剂量—反应曲线主要有对数曲线、S 形曲线和直线 3 种类型（图 8-5），其中以对数曲线、S 形曲线最为常见。毒理学上最常见的是一类呈偏态分布的不对称 S 形曲线。它反映的机理可能是因为剂量越大，生物体的改变越复杂，干扰因素越多，而且体内自稳机制对效应的调整机制也越明显；也可能是由于群体存在一些耐受性较高的个体，要使群体的反应率升高，就需要大幅增加暴露量。

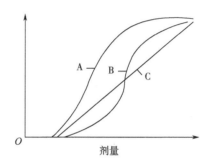

图 8-5　剂量—反应曲线的 3 种类型（A、B、C 分别为对数曲线、S 形曲线和直线）

（5）常用毒性参数。

1）致死剂量（lethal dose）　半致死剂量（half lethal dose，LD_{50}）是最常用的毒性参数，是指给予单次剂量的受试物后，预期引起半数实验动物死亡的剂量水平。可由实验数据经统计分析获得。近年来，人们开始关注 90% 动物致死剂量（LD_{90}）和 10% 动物致死剂量（LD_{10}）等其他毒性参数。

绝对致死剂量（absolute lethal dose，LD_{100}）有时也用绝对致死浓度（LC_{100}）表示，是指引起一组受试动物全部死亡的最低剂量或浓度。

最小致死剂量（minimum lethal dose，LD_m）是指使一组受试动物仅个别死亡的剂量。

最大耐受剂量（maximal tolerance dose，MTD）是指不致引起受试动物死亡的最大剂量。

这些都是在致死毒性试验中直接观察所得的参数，受个体差异的影响很大，已经很少作为评价外源性化学物质的毒性的指标，而是常用它们作为急性毒性试验中选择剂量范围的依据。

2）阈值剂量和未观察到有害作用剂量　阈值剂量（threshold dose）是指诱发机体某种生物效应呈现的最低剂量，是剂量—反应关系原理的另一个非常重要的概念，也称为最低可观察到有害作用剂量（lowest observed adverse effect level，LOAEL）。绝大多数外源物的毒性反应尤其是急性毒性反应都存在着一个阈值剂量。

未观察到有害作用剂量（no observed adverse effect level，NOAEL）是指用现有的技术手段和指标未观察到外源物对受试机体产生毒性效应的最大剂量或浓度，简称无作用剂量，也曾称为无观察作用剂量（NOEL）或最高无害作用水平。未观察到有害作用剂量可以根据实验观察并经统计学处理而获得。需要注意的是，一种外源性化学物质的 NOEL 和 LOAEL 与所选择的动物种系和数目、观察指标的敏感性、暴露和观察时间的长短等多种因素有关，因此未观察到有害作用剂量并不意味着"零风险"（risk-free）。

3）安全限值　每日参考剂量（references doses，RfD）是指每日暴露的毒物不至于对人群健康产生有害影响的剂量水平。RfD 是美国环境保护局（EPA）首次提出的，用于对非致癌性物质进行风险评价的参数。RfD 是用未观察到有害作用剂量除以安全系数，包括不确定性因子（UF）和（或）校正因子（MF）获得。每日参考剂量的计算公式为：

$$每日参考剂量 = \frac{未观察到有害作用剂量}{不确定性因子 \times 校正因子}$$

安全系数是由动物试验资料外推至人的不确定因素和人群毒性资料本身的不确定因素而设置的转换系数。

基准剂量（benchmark dose，BMD）是指在取代有诸多局限性的未观察到有害作用剂量的概念。这种方法是把所有可用的实验资料都拟合到一条或数条剂量—反应曲线中，然后用这些剂量—反应曲线来估测总和效应的未观察到有害作用剂量范围，以有助于综合评价外源物对健康的影响。BMD 已经成功地应用于发育毒性和生殖毒性的风险评估。

若用基准剂量取代未观察到有害作用剂量来计算每日参考剂量，则计算公式为：

$$每日参考剂量 = \frac{基准剂量 \times 特定反应百分率}{不确定性因子 \times 校正因子}$$

每日允许摄入量（acceptable daily intake，ADI）：指允许正常成人每日由外环境摄入体内的特定化学物质的总量。在此剂量下，终生每日摄入该化学物质不会对人体健康造成任何可测量出的健康危害，单位用 mg/（kg 体重·d）表示。

$$每日允许摄入量（mg/kg 人体重） = \frac{无观测作用剂量（mg/kg 动物体重）}{安全系数}$$

最高容许浓度（maximum allowable concentration，MAC）：是指车间内工人工作地点的空气中某种化学物质不可超越的浓度。在此浓度下，工人长期从事生产劳动，不致引起任何急性或慢性的职业危害。在生活环境中，MAC 是指对大气、水体、土壤等介质中有毒物质浓度的限量标准。

阈限值（threshold limit value，TLV）：为美国政府工业卫生学家委员会（ACGIH）推荐的生产车间空气中有害物质的职业接触限值。为绝大多数工人每天反复接触不致引起损害作用的浓度。由于个体敏感性的差异，在此浓度下不排除少数工人出现不适、既往疾病恶化，甚至罹患职业病。

2. 毒理学研究方法

通过毒理学研究可以识别、评价和控制外源物的潜在危害，预测其对人类毒性作用的一般规律。通常包括体外试验和动物试验、临床观察和现场调查等方面。

（1）体外试验 食品安全风险评估中，进行危害识别的研究方法主要是动物试验研究和流行病学调查。但是全世界每年越来越多的新化合物进入人类的商品领域，利用传统的动物试验取得完整的资料已远远不能满足需求。分子、细胞生物学、细胞组织器官培养等体外试验技术的发展进步，为危害识别的研究提供新的科学方法和工具，许多外源性毒性作用难以在人体或动物完成或观测，可在实验室利用体外试验进行。这些体外毒理学试验（重复剂量染毒试验体外方法、致癌性试验体外方法、生殖发育毒性试验体外方法等）用于危害识别的研究，为我们提供了更全面的毒理学资料，也可用于局部组织或靶器官的特异毒效应研究。体外毒理学研究除了用于危害识别外，还可用于危害特征描述。

体外试验的目的：可以对目标外源物进行初筛和毒性测试，研究化学物结构—活性关系，预测类似毒性的物质结构，研究探讨毒性作用机制特别是细胞和分子水平的毒性作用机制等。

体外试验的特点：体外试验方法虽然简单、快速、经济，具有实验条件比较容易控制等优点，但由于其生物试验均在离体条件下开展，不能精确模拟外源物在生物体的生物转运和生物转化过程，缺乏毒效学和毒性动力学的资料。

体外试验的方法：现在国内外广泛采用的体外试验方法有多种微生物诱变试验、各种脏器灌流、不同组织薄片培养、细胞培养、细胞受体或其他亚细胞器组分的培养、提纯的酶和DNA分子等。食品安全风险评估中，进行危害识别研究的三种主要体外试验为：体外细胞培养试验、体外组织培养试验和脏器离体灌流试验。

（2）动物试验 动物试验是食品安全风险评估中进行毒理学研究的主要方法和手段，毒理学研究的最终目的是研究外源化学物对人体的损害作用（毒作用）及其机制，但不可能在人身上直接进行研究和观察，因此，要借助于动物体内试验研究，将各种受试物经口给予动物，观察其在动物身上的各种毒性反应、毒作用靶器官和毒作用机制，将实验动物的研究结果再外推到人。与体外试验相比，动物试验能提供更为全面的毒理学数据，在毒理学研究中占据特别重要的地位。危害识别是从观察到研究、从毒性到有害作用的发生、从作用的靶器官到组织的识别，最后对给定的暴露条件下可能导致有害作用是否需要评估作出科学的判断。由于流行病学数据难以获得，因此，目前危害识别中绝大多数毒理学资料主要来自动物试验。

动物试验可以提供以下几个方面的信息：

①了解外源性化学物的吸收、分布、排泄情况；

②确定毒性效应指标、阈值剂量或未观察到有害作用剂量等；

③探讨毒性作用机制和影响因素；

④确定化学物的相互作用；

⑤了解代谢途径、活性代谢物以及参与代谢的酶等；

⑥慢性中毒的可能性及其靶器官，毒性作用类型。

在实际工作中可以根据具体用途及要求，来确定试验的内容。

动物试验遵循的基本原则包括以下几点：

1）外推原则 前提假设人是最敏感的动物物种，且人和实验动物的生物学过程与体重或体表面积相关。那么可靠的动物试验结果可以外推于人，用来评估对人体的潜在危害。

2）高暴露原则 毒理学试验中实验模型所需的动物总是远少于处于危险中的人群，为了得到有统计学意义的可靠结果，实验动物必须暴露于高剂量，以使效应发生的频率足以被检测，这具有理论依据和实践意义；

3）相同暴露途径原则　毒理学试验中染毒途径的选择，应尽可能模拟人接触该受试物的方式。

（3）临床观察和现场调查　对人群的观察和调查在毒理学研究中具有体外试验和动物试验不可替代的作用，是外源性化学物对人体的最终危害证据的最可靠来源。

临床观察是指对短期或长期接触外源性化学物质的人体或人群的直接观察。临床观察主要通过药物的临床试验研究和中毒病人的治疗处理来获得毒理学资料。临床观察是新药上市前安全性研究以及上市药物毒副作用研究的关键环节。许多发达国家的临床试验要求遵循良好临床规范（good clinical practical，GCP），包括四期临床试验和上市药物不良反应监测。这方面我国还亟待完善。获得人体观察资料的另一条重要途径是救治中毒病人。这些病人可能是由于短期服用大量药物或者接触大量外源性化学物引起的急性中毒，也可能是长期职业接触或暴露于某些外源性化学物环境中而引起的慢性中毒。

现场调查在毒理学中包括卫生学调查和医学调查。卫生学调查是指对外源物的性质、来源和分布以及人群接触外源物的原因、方式和接触程度等的调查。医学调查则是通过人群的体格检查，结合各种实验室的辅助检查，观察毒物对人体健康的早期影响。现场调查是研究外源性化学物对接触人群健康影响以及有害效应的重要环节。由于影响化学物毒性危害的因素很多，包括化学物性质、环境因素、个体因素等。因此，外源性化学物的毒理学评价，不仅要以实验室研究（体外试验和动物试验）和临床观察获得的资料为依据，而且更要进行现场调查，收集外源性化学物的来源、分布、作用于人群的方式和条件、对人群健康的早期影响和远期效应等资料。

3. 毒理学试验设计的原则

在食品安全风险评估中，常用作毒理学研究的实验动物有小鼠、大鼠、豚鼠和兔等。小鼠在生物医学研究中的应用最多的是各种药物的毒性试验，急性毒性试验、亚急性和慢性试验、半数致死量的测定；各种筛选性试验；生物效应测定；各种药物效价测定；照射剂量与生物效应试验。大鼠在生物医学研究中的应用也比较广泛，常用来做神经—内分泌试验研究，营养、代谢性疾病研究，药物研究，肿瘤研究，传染病研究，行为表现的研究，畸胎学研究和遗传学研究等。为了能有效地控制随机误差，以较少的试验对象取得较多而且可靠的试验数据，在毒理学研究试验设计时必须遵循：

（1）随机原则　在进行毒理学动物试验时，动物必须随机分组。

（2）重复原则　应有一定数量的重复观察结果，在大多数情况下样本量越大，越能反映总体参数的客观、真实情况，但为了控制试验规模和成本，在保证试验结果可靠性的前提下，选择适宜的样本量。

（3）对照原则　在试验时要对试验组设立可以对比的组。毒理学试验中常用的对照形式有以下几种：未处理对照（空白对照）、阴性对照（溶剂/赋形剂对照）、阳性对照、自身对照及历史性对照。

动物试验是以实验动物作为研究对象的，为获得可靠的研究结果，先决条件是正确地选择实验动物。实验动物的选择主要包括以下几个方面：

（1）物种选择　应选择在代谢、生物化学和毒理学特征上与人最接近，自然寿命不太长，易于饲养和实验操作，经济并易于获得的物种。目前常规选择的两个物种是啮齿类和非啮齿类。

（2）品系选择　品系是实验动物学的专用名词，指采用计划交配的方法，获得起源于共同祖先的一群动物。不同品系实验动物对外源化学物毒性反应有差别，所以毒理学研究要选择适宜的品系，对某种外源化学物毒理学系列研究中应固定使用同一品系动物，以求研究结果的稳定性。

（3）实验动物微生物控制的选择　对毒性研究及毒理学研究应使用Ⅱ级（或Ⅱ级以上）的动物，以保证实验结果的可靠性。

（4）最后是个体选择　还应考虑动物的性别、年龄、体重、生理和健康状况等。

4. 毒理学试验设计要点

对于食品中的化学物，主要经口摄入。世界各国对动物试验和实验设计都出台了相关的标准要求，我国执行《食品安全性毒理学评价程序》中的 16 项国家标准。常用于危害识别的动物试验主要包括急性毒性试验、重复给药毒性试验、生殖和发育毒性试验、神经毒性试验、遗传毒性试验和致癌试验等。食品安全性毒理学评价程序和试验标准见表 8-3。

表 8-3　食品安全性毒理学评价程序和试验标准

GB 15193. 1—2014	食品安全国家标准　食品安全性毒理学评价程序
GB 15193. 3—2014	食品安全国家标准　急性经口毒性试验
GB 15193. 9—2014	食品安全国家标准　啮齿类动物显性致死试验
GB 15193. 12—2014	食品安全国家标准　体外哺乳类细胞 HGPRT 基因突变试验
GB 15193. 13—2015	食品安全国家标准　90 天经口毒性试验
GB 15193. 14—2015	食品安全国家标准　致畸试验
GB 15193. 17—2015	食品安全国家标准　慢性毒性和致癌合并试验
GB 15193. 18—2015	食品安全国家标准　健康指导值
GB 15193. 19—2015	食品安全国家标准　致突变物、致畸物和致癌物的处理方法
GB 15193. 20—2014	食品安全国家标准　体外哺乳类细胞 TK 基因突变试验
GB 15193. 21—2014	食品安全国家标准　受试物试验前处理方法

● 流行病学研究

流行病学是研究人群中疾病与健康状况的分布及其影响因素，并研究防治疾病及促进健康的策略和措施的科学。其最重要的目的是获得当前未明的疾病病因知识。因此，在食品安全中，流行病学已经成为揭示导致食源性疾病危害因子的重要手段。

从流行病学研究的性质来看，流行病学研究分为观察法、实验法和数理法，以前两种方法为主。按设计类型，流行病学研究可分为描述流行病学、分析流行病学、实验流行病学和理论流行病学四类，每种类型又包括多种研究设计。按照是否事先设立对照组，观察法又可进一步分为描述性研究和分析性研究。食品安全风险评估主要采用描述流行病学和分析流行病学研究。描述流行病学主要是描述疾病或健康状态的分布，起到揭示现象、为病因研究提供线索的作用，即提出假设。分析流行病学主要是检验或验证科研的假设。而实验流行病学则用于证实或确证假设。流行病学是研究特定人群中疾病和健康状态的分布及其决定因素以及防控疾病和促进健康的策略与措施的科学。从流行病学研究的性质来看，流行病学研究可以分为观察性研究、实验性研究和理论性研究，以前两种方法为主。

1. 流行病学研究的分类（图8-6）

（1）观察性研究。

1）横断面研究　横断面研究（cross-sectional study），又称"现况研究"或"现况调查"，是在一个时间断面上或短暂的时间内收集调查人群的描述性信息，包括调查对象的疾病和健康状况及其影响因素，调查对象包括确定人群中所有的个体或这个人群中的代表性样本。横断面研究常用的方法包括抽样调查、普查和筛检，调查结果常被作为卫生保健服务和规划制定的重要参考。

2）生态学研究　生态学研究（ecological study）的特点是以群体而不是个体作为观察、分析单位，研究的人群可以是学校或班级、工厂、城镇甚至整个国家的人群。生态学研究是在群体水平上研究生活方式和生存条件对疾病（健康）的影响，分析某种因素的暴露与疾病（健康）的关系。生态学研究的目的有两个：一是产生或检验病因学假设；二是对人群干预实施的效果予以评价。

3）队列研究　队列研究（cohort study）又称随访研究（follow-up study），按照是否暴露于某种因素或者暴露的程度将研究人群分组，然后分析和比较这些人群组或研究队列的发病率或死亡率有无明显差别，从而判断暴露因素与疾病的关系。其目的是检验病因假设和描述基本的自然史。队列研究尤其适用于暴露率低的危险因素的研究。

4）病例对照研究（case-control study）又称病例历史或回顾性研究，既是流行病学研究中最重要的方法之一，也是检验病因假设的重要工具。病例对照研究是选择一定数量的患有某种疾病的病例为病例组，另选择一定数量的没有这种疾病的个体为对照组，调查病例组与对照组中某可疑因素出现的频率并进行比较，来分析该因素与这种疾病之间的关系。因为病例组与对照组来自不同的人群，因而难免有影响分析结果的因素导致偏差。病例对照研究可用于罕见疾病的病因调查，可以缩短研究周期和减少人力物力。

（2）实验性研究　实验性研究（experimental study）又称干预研究（interventional trials）或流行病学实验（epidemiological experiment），是研究者在一定程度上掌握着实验的条件，根据研究目的主动给予研究对象某种干预措施，比如施加或减少某种因素，然后追踪、观察和分析研究对象的结果。

根据研究目的和对象不同，实验性研究一般可以分为临床试验（clinical trial）、现场试验（field trial）和社区干预试验（community intervention and cluster randomized trial）3种。临床试验对象必须是诊断确切的病例，研究内容为临床治疗措施，目的是揭示某种疾病的致病机理或因素，评价某种疾病的疗法或发现预防疾病结局（如死亡或残疾）的方法。与临床试验不同，现场试验的研究对象不是病人，主要研究对象为未患病的健康人或高危人群中的个体，而不是群体或亚人群。与临床试验相同的是研究过程中直接对受试者施加干预措施。通常研究费用较高，必须到工厂、家庭或学校等"现场"进行调查或建立研究中心，现场试验仅适合于那些危害性大、发病范围广的疾病的预防研究。社区干预和整群随机试验又称社区为基础的公共卫生试验（community-based public health trial），社区干预试验中接受处理或某种预防措施的基本单位是整个社区或某一群体的亚群，如某学校的某个班级、某工厂的某个车间等。所以社区干预试验也可以认为是以社区为基础的现场干预实验的扩展。通常选择两个社区，一个施加干预措施，另一个作为对照，研究对照两个社区的发病率、死亡率以及可能的干预危险因素。社区干预试验一般历时较长，通常需 6 个月以上。试验结果可供相关部门的卫生规划和决策参考。

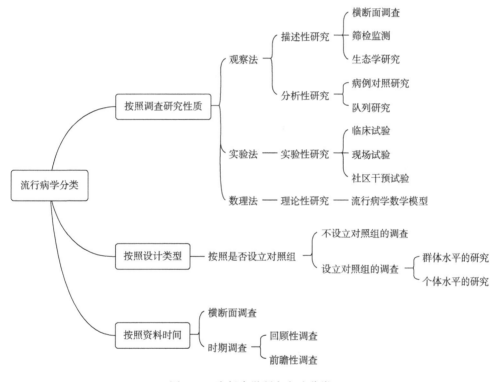

图 8-6　流行病学研究方法分类

2. 流行病学调查设计类型的选择

在开展流行病学调查时，需要采用什么设计类型，着重考虑收集和分析资料的细致程度及可能性。按照是否设立对照组分为不设立对照组的调查和设立对照组的调查。在实际调查中，往往要按资料时间分类的方法进行调查设计，收集的资料是某一时点的，或是一定时期内的（不在同一时点上）。这样的流行病学调查可分为时点调查即横断面调查和时期调查，时期调查又可以进一步划分为回顾性调查及前瞻性调查。

（1）按照是否设立对照组设计调查。

1）不设立对照组的调查　由于研究因素不明确或群组间无可比性等原因，不宜进行统计学的相关分析，对调查对象不进行分组。这些调查只能看作是对某些总体或其部分情况的了解。如"某一人群或地区死亡回顾调查""某种疾病的普查及筛检""污染与疾病监测""临床病例随访""个案调查""病例报告"等。通过不设立对照组的调查描述疾病的分布时，往往要进行多个群组调查，利用多次调查的资料，尽可能得到一些暴露因素进行识别判断。

2）设立对照组的调查　设立对照组也就是将调查对象分成两个或多个组，各组之间除研究因素外，其他影响结果的因素应基本相同，即具有可比性。有了对照组就能通过统计学的比较分析来研究变量之间的相关联系，也就是说进入了分析流行病学的研究阶段。

群体水平的研究（group-level study）：一般称为生态学研究，它是以群体为基本单位收集或分析资料，从而进行暴露与疾病关系的研究。在生态学研究中不知道（或无视）在暴露者中有多少发生了疾病或非暴露者中有多少发生了疾病，也就是不能（或没有）在特定的个体中将暴露与疾病联系起来。所谓疾病也包括其他效应，所谓暴露则指一切可能影响疾病的研究因素。例如，进行我国某县的胃癌死亡率与幽门螺杆菌（Hp）感染率之间的关系调查研究。研究设立了对照组，但用的是死亡率、感染率等反映群组特征的变量。感染 Hp 的人中有多少死于胃癌及未感染 Hp 的人中有多少死于胃癌是不知道的，即不能在特定的个体中将暴露与疾病联系起来。

个体水平的研究（individual-level study）：是以个体为基本单位收集和分析资料，从而进行暴露与疾病关系的研究。这里的个体研究并不是只研究某个个体，而是以个体为基本单位收集和分析资料，以便在特定的个体中将暴露与疾病联系起来，进而研究其组成的群体之一。个体研究既可以进行发病者与未发病者中暴露情况的比较，也可以进行暴露者与非暴露者中发病等情况的比较。有的相关与回归研究等，只调查一组人群，以个人为测量和分析单位，看似没有对照组。实际上它是定群研究或病例对照研究分组很细的情况，即每个人互为内对照。有时疾病与暴露也是相对而言，它们只是不同的研究变量而已。例如"某人群血硒和发硒含量间的相关分析""某地男孩身高与体重的相关与回归分析"等。

（2）按资料时间分类设计调查。

上述方法是按统计分析对调查设计的不同要求将流行病学调查进行"连续划分"的设计类型。在实际调查中，往往要按资料时间分类的方法进行调查设计，收集的资料是某一时点的，或是一定时期内的（不在同一时点上）。这样的流行病学调查可分为时点调查即横断面调查和时期调查，时期调查又可以进一步划分为回顾性调查及前瞻性调查。这些调查均可采用不同的设计类型；同样，每一种设计类型也均可用于横断面调查、回顾性调查及前瞻性调查。

1）横断面调查（cross-sectional study）　又称为现况研究或现况调查或横断面研究，是指在特定时间断面或时期内，收集调查特定范围内人群中有关变量（因素）与疾病（健康状况）的关系。调查对象包括确定人群中所有的个体或这个人群中的代表性样本，也就是按设计要求收集某一时点或短暂时间内流行病学资料的调查，这些资料均可看成是在同一时点上。横断面调查不仅用于估计总体参数及生态学研究（如"某疾病的普查及筛检""生理指标正常值范围的确定"、描述疾病分布等），也可进行病例对照研究和定群研究。

2）回顾性调查（retrospective study）　也就是按设计要求收集过去某一段时间流行病学资料的调查。在回顾性调查中，研究因素与疾病均在开始收集资料前已经发生，研究者从各种记录或从调查对象及其亲属的回忆中获得资料。回顾性调查不仅可以进行病例对照研究，而且据统计大多数定群研究也是回顾性的，人们常称为"回顾性队列研究"（retrospective cohort study）或"历史性定群研究"（historical cohort study）等。例如，当要进行放射治疗与白血病关系的研究时，可以查阅几所医院早年的诊断记录，从中发现红细胞增多症或疑似患者，从医院病历中还可查到每一名患者所接受的治疗措施，然后通过各种记录调查各治疗组患者到某年某月为止发生急性白血病的情况，进行比较分析，就是回顾性定群研究。实际上大量的回顾性调查还是在描述流行病学等方面的应用，如"某人群或地区死亡回顾调查""疾病流行因素的回顾及分析"以及经常性"个案调查"总结等。

3）前瞻性调查（prospective study）　也就是按设计要求收集以后某一段时间流行病学资料的调查。在前瞻性调查中，疾病在开始收集资料前尚未发生，研究者直接观察研究因素与疾病发生等情况。与横断面调查和回顾性调查一样，前瞻性调查也适用于各种设计类型，定群研究只是类型之一，在描述流行病学等方面也有应用，如"疾病监测""临床病例随访"等。目前很多学者已将病例对照研究应用于前瞻性调查。

流行病学调查方法可以根据需要从不同角度建立起多种分类系统，但分类根据必须统一，也就是每次划分必须按同一标准进行。如根据是否抽取样本还可以将流行病学调查分为普查和抽样调查等。有些人将流行病学调查方法按横断面调查（或现况研究）、病例对照研究及定群研究等分类或排列，在一次划分中使用了两个或两个以上的不同根据，使各种方法之间留有空缺（划分不全）或相互重叠（子项相容），不利于对流行病学调查方法的全面了解和系统掌握。

3. 流行病学在危害识别中的应用

对于一个不明原因的食源性疾病而言，从不知病因到病因清楚，要经过一系列的研究。1987年，世界卫生组织召开会议指定了病因探索和鉴定的一般程序。一个未知的致病危害因子的探明一般分为3个阶段。首先要根据疾病和有关因素在人群中的分布特点，调查研究形成病因假设。其次通过病例对照研究和队列研究等流行病学研究方法，进一步深入反复研究以检验假设的正确性。最后结合生物学、医学及流行病学研究的综合结果证实假设。

（1）建立假设　建立假设是食源性疾病病因研究的第一步。通过历史性回顾研究、横断面研究（抽样调查或普查）、疾病登记和报告分析、生态学研究等有关疾病的大量信息和资料，运用逻辑思维进行科学的分析和概括，从中找出与疾病发生有关的现象或因素，形成病因假说。

（2）检验假说　食源性疾病病因假说建立之后，应用分析流行病学的方法，进一步研究推论因素和疾病之间的相关性，从而检验病因假说。常用的方法包括病例对照研究和队列研究。两者各有特点，前者容易找到研究对象，研究周期短，费用小，但只能确定联系的存在，不能确定因果联系；后者可观察因果的时间顺序，但只能用于发病率较高的疾病，花费时间、人力和财力较多。

（3）证实假说　通过病例对照和队列研究等对病因假说进行初步验证之后，一般还需要通过流行病学试验研究来证实病因假说。试验方法可人为地控制某些因素，比较暴露组和对照组（非暴露组）的发病率或死亡率的差异，从而证实病因假说的真实性。动物试验是试验研究最常用的方法，如通过动物试验已经证实黄曲霉毒素是肝癌的致病因素。在条件允许的情况下，也可进行人群干预试验，是干预减少人群中某种因素的存在，比较人群中某种疾病的发病率或死亡率，还可证实病因。如通过禁止生产销售反应停、教育孕妇停止服用反应停等干预措施之后，胎儿海豹肢畸形率明显下降，从而证实了反应停是胎儿海豹肢畸形的致病因素。

随着科学研究和文献检索手段的不断进展，文献在食品安全风险因子的危害识别实践中也起着越来越重要的作用。现在常用的是系统评价（systematic review）和荟萃分析（meta analysis）等技术，通过对文献进行系统查询、严格评价和整合，获得某种疾病的风险因素比较客观的结论（参阅相关文献和论著）。

（4）病因推断标准　病因的确定是食源性疾病预防控制的关键，也是公共卫生和预防医学相关决策的重要依据。大量的信息和结果来自观察性流行病学研究，因此，病因推断要基于丰富可靠的科学研究结果，进行科学的概括和逻辑推理，然后作出判断。这就需要建立一些判断标准，来衡量因素和疾病之间因果关联的真实性。

归纳起来，现在被广泛认可的标准有以下几点：研究因素和疾病之间关联强度越大，因果联系的可能性越大；如果用不同的方法对不同的人群或在不同的时间获得的因素与疾病之间的联系是一致的，那么两者之间因果联系的可能性强；因素和疾病之间联系的特异性越强，则因果联系的可能性越大；研究因素的暴露必须在疾病发生之前；因素和疾病之间的联系要有充分的生物学依据；若研究因素与疾病之间存在剂量—反应关系，则因果联系的可能性大；因素和疾病之间的联系要得到相关实验结果的支持。这些原则可作为风险因素研究证据的评价指南。

● 毒性测试

毒性测试（toxicity testing）方法的核心是通过人体组织中毒性作用的途径模型和人体代谢动力学建立干扰作用下的定量剂量—反应关系。这种方法的实现，可以避免生物学显著效应对人类毒性途径的干扰，改变目前高剂量动物试验的结果外推到低剂量暴露人体（群）时所带来的不确定性。在毒性测试中，化学物的性质以及剂量—反应关系和外推模型是两个重要的要素。化学物的性质包括物理化学性质、使用和环境浓度及其稳定性、人类暴露的可能途径、生物累积的可能性、代谢和降解产物、与细胞中物质的分子间相互作用、潜在的毒理学特性等。而剂量—反应和外推模型能揭示毒性测试数据的规律。测试数据是剂量—反应和外推模型的重要支撑，有时候会因为缺乏数据而使其应用受到影响。目前发展的毒性测试技术主要有：高通量筛查、干细胞生物学、功能基因组学、生物信息学、系统生物学、计算机系统生物学、生理药代动力学、结构—活性关系、生物标记物等。

结构—活性关系亦即构效关系，即化学物的生物学活性与其结构和官能团有关，可以利用已知的结构类似化学同系物的资料或用确定的靶点资料来预测化学物活性。根据大量现有化学物的毒性分析结果，利用结构—活性关系分析可预测一种新化学物的潜在毒性。结构—活性关系分析广泛应用于危害识别，如潜在的遗传毒性、生态毒性等。如果能同时预测化学物的人体摄入量，将有助于确定毒理学试验的设计方案。目前，这种方法已主要用于对包装材料迁移物和香料的评价。

利用结构—活性关系来预测一种新化学物的潜在毒性时，一般要建立定量结构—活性相关（QSAR）模型。定量结构—活性/性质相关（quantitative structure-activity/property relationship，QSAR/ QSPR）研究就是描述化合物分子结构与生物活性及理化性质之间的因果关系，揭示结构与生物活性及理化性质之间的量变规律，并利用规律预测新的化合物的活性/性质。目前 QSAR/QSPR 已在食品抗氧化剂、食品防腐剂、食品风味成分和食品成分安全性评价等方面向食品研究领域渗透。QSAR 分为二维定量构效关系方法（2D-QSAR），包括 Hansch 法、基团贡献法和分子连接性指数法等；三维定量构效关系方法（3D-QSAR），与 2D-QSAR 比较，3D-QSAR 方法能间接反映药物分子和靶点之间的非键相互作用特征；分子全息定量构效关系（holographic QSAR，HQSAR）。所谓分子全息是一种新的分子结构表征技术。基于分子全息的结构—活性相关技术能够将化合物的生物活性与其以分子的亚结构碎片的类型和数量所描述的分子组成之间建立相关关系，应用偏最小二乘回归技术建立定量预测模型，从而对化合物的生物活性进行预测。

8.2.2.2　危害特征描述

经过危害识别确定了危害因子之后，风险评估的第二步就是危害特征描述（hazard characterization）。世界卫生组织（WHO）国际化学品安全规划署（International Programme on Chemical Safety，IPCS）（2004）对危害特征描述的定义为："对一种因素或状况引起潜在不良作用的固有特性进行的定性和定量（可能情况下）描述，应包括剂量—反应评估及其伴随的不确定性。"即指对食品中生物性、化学性和物理性因素产生的健康损害效应的特性进行定性和（或）定量描述。《食品安全风险评估管理规定》对危害特征描述的定义为："对与危害相关的不良健康作用进行定性或定量描述。可以利用动物试验、临床研究以及流行病学研究确定危害与各种不良健康作用之间的剂量—反应关系、作用机制等，如果可能，对于毒性作用有阈值的危害应建立人体安全摄入量水平。"

危害特征描述的主要目的是描述食品中某种危害物质的剂量或暴露量与某种不良健康损害效应的发生率之间的关系，关键在于确定临界效应，即随着剂量或暴露量增加首先观察到的不良效应。危害特征描述通常包含两层含义：一是确定危害—效应关系是否存在；二是在确定这种关系存在的基础上，建立剂量—反应关系，即采用数学模型对人体摄入的有害物质剂量与人体发生不良反应的可能性之间的关系进行描述。

具体而言，危害特征描述通常要解决的问题包括：建立主要效应的剂量—反应关系；评估外剂量和内剂量；确定最敏感种属和品系；确定种属差异（定性和定量）；作用方式的特征描述，或是描述主要特征机制；从高剂量外推到低剂量以及从实验动物外推到人。

● 剂量—反应关系

危害特征描述的核心内容是进行剂量—反应关系的评估（dose-response assessment）。危害特征描述的剂量—反应关系评估是描述暴露于特定危害物时造成可能危害性的前提，同时也是安全性评价时建立指南或标准的起点。

1. 基本概念

（1）剂量　毒理学研究中的剂量（dose）通常有 3 种基本表达方式：一是给予量或外部剂量，也称作用剂量；二是内部剂量或吸收剂量；三是靶剂量或组织剂量（也称有效剂量）。它们都是相互联系的，可以用于不同的剂量—反应关系分析。

外部剂量指在一定途径和频率条件下，给予实验动物或人的外源化学物或微生物数量。在 JECFA 术语中，外部剂量常指暴露量或摄入量。外部暴露常在流行病学研究观察法中应用。

内部剂量是指外源化学物与机体接触后机体获得的量或外部剂量被吸收进入体内循环的量，也可以指机体与微生物接触后被感染存活的微生物数量。对于外源化学物来说，这是化学物质被机体吸收、分配、代谢、排泄的结果，其数据来源于大量的毒物代谢动力学研究。对于微生物而言，这是病原微生物、食品和宿主（包括动物和人）相互妥协的结果。

靶剂量是外源化学物被机体吸收并分布在特定器官中的有效剂量，或指微生物感染机体后出现在某特定器官的量。对于外源化学物，可以利用代谢动力学分析方法决定靶剂量是指亲代复合物还是亲代与子代的新陈代谢产物，另外还需要考虑剂量是按照最大值还是按平均值来度量。对于微生物，靶剂量是微生物感染致病机理研究的结果。

在描述外源化学物剂量时有两个重要的决定因素：给予频率和持续时间。不同的剂量水平、频率和持续时间可以导致急性、亚慢性或慢性中毒等不同的毒性效应。在剂量—反应评估过程中，剂量可以任选三种方式中的一种，但原则上要求剂量描述应都包括毒性、频率和时间。剂量可以用很多度量方法，包括简单的给予剂量（例如 mg/kg 体重）、每日摄入量［例如 mg/（kg 体重·d）］等。引起食物中毒的微生物因其具有不同的致病力而导致各种急、慢性或间歇性机体反应，很少是累积效应的结果，因此微生物剂量多强调确定频率下感染量或一次性的摄入量，其表达方式一般是菌落总数的常用对数值。

在毒理学或流行病学研究中，暴露剂量（外部剂量）很难精确地测量，经常需各种假设来估计。有时暴露可通过检测血液生物学标志物或靶器官浓度先获得内部剂量或靶剂量，再通过内部剂量向外部剂量的生物转化来进行剂量—反应评估。然而关于生物转化的关联性，目前研究还非常有限，很多转化标准常是在达到最多暴露量的多年后才会制定。有时，在建立剂量—反应模型之前首先将动物试验的数据外推转化成人体暴露剂量，再与产生反应的人体内暴露数据建立一个剂量—反应模型。但是，这种模型需要人们了解外源化合物在动物和人体内的吸收率、靶器官、代谢、排泄和反应等生化过程，以及微生物病原因子、食品介质和不同宿主因子相互影响感染发病的机理。但正是这些知识的缺乏增加了这些模型分析的不确定性。

总之，使用外部剂量时，应考虑外源物在生物体内的吸收系数、系数速率，以及其他影响因素，最好能辅以血液、组织和器官或其他生物体液的测定，以更准确地反映生物体的实际暴露水平。

（2）反应 反应（effect，reaction）也称效应、作用，是指机体暴露于外源性物质之后出现的可观察或可检测到的生物学改变。在毒理学研究中，反应可分为适应性反应和有害反应。有害反应是指暴露于较高剂量水平时，其形态、生理、生长、发育、生殖或有机系统的改变，这些改变导致身体机能的削弱或机体对环境变化的反应能力降低，使受损害风险增加。这种反应有时表现为种属或器官差异，也有的是个体差异。在大多数情况下，当暴露于某一低剂量水平时，就会引起适应性反应。这些反应是可逆的，当暴露停止后，机体可以恢复到原来的状态。在不同的试验受体上（动物、人体、细胞培养）随机进行的同剂量—反应也是不同的，这种随机的反应差异常常会符合某种统计分布，如某种群体受体中某一反应的已知频率统计分布。总之，统计分布主要特点就是提供主要趋势（常用中值或平均值来表示）和数据的有效范围（常用标准偏差来表示）。

大部分剂量—反应分析数据可归为 4 类：质反应（qualitative responses）、计数（counts）、连续测量（continuous measures）和有序分类值（ordered categorical measures）。4 类数据在建立剂量—反应分析模型时计算方式有些不同，但总的来说，剂量—反应分析模型是用来描述暴露剂量或时间与反应之间的关系。

2. 剂量—反应关系类型

现代毒理学又将剂量—反应关系分为定量个体剂量—反应关系和定性群体剂量—反应关系两种基本类型。定量个体剂量—反应关系是描述不同剂量的外源物引起生物个体的某种生物效应强度，以及两者之间的依存关系。例如，在相当宽的剂量范围内，有机磷农药可以抑制乙酰胆碱酯酶活性，其抑制程度随剂量的增加而加重。定性群体剂量—反应关系反映不同剂量外源物引起的某种生物效应在一个群体（实验动物或调研人群）中的分布情况，即该效应的发生率或反应率，实质上是外源物的剂量与生物体的质效应间的关系。

在研究这类剂量—反应关系时，要首先确定观察终点，通常是以动物试验的死亡率、人群肿瘤发生率等"有"或"无"生物效应作为观察终点，然后根据诱发群体中每一个出现观察终点的剂量，确定剂量—反应关系。

3. 剂量—反应关系曲线形式

把外源物暴露的剂量作为横坐标（自变量）、以生物学的毒性效应为纵坐标（因变量）作图，就可以得到剂量—反应曲线。剂量—反应曲线主要有三种形式：对数曲线、S 形曲线和直线。毒理学上最常见的一类是长尾的不对称 S 形曲线，这反映暴露量在增加的过程中，反应的强度或反应率的改变呈偏态分布。

剂量—反应关系可用剂量—反应关系曲线表示，只有对某种物质的剂量—反应曲线有足够的了解，才能预测暴露于已知或预期剂量水平时的危险性。健康指导值或 MOE 的计算需要在剂量—反应曲线上确定 1 个参考点或分离点（point of departure，POD）、对已知反应的未观察到有害作用的剂量（no-observe-adverse-effect level，NOAEL）、阈值、观察到有害作用的最低剂量（lowest-observed-adverse-effect level，LOAEL）、基准剂量（benchmark dose，BMD）以及在最敏感种属中观察的临界效应的斜率，所有这些指标都是危险性评估的基础。

4. 剂量—反应模型的构建

在危害特征描述过程中，可采用动物试验、体外试验等毒理学试验数据或人群流行病学数据资料来进行剂量—反应关系评估，运用数学模型拟合剂量—反应关系曲线。危害特征描述的核心内容是获得安全剂量的起始点（或参考点），如未观察到有害作用剂量（no observed adverse effect level，NOAEL）、最小观察到有害作用剂量（lowest observed adverse effect level，LOAEL）、基准剂量下限值（benchmark dose lower confidence limit，BMDL）等。

目前，剂量—反应数据可用数学模型来描述。剂量—反应模型（dose reaction modeling，DRM）是对科学数据进行拟合的数学表达方法，描述了剂量与反应之间关系的特征。数学模型包含三个基本要素：推导模型的假设、模型的函数表达式、函数表达式的参数。

建立剂量—反应分析模型，首先，要选择符合风险特点的分析用数据。一般可从数据质量、有用程度、可获得性以及样本的大小等角度出发，筛选合适的剂量—反应数据。其次，选择合适的模型。模型分为以实验为基础的经验模型和生物学模型两种。大部分剂量—反应分析模型用的是经验模型，该类模型数据不是基于机理机制的数学描述。最后，确定数据与模型的统计学关系。最普遍的统计学方法是假设反应的统计分布，利用该分布得到一个数学函数来描述数据与模型的拟合度。接下来，通过数据拟合确定模型。如果可以得到数据与模型有规律的统计关系，就可选出关系函数最优化的参数值。例如，常采用的最小二乘法，通过最小化预测值与观测值差的平方和来连接数据和模型。当然，模型参数估计还可以用更简单的方法，如通过数据点画一条直线，通过计算直线的斜率和截距可估计该线性模型的参数。一般来说，统计方法优于简单方法。

接下来是最重要的一步，对结果进行分析。根据前面步骤获得的模型参数和数学公式，通过计算输出、模型预测、基准剂量测定或直接外推等方式，对反应或剂量水平进行预测，从而制定相应的健康指导值。预测方法可以通过从某试验结果外推到其他暴露剂量或从实验动物外推到人来进行。在化学危害物评估过程中，应用剂量—反应分析模型预测可以定量评估无阈值效应和有阈值效应的风险。由于遗传毒性化学物的安全剂量通常以百万分之一的发生率为标准，而动物实验所测的危险发生率一般在 1/20 左右，因此，无阈值方法通常将剂量—反应关系外推至少 4 个数量级，这给结果带来了很大的不确定性。有阈值法通常以 NOAEL 或 BMD 为指标，并通过使用不确定系数，获得该化学物的安全暴露剂量水平。在微生物风险评估过程中剂量—反应分析模型应该可以量化风险，并结合暴露评估确定感染率或发病率，从而制定从农田到餐桌过程的一系列关键控制点和关键限值。总之，通过剂量—反应分析模型预测，公共卫生部门一般采取禁用或规定接触剂量水平等手段来降低有害化学物过量使用带来的风险，或采用制定食品标准或建立 HACCP 关键控制点等方式来控制食品被病原微生物污染的风险。最后，评估分析结果。通过模型比较和不确定性分析来描述模型预测的灵敏度，判断最终预测结果的可靠性。

5. 剂量—反应分析方法

在剂量—反应分析模型过程中，有些人群是典型的潜在暴露人群而且有相似的暴露水平，可以获得充足的人体数据，但大部分情况下，剂量—反应分析方法都使用外推。由于食品中所研究的化学物质的实际含量很低，而一般毒理学试验的剂量又必须很高，因此在进行危害描述时，就需要根据动物实验的结论对人类的影响进行估计。为了比较并得出人类的允许摄入水平，需要把动物试验的较高剂量数据经过处理外推到比它低得多的剂量。

外推法基本可以分为两类：一类是评估剂量—反应分析中超出某实验数据范围的暴露风险；另一类是估计健康推荐值，例如 ADI，而不对风险量化。简单来说，危害描述一般是由动物毒理学试验获得的数据外推到人，计算人体的每日容许摄入量（ADI 值）。严格来说，对于食品添加剂、农药和兽药残留，可制定 ADI 值。对于食品污染物，分两种情形：针对蓄积性污染物如铅、镉、汞等制定暂定每周耐受摄入量（PTWI 值），针对非蓄积性污染物如砷暂定每日耐受摄入量（PTDI 值）。对于营养素，制定每日推荐摄入量（RDI 值）。目前，国际上由 JECFA 制定食品添加剂和兽药残留的 ADI 值以及污染物的 PTWI/PTDI 值，由 JMPR 制定农药残留的 ADI 值。

动物试验外推到人通常有 3 种基本的方法：利用不确定系数（或安全系数）；利用药物动力学外推；利用数学模型。药物动力学外推广泛用于药品安全性评价并考虑到受体敏感性的差别，毒理学家对于最好的模型及模型的生物学意义尚无统一的意见。大多数情况下，由于剂量—反应分析模型数据都来源于实验动物，并且设计的给予剂量明显超过了人类的潜在暴露量。动物试验较高剂量外推到低得多的人剂量水平时，这些外推步骤无论在定性还是定量上都存在不确定性。

（1）有阈值法　对于具有毒作用阈值的物质，在危害特征描述这一步骤中，通常能够推导得出经食物摄入该危害物质的健康指导值，例如适用于食品添加剂、农药残留或兽药残留的 ADI 值，适用于污染物的可耐受摄入量（tolerable intake，TI）等。通过毒理学方法得出其 ADI 值。实验获得的 NOEL 或 NOAEL 值乘以合适的安全系数等于安全水平或每日允许摄入量。这种计算方式的理论依据是：人体和实验动物存在合理的可比较剂量的阈值。对人类而言，可能要更敏感一些，遗传特性的差别更大一些，而且人类的饮食习惯更多样化。鉴于此 JECFA 和 JMPR 采用安全系数以克服这些不确定性。通过对长期的动物试验数据研究中得出安全系数为 100，但不同国家的监管机构有时采用不同的安全系数。在可用数据非常少或制定暂行 ADI 值时 JECFA 也使用更大的安全系数。如上所述，安全系数用于弥补人群中的差异。所以在理论上某些个体的敏感程度超出了安全系数的范围。对潜在关键作用建议使用剂量—反应模型，衍生出基准剂量 BMD 和对特定事件（如5%或10%事件发生）采用置信区间下限（lower confidence limit，BMDL），如 ED_{10} 或 ED_{05} 等概念。通过比较 BMDL，可以明确关键的作用，以最低的 BMDL 作为风险描述的作用始点。

对于大多数危害因素，通过直接采用国内外权威评估报告及数据，可以确定化学物的膳食健康指导值或微生物的剂量—反应关系。对于少数尚未建立膳食健康指导值的化学物，可利用文献资料或试验获得未观察到不良作用水平（NOAEL）、观察到不良作用的最低水平（LOAEL）或基准剂量低限值（BMDL）等毒理学剂量参数，根据上述风险评估关键点中所确定的不确定系数，推算出膳食健康指导值。对于无法获得剂量—反应关系资料的微生物，可根据专家意见确定危害特征描述需要考虑的重要因素（如感染力等）；也可利用风险排序获得微生物或其所致疾病严重程度的特征描述。

（2）无阈值法　对于无阈值的危害物质，可结合暴露评估对这些物质的暴露限值（margin of exposure，MOE）进行估计，对特定暴露水平下的风险大小进行定量估计。对于没有阈值剂量的有害作用，可以采用低剂量外推或应用一些数学模型来研究。定量评估无阈值效应的危险性，通常使用动物试验中发病率的剂量—反应资料来估计与人类相关的暴露水平的危险性。由于曲线估计的不准确性，在动物试验观察范围内的剂量—反应曲线通常不能外推出低危险性的估计值。因此，最好选择适当的模型。人们提出了各种各样的外推模型。低剂量线性模型是最简单的模型，广泛适用于多种类型的实验数据。国际上使用的方法和模型各种各样，如线性多阶段模型和从剂量—反应曲线上的某一固定点（TD_{50}、TD_{25}、TD_{10}、TD_5 或 NOAEL）进行外推的简单线性外推法。目前的模型都是利用实验性肿瘤发生率与剂量，几乎没有其他生物学资料。没有一个模型可以超出实验室范围的验证，因而也没有对高剂量毒性、促细胞增殖或 DNA 修复等作用进行校正。基于这样一种原因，目前的线性模型只是对风险的保守估计。如对致突变、遗传毒性致癌物而言，一般不能采用"NOEL—安全系数"法来制定允许摄入量，因为即使在最低的摄入量时，仍然有致癌的风险存在。在此情况下，动物实验得出的 BMDL 被用作风险描述的起始点（point of departure）。因此，对遗传致癌物的管理办法有两种：一是禁止商业化地使用该种化学物品；二是建立一个足够小的被认为是可以忽略的对健康影响甚微的或社会能够接受的风险水平。在应用后者的过程中，要对致癌物进行定量风险评估。

8.2.2.3　暴露评估

暴露评估是实现风险量化的重要步骤，指人类和其他物种暴露于危害的实际程度和持续时间，一项暴露评估包括暴露在危害物质下的人群规模、自然特点以及暴露的程度、频率和持续时间等内容。国际化学品安全规划署（IPCS）对暴露评估的定义为：对一种生物、系统或（亚）人群暴露于某种因素（及其衍生物）所进行的评价。国际食品法典委员会（CAC）对暴露评估的定义主要在食品研究范围内，暴露评估为对一种化学物或生物经食物的可能摄入量以及经其他相关途径的暴露量的定量和（或）定性评价。这里的食品范围较广，如各类食物、饮料、饮用水和膳食补充剂等。

● **暴露评估的对象（表8-4）**

（1）有害化学物　膳食暴露评估是将食物消费量数据与食品中有害物的浓度数据进行整合，然后将获得的暴露估计值与所关注有害物的相关健康指导值进行比较，作为后续的风险特征描述的一部分。对于食品中的有害化学物，暴露评估时要考虑该化学物在膳食中是否存在、浓度、含有该化学物的食物的消费模式、大量食用问题食物的消费者和食物中含有高浓度该化学物的可能性。通常情况下，暴露评估将得出一系列摄入量或暴露量估计值，也可以根据人群（如分为婴儿、儿童、成人或分为易感、非易感）分组分别进行估计。这里的化学物包括了食品添加剂、污染物、加工助剂、营养素、兽药和农药残留等。

（2）有害微生物　对于食品中的有害生物，一般专指人类摄入食物后可导致食物中毒或食源性疾病的致病微生物。引起食物中毒的微生物通常可分为两大类：感染型如沙门氏菌的各种血清型、空肠弯曲菌、致病性大肠埃希氏菌；毒素型如蜡样芽孢杆菌、金黄色葡萄球菌、肉毒梭菌。另一种分类方法是根据致病力的强弱，按国际食品微生物标准委员会（ICMSF）的建议分为4类：病症温和、没有生命危险、没有后遗症、病程短、能自我恢复（如蜡样芽孢杆菌、A型产气荚膜梭菌、诺如病毒、EPEC型和ETEC型大肠埃希氏菌、金黄色葡萄球菌、非O1型和非O159型霍乱弧菌、副溶血性弧菌）；危害严重、致残但不危及生命、少有后遗症、病程中等（空肠弯曲菌、大肠埃希氏菌、肠炎沙门氏菌、鼠伤寒沙门氏菌、志贺氏菌、甲肝病毒、单增李斯特氏菌、微小隐孢子虫、致病性小肠结肠炎耶尔森氏菌、卡宴环孢子球虫）；对大众有严重危害、有生命危险、慢性后遗症、病程长 [布鲁氏菌病、肉毒毒素、EHEC（HUS）、伤寒沙门氏菌、副伤寒沙门氏菌、结核杆菌、痢疾志贺氏菌、黄曲霉毒素、O1型和O139型霍乱弧菌]；特殊人群有严重危害、有生命危险、慢性后遗症、病程长（O19型空肠弯曲菌、C型产气荚膜梭菌、创伤弧菌、阪崎肠杆菌）。

根据暴露持续时间的长短，膳食暴露评估可分为急性暴露评估和慢性暴露评估。急性暴露是指24 h内的短期暴露，慢性暴露是指每天暴露并持续终生。无论是急性暴露还是慢性暴露，一项完整的暴露评估原则上应覆盖一般人群和重点关注人群。重点人群是指易感人群或与一般人群的暴露水平有显著差别的人群，如婴儿、儿童、孕妇、老年人和素食者等。

表8-4　开展暴露评估主要考虑的因素

食品中的有害化学物	食品中的有害微生物
● 污染的频率和程度； ● 有害物质的作用机制； ● 有害物质在特定食品中的分布情况。 注：在食品加工或贮藏等过程中只发生很小的变化，可以不考虑其动态变化	除左栏因素外，还需考虑： ● 食品中微生物的生态； ● 微生物生长需求； ● 食品微生物的初始污染量； ● 动物性食品病原菌感染的流行状况； ● 生产、加工、蒸煮、处理、贮藏、配送和最终消费者的使用等对微生物的影响； ● 加工过程的变化和加工控制水平； ● 卫生水平、屠宰操作、动物之间的传播率； ● 污染和再污染的潜在性（交叉污染）； ● 食品包装、配送及贮藏方法和条件（如贮藏温度、环境相对湿度、空气的气体组成）等。

另外，WHO/FAO在风险评估报告提到了开展暴露评估总体考虑的因素：

①在选择适当的食物消费数据和食品中有害物浓度数据前，必须明确膳食暴露评估的目的；

②确保暴露评估结果的等同性，暴露评估程序可能针对不同对象有差异，但这些程序应该对消费者产生相同的保护水平；

③无论毒理学结果的严重程度、食品化学物的类型、可能关注的特定人群还是进行暴露评估的原因如何，都应选择最适宜的数据和方法，尽可能保证评估方法的一致性；

④国际层面的暴露评估结果应该大于或等于（就营养素缺乏而言，应该低于）国家层面进行的最好的膳食暴露评估结果；

⑤暴露评估应该覆盖普通人群，以及易感或预期暴露水平明显不同于普通人群的关键人群（例如婴幼儿、儿童、孕妇或老年人）；

⑥各国基于本国的膳食消费数据和浓度数据，并使用国际上的营养素和毒理学参考值，由此便于国际组织的汇总和比较。

● **暴露评估的步骤**

①可以采用逐步测试、筛选的方法在尽可能短的时间内利用最少的资源，从大量可能存在的有害物中排除没有安全隐患的物质。这部分物质无须进行精确的暴露评估。但是使用筛选法时，需要在食品消费量和有害物浓度方面使用保守假设，以高估高消费人群的暴露水平，以避免由于错误的暴露评估与筛选结果做出错误的安全结论。

②为了有效筛选有害物并建立风险评估优先机制，筛选过程中不应使用非持续的单点膳食模式来评估消费量，同时还应考虑到消费量的生理极限。要不断完善评估方法和步骤，确保能够正确评估某种特定有害物的潜在高膳食暴露水平。

③暴露评估方法必须考虑特殊人群，如大量消费某些特定食品的人群，因为一些消费者可能是某些所关注化学物浓度含量极高的食品或品牌的忠实消费者，有些消费者也可能会偶

尔食用有害物浓度高的食品。

● 膳食暴露评估结果描述的原则

暴露评估过程往往是基于特定的假设和数学模型，因此在结果描述时应注意以下原则：①详细描述暴露评估方法，包括所选用的模型、数据、假设、局限性和不确定性；②阐明在暴露评估中所采用的有关食品中化学物浓度数据和食品消费量数据来源或假设；③评估结果应包括一般人群和高暴露人群膳食中待评估物质的摄入水平（如暴露量的第90百分位数，第95百分位数或第97.5百分位数），并说明其计算推导过程。

● 暴露评估的数据来源

暴露评估的关键是获得计算暴露量所需的数据。这些数据是环境或特定产品中，危害物质的出现情况与感染方面的数据。长时间的监测数据则是要求更高水平的评估结果的关键。由于绝大多数情况下，对危害物质的污染情况的调查需要较长的时间，并通过多种途径进行，这就需要获得有关其特性、内外因的影响以及分析方法中各参数方面的准确数据。还需要使用消费方式方面的信息，这与不同人群使用或饮用、摄入剂量、加工处理方式和消费方式等有关，包括不正常的甚至是极端的暴露情况。在多数情况下，要进行风险评估的地方缺少定量分析所需要的数据资料。进行暴露评估的关键是需要提高数据资料的可比性和同质性，数据的同质性应至少保证所提供的数据具有类似的格式，并为所需求的目标提供必要的信息。

1. 食品中有害物的浓度

（1）化学物浓度数据 暴露评估所需数据可分为食品中有害物的浓度和食品消费量两部分。其中有害物可分为化学物和微生物两方面。化学物可以是：批准使用前（尚未批准使用）；已经在食物中使用多年（已批准使用）；天然在食品中或由于污染所导致的。在第一种情况中，化学物的浓度可以从食品制造和加工商那里获得。其他两种情况，可以从市场上的食品中获得化学物的浓度数据。食品中化学物浓度数据来源见表8-5。

表8-5　食品中化学物浓度数据来源

化学物类型	批准使用前的暴露评估	批准使用后的暴露评估
食品添加剂	建议的 MLs 值	登记的生产商使用水平
包装材料	建议的生产商使用水平 迁移数据	食品企业调查 总膳食研究 科技文献
污染物（含天然毒素）	建议的 MLs 值 监测数据 总膳食研究 GEMS/Food 数据库科技文献	
农药残留	建议的 MRLs 值 田间监管试验的最高值 田间监管试验的中值	监测数据 总膳食研究 GEMS/Food 数据库科技文献

续表

化学物类型	批准使用前的暴露评估	批准使用后的暴露评估
兽药残留	残留清除试验	监测数据 总膳食研究 科技文献
营养素	建议的强化的 MLs 值 食物成分数据	监测数据 总膳食研究 科技文献

（2）微生物数据来源　微生物数据的来源广泛，包括：国家食源性疾病监测数据，如 FoodNet 与 PulseNet 数据库，我国国家食品安全风险评估中心也已构建了类似的国家级食源性疾病监测平台，这些数据都作为食品中致病微生物的暴露评估的主要依据；流行病学调查数据，此类调查数据可为微生物暴露评估提供特定消费者和特定致病微生物的大量信息；系统监测数据，由不同国家的政府机构组织对食品和水进行的定期监测；初级农畜产品调研数据，这些数据适用于建立预测微生物模型；食品企业自查数据；政府工作报告数据，如常见的年鉴形式，包括食品污染数据、食品消费数据、人口统计、消费者行为、营养膳食调查、食品生产数据、食品被召回情况、进出口检验和检疫数据等，以及开展的完整的风险评估报告；科技文献发表数据，包括期刊论文、简报、摘要、学术研讨会论文集等，此类数据最适用于开展暴露评估中很多不宜获得的信息，如加工再污染、厨房中交叉污染的数据，都可以整合到暴露评估中。将暴露评估的微生物数据分为食品产品、食品链、微生物危害和消费者四个层次，每个层次数据的具体要求见表 8-6。

表 8-6　暴露评估中所需的微生物数据要求

层次	数据要求
食品产品	描述被消费食品的详细信息 大类食品下的具体小类（如肉制品下的香肠） 食品生产和运输的影响 食品的季节差异 同时消费的其他食品 影响微生物生长或失活的环境因素如温度、pH 值和食品其他成分贮藏时间和保质期
食品链	田间或饲养场等环境下的生长情况 被监测的致病微生物危害情况，以及检测方法的灵敏度和特异性动物性食品的屠宰工艺 每一阶段的处理过程 每一阶段加工的时间和温度 与混合相关的处理过程信息 与分装相关的处理过程信息 清洗或消毒方法 卫生和手工操作 加工设备 水源及水质 良好农业规范（GAP）、良好操作规范（GMP）、HACCP 过程

续表

层次	数据要求
微生物危害	初始污染率和污染水平值 加工者、季节、动物、气候、地区、批次等信息 致病微生物的种属、亚种、血清型等信息 田间管理涉及的因素如危害物来源、传播机制、杀菌剂使用、动物迁徙、动物传播等 每一阶段的污染率和污染水平值变化 致病微生物的生长和残存情况以及环境因素影响 食品中致病微生物分布或聚类情况 加工设备、水源、加工者操作、包装等影响 减菌或杀毒操作对有害微生物的影响 加工环境下有害微生物的残存情况
消费者	人群特征如年龄、性别、宗教信仰、健康状况、国家、社会经济因素等大类及下面的具体小类的食品消费频率 消费量如重量、比例、频次等 食品在餐饮或家庭贮藏时间和温度 烹饪方式 经手加工处理的操作以及可能导致的交叉污染

数据缺失和不足是开展微生物暴露评估时常见的难题，但这不应成为阻碍开展暴露评估的借口，可以仔细分析问题所在，例如召集风险评估者和风险管理者进一步沟通，可以确认进一步补充数据的思路或方法。而且有时即使存在合适的典型数据，这一数据不足的问题仍然存在，例如有些数据属于政府或监管部门对外保密的，有些数据来源于商业机构对外需收费后提供。风险评估就是一个不断补充新数据、升级评估结果的循环过程。已有一些应对数据缺失或不足的措施，如模型重构、预测微生物建模、选用替代数据、寻求专家意见等。

2. 食物消费数据

食物消费数据反映了个体或群体消费固体食物、饮料（包括饮水）、膳食补充剂的量。食物消费数据可以通过个人或家庭水平的食物消费调查或通过食物生产统计进行估计。食物消费的调查包括记录或日志、食物频率问卷（FFQ）、膳食回顾法和总膳食研究（TDS）。从食物消费调查获取的数据的质量取决于调查的设计、使用的方法和工具、受访者的意愿和记忆、统计处理和数据处理等因素。食物生产统计代表整个人群可消费的食物，通常以生产的原料形式表示。

食物消费数据库主要基于人群调查方法收集数据，食物平衡表数据包括可供人群消费的现有食物数量，通过国家统计的食物产量、消耗或利用的数据而获得。大多数国家一般都可以获得这些数据。例如美国农业部经济研究所和澳大利亚统计局编写的食物平衡表。世界卫生组织统计数据库（FAOSTAT）是一个类似的包含250个以上国家的食物平衡表数据集。当缺乏成员国的官方数据时，可通过国家食物生产和使用的统计信息来估计这些数据。

WHO 基于部分 FAO 食物平衡表建立了 GEMS/Food 全球性膳食数据库，有近 250 种原料和半成品的日消费量数据。使用消费聚类膳食分析方法，20 种主要食品的食物消费模式相似的国家被归为一类，再根据地理分布进行细分，基于 1997~2001 年所有可获得的 FAO 食物平衡表数据，产生了 13 个消费聚类膳食。2006 年，对消费聚类膳食进行了更新，在第一版本的基础上纳入了对国家的评论；虽然新版聚类膳食仍是基于 1997~2001 年数据，但在可能的情况下填补了一些已经明确的数据空白。

● 膳食暴露水平的建模

有了食品中有害物的浓度和食品消费量两部分主要的数据，即可对膳食暴露水平进行估计，这可应用不同的模型来实现。膳食暴露评估即通过整合食品中有害物的浓度和目标人群的食品消费量实现对人群摄入某种有害物（化学物或微生物以及代谢产物如毒素）的定量估计。

根据食品消费量和有害物数据信息，可构建两大类膳食暴露评估模型，即点估计模型和概率估计模型。其中点估计模型需要的信息较少，概率估计模型利用的信息较多。具体方法的选择依赖于评估目的、目标有害物特征、人群特点、评估精度要求等。特别地，在点估计和概率估计之间还有一种可称为单一分布（或简单分布）的模型类型，一般可看作概率估计模型的特殊形式。点估计模型与单一分布估计模型都是以食品有害物水平和食品消费量的事前估计相结合，即每种食品只有一种一个消费量水平和一个有害物浓度水平。概率估计模型是对待评价有害物在食品中存在概率、残留水平（浓度）及相关食品的消费量进行统计模拟的一种方法。

另外，在针对微生物暴露评估建模中，因微生物不同于化学物，微生物具有一定的活性，在食品链上只要条件合适就会生长，当出现逆境条件下还会失活，因此预测微生物学模型是针对微生物暴露评估体系中的特殊建模类型。膳食暴露评估中的点估计模型或称确定性评估模型就是一个单个的数值，这个数值可以描述消费者暴露水平的一些数据。例如，平均的膳食暴露评估是目标食品的平均消费水平与这些食品中目标物质的平均残留水平的乘积，在有合适的数据情况下，还可以计算高暴露人群的点估计水平（例如处于 90 百分位数的消费者）。但点估计法仅采用某一固定值进行评估，无法量化个体水平消费量和食品中污染物水平的变异，且无法对参数估计的不确定性进行说明，因此可归入筛选法。而概率评估是将个体作为研究对象，通过对可获得的全部数据进行模拟抽样，得到人群的暴露量分布，得到的信息量远远大于确定性估计，且结果更符合实际。微生物预测模型被用于描述在食物链不同环节如加工、销售、运输、消费等过程中环境因素对微生物数量变化的影响。表 8-7 列出了我国近些年来开展微生物暴露评估研究中应用的常见预测微生物模型。

表 8-7　国内微生物暴露评估研究中应用的预测微生物模型

致病菌	食物	一级模型	二级模型
副溶血性弧菌	生食牡蛎	Gompertz	平方根
	文蛤	指数	修正平方根
	三疣梭子蟹	Gompertz	Belehradek 平方根
	贝类	指数	修正平方根

致病菌	食物	一级模型	二级模型
副溶血性弧菌	杂色蛤	Gompertz	Belehradek 平方根
	三文鱼片	Gompertz	平方根
创伤弧菌	虾	Baranyi	响应面
沙门氏菌	带壳鸡蛋	—	—
	常见餐饮食品	两阶段线性模型	响应面
单增李斯特氏菌	散装熟肉制品		Ratkowsky 平方根
	即食沙拉	修正 Gompertz	Ratkowsky 平方根
蜡样芽孢杆菌	巴氏杀菌奶	生长	—
	巴氏杀菌奶	Baranyi	Ratkowsky 平方根
	中国传统米饭	修正 Gompertz	Ratkowsky 平方根
金黄色葡萄球菌	原料乳	Gompertz	平方根
	猪肉	Gompertz	—
假单胞菌	巴氏杀菌奶	Baranyi	Ratkowsky 平方根
气单胞菌	冷却猪肉	修正 Gompertz	Ratkowsky 平方根
赭曲霉毒素 A	不同食物	—	—
黄曲霉毒素 B1	中国香料	—	—
	粮油产品	—	—

食品预测微生物学（predictive food microbiology）是一门在微生物学、数学、统计学和应用计算机科学基础上建立起来的学科，它是研究和设计一系列能描述和预测食品微生物在特定条件下生长和衰亡的模型。最初由 Roberts 和 Jarvis 于 1983 年提出。食品预测微生物学的主要目的是运用数学模型对食品微生物的变化进行定量分析，定量描述在特定环境条件下食源性微生物的生长、残存、死亡动态。当描述能力达到预测能力时，预测微生物学揭示特定微生物（某类食品中特定的腐败菌、病原菌）的生长、残存、死亡动态是由其所经历的环境因子决定的。环境因子包括内在的 pH 值、水分活度等和外在的温度、气体浓度以及时间等。许多因子会影响微生物的生长，然而只有几个因子起决定作用。无论在肉汤培养基或其他食品中，每个单一因子对微生物的影响可以看作是独立的。依据数学模型建立的基础分为以概率为基础的模型和以动力学为基础的模型。目前认可度较高的是 Buchanan 基于变量的类型把模型分为三个级别。一级数学模型是描述在特定的培养条件下，一种微生物对时间的生长或存活曲线；二级模型描述的是培养和环境变量对微生物生长或存活特性的影响；三级模型是描述合并或联合在一起的初级和二级模型。

8.2.2.4　风险特征描述

风险特征描述是基于危害识别、危害特征描述和暴露评估的结果，对特定人群发生已知的或潜在的健康损害效应的可能性、严重程度和不确定性进行定性和（或）定量估计。作为风险评估过程的最后一个步骤，风险特征描述是对前三个步骤信息的整合和综合分析，评估潜在风险，为风险管理的决策制定提供适宜的建议。风险特征描述过程将评估不同暴露情形下，危害物质致人体健康损害的潜在风险。在进行风险特征描述中向风险管理者所提供的信息或者建议可能是定性的，也可能是定量的。

定性描述通常将风险表示为高、中、低等不同程度；（半）定量描述以数值形式表示风险和不确定性的大小。化学物的风险特征描述通常是将膳食暴露水平与健康指导值（如 ADI、TDI、ARfD 等）相比较，并对结果进行解释。微生物的风险特征描述通常是根据膳食暴露水平估计风险发生的人群概率，并根据剂量反应关系估计危害对健康的影响程度。如果所评价的危害物质有阈值，则对人群风险可以以暴露量与 ADI 值（或其他测量值）比较作为风险描述。如所评价的物质的暴露量比 ADI 值小，则对人体健康产生不良作用的可能性为零；采用安全限值（margin of safety），当安全限值<1 时，该危害物对食品安全影响的风险是可以接受的；当安全限值>1 时，该危害物对食品安全影响的风险超过了可以接受的限度，应当采取适当的风险管理措施。如果所评价的危害物质没有阈值，对人群的风险是暴露量和危害程度的综合结果，即食品安全风险＝暴露量×危害程度。

定性描述的内容包括：

①待评估物质不需要引起毒理学关注的说明或证据；

②评估物质在按规定使用前提下相对安全的说明或证据；

③避免、尽可能减少或降低暴露水平的建议。

定量描述信息通常包括：

①一般人群和重点关注人群膳食中待评估物质的暴露水平与健康指导值的比较；

②不同膳食暴露水平下的风险估计，包括极端膳食暴露水平下的风险估计；

③暴露限值（MOE）。

风险特征描述时，应注意包括所有的关键假设，并描述人体健康损害风险的特性、相关性和程度以及对消费者和风险管理部门的建议。风险特征描述过程应包括对在风险评估过程中由于科学证据的不足可能带来的任何不确定性进行明确的描述和解释。另外，若存在易感人群（包括高暴露风险人群、处于特殊生理状态或遗传易感因素），还应包括相关信息。

● **风险特征描述的主要内容**

风险特征描述主要包括评估暴露健康风险和阐述不确定性两个部分内容。

（1）评估暴露健康风险　即评估在不同的暴露情形、不同人群（包括一般人群及婴幼儿、孕妇等易感人群），食品中危害物质致人体健康损害的潜在风险，包括风险的特性、严重程度、风险与人群亚组的相关性等，并对风险管理者和消费者提出相应的建议。相应的方法包括基于健康指导值的风险特征描述、遗传毒性致癌物的风险特征描述和化学物联合暴露的风险特征描述。

（2）阐述不确定性　科学证据不足或数据资料、评估方法的局限性使风险评估的过程伴随着各种不确定性，在进行风险特征描述时，应对所有可能来源的不确定性进行明确描述和必要的解释。

● 风险特征描述的主要方法

1. 基于健康指导值的风险特征描述

对于有阈值效应的化学物质，FAO/WHO 食品添加剂联合专家委员会（JECFA）、FAO/WH。农药残留联席会议（JMPR）、欧洲食品安全局（EFSA）等国际组织或机构通常是以危害特征描述步骤推导获得的健康指导值为参照，进行风险特征描述，也就是通过将某种化学物的膳食暴露估计值与相应的健康指导值进行比较，来判定暴露健康风险。

（1）如果待评估的化学物在目标人群中的膳食暴露量低于健康指导值，则一般可认为其膳食暴露不会产生可预见的健康风险，不需要提供进一步的风险特征描述的信息。以反式脂肪酸为例，根据国家食品安全风险评估中心（CFSA）的风险评估结果，我国居民的膳食反式脂肪酸平均供能比为 0.16%，大城市为 0.34%，均远低于 WHO 所设定的健康指导值（1%），因此可认为目前我国居民反式脂肪酸摄入风险总体较低。

（2）当待评估化学物的膳食暴露水平超过健康指导值时，若需要做进一步的具体描述，向风险管理者提供针对性的建议，则需要详细分析以下因素：

①待评估化学物的毒理学资料，如观察到有害作用的最低剂量水平（LOAEL）、健康损害效应的性质和程度、是否具有急性毒性或生殖发育毒性、剂量—反应关系曲线的形状；

②膳食暴露的详细信息，如应用概率模型获得目标人群的膳食暴露分布情况、暴露频率、暴露持续时间等；

③所采用的健康指导值的适用性，例如是否同样对婴幼儿、孕妇等特殊人群具有保护性。

以鱼类中的甲基汞为例，其健康指导值，即暂定的每周可耐受摄入量（PTWI）的推导是建立在最敏感物种（人类）的最敏感毒理学终点（神经发育毒性）的基础上，而生命其他阶段对甲基汞毒性的敏感性可能较低。因此当膳食甲基汞暴露量超过 PTWI 值时，JECFA 认为风险特征应针对不同人群进行具体分析：对于除了孕妇之外的成年人，膳食暴露量只要不超过 PTWI 值的 2 倍，即可认为无可预见的神经毒性风险；而对于婴儿和儿童，JECFA 认为其敏感性可能介于胎儿和成人之间，但因缺乏详细的毒理学资料，暂时无法进一步给出一个明确的不会产生健康风险的暴露值。另外，JECFA 还指出，考虑到鱼类的营养价值，建议风险管理者分别对不同的人群亚组进行风险和收益的权衡分析，以提出具体的鱼类消费建议。

2. 遗传毒性致癌物的风险特征描述

对于既有遗传毒性又具有致癌性的化学物质，一方面，传统的观点通常认为它们没有阈剂量，任何暴露水平都可能存在不同程度的健康风险；另一方面，通过试验获得的未观察到致癌效应的剂量水平可能仅代表生物学上的检出限，而不一定是实际的阈值水平。因此，对于遗传毒性致癌物，JECFA、JMPR、EFSA 等国际机构不对其设定健康指导值。JECFA 建议对食品中该类物质的风险特征描述采用如下方法和原则：

（1）ALARA（as low as reasonably achievable）原则　即在合理可行的条件下，将膳食暴露水平降至尽可能低的水平。其现实指导意义不大，无法向风险管理者和消费者提供有针对性的建议措施。

（2）低剂量外推法　对于某些致癌物，可假设在低剂量反应范围内，致癌剂量和人群癌症发生率之间呈线性剂量—反应关系，获得致癌力的剂量—反应关系模型，用于估计因膳食暴露所增加的肿瘤发生风险。例如，食品中黄曲霉毒素的风险评估中，JECFA 根据所推导的黄曲霉毒素 B1 致癌强度的剂量—反应关系函数，对不同暴露水平致肝癌的额外发病风险进行了预测。该方法较为保守，通常会过高估计实际的风险。

（3）暴露限值（margin of exposure，MOE）法　MOE 是动物试验或人群研究所获得的剂量—反应曲线上分离点或参考点［即临界效应剂量，如 NOAEL 或基准剂量低限值（BMDL）］与估计的人群实际暴露量的比值。风险可接受水平取决于 MOE 值的大小，MOE 值越小，则化学物膳食暴露的健康损害风险越大。该法实用性和可操作性强，MOE 法结果直观地反映了实际暴露水平与造成健康损害剂量的距离，易于判断和理解，可用于确定优先关注和优先管理的化学物。若采用一致的方法，可通过比较不同物质的 MOE 值以帮助风险管理者按优先顺序对各类化学物质采取相应的风险管理措施。然而，目前尚没有一个国际通用标准用来判定MOE 值达到何种水平方表明危害物质的膳食暴露不对人体产生显著健康风险，这与不同机构评估过程中计算 MOE 值时所选用的数据类型、数据质量及化学物的毒理学资料等因素有关。除了遗传毒性致癌物，MOE 法还可应用于对某些因数据不足暂未制定健康指导值的化学物的风险特征描述，如采用 MOE 法对丙烯酰胺、氨基甲酸乙酯、多环芳烃类等物质进行了风险特征描述，EFSA 采用 MOE 法对铅进行了风险特征描述。

3. 化学物联合暴露的风险特征描述

对食品中化学物风险评估的传统方法，以及风险管理者制定的管理措施都是基于单个物质暴露的假设而进行的。但实际情况可能是食品中存在多种危害化学物质，人们每天可通过多种途径暴露于多种化学物质下，而这种联合暴露是否会通过毒理学交互作用对人体健康产生危害，如何评估联合暴露下的人群健康损害风险，已逐渐成为风险特征描述的研究热点以及风险管理者所关注的问题。化学物的联合作用包括 4 种形式：剂量相加作用、反应相加作用、协同作用和拮抗作用。但根据以往的研究经验，除了剂量相加作用之外，若每种单体化学物的暴露水平均不足以产生毒性效应，那么各种化学物的联合暴露通常不会引起健康风险。因此以下主要对剂量相加作用及其对应的风险特征描述方法进行介绍。

在食品安全风险评估领域中，剂量相加作用和相应的处理方法是研究得较为深入的一种联合作用方式。该情形通常发生于结构相似的一组化学物间，若它们可通过相同或相似的毒作用机制引起同样的健康损害效应，当其同时暴露于人体时，即使每种物质的个体暴露量均很低而无法单独产生效应，但是联合暴露却可能因剂量相加作用而对人体产生健康损害风险。针对具有剂量相加作用的一类化学物，目前常用的风险特征描述的方法包括：

①对毒作用相似的一类食品添加剂、农药残留或兽药残留，建立类别 ADI，通过将总暴露水平与类别 ADI 值比较进行风险特征描述，JMPR 采用该方法对作用方式相同的农药残留进行评估；

②毒性当量因子（TEF）法，即在一组具有共同作用机制的化学物中确定 1 个"指示化学物"，然后将各组分与指示化学物的效能的比值作为校正因子，对暴露量进行标化，计算相当于指示化学物浓度的总暴露，最后基于指示化学物的健康指导值来描述风险。例如，JECFA 在对二噁英类似物进行风险评估的过程中，采用了 TEF 法，以 2，3，7，8-四氯代二苯并二噁英（TCDD）为指示物进行风险特征描述。

4. 微生物危害的特征描述

比较而言，食品微生物危害的作用和效果都更加直接和明显，而这些微生物危害的界定和控制均有较大的不确定性。目前全球食品安全最显著的危害是致病性细菌。就微生物因素而言，由于目前尚未有一套较为统一的科学的风险评估方法，有关微生物危害的风险评估是一门新兴的发展中的科学。CAC 认为危害分析和关键控制点（HACCP）体系是迄今为止控制食源性危害最经济有效的手段。

微生物危害主要通过两种机制导致人体得病：产生毒素造成症状从短期稍微不适至严重长期的中毒或者危及生命；宿主摄入感染活的病原体而产生病理学反应。对于第一种情况，可以进行定量风险评估，确定阈值。对于后一种情况，目前唯一可行的方法是对机体摄入某一食品产生损害的严重性和可能性进行定性的评估。

此外，还需提及预测食品微生物学。预测食品微生物学，就是通过对食品中各种微生物的基本特征，如营养需求、酸碱度、温度条件、需氧/厌氧程度以及对各种阻碍因子敏感程度的研究，应用数学和统计学的方法，将这些特性输入计算机，并编制各种细菌在不同条件下生长繁殖情况的程序。它可使我们在产品的初级阶段就可以了解该食品中存在的微生物问题，从而预先采取相应的措施控制微生物以达到食品质量和卫生方面的要求。掌握了预测食品微生物学，对针对食品中微生物危害因素进行风险评估有较大的价值。定量微生物风险评估应是预测食品微生物学的一个具体的应用。

综上所述，作为食品安全风险评估的最后一个部分，风险特征描述的主要任务是整合前三个步骤的信息，综合评估食品中危害化学物和微生物危害对目标人群健康损害的风险及相关影响因素，旨在为风险管理者、消费者及其他利益相关方提供基于科学的、尽可能全面的信息。因此，在风险特征描述过程中，不仅要根据危害特征描述和暴露评估的结果对各相关人群的健康风险进行定性和（或）定量的估计；还必须对风险评估各步骤中所采用的关键假设以及不确定性的来源、对评估结果的影响等进行详细描述和解释；在此基础上，若需要进一步完善风险评估，还有必要提出下一步工作的数据需求和未来的研究方向等。

8.2.2.5 小结

本部分介绍了食品安全风险评估过程中危害识别、危害特征描述、暴露评估和风险特征描述的基本术语、含义，食品安全风险评估各步骤的目的、内容、原则和方法。通过风险评估，可以有效避免食品安全事件造成的人身及财产损失，也使我国食品安全监管方式发生重大转变，从粗放式管理转变为科学的精细化管理，从被动的事后监管转为主动的事前预防或事中控制监管，能够最大限度保护人民群众的身体健康，最大限度地降低生命财产损失。自从我国食品安全监测、风险评估、风险管理和食品安全事故处置等新的监管体系推行以来，食品安全事故频发的势头已被遏制，食品安全的总体状况逐步改善并呈现稳中向好的态势。但食品安全信息纷繁复杂，在食品安全风险评估过程中，需要根据流行病学、动物试验、体外试验、剂量—反应评估等科学数据和文献信息确定人体暴露于某种食品危害后对健康造成不良影响的可能性与程度，以及可能处于风险之中的人群和范围。由于我国在风险评估领域起步较晚，因此在经费投入、人才储备和设备配置等方面仍然存在严重不足的问题，今后应在这些方面加强建设。

8.3 食品安全风险预警

食品安全预警系统是指一套完整的针对食品安全问题的功能系统。在食品安全范畴中预警指对食品质量安全风险的预防预测，通过对食品检测数据的风险分析评估，预测食品安全风险的趋势变化。建立食品安全预警系统，及时发布食品安全预警信息，可减少食品安全事故对消费者造成的危害及损失，加强政府重大食品安全危机事件的预防和应急处置。

8.3.1 食品安全风险预警系统的发展现状

食品安全预警体系综合了监测与收集数据、处理与分析数据以及发出警告 3 方面的内容。一般来说，食品安全预警系统由食品安全预警分析和食品安全预警响应两个子系统组成，前者为后者提供判定的依据，后者则对前者得出的警情警报做出快速反应，采取不同的预警信息发布机制和应急预案。西方发达国家和国际组织较早开展了食品安全预警的研究工作，并积累了一定经验。在针对食源性疾病监测方面，美国建立了食源性疾病主动监测网络、国家食源性疾病监测分子分析型网络等，这些监测系统致力于确保美国从农场到餐桌整个"食物链"各个环节食品的安全性。此外，美国还建立了症状监测系统，实现预警关口的前移。在欧洲，欧盟成员国间构建了跨国预警机制。早在 20 世纪 70 年代后期，欧盟成员国之间就有快速预警系统。至 21 世纪，欧盟建立了"欧盟食品和饲料快速预警系统（RASFF）"等平台。目前，欧盟已决定 RASFF 系统未来将与世界卫生组织（WHO）的"国家食品安全网"（INFOSAN）合作，逐步将 RASFF 系统发展成为一个能在世界范围内发挥监测预警作用的食品安全预警巨型网络。

目前我国创建了进出口食品安全监测与预警系统，并完善此系统覆盖更多省份的检疫系统，为我国对国际进出口提供有效的判断标准。在政策法规方面，我国颁布了《食品安全法》，食品安全法中明确提出国家创建食品安全风险监测制度。对于食品安全预警模型，已经有了许多成熟的研究。国内学者探索了许多种方法，运用支持向量机对畜产品等建立了安全预警模型；基于 BP 神经网络开发了食品安全评估系统；运用关联规则对肉类食品冷链物流质量等建立了安全预警模型；基于贝叶斯网络构建了网络订餐食品安全预警系统；王建新等通过使用结构化查询语言（structured query language，SQL），基于规则库引擎的可视化方法，研究构建了基于食品安全抽检数据的可实现实时预警和定时预警的食品安全风险评估及预警系统，其模型示意图见图 8-7。

8.3.2 食品安全风险预警方法

（1）层次分析法　层次分析法（Analytic Hierarchy Process，AHP）是美国运筹学家萨蒂提出的一种定量与定性相结合的决策分析方法。它将一个复杂的多目标问题，分解成目标层、准则层和方案层，构建层次结构模型，抓住问题的本质，提供合乎要求的决策方案。结构示意图如图 8-8 所示。

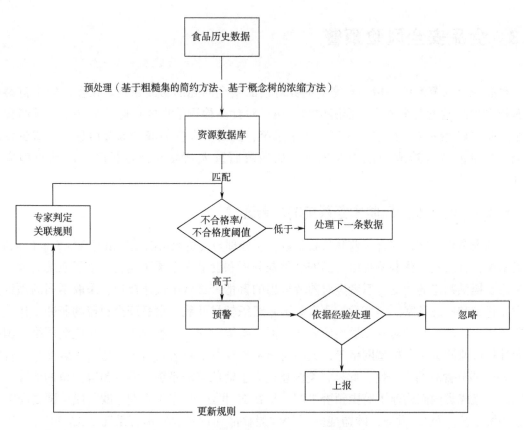

图 8-7　食品安全风险评估与预警模型图

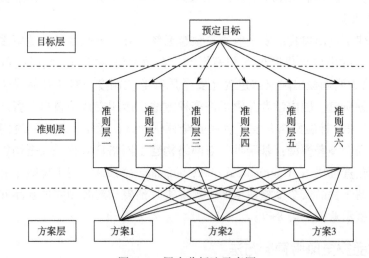

图 8-8　层次分析法示意图

（2）支持向量机　支持向量机（Support Vector Machine，SVM）是根据有限的样本进行训练，其样本称为支持向量，寻找一个最优的超平面，使两个样本之间的分类间隔最大化，用这个超平面可以成功区分不同的类别。结构示意图如图 8-9 所示。

（3）BP 神经网络　BP 神经网络又称为误差反向传播神经网络（back-error propagation neutral network，BPNN），是一种应用广泛的人工神经网络（artificial neutral network，ANN）。它采用逆向误差算法来训练多层次网络，其网络信息向前传播，而误差是逆向传播，不断调整权重和阈值，从而得到一个误差平方和最小的网络。典型结构包括输入层、隐藏层和输出层，隐藏层可以包含多个层次。结构示意图如图 8-10 所示。

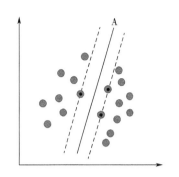

图 8-9　支持向量机分类示意图

（4）贝叶斯网络　贝叶斯网络把有向无环图和概率结合起来，利用先验概率计算条件概率，利用概率知识进行分类，表达复杂的因果关系。贝叶斯网络一般分为两种类型，一种是静态网络，另一种是动态网络，在静态网络中加入时序因素后就形成了动态网络，提高了预测精度。结构示意图如图 8-11 所示。

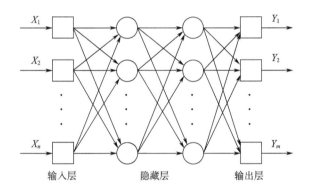

图 8-10　BP 神经网络示意图

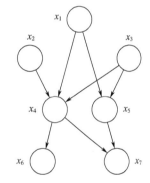

图 8-11　贝叶斯网络示意图

（5）决策树　决策树是用于分类的机器学习树形结构。通过已知概率，计算不同方案的期望，选择期望最大的方案，从而达到分类的目的，是运用概率的图解法。

（6）关联规则　关联规则于 1993 年提出，其目的是要找到既满足最小支持度又满足最小置信度的强关联规则，从数据中发现潜在的相关规则与信息。

8.3.3　小结

对于监测预警系统的建设，我国政府的各级监管职能部门还处于探索阶段，存在一些问题，如食品安全监测数据分散、孤立、标准不统一，影响食品安全的自然因素和社会因素的作用机理挖掘不充分，现有监测预警系统往往只考虑事件本身和时间的预警，缺乏对主导食品安全的自然因素和社会因素的考虑，导致预警的时效性差，缺乏前瞻性预判，食品安全监测信息缺乏有效整合，预测预警效果不理想，无法及时捕捉到食品安全动态变化的早期征兆。由此可见，对于我国来说，建立完善的食品安全预警系统不仅十分必要，而且极为紧迫。食品安全风险预警系统，可快速形成信息采集、传递、处理、预警和决策反馈机制，实现对食品安全种植养殖环节、生产环节、经营环节、进出口环节的全方位监控、有效防御与及时处置，并在整合分析风险监测、风险评估、风险交流等信息的基础上，进行分层次、多渠道的风险预警。

8.4 食品安全标准的风险监测、评估

食品安全标准是食品安全法律法规体系的重要组成部分和监督执法的重要技术依据，在食品行业发展中发挥着不可替代的作用。食品安全标准规定不同食品中危害因子的限量水平，为消费者的健康和安全提供合理保护，是食品风险管理的重要一环。例如，食品微生物方面的食品安全标准规定食品中各种病原体的限量要求，这种规定是基于"最坏情况"下的考虑。在化学物质方面，食品安全标准规定食品中某一危害因子的含量应低于限量值。为了保证在科学基础上制定"安全"标准，应了解剂量—反应关系，或者危害因子在不同人群中的最高无害摄入剂量。在缺乏剂量—反应关系相关知识的情况下，一些管理机构根据专家判定的最敏感人群的"感染剂量"来制定食品安全标准。当获得新的数据时，这些标准应被修订，如大肠杆菌O157：H7 的标准比以前更严了，因为通过最近的事件，人们认为该病原体可能具有高毒性，显然它在低剂量时就能够致病，甚至引起敏感人群的死亡。风险评估是制定任何食品安全标准的基础，只有在正确地评估食品安全水平的前提下，才能制定科学的食品安全标准。

8.4.1 食品安全标准体系

目前，我国已基本形成以《中华人民共和国食品安全法》为基本法律，以《中华人民共和国产品质量法》《中华人民共和国农产品质量安全法》《中华人民共和国食品安全生产加工企业质量安全监督管理办法》《中华人民共和国标准化法》《中华人民共和国食品标签注规定》等为主体，以各地地方的政府规章、司法解释为补充，其他法律如《中华人民共和国消费者权益保护法》《中华人民共和国刑法》与其相配合的食品安全法律法规体系。该体系为我国食品安全标准体系的未来发展奠定了坚实基础。

8.4.2 食品安全标准的内容

食品安全标准是我国唯一强制执行的食品标准，即食品安全标准一旦确立，所有与之相关的食品生产经营活动都必须遵守。截至目前，我国初步构建起覆盖从农田到餐桌、与国际接轨的食品安全国家标准体系。我国发布了 1366 项食品安全国家标准，包括通用标准、产品标准、生产规范标准和检验方法标准四大类，这 4 类标准有机衔接、相辅相成。《食品安全法》第二十六条规定了食品安全标准的内容包括 8 个方面：

（1）食品、食品添加剂、食品相关产品中的致病性微生物，农药残留、兽药残留、生物毒素、重金属等污染物质以及其他危害人体健康物质的限量规定；

（2）食品添加剂的品种、使用范围、用量；

（3）专供婴幼儿和其他特定人群的主辅食品的营养成分要求；

（4）对与食品安全、营养有关的标签、标识、说明书的要求；

（5）食品生产经营过程的卫生要求；

（6）与食品安全有关的质量要求；

（7）食品检验方法与规程；

（8）其他需要制定为食品安全标准的内容。

从范畴上看，涵盖了食品从"农田到餐桌"，从一般人群到婴幼儿等特殊人群的食品质量管理的各个环节技术要求。《食品安全法》实施后，卫生部抓紧清理整合相关食品标准中的强制性指标，逐步形成食品安全国家标准体系。截至 2020 年 10 月，食品安全国家标准共1311 项，包括通用标准 12 项，食品产品标准 70 项，营养与特殊膳食食品标准 9 项，食品添加剂质量规格标准 604 项，食品营养强化剂质量规格标准 50 项，食品相关产品标准 15 项，生产经营规范标准 30 项，理化检验方法与规程标准 229 项，微生物检验方法与规程标准 32项，毒理学检验方法与规程标准 28 项，农药残留检验方法标准 116 项，兽药残留检验方法标准 38 项，（拟）被代替标准 78 项。对比 2020 年与 2017 年国家标准制定情况，食品营养强化剂质量规格标准、食品添加剂质量规格及相关标准是近几年国家标准制定的重点领域，其次是农药、兽药残留检测方法标准。

食品安全标准体系是我国食品安全法律法规体系的重要组成部分，有着至关重要的作用：一是食品生产、流通、使用过程中衡量质量安全与否的重要标尺；二是规范和引导食品生产经营行为，促进企业技术创新，提高产业整体竞争力；三是作为监管部门监督检查的主要依据和重要措施，规范市场秩序，提高食品安全风险治理效能。

8.4.3 基于化学危害物风险评估的安全标准

食品中的化学危害物包括食品中农药残留、兽药残留、食品添加剂、重金属、环境污染物（如汞、铅和镉）、食品中的天然毒素（如马铃薯中的糖苷生物碱和花生中的黄曲霉毒素）以及食品加工过程形成的有害物质（如二噁英、氯丙醇、丙烯酰胺、亚硝胺、多环芳烃）等。化学危害物安全标准是在危害因素污染水平测定的基础上，分析暴露水平及相应的生物标志物的变化，找出其致病性阈值后制定。采用风险评估标准程序，可以确保风险评估结果的正确性。

（1）化学危害物的风险评估规程 为了给食品标准的制定提供科学依据，JECFA 和JMPR 根据 CAC 及其所属的各专门委员会确定的风险评估政策和要求，对各种食品添加剂、食品污染物、兽药、农药、饲料添加剂、食品溶剂和助剂等进行风险评估，确定人体暴露于各种食品添加剂、兽药和农药的每日允许摄入量（ADI）以及各种污染物的每周（或每日）暂定允许摄入量（PTWI 或 PTDI）的安全水平，并提出最大残留限量（MRLs）或最高限量（ML）建议。

JECFA 和 JMPR 主要遵循以下程序开展有关风险评估：

①依靠动物模型确定各种食品添加剂、污染物、兽药和农药对人体潜在的作用。

②利用体重系数进行种间比较。

③假定实验动物与人的吸收大致相同。

④采用 100 倍安全系数作为种内和种间可能存在的易感性差异，用于某些情况下偏差允许幅度的指导依据。

⑤食品添加剂、兽药和农药如有遗传毒性作用，不再制订 ADI 值。

⑥化学污染物的允许水平为"可达到的最低水平"（as low as reasonably achievable，ALARA）。

⑦如对递交的食品添加剂和兽药资料不能达成一致意见时，建议制订暂定 ADI 值。

对于化学性危害的风险评估，有关国际组织长期建立的全球性数据收集系统和其他专门针对在考虑范围内的化学性危害的信息来源（如农药、兽药或食品添加剂的行业注册资料库）提供了大量制定标准所需的各类数据，并已经形成了一些相对成熟的控制方法。在食品安全标准方面，在过去的几十年里，国际食品法典委员会和一些国家政府在化学物风险评估程序的基础上（大多数是预测性的），制定了许多食品中化学性危害的定量标准。这些标准以"理论零风险"的适当保护水平为基础，一般按照"最坏情况"来制定。

我国的食品卫生标准中对于有害化学物质的评估程序通常是：

①动物毒性试验。

②确定动物最大无作用剂量。

③确定人体每日允许摄入量。

④确定一日食物中的总允许量。

⑤确定该物质在每种食品中的最高允许量。

⑥制定食品中的允许标准。

例如，磷酸盐能提高肉制品的保水性和黏结性，国家标准 GB 2760—2014 中规定了磷酸盐在熟肉中的含量为 5 g/kg。但是，随着科技的发展，饲料中磷的有效吸收率大大提高，目前原料肉中的磷酸盐已经达到甚至超过 5 g/kg。在加工肉制品时，随着水分的减少，产品的磷酸盐被浓缩，即使不再添加磷酸盐，其在肉制品中的含量也会超标。据专家介绍，熟肉中磷酸盐含量为 5 g/kg 的标准并不是建立在风险评估上的。在这种情况下，就应该通过风险评估的方法，重新制定熟肉中磷酸盐的含量。如果超过 5 g/kg 对人体有风险，则说明这个标准是合理的；如果超过 5 g/kg 对人体没有风险，就应该把标准值提高。

（2）关于食品添加剂和污染物的安全评估　在化学物危害中，食品添加剂违规违法使用和滥用非食用物质是最具有潜在危害性的。近年来，国内出现的重大食品安全事件多数与添加剂相关。《中华人民共和国食品安全法》明确规定："食品添加剂的应用，应当在技术上确有必要且经过风险评估证明安全可靠，方可列入允许使用的范围，不得在食品生产中使用食品添加剂以外的化学物质和其他可能危害人体健康的物质。"《食品添加剂使用卫生标准》对可使用的食品添加剂的种类与添加量有具体的规定，没有得到国家认定的食品添加剂不得用于食品。因此，只要严格遵守国家的添加量标准，就不会出现安全问题。FAO/WHO 食品添加剂专家委员会报告中给出的食品添加剂安全评估规程。

食品添加剂的安全性与人体的摄入量有很大关系。FAO/WHO 专家委员会指出，对于食品添加剂、污染物以及农药、兽用药物摄入量的评估，应该作为这些物质危险性评估流程中的一个完整部分。并且，饮食摄入量评估对于认识由食品添加剂和污染物所引起的任何危险因素都是十分重要的。大多数情况下，对于食品添加剂摄入量的评估是根据所调查的食品消费情况资料进行的。FAO/WHO 归纳了 5 种常用的摄入量评估方分别为预算法、以磅计量的方法、应用食物平衡表进行家庭调查的方法、模型膳食法、个体饮食记录法。在一些国家，这些方法已经在添加剂的安全评估中采用。这些方法可以补偿不同人群之间的摄入量以及同一个体不同时间摄入量的波动。但是，这些方法对慢性（长期）的每日摄入量估计过高。所以，为了不断提高预测的精确度，还需要有关食品消费和食品添加剂使用的更加综合性的资料以及来源更为广泛的对饮食摄入量进行评估的资料。

8.4.4 基于物理危害物风险评估的安全标准

物理性危害风险评估是指对食品或食品原料本身携带或加工过程中引入的硬质或尖锐异物被人食用后对人体造成危害的评估。食品中物理危害造成人体伤亡和发病的概率较化学和生物性的危害低，但一旦发生，后果则非常严重，必须经过手术方法才能将其清除。物理性危害的确定比较简单，不需要进行流行病学研究和动物试验，也不存在阈值，暴露的唯一途径是误食了混有物理危害物的食品，可根据危害识别、危害描述以及暴露评估的结果给予高、中、低的定性估计。就目前的控制手段而言，物理性危害可以通过一般性的控制措施，例如良好操作规范（GMP）等加以控制。

8.4.5 基于生物危害风险评估的安全标准

公众健康有关的生物性危害包括致病性细菌、病毒、蠕虫、原生动物、藻类以及产生的某些毒素。由于对这些生物性危害的界定和控制均有较大的不确定性，所以食品中有关生物性危害的作用和结果是目前风险评估所面临的主要难点。

致病性细菌对食品安全构成的危害是最显著的生物性危害，在食品的加工、储存、运输和销售过程中由于原料受到环境污染，杀菌不彻底，储运过程中的温度、湿度、卫生条件控制不过关以及产品过期保存，造成细菌和致病菌的污染。食品真菌危害的产生主要是由于在食品供应链中各项操作的卫生性控制不过关以及产品过期保存所致。将常见的生物性危害如沙门氏菌、出血性大肠杆菌、单核细胞增生李斯特菌、空肠弯曲菌、副溶血性弧菌等作为重点分析对象，确定其对不同人群和个体的致病剂量。在进行定性分析的基础上，逐步对生物性危害产生的不良作用进行半定量、定量评估。把重点放在进行人群暴露与健康效应的定量评估以及涉及食品安全突发性事件的安全评估。应对具有公共卫生意义的致病性细菌、真菌、病毒、寄生虫、原生动物及其产生的有毒物质对人体健康产生的不良作用进行科学评估。

基于食品安全目标的微生物标准，应该建立在微生物验证、检查和检验方法建立的基础之上。微生物标准的建立应该考虑到：对健康的实际和潜在危害的证据；原材料的微生物学；加工效应；处理、储藏和使用过程中污染和生长的后果和可能性；风险中消费者类别；配送系统和消费者滥用的潜在性；决定产品安全方法的可靠性；应用的花费和收益比率；在食品中有目的地应用。

数年前，法国对从中国进口的海虾实施卫生检验时，常发现海虾带染副溶血性弧菌。由于当时普遍认为副溶血性弧菌可以引起急性胃肠炎，因此凡发现进口海虾带染副溶血性弧菌，一律采取整批销毁的措施，以避免进口后可能对法国公民产生健康危害。以后因在进口检验中发现海虾带染副溶血性弧菌的阳性率有增高的趋势，负责进口食品卫生监督的风险管理人员提出对该问题进行风险评估的要求。通过评估，风险评估人员和风险管理人员形成了以下共识：

①只有产生溶血素的副溶血性弧菌菌株才具有致病性。

②可以应用分子生物学技术检测能产生溶血素的副溶血性弧菌。

基于上述结论，负责进口食品卫生监督的风险管理人员对进口海虾带染副溶血性弧菌的管理措施进行了如下调整：

①检出带有溶血素基因的副溶血性弧菌菌株的进口海虾，一律实行销毁处理；

②未检出带有溶血素基因的或检出带有非溶血素基因的副溶血性弧菌菌株的进口海虾可以进口上市销售。

微生物标准在保证食品安全方面与 GMP 一起，可用来保证易腐烂食品的质量或特定目的的食品与原料适宜性。合理的微生物标准是保证食品安全和质量的有力手段，能够增强消费者的信心。同时，微生物标准也能够为食品工业和监管部门提供食品加工过程控制指南，并通过采用食品安全国际标准和质量需求的标准化，促进自由贸易发展。

8.4.6　小结

食品安全标准是食品进入市场的最基本要求，也是食品生产经营、检验、进出口、监督管理应当依照执行的技术性法规。食品安全标准是世界各国政府对食品安全进行监管的最重要措施之一。食品安全标准制定的相关部门和人员要认真贯彻党的十九大精神和习近平总书记"最严谨的标准"要求，遵循工作规律、加强改革创新，强化风险监测与风险评估，持续完善食品安全标准体系，为保证我国的食品安全、预防食源性疾病以及维护食品的正常贸易提供强有力的保障。

8.5　相关案例分析

案例：食品接触制品中邻苯二甲酸酯类增塑剂的风险评估

随着人们生活水平的不断提高，食品及其相关的接触材料的安全问题已成为消费者日益关注的热点，但由于食品接触材料种类多，对食品影响具有潜在性，导致人们对其消费风险不十分了解，由此产生忽视或排斥的消费心理。一般来说，食品接触制品对食品安全的影响，是通过材料中有害物质的迁移造成食品在感官、成分等方面的变化来体现，危害消费者身体健康。邻苯二甲酸酯类物质作为最常用的增塑剂，广泛应用于食品、医药等行业。然而此类物质在生物特性上却是一类环境雌激素，其毒性也越来越引起人们的重视。食品在与含有邻苯二甲酸酯类物质的包装材料、容器等接触时，邻苯二甲酸酯类单体会迁移溶入食品中，造成食品污染，直接危害人类健康。欧盟已把邻苯二甲酸酯类物质列为需要进行风险评估的重点化学物质之一。为此，许多国家已限制在食品接触材料中使用邻苯二甲酸酯类物质，例如欧盟的 2005/84/EC、2007/19/EC 等指令明确规定了邻苯二甲酸酯类物质含量及迁移量的限量。为提高消费者对增塑剂安全性问题的认识，消除恐慌，增强自我保护意识，引导消费者科学地使用含有邻苯二甲酸酯类增塑剂的产品，引导相关企业合理生产符合邻苯二甲酸酯类物质限制指令的产品，对邻苯二甲酸酯类物质的安全性进行风险评估是十分必要的。

1. 邻苯二甲酸酯类物质危害性描述

危害性描述是风险评估的出发点，通过收集资料或毒理鉴定，表明评估物质对人类存在直接或潜在的危害性，并根据危害的程度及其诱发的可能性对危害性进行分类。

按照分子组成及结构，邻苯二甲酸酯类物质包括邻苯二甲酸二（2-乙基己基）酯（DEHP）、邻苯二甲酸二丁酯（DBP）、邻苯二甲酸苄基丁酯（BBP）、邻苯二甲酸二异壬酯（DINP）、邻苯二甲酸二异癸酯（DIDP）、邻苯二甲酸二辛酯（DNOP）等16种物质。经商业化调查，DEHP、DBP、BBP等物质应用相对比较普遍。

（1）生物致癌、致畸性　邻苯二甲酸酯类物质是一类环境雌激素。1982年，权威的美国国家癌症研究所对DOP、DEHP的致癌性进行了生物鉴定，认为DOP和DEHP是大鼠和小鼠的致癌物，能使啮齿类动物的肝脏致癌。对于DEHP是否对人类产生致癌作用目前有许多不同观点，但国际癌症研究所（IARC）根据DEHP为过氧化物酶体增殖剂（PP），已将其列为人类可疑的促癌剂，美国环保署（EPA）也将DEHP列为B2类致癌物质。

（2）生殖发育毒性　欧洲化学品管理署已明确把DBP、BBP两种邻苯二甲酸酯类物质列入高关注物质（SVHC）来管理，其定性标准是该类物质具有高的生殖毒性（第2类），研究表明邻苯二甲酸酯类增塑剂是一种具有生殖毒性和发育毒性的环境雌激素，可通过消化系统、呼吸系统及皮肤接触等途径进入人体。生殖毒性机制主要是与睾丸Leydig细胞、Sertoli细胞、germ细胞等作用，干扰雄激素合成。最近，越来越多的权威科学家和国际研究小组已认定，过去几十年来男性精子数量持续减少、生育能力下降与吸收越来越多的邻苯二甲酸酯有关。欧盟一科研小组研究表明，DEHP可能引起磷酸戊糖旁路代谢，加速引起睾丸内还原型酰胺腺嘌呤二核苷酸磷酸（NADPH）缺乏，导致睾酮合成障碍，从而影响生精过程的正常进行。另外，DEHP主要通过影响胎盘脂质及锌代谢影响胚胎发育，研究发现DBP的代谢产物MBP对大鼠具有胚胎毒作用，导致胚胎生长缓慢。

2. 不良作用与剂量关系

不良作用与剂量关系的评估是进行风险评估的核心，通过科学依据和相关毒理学试验，得到评估物质不良健康作用发生概率与该物质暴露剂量之间的关系，也就是建立有害物质影响的数学模型。

欧洲食品安全机构EFSA规定，人体内DEHP浓度达到0.05 mg/kg以上就认为是不安全的。美国能源部（United States Department of Energy，USDOE）下属的OAK RIDGE国家实验室（OAK RIDGE National Laboratory，ORNL）建立的风险评估信息中也列出了相关物质的参考剂量（表8-8）。

表8-8　几种PAEs的参考剂量

PAEs 种类	斜率系数/[mg/(kg·d)$^{-1}$]	参考剂量/[mg/(kg·d)]
DMP	—	10
DEP	—	0.8
DBP	—	0.1
DEHP	0.014	0.02

美国EPA通过对DBP的生殖发育毒理学研究，提出了"未观察到有害作用剂量"（NO-

AEL)，在此基础上提出 DBP 经口摄入参考剂量（Reference Dose，RfD）为 10 μg/（kg bw·d），欧盟食品科学委员会（SCF）通过科学评估，对于 DEHP 认为人体每日允许摄入量（ADI）为 50 μg/（kg bw·d）。国内有关机构也得出了 DBP 的 RfD 为 100 μg/（kg bw·d）的研究结论，可见各国权威机构提出的 DBP、DEHP 等物质的参考（摄入）剂量水平比较接近。考虑到产品及环境中多种物质的共同作用，这里假设人体对邻苯类增塑剂（包括 DBP、DEHP 等）的参考剂量为 50 μg/（kg bw·d）。根据化学污染物对健康影响效应与暴露剂量的关系，致癌性风险可表达为式（8-1）~式（8-3）：

$$R = SF \times E \quad \text{（低剂量）} \tag{8-1}$$

$$R = 1 - \exp(-SF \times E) \quad \text{（高剂量）} \tag{8-2}$$

式中：R 为致癌风险；SF 为致癌斜率系数 [mg/（d·kg）]$^{-1}$；E 为暴露剂量 [mg/（d·kg）]。对生殖发育等毒害作用可表达为：

$$HI = E/\text{RfD} \tag{8-3}$$

式中：HI 为健康风险；RfD 为参考剂量 [mg/（d·kg）]；E 为暴露剂量 [mg/（d·kg）]。

3. 人体暴露量评估

人体一般通过食品或其他相关来源摄入邻苯二甲酸酯类物质，例如通过饮水、进食、皮肤接触（化妆品）和呼吸等途径。邻苯二甲酸酯类物质从食品接触制品中迁移到食品中是产生人体暴露剂量的主要途径。调查发现，目前邻苯二甲酸酯类物质作为增塑剂在与食品接触的聚氯乙烯（PVC）和弹性硅胶等制品中应用比较普遍。所以本书主要针对以上两种材料来评价人体暴露剂量水平。

由于邻苯二甲酸酯类物质没有与高分子物质聚合，且其分子量较小，所以此类物质迁移特性比较显著。同济大学基础医学院有关科研小组分别采集了不同品牌和不同出厂日期的塑料桶装大豆色拉油、调和油、花生油，散装豆油、固体起酥油、居民厨房抽油烟机收集的冷凝油等检测样品，检测发现，几乎所有品牌的食用油中都含有邻苯二甲酸二丁酯（DBP）和邻苯二甲酸二辛酯（DOP）。并证实食用油中检出的增塑剂，主要来源于塑料容器。有关部门对其辖区内有关食品接触制品中增塑剂使用情况进行了抽查，实验室按照欧盟的有关要求，并根据产品的使用环境及条件用相应模拟物进行浸泡，通过测定模拟物中相关物质含量来分析其迁移特性，结果发现在抽检的 98 个样品中，共有 37 个样品被检出含有 DEHP、BBP、DBP 等物质，分别存在于尼龙餐具、PVC 密封圈和硅胶模制品中，其中最高含量达到 8.8 mg/kg，其中 DEHP 和 DBP 的平均含量为 1.06 mg/kg。由此以正常环境和条件为前提，以人类的正常食物消耗量为基础对人体的暴露量进行评估。即假定成年人每日摄入水（饮料）量为 2 L，固体食物为 2 kg，考虑当前水及食物的包装及其与塑料包装制品的关联度情况，假定 60% 水及食物与塑料制品相接触，由此得出摄入的 DBP 等有害物质总量为 2.78 mg，成年人体质量按照 60 kg 计算，每日暴露剂量 = 1.06×4×60%/60 = 42 μg/（kg bw·d），对于儿童来说，其相对比值可能更大。

以上暴露估计是建立在这样一个假设之上，即其所摄入的水和食物大部分接触了塑料及其相关材料，在这种情况下，人体对邻苯甲酸酯类物质的暴露量已处于高风险水平。如果再考虑其他途径的摄入，如大气环境及水本身污染、化妆品、医疗器械等，人体的暴露量会更大，健康风险大大提高。如果要定量计算邻苯二甲酸酯物质的摄入量可以按照个人的食物日记，按照蒙特卡罗（Monte-Carlo）模型中拟合不同的分布得到。

4. 风险特征描述

通过以上信息的输入，即依据危害性描述、不良健康作用剂量评估、人体暴露评估等信息，考虑不确定性，可以定性或定量地评估特定人群已知或潜在的不良作用发生的概率。按照健康风险理论，DEHP 等邻苯类增塑剂的健康风险 $HI = E/RfD = 42/50 = 0.84$，已接近其风险控制标准（一般为1），对人体健康已构成相当高的风险。因此，食品接触制品中邻苯二甲酸酯类物质作为高风险物质进行控制和管理，采取限制或禁止的措施来降低食品接触制品中使用邻苯类增塑剂带来的消费风险。但是，由于风险评估基础理论和收集证据方面的局限性，对邻苯二甲酸酯类物质的风险评估还存在以下一些问题：①反映不良作用与剂量关系的数学模型，如模拟实际生物过程，还有很大的不确定性；②对于有害物质的生物毒性是毒理学研究，实验品存在个性差异，邻苯类物质的致癌性存在争议；③在暴露评估过程中，假定的食物消耗与实际情况存在差异，建议特殊人群尤其是频繁接触以上类似制品生产或消费的人，要加强风险控制。

5. 安全使用增塑剂的几点建议

安全评估不但促进消费者提高健康保护意识，同时也极大地推动了相关行业的健康发展，促进产品的升级换代，故建议：①推动风险评估工作的展开，进一步研究剂量与毒性的关系、接触量与危害性的关系、物质迁移量和迁移速度与接触量的关系，然后制定相关的风险控制措施，通过科学分析与手段将其对公众和环境的危害降到最低程度。②积极开发新型环保增塑剂。企业要加大研发的力度，开发出新的增塑剂品种，应对国外技术壁垒。研发无害、价廉、助剂效果好的新型环保增塑剂作为替代材料，如柠檬酸酯类和生物降解塑料用增塑剂等新品种，是当下塑胶制品行业发展的关键。③解决增塑剂标准滞后问题。欧、美、日、韩等地区和国家已经用柠檬酸酯类、环氧酸酯类等安全环保增塑剂作更新替代产品，纷纷出台在食品包装、医疗用品、儿童玩具等与人体接触的制品中禁用 DOA、DOP 的标准法规。我国应该在考虑产业现状的基础上，尽快制订相关国家标准，规范邻苯二甲酸酯类物质的生产和使用。

❀ 章尾

1. 推荐阅读

（1）《食品安全风险监测管理规定》，国家卫生健康委，2021.

为有效实施食品安全风险监测制度，规范食品安全风险监测工作，本规定介绍了食品安全风险监测的定义，实施目的，制定和实施部门及职责。

（2）《食品安全风险评估管理规定》，国家卫生健康委，2021.

本规定基于规范食品安全风险评估工作，有效发挥风险评估对风险管理和风险交流的支持作用而制定。适用于国家和省级卫生健康行政部门依据《食品安全法》和部门职责规定组织开展的食品安全风险评估工作。

（3）《即食食品中单核细胞增生李斯特菌的风险评估说明性概要》，WHO/FAO，2004.

单核细胞增生李斯特菌是全世界范围内严重影响食品安全的一种食源性细菌性。《即食食品中单核细胞增生李斯特菌的风险评估说明性概要》中介绍了 4 类即食食品，即巴氏消毒奶、冰激凌、发酵肉制品和冷藏熏鱼中单增李斯特菌的风险分析方法。本风险评估在一定程度上是为了确定以前开展的风险评估如何在国家水平上应用或推广，以便在国际水平上解决即食食品中与李斯特菌相关的问题。旨在帮助风险管理者了解影响食源性李斯特菌病的某些因素是如何互作的，从而有助于他们制定减少疾病发生率的战略。

2. 开放性讨论题

（1）如果要对某熟肉制品进行单增李斯特菌沙门氏菌风险评估，如何制定风险评估方案？

（2）与发达国家相比，我国在食品安全风险评估和食品安全标准制定方面应该从哪几方面改进？

3. 思考题

（1）制定国家食品安全风险监测计划时应优先监测哪些项目？

（2）什么是食品安全风险监测？目前，国家食品安全风险监测体系的核心内容是什么？

（3）目前，我国规定哪些食源性疾病病种需进行监测和报告？

（4）食品安全风险评估程序是什么？

（5）危害识别的主要方法、具体任务及其数据资料来源有哪些？

（6）LD_{50}，NOAEL，LOAEL，RfD，BMD，ADI 和 MAC 都代表什么指标，具有哪些含义？

（7）毒理学研究试验设计时必须遵循哪些原则？

（8）如何进行流行病学调查设计类型的选择？

（9）什么是危害特征描述？危害特征描述的核心内容是什么？

（10）对于食品中的有害化学物和有害微生物，暴露评估时要考虑的因素有哪些？

（11）定性描述和定量描述的内容有哪些？

（12）风险特征描述的主要内容和主要方法有哪些？

参考文献

［1］石阶平. 食品安全风险评估［M］. 北京：中国农业大学出版社，2010.

［2］宁喜斌. 食品安全风险评估［M］. 北京：化学工业出版社，2017.

［3］Forsythe S J. 食品中微生物风险评估［M］. 石阶平，等译. 北京：中国农业大学出版社，2007.

［4］李泰然. 食品安全监督管理知识读本［M］北京：中国法制出版社，2012.

［5］孙晓红，李云. 食品安全监督管理学［M］. 北京：科学出版社，2017.

［6］田静. 熟肉制品中单增李斯特菌的风险评估及风险管理措施的研究［D］. 北京：中国疾病预防控制中心，2010.

［7］钟延旭，赵鹏. 我国食源性疾病监测工作进展［J］. 应用预防医学，2019，25（1）：80-83.

［8］杨杰，杨大进，樊永祥，等. 全国食品污染物监测网络平台系统简介［J］. 中国食品卫生杂志，2011，23（4）：341-346.

［9］周萌．关于完善我国食品安全风险预警系统的探索［J］．现代食品，2019（1）：71-73.

［10］边红彪．中国食品安全预警机制分析［J］．标准科学，2015（12）：75-78.

［11］玄冠华，屈雪丽，林洪，等．中国食品质量安全风险预警预报技术研究进展［J］．中国渔业质量与标准，2016，6（3）：1-5.

［12］王婧，彭斌，江生，等．食品安全风险预警研究现状与展望［J］．食品安全导刊，2019（21）：167-169.

［13］王建新，王雅冬，闫利叶，等．基于规则库引擎构建食品安全风险评估及预警系统［J］．中国食品卫生杂志，2021，33（1）：1-7.

［14］龙红，梅灿辉．我国食品安全预警体系和溯源体系发展现状及建议［J］．现代食品科技，2012，28（9）：1256-1261.

［15］曹国洲，肖道清，朱晓艳．食品接触制品中邻苯二甲酸酯类增塑剂的风险评估［J］．食品科学，2010，31（5）：325-327.

［16］游清顺，王建新，张秀宇．基于支持向量机的食品安全抽检数据分析方法［J］．软件工程，2019，22（2）：33-35.

［17］包峰，王娟，任振辉．基于BP网络的葡萄病害发生预测系统的开发研究［J］．安徽农业科学，2010，38（14）：7660-7662.

［18］Daniel M，Prill R J，Thomas S，et al. Revealing strengths and weaknesses of methods for gene network inference［J］. Proceedings of the National Academy of Sciences of the United States of America，2010，107（14）：6286-6291.

［19］邹媛．基于决策树的数据挖掘算法的应用与研究［J］．科学技术与工程，2010，10（18）：4510-4515.

［20］Garey J，Wolff M S. Estrogenic and Antiprogestagenic Activities of Pyrethroid Insecticides［J］. Biochemical & Biophysical Research Communications，1998，251（3）：9-855.

9 食品安全事故调查处理

 章首

1. 导语

食品安全事故指食源性疾病、食品污染等源于食品，对人体健康有危害或者可能有危害的事故。食品安全事故一旦发生，往往会成为社会关注的焦点，可对公众健康、政府形象、行业经济、饮食文化乃至社会稳定等各个方面产生影响。因此，食品安全事故调查处理的目的在于最大程度地减少食品安全事故的危害，保障公众身体健康和生命安全，维护正常社会经济秩序。本章从食品安全事故的定义入手，分别阐述了食品安全事故调查处理的主要任务、工作原则、工作内容和开展方式，并且介绍了食品安全追溯的基本原理及其重要意义。

通过本章的学习可以掌握以下知识：

❖ 食品安全事故的定义和分类分级

❖ 食品安全事故调查处理的主要任务和基本原则

❖ 食品安全事故信息沟通的原则和方式

❖ 食品安全事故流行病学调查的任务、内容和实际开展

❖ 食品安全追溯和食品召回的概念和原理

2. 知识导图

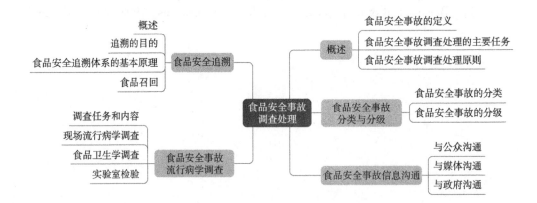

3. 关键词

食品安全事故、食品安全事故信息沟通、食品安全事故流行病学调查、现场流行病学调查、食品卫生学调查、食品安全追溯、食品召回

4. 本章重点

❖ 食品安全事故调查处理的主要任务以及应遵循的工作原则

❖ 食品安全事故流行病学调查的主要内容和开展方式

❖ 食品安全追溯的基本原理

5. 本章难点

❖ 食品安全事故流行病学调查

9.1 概述

9.1.1 食品安全事故的定义

根据我国《食品安全法》，食品安全事故指食源性疾病、食品污染等源于食品，对人体健康有危害或者可能有危害的事故。从上述定义看，食品安全事故必须具备以下3个构成要素：一是要源于食品，或以食品作为媒介；二是应成为事故，即符合事故突然发生、需紧急控制的基本特点和属性；三是造成了一定的社会影响。食品安全事故之所以越来越受关注，在于其往往会对公众健康、政府形象、行业经济、饮食文化乃至社会稳定等各个方面产生影响。

9.1.2 食品安全事故调查处理的主要任务

根据我国法律法规，食品安全事故调查处理的任务包括：及时、准确查清食品安全事故的性质和原因，及早控制有危害的食品，积极协助救治病人，收集食品安全事故相关的违法证据，认定并追究食品安全事故的责任，提出预防食品安全事故再次发生的措施和建议等。

9.1.2.1 及时、准确查清事故性质和原因

查明事故发生的经过和原因，是事故调查处理的首要任务和内容，也是进一步认定事故性质，分清事故责任，出具处理意见的基础。事故原因的调查离不开对事故发生经过的调查，深入分析以下方面：事故发生的经过、健康损害情况；食品原料、食品生产加工过程、工艺流程，生产经营场所环境卫生、从业人员健康和卫生状况等可能影响食品安全的相关因素，判定导致事故发生的原因；事故单位在食品生产经营过程中食品安全管理情况及遵守相关法律、法规、制度规范操作规程的情况；食品安全监管部门对事故单位许可和监管情况，查明事故中监管部门工作人员的履职情况；检验机构、认证机构，对事故单位认证、评价、检验检测情况，查明有关机构工作人员是否存在失职、渎职情况等。

事故性质是指事故是人为事故还是非人为事故，是意外事故还是责任事故。查明事故性质是认定事故责任的基础和前提。

9.1.2.2 及时采取食品安全事故危害控制措施

发生食品安全事故后，事发单位应当立即组织救治病人，妥善保护可疑的食品及其原料、工具、设备和现场，不得转移、毁灭相关证据。卫生行政部门有效利用医疗资源，组织指导医疗机构开展食品安全事故患者的救治。食品安全监管部门召回、下架、封存有关食品、原料、食品添加剂及食品相关产品，严格控制流通渠道，防止危害蔓延扩大。此外，还应做好信息发布工作，依法对食品安全事故及其处理情况进行发布，并对可能产生的危害加以解释、

说明。

9.1.2.3 认定事故责任

事故责任有直接责任，也有间接责任；有主要责任，也有次要责任。事故责任认定是指根据事故调查所确认的事实，通过对直接原因和间接原因的分析，确定事故中的直接责任者、主要责任者和领导责任者。一般而言，直接责任者，是指其行为与事故发生有直接因果关系的人员；主要责任者，是指对事故发生负有主要责任的人员；领导责任者，是指对事故发生负有领导责任的人员。结合对事故责任的认定，对事故责任人分别提出不同的处理建议，使有关责任人受到相应的处理。

9.1.2.4 提出整改措施

通过查明事故经过和原因，发现食品生产经营和监管过程中的漏洞，从事故中总结经验教训，并提出整改措施，防止类似事故再次发生。这是事故调查处理的重要任务，也是事故调查处理的终极目的。

9.1.3 食品安全事故调查处理的原则

调查食品安全事故，应当坚持实事求是、尊重科学的基本原则。实事求是，是指要根据客观存在的情况和证据，研究事故发生的有关事实，寻求事故发生的原因。尊重科学，是指事故调查要尊重事故发生的客观规律，采取科学的方法，认真、细致、全面地分析所有证据和材料。具体而言，还应遵循以下工作原则。

9.1.3.1 属地管理、分级负责

各级食品安全事故调查处理部门应当按照中央和地方政府规定的分级负责和属地管理规定承担食品安全事故调查任务。县级调查机构负责一般食品安全事故的调查，市级调查机构负责较大食品安全事故的调查，省级调查机构负责重大食品安全事故的调查，国家级调查机构负责特别重大食品安全事故的调查。

9.1.3.2 依法有序、协调配合

调查机构开展食品安全事故调查工作应当在同级组织食品安全事故调查处理的部门的领导下进行，与有关食品安全监管部门对食品安全事故的调查处理工作同步进行、相互配合。调查机构现有技术与资源不能满足食品安全事故调查要求时，应当报请本级组织食品安全事故调查处理的部门协调解决。调查中发现食品安全事故涉及范围跨辖区的，应按程序报请组织食品安全事故调查的部门开展多辖区联合调查。

9.1.3.3 科学循证、效率优先

食品安全事故调查必须坚持实事求是、客观公正和科学循证的原则，提高工作效率，尽早取得结果。同时，应实现各项调查结果的相互联系和佐证。

9.1.3.4 边调查边分析

食品安全事故原因调查、责任调查与流行病学调查及实验室检验应尽可能分头同时进行，首赴现场人员应优先负责保护现场并采集样品和标本。在调查中应当定期召开碰头会议，沟通分析各方面情况和进展，相互补充验证调查结果。

9.1.3.5 边调查边控制

调查中发现高危人群、致病因子或重要的食品污染信息的，应当及时向组织事故调查的

部门提出采取控制措施和卫生处理措施的建议，并根据已采取的控制措施效果情况，及时调整调查的内容和重点。

9.1.3.6　边调查边报告

调查中发现以下情况，应及时向组织食品安全事故调查部门报告：

（1）属于传染性疾病的、水体污染因素、人为投毒犯罪等超出职权范围的；

（2）有必要修改控制措施的；

（3）事故等级发生变化的；

（4）需要相关部门配合的；

（5）其他需要及时报告的事项。

9.2　食品安全事故分类与分级

9.2.1　食品安全事故的分类

按性质不同，食品安全事故可分为以下3类。

一是食源性疾病引起的食品安全事故，表现为与食品中致病因子相对应的健康损害及临床症状和体征。根据《食品安全法》，食源性疾病指食品中致病因素进入人体引起的感染性、中毒性等疾病，包括食物中毒。

二是对人体健康有危害或可能有危害的食品污染事故。食品从种植、养殖到生产、加工、贮存、运输、销售直至餐桌的一连串环节，都有可能受到某些有毒有害物质污染。食品污染是导致食源性疾病的最常见条件。

三是其他源于食品，对人体健康有危害或者可能有危害的事故，如长期食用某一不符合营养指标的食品导致的营养性疾病。

因此，诸如因非法添加造成健康损害的"三鹿毒奶粉事件"、因食品中寄生虫感染造成的"福寿螺事件"、人为故意添加但尚未对消费者造成健康影响的"苏丹红事件"，以及因食用劣质奶粉而重度营养不良所致的"阜阳大头娃娃事件"等，都属于食品安全事故的范畴。

除此之外，食品安全事故还可以根据致病因子不同进行分类。

一是细菌导致的食品安全事故，多数是因摄入被致病性细菌或其毒素污染的食品而引起。例如，2018年杭州一女童食用泡发不当的木耳后出现昏迷和肝功能衰竭。经调查，这一事故的罪魁祸首是椰毒假单胞菌产生的致命毒素米酵菌酸。

二是病毒导致的食品安全事故，多数是因摄入被病毒污染的食品和水引起。例如，20世纪80年代在上海因食用受到污染的毛蚶引起甲型肝炎大暴发，累及30万人。

三是寄生虫导致的食品安全事故，主要包括旋毛虫、猪（牛）带绦虫等。如2009年昆明某医院收治多例出现发热、腹泻、四肢酸痛、水肿等症状的民工。实验室检验结果显示，这是一起因食用受旋毛虫污染的私宰猪引起的食物中毒事件。

四是有毒动植物导致的食品安全事故，主要包括有毒鱼类（如河豚鱼、变质的青皮红肉海水鱼）、有毒贝类（如麻痹性贝类）、毒蕈、苦杏仁及木薯等。如 2013 年深圳市一职工食堂因不新鲜的鲐鱼引起 26 人食物中毒。

五是化学性致病因子导致的食品安全事故，主要包括农药残留或污染、兽药残留、环境污染（如二噁英、多氯联苯、重金属）等。例如，2009 年广东某企业从湖南采购的上万吨大米重金属镉含量超标，该事件使湖南粮业遭受重创。

六是非食用物质导致的食品安全事故，如吊白块、三聚氰胺、工业酒精等。例如，2008年暴发的三鹿毒奶粉事件导致大约 30 万婴幼儿出现泌尿系统异常。

9.2.2 食品安全事故的分级

2006 年制定、2011 年修订的《国家食品安全事故应急预案》将食品安全事故分为四级，即特别重大食品安全事故、重大食品安全事故、较大食品安全事故和一般食品安全事故。根据食品安全事故分级情况，食品安全事故应急响应分为 I 级、II 级、III 级和 IV 级响应；在食品安全事故处置过程中，还应根据事故发展情况及时调整应急响应级别，直至响应终止。《国家食品安全事故应急预案》没有给出食品安全事故分级的具体标准，仅规定卫生行政部门负责事故等级的评估核定。表 9-1 是《江苏省食品安全事故应急预案》制定的食品安全事故分级标准。

表 9-1　江苏省食品安全事故分级标准

食品安全事故级别	评估指标
特别重大	（1）事故影响范围涉及 2 个以上省份或国（境）外（含港澳台地区），造成特别严重健康损害后果的；或经评估认为事故危害特别严重的； （2）一起食品安全事故出现 30 人以上死亡的； （3）国务院认定的其他特别重大级别食品安全事故
重大	（1）事故影响范围涉及 2 个以上设区市，造成或经评估认为可能造成对社会公众健康产生严重损害的食品安全事故； （2）发现在我国首次出现的新的污染物引起的食品安全事故，造成严重健康损害后果，并有扩散趋势的； （3）一起食品安全事故造成健康损害人数在 100 人以上并出现死亡病例；或出现 10 人以上、30 人以下死亡的； （4）省级人民政府认定的其他重大级别食品安全事故
较大	（1）事故影响范围涉及 2 个以上县（市、区），已造成严重健康损害后果的； （2）一起食品安全事故造成健康损害人数在 100 人以上；或出现 10 人以下死亡病例的； （3）设区市人民政府认定的其他较大级别食品安全事故
一般	（1）存在健康损害的污染食品，在 1 个县（市、区）行政区内已造成严重健康损害后果的； （2）一起食品安全事故造成健康损害人数在 30 人以上、100 人以下，且未出现死亡病例的； （3）县（市、区）人民政府认定的其他一般级别食品安全事故

9.3 食品安全事故信息沟通

近年来，食品安全事故接连出现，食品安全事故备受政府、媒体、公众等社会各界的关注。食品安全事故处置不仅要面对调查对象，还要面对政府以及相关部门、公众、媒体以及内部相关人员。与上述各方开展有效的信息沟通并获得支持，是有效开展食品安全事故调查处理的重要部分。

9.3.1 与公众沟通

食品安全事故发生后，由于存在高度不确定性，有关部门暂时失语，权威信息缺失，很容易产生信息空白，这种情况下公众极易产生焦虑和恐慌情绪，容易听信流言蜚语。与公众的有效沟通有利于稳定公众情绪，维持社会的稳定。获取公众的信任和支持对于开展食品安全事故调查，尤其是一些暴发事件的调查，是至关重要的。在一些食源性疾病暴发中，与公众或相关人员有效沟通，有助于确定其他病例，有利于调查工作的开展。

9.3.1.1 与公众沟通的对象

在与公众开展沟通前，首先要分析受众群体、事件对公众的影响范围和程度，确定目标人群。食品安全事故可能涉及的公众群体包括：①事件区域内的公众；②近邻区域内的公众；③事件涉及人员的家属或相关人员；④关心事件发展的一般公众。

9.3.1.2 与公众沟通的基本原则

与公众沟通主要是告诉公众发生了什么，可能造成什么样的危害和影响，公众应该如何正确避免或减少事件对自身和他人的危害。减少公众焦虑，获得公众信任最有效的方式就是提供简单、科学、可信、准确、持续和及时的信息，建立公众的信任感。

与公众沟通的基本原则为：

（1）及时、可持续性　事件发生后，应尽早向公众提供事件的相关信息，及时向公众更新信息，保证信息的持续性。

（2）科学、准确性　向公众提供的信息必须经过专业人员核实、确认，避免信息模糊、不确定。

（3）简单、易懂　专业人员向公众提供信息，要根据公众的接受能力和程度制定信息内容，尽量使用公众能够理解和接受的语言和文字，简明扼要，避免过多的专业术语和简称。

（4）坦诚沟通，获取信任　让公众了解发生了什么事情、事件的最新信息、已采取的控制措施和正在采取的措施、取得的效果、事态发展可能造成的影响，承认并讨论公众担忧及关注的问题。

9.3.1.3 与公众沟通的内容

只有很好地了解公众关注点及关注原因，了解公众的情绪及信息需求，才能有针对性地制定与公众沟通的内容。对于食品安全事故，公众一般会关注的内容主要包括：①事情发生、发展的真实情况；②事件可能造成危害的范围、程度；③已采取的治疗、控制措施，措施是否有效；④获得事件相关信息的途径；⑤如何做好自身保护；⑥指定的专业处置机构。

9.3.1.4 与公众沟通的方式

与公众沟通的方式可以根据当地的环境、事件的影响范围和严重程度来进行选择。食品安全事故发生时，要充分发挥各种沟通渠道和途径的优势以及专业机构和人员在信息传递中的重要作用。具体形式包括：

（1）新闻发布会、政府官方网站、报纸、电台和电视发布信息　应由政府或者食品安全监管部门向公众提供食品安全事故发生的真实情况，已开展的工作和准备开展的工作，如事件波及的范围、发病的人数、病情严重程度、涉及的可疑食品及其召回和销毁情况等。

（2）专业机构网站　权威专家或专业人员应在一定授权下向公众提供事故可能造成的危害以及预防和控制措施的信息。

（3）公众咨询热线　经过培训的专业人员应按一定分工并在统一协调下回复公众的电话咨询。

（4）手机短信、电子邮件，以及微博、微信等新兴网络手段　重点向公众提供健康预警以及健康教育信息。

（5）宣传资料　向公众提供健康教育信息。

（6）权威专家或专业人员面对面交流　根据事故调查处理组织的统一安排，向重点人群提供专业信息，纠正错误传闻和言论。

9.3.2 与媒体沟通

媒体是与公众沟通的重要手段，新闻媒体对信息的传播速度快，具有巨大的传播力量。食品安全事故发生后，一经媒体报道，通常会以惊人的速度传播开，媒体会密切关注要求了解相关信息。媒体对舆论的引导可能是正面，也可能是负面的，其作用不可小觑。食品安全事故发生时，媒体的巨大传播能力可以使信息的发布取得事半功倍的效果，在调查和控制中起到重要作用。专家在新闻媒体上提供的意见和信息远比印刷传单、教材或官方网站上取得的效果要更明显。

传统的新闻媒体包括报纸杂志、电视、广播等。随着互联网的广泛应用，手机、微博、微信、自媒体等现代个人传播工具正在发挥越来越大的作用，各类媒体在信息的传递中各有优劣势。作为专业机构或专业人员，要与媒体建立互信的合作共赢关系，发挥各类媒体的优势，传递公众关注的关于食品安全事故的信息。

9.3.2.1 与媒体沟通的原则

发生食品安全事故时，专业机构或人员可能会成为媒体要采访的热点人物。与媒体沟通时应遵循以下原则：

（1）应安排专人与媒体开展沟通　可以是调查处置相关的权威专家，也可以是有经验的媒体应对专家。若非必要，应避免从事调查工作的一般人员与媒体接触，以免其不能专注于所从事的工作。如果有媒体要求采访负责调查的关键人员，最好是借助于定期召开新闻发布会这种形式。

（2）保持科学、客观的态度　与媒体沟通的相关人员，要以科学、客观的态度为原则，避免个人对事件主观的、片面的判断和理解传达给媒体，引起误解。

9.3.2.2 与媒体沟通的内容和目标

与媒体沟通，要确立沟通内容和沟通目标。无论是主动通过媒体发布信息，还是被动接受媒体采访，每一次与媒体互动，作为信息的传递者，心中都应清楚地确定内容及希望达成的目标或效果。这样不仅可以更有针对性地寻找合适的沟通形式和达到目标的方法，也可以在与媒体沟通后，对沟通效果进行评估。在食品安全事故调查处置过程中，与媒体沟通的主要内容和目标包括：

（1）通过媒体向公众传递事件信息 事件发生时，向公众公布事件，引起公众注意，相当于对公众作出预警，不仅可以减少公众的暴露风险，在一些暴发事件调查中，也有利于病例或高危人群的搜索。

（2）利用媒体向公众传递健康教育知识 食品安全事故发生时，公众往往缺乏科学的认识和防治知识，容易产生恐慌心理。一些不法之徒甚至利用公众的恐慌心理，扰乱社会秩序、谋取不义之财。通过媒体履行权威专家的职能，可以向公众提供科学的防治知识，开展健康教育，有利于纠正社会上的不实传言或错误舆论。

（3）及时向公众发布事件的进展情况、处置措施、最终效果 一次危机事件发生后，公众往往迫切想要知道事件的进展如何、危害怎样。因此可以通过媒体定期、及时地传递事件的进展情况，如发病多少、波及了哪些人群、治疗效果如何、采取了哪些措施以及是否有效等。

（4）解答媒体关注的热点问题 因为媒体的呼声可能正是代表了公众的呼声，媒体的疑虑也可能正是代表了公众的疑虑，媒体得到积极指导将有利于消除公众对事故的恐慌情绪，减少猜疑。

9.3.2.3 与媒体沟通的方式

在食品安全事故调查处理过程中，专业机构或人员可以通过采访、媒体沟通会、在线访谈、政府的发布会以及专业网站等方式与媒体进行接触。

（1）采访 采访的形式有多种，可能面对面也可能是视频或电话连线，可能是面对单一媒体也可能是多家媒体同时采访，也可能是受邀演播室现场直播、录播。

（2）媒体沟通会 可根据需要，主动邀请媒体，以座谈的形式开展媒体沟通会，向媒体介绍事件的真实情况，解答媒体人对事件相关专业知识的疑惑。

（3）在线访谈 随着互联网的普及，人们越来越多地通过网络获取信息。在事件发生的特殊时期，与网民开展在线交流，可以及时地回应公众关注的热点问题。

（4）政府的发布会 在食品安全事故发生时，权威专家或专业人员有可能会出席政府的新闻发布会或媒体沟通活动。

（5）专业机构网站 专业机构网站因其专业性具有很高的公信力，充分利用这一权威渠道发布信息，将媒体和公众关注的信息发布在网站上并及时更新，是一种非常有效的沟通方式。

9.3.2.4 与媒体沟通的定位

面对媒体，首先要进行沟通定位，让媒体知晓自己的定位，了解自己在食品安全事故中扮演的角色，引导媒体报道的准确性和针对性。负责食品安全事故调查的机构和专业人员，在与媒体沟通中基本可以确定三个定位。

（1）权威专家　主要针对事件提供科学的专家意见，这些建议可以以分析评估、建议、咨询等方式呈现。作为权威专家，与媒体沟通只讨论相关的科学事宜，提供事件的调查事实与数据及对其的分析，提供事件所造成的公共卫生科学方面的信息与情报，提供科学预防或防范的知识与参考意见。

（2）健康教育　可以通过媒体向公众传播健康教育的知识，可以是主动式也可以是被动式。主动式健康教育是指事件发生时，可以主动向媒体提供有关健康教育的知识，通过媒体及时向公众传递信息。被动式健康教育是指事件发生后，有关专家接受媒体要求采访时，根据媒体和公众对当前事件的理解和观念，作出相应的解答，纠正不正确的理解或者对当前事件的误解，并做出科学的、正确的指导。

（3）议程设置　是引导媒体舆论导向的重要手段，议程设置就是为了告诉公众应该去想什么问题、如何想这个问题。"想什么"就是通过媒体报道了这件事情，向公众传递"这件事情是重要的"这样一个信息。"如何想"则是通过媒体报道的角度来引导公众舆论。

与媒体沟通还应注意沟通技巧：①思考记者关注的问题；②表现出对事件涉及公众的人文关怀；③尽量满足记者的信息要求，但需适可而止；④避免说非建设性的话；⑤用科学的信息，冷静回答所有问题；⑥不对本职范围以外的内容作评论，避免说不该说的话。

9.3.3　与政府沟通

当食品安全事故发生时，公众广泛关注，引起政府高度重视，政府领导、官员首先会想到向专家、专业人员询问情况，听取意见。同时，食品安全事故发生时，经常会涉及多个部门，顺利开展食品安全事故调查必须获得政府支持，出面协调，才能使调查顺利进行。因此，食品安全事故发生时，必须注重与政府的沟通，能否与政府开展有效沟通，直接关系到事故调查的成败。

9.3.3.1　与政府沟通的目的

专业机构或专业人员与政府沟通的主要目的包括：

（1）事故报告　初步核实事件，确认事件的真实性。一旦确认真实性，立即向政府或主管部门报告。

（2）提出需求　食品安全事故现场调查通常需要人、财、物的准备，需要其他部门的配合和支持，比如食品生产和加工企业、食品经营企业、农业部门、市场监管部门等。只有各部门配合才能保证调查的顺利进行。因此，与政府沟通，根据调查的需要提出需求。

（3）预测风险，提供建议　专业人员是政府的技术参谋，需要对事件的风险进行预测，为政府领导提出科学的应对措施和建议。

9.3.3.2　与政府沟通的内容

在食品安全事故发生时，与政府沟通，首先要了解政府领导最为关注的信息和内容，语言简练、叙述清楚、避免使用过多的专业术语。与政府沟通的主要内容包括：

（1）事故的基本情况　在事故发生的初期，政府领导、官员最关心发生了什么事情、什么原因导致、严重程度如何、是否能够控制。因此，在向政府初步报告时，要明确报告事故的基本情况，如发生时间、地点、严重程度、波及范围、治疗效果、可疑食品、已采取哪些措施等。

（2）控制措施及效果 政府领导在事件的发展过程中，会非常关注措施是否有效、事件是否已得到控制。因此，在事故调查的过程中，要持续地向政府领导报告采取了哪些措施、事态是否已得到控制及控制效果如何等信息。

（3）存在的问题和需求 食品安全事故发生时，会涉及消费者、食品加工、销售企业等各方的利益。在事故的调查过程中，对于调查的配合都有可能存在问题，如食品的采集、生产企业的生产流程、销售范围等。在与政府沟通中，需要及时地将事故调查中遇到的困难和问题进行汇报，以便政府果断采取措施进行协调、干预。

（4）提出专业建议 在事件调查处理的不同阶段，向政府领导提出科学的建议。

9.3.3.3 与政府沟通的形式

与政府沟通的形式可以是书面的，也可以是口头的。书面沟通包括文件、信件、报告通报、简讯等。口头沟通包括当面报告、电话沟通、视频连线等。无论是哪种沟通方式都要注意，与政府沟通的内容不同于业务报告，要做到内容简练、描述完整、叙述清晰、重点突出，切不可长篇累牍、漫无目的。

9.4 食品安全事故流行病学调查

9.4.1 食品安全事故流行病学调查的任务和内容

食品安全事故流行病学调查的主要任务是运用流行病学调查方法调查食品安全事故有关因素，为及时准确查清食品安全事故性质和原因提供重要的技术依据，也为及时预防和控制食品安全事故危害提出工作建议。

食品安全事故流行病学调查的主要内容包括三个方面，即现场流行病学调查、食品卫生学调查以及实验室检验。调查机构应当在上述三项调查基础上，综合分析调查结果，依据相关诊断原则，作出调查结论。

9.4.2 现场流行病学调查

流行病学是研究疾病或健康相关事件在特定人群中的分布及其决定因素，并基于研究结果采取预防控制措施的科学。该研究采用系统方法，统计发病人数或健康相关事件发生数量，描述其在时间、地区和人群中的分布特征，将病例按不同人群进行分组，计算各组发病率，比较不同时间或不同人群的发病率的差异，以查明疾病或健康相关事件发生的病因（What）、高危人群（Who）、发生地点（Where）和时间（When），以及为什么发生（Why）和怎样发生（How）。

现场流行病学是用于调查并解决现场实际发生的食品安全事故等公共卫生问题的方法学。现场流行病学调查的目的是控制食品安全事故的进一步蔓延，查明发生原因，提出预防控制措施建议，以防止类似食品安全事故的再次发生。

现场流行病学调查通常采用问卷调查的方式收集数据，描述疾病、时间、地点和人群的分布特征，形成有关致病因子、污染来源和传播途径的假设；通过询问病例和非病例暴露特定因素（食物或饮料）的信息，计算并比较两组人群暴露特定因素的罹患率，并分析各种暴露因素导致发病的可能性，确定哪个因素与发病之间的关联性存在统计学意义；综合流行病学、食品和环境卫生学调查和实验室检验的结果，对食品安全事故的致病因子、污染来源和传播方式等作出判定结论。若未采集到病例临床标本和可疑食物样品或实验室检测结果均为阴性时，通常根据流行病学调查结果确定食品安全事故的原因。

现场流行病学调查主要包括 4 个阶段和 8 个基本步骤（表 9-2）。在实际调查中，有些步骤可同步进行，也可以适当调整各步骤的先后顺序。

表 9-2 食品安全事故现场流行病学调查的步骤

步骤	阶段
1. 确定发生或可能发生食品安全事故	Ⅰ. 初步调查与评估
2. 核实病例诊断 3. 制定病例定义 4. 开展病例搜索 5. 对病例进行个案调查 6. 描述疾病、时间、地点、人群的分布特征	Ⅱ. 描述性流行病学调查
7. 形成致病因子、可疑餐饮或可疑食物的假设	Ⅲ. 形成病因假设
8. 采用分析性流行病学方法验证假设	Ⅳ. 分析性流行病学调查

9.4.3 食品卫生学调查

食品安全事故的食品卫生学调查，主要是对可疑食品及其生产、加工、经营场所和有关人员的调查。通过调查应确定引起该起食品安全事故的具体原因，并指出控制致病物质污染、增殖或残存的关键环节及其控制措施。

食品安全事故发生以后，随着时间的推移，食品安全事故现场能够获得证据的数量迅速减少。因此，在进行现场流行病学调查和实验室检测的同时，应尽早开展食品卫生学调查。对于不同致病因子所致食品安全事故，应有所侧重地开展食品卫生学调查（表 9-3）。

表 9-3 不同致病因子所致食品安全事故的重点调查环节

环节	致病因素				
	致病微生物	有毒化学物	动植物毒素	真菌毒素	其他
食品原料	+	++	++	++	+
制作配方		++			+
食品生产加工或制备人员	++				+
食品加工用具	+	+			+
加工过程	++	+	+	+	+
成品保存条件	++	+			+

注："+"指该环节应开展调查，"++"指该环节应重点调查。

食品卫生学调查的内容与方法取决于食品安全事故性质和规模、涉及食品生产加工机构的类型、可获得的资源、当地的政策法律环境等。调查人员应向企业主管人员或加工制作人员详细了解可疑食品制作或可疑餐次加工供应的各个步骤。具体调查内容包括：生产企业的一般状况、可疑中毒食品的调查、生产经营人员卫生和健康状况、食品生产加工经营场所卫生状况等。调查方法包括人员访谈、相关记录查阅、现场勘查、操作流程图绘制等。

9.4.4 实验室检验

在食品安全事故流行病学的调查处置中，实验室检验发挥着不可或缺的作用。实验室检验结果常用来证实、验证流行病学假设，影响整个事故的处置策略，而且实验室检验经常贯穿于事故处置的全过程，在事故应对早期即介入，通过及时检测为后续调查工作的开展提供方向，并通常延续到现场控制之后。

9.4.4.1 标本/样品的采集、保存和运输

标本/样品是进行一切实验室检测的基础。所有实验室检测的结果都依赖于所得到标本/样品的质量、检测方法的可靠性以及检测人员的能力。在采集可疑标本/样品之前，应根据病例的临床表现和食品安全事故的现场流行病学调查，初步判断食品安全事故的类型，确定可疑食品，从而初步判断致病因子的类型。根据可疑食物的性质，尽量多采集可能含有致病因子的标本/样品。为了防止可疑食物标本/样品丢失和被检组分发生改变，应尽快采样送检。

标本/样品采集应遵循以下原则：

（1）注意生物安全。采样时，要穿戴手套、防护服，并视情况使用护目镜、呼吸面罩等。采样后，要做好用过的衣物、设备、材料等的消毒、清洗及废弃工作，并对污染区表面和溢出物进行消毒。为了防止意外，确保安全，采样应备有急救包。

（2）注意采样的代表性或针对性。以安全质量评价为目的的样品采集，应认真考虑采样量、采样部位、采样时间、采样的随机性和均匀性，以及按批号抽样。同时，还应考虑原料情况、加工方法、运输、保藏条件、销售中的各个环节及销售人员的责任心和卫生认识水平等对样品可能的影响。若以查明食品安全事故的原因为目的，样品采集则更强调针对性，即根据疾病表现和流行病学调查资料，指导采集正确的样品，并尽可能采集病原微生物含量最多的部位和足够检测用的标本/样品。

（3）注意采样时间和种类。一般原则是根据不同食品安全事故的特点和疾病临床表现确定采样时间和标本种类。以分离培养细菌为目的，则应尽量在急性发病期和使用抗生素之前采集标本，同时还应采集急性期和恢复期的双份血清。作病毒分离和病毒抗原检测的标本，应在发病初期和急性期采样，最好在发病 1~2 天内采取，此时病毒在体内大量繁殖，检出率高。

（4）避免采样时引入新的污染或者对微生物的杀灭因子。所有采样用具、容器需严格灭菌，并以无菌操作采样。容器包装好后可防渗漏，能经受正常运输过程中可能的外包装损坏。对微生物样品，应避免采样时对微生物的杀灭作用和引入新的抑菌物质。并注意保护目的微生物，使用正确的采样液和加入中和剂。

（5）注意对样品进行详细标记，如样品名称、编号、采样时间、采样量、采样者、检测项目等。

标本/样品在采集后应妥善保管和运输，否则可能延误实验室检测结果，甚至产生错误的结果。对于检测病原体标本/样品，应注意尽量保护待检微生物并注意生物安全。保护待检微生物可以从温湿度、pH、营养和抑制杂菌等方面考虑。多数化学因子或毒物标本/样品对保存条件的要求并不特别严格。若需要使用冷藏以外的其他特殊保存条件，则应在标签中明示。

9.4.4.2 实验室检测

实验室接到食品安全事故标本/样品后，应根据病例的临床症状和流行病学调查资料，推断可疑致病因素范围，确定检测项目。

（1）微生物标本/样品的检测　常用实验室检测方法主要有直接检测、病原培养、免疫学试验、分子生物学技术等。

病原体直接检测是指将采集的标本/样品直接涂片染色镜检或使用电镜技术观察。直接涂片染色镜检方法较为简便、快速、价廉，为临床检验所常用，特别是难以培养或培养周期较长的细菌。但是直接涂片镜检法的敏感性不及分离培养法。电镜技术常用于病毒的快速诊断与鉴定。

病原培养通常是确定病原体的金标准，但结果的获取通常需耗时数天乃至数周，并且有些病原难以培养。除一般活菌数的测定之外，常用的方法还包括形态观察、培养特征、生化特征、血清学试验、噬菌体应用、抗体测定、毒力试验等。

在食品安全事故实验室标本/样品的检测中，免疫学试验方法是常用的初筛试验方法。其基本原理是利用抗原可与相应抗体特异性结合的特性，利用已知的抗原来检查血清或其他样品是否含有相应抗体，或使用已知抗体检查未知抗原。常用的抗原检测的方法有免疫荧光技术、免疫酶法、放射免疫测定法、酶联免疫吸附试验等。常用的抗体检测方法包括直接凝集试验、间接凝集试验、沉淀试验、补体结合试验、中和试验、免疫荧光检查、放射免疫测定、酶联免疫吸附试验、单扩溶血试验等。

分子生物学检测技术具有无需分离培养病原体、特异性好、灵敏度高、速度快等诸多优点，适用于病原体的快速初筛和鉴定。目前直接核酸检测已经成为细菌及病毒性疾病实验室诊断中最常用的方法。核酸检测的方法主要包括不进行病原体核酸扩增的探针杂交法和核酸扩增的方法。

（2）化学性毒物标本/样品的检测　目前尚无食品安全事故化学性毒物检测的国家标准。检验人员在开展检验之前要对食品安全事故情况做周密的研究和分析。尤其是在标本/样品量有限又不能重复采样的情况下，应拟订检验程序、样品前处理程序、检测方法、空白试验和对照试验，先使用快检方法初步筛选出化学性致病因子的大致范围，以确定毒物检验的方向。

快检可以采取经典的显色定性试验，如砷汞快速筛选检测采用雷因须氏法定性实验。也可以选择商品化的快速检测试剂盒，如检测黄曲霉毒素的酶联免疫试剂盒。一旦标本/样品快检得到阳性结果，在现场检测时可作为基本定论并采取相应措施加以处理，保留阳性样品，等待后续进行确证。

当怀疑鼠药、农药食物中毒时，可以进行简易动物试验，初步探索其是否含有化学性毒物以及含量是否能引起中毒。通过观察和研究动物中毒时所表现出的症状和体征，推测可能的毒物种类，但阳性检验标本还应按实验室标准方法进一步检验确认。

实验室检验化学性毒物的一般程序是预实验-确证实验的顺序。预实验是指利用小部分毒物标本摸索出毒物可能存在的线索，提供检验方向。预实验项目一般有颜色、臭味、酸碱性、灼烧试验、简易化学试验等。经过快检和预实验初步得到化学性致病因子的线索后，必须再通过实验进行化学确证，即确证实验。确证实验包括定性检测和定量检测。前者旨在对毒物的特征性化学结构进行确认，后者对毒物的含量进行检测。多数情况下，毒物在送检标本中的检出一旦得到确证就达到了送检的目的。但对部分化学性毒物而言，定量检测对判断是否为该毒物引起中毒的结论时具有重要意义。

检验工作完成后，实验室应及时出具检验报告，对检验结果负责，并按规定期限妥善保存标本尤其是阳性标本。

9.5 食品安全追溯

9.5.1 概述

追溯，又称为"追溯性""可追溯性"，来自英文术语"traceability"。食品追溯在学术上有多种定义。国际食品法典委员会（CAC）认为，食品追溯是指"在特定的生产、加工、配送环节中，追踪食品流动情况的能力"。国际标准化组织（ISO）将食品追溯定义为"对产品在考虑范围之内的来源、应用及其所在地进行回溯或追踪的能力"。欧盟认为，食品追溯是指"在食品生产、加工和配送各个环节中，对用于食品生产的任何食物、饲料及食用性动物或物质进行回溯和追踪的能力"。

尽管国际上对食品追溯还没有形成一个统一的定义，但这并不妨碍人们对这个制度的理解、掌握和运用。换言之，食品追溯就是指在食品供应链（包括生产、加工、配送及销售等在内）的各个环节中，能够追踪和回溯食品及其相关信息，使食品的整个生产经营活动处于有效的监控之中。具体地讲，食品溯源是指在食品种植养殖、生产、加工贮存、运输、销售直至消费各环节，对食品和饲料的原料、有可能成为食品或饲料组成成分的所有物质以及食品和饲料本身的追溯或追踪能力，实际上是一种还原产品生产和应用历史及其相应场所的能力，目的是通过回溯食品链的最始端和追踪最终端，识别出发生食品安全问题的根本原因，追踪引发食品安全的问题食品的位置/地点，及时采取产品召回等措施。

食品安全追溯制度是食品安全治理体系的重要组成部分。为了保证食品安全和消费者的利益，有效追回或召回出现问题的产品，世界各国都强调"从农田到餐桌"的全程监控，实施食品安全追溯制度。食品安全追溯体系在全球被公认是从根本上预防食品安全风险的主要工具之一。

最早制定食品追溯制度的是欧盟。为应对英国疯牛病问题、丹麦猪肉沙门氏菌污染事件和苏格兰大肠杆菌事件等引发的恐慌，使消费者恢复对政府食品安全监管的信心，欧盟开始逐步建立食品安全信息可追溯制度。2002 年，欧盟《基本食品法》颁布，明确要求强制实行可追溯制度，凡在欧盟国家销售的食品必须具备可追溯性，否则不允许上市。从 2005 年 1 月起，欧盟对所有食品及饲料产品实行强制性溯源管理。

美国法律法规中对食品可追溯性的要求始于 2002 年的《公共卫生安全和生物恐怖防范应

对法》。该法案要求企业建立产品可追溯制度。2011 年开始执行的《食品安全现代化法案》进一步强化了对食品企业建立食品档案和追溯制度的要求。

近年来，随着我国法律法规的完善、标准的建立、消费需求的升级以及信息技术的进步，食品安全追溯体系建设得到了快速发展。为了适应国际化标准，确保出口贸易的顺利，2005年国内一些食品生产加工龙头企业主动开始建立食品安全追溯体系。2008 年后，可追溯技术被广泛应用于北京奥运会、广州亚运会、G20 杭州峰会等大型活动的食品安全保障工作，收获了不少成功的经验。2015 年修订的《食品安全法》明确提出"国家建立食品安全全程追溯制度"的要求，这是首次将追溯的要求法律化，为保障食品全产业链的安全提出了新的要求，也标志着我国的食品安全追溯管理已经逐步向发达国家看齐。目前，我国已首先在针对特定人群的食品以及其他食品安全风险较高或者销售量大的食品（如婴幼儿配方乳粉、乳制品、冷链食品、白酒、食用农产品等）建立并不断完善追溯体系，从而为其产品质量与安全保驾护航。

9.5.2 食品安全追溯的目的

根据我国等同转化自 ISO 22005：2007 的食品追溯国家标准 GB/T 22005—2009《饲料和食品链的可追溯性　体系设计与实施的通用原则和基本要求》，追溯的目标可以有很多种，比如确定产品的来源、便于产品的召回、识别饲料和食品链中的责任组织、支持食品安全和（或）质量目标、满足法规或政策、提高组织的效率、生产力和盈利能力等。

食品安全追溯系统的目标也可以概括为"五可一有"，即源头可追溯、生产（加工）有记录、流向可跟踪、信息可查询、产品可召回及责任可追究。前三项是对食品安全追溯系统自身功能的要求，而后三项则是食品安全追溯系统所期望实现的目标。

源头可追溯是指通过食品安全追溯系统，能追溯到生产食品的原材料相关信息，包括原材料产地信息和原材料生产过程信息等。

生产（加工）有记录涵盖了农产品和工业产品两个方面。农产品生产单位需要对农产品的生产过程进行记录，包括生产资料和生产过程信息，如饲料、化肥、农药等的使用情况。食品加工企业需要记录食品的原材料、添加剂及加工批次、加工过程和产品质检等信息。

流向可跟踪是指生产加工企业需要记录好食品的分销信息，包括批发商和零售商信息及物流信息，如运输车辆状况（是否为冷藏车）、运输路线和运输途中环境温度变化等。

信息可查询指消费者、企业、政府监管者可通过网站、电话、短信、卖场的触摸屏和手机 APP 等多种渠道，查询食品安全的相关信息，以及政府监管部门定期向社会发布食品质量安全信息。

产品可召回、责任可追究指当发生食品安全事故时，通过追溯系统能够迅速找到发生问题的厂家、批次、销售企业，及时将问题食品进行封存、召回，查找原因并追究相关责任方的过错。

9.5.3 食品安全追溯体系的基本原理

9.5.3.1 追溯体系的功能

一个食品追溯体系具备的两个基本功能是回溯（或溯源）和追踪（图 9-1）。食品回溯是指自食品链下游到上游，沿其经过的每一个食品链成员的运行轨迹，通过记录标识等方法，回溯一类食品的一个批次或一个特定单元的来源、经过的环节（曾停留的位置）及可能存在的问题的过程。其在位置/地点的走向是"逆流而上"，即餐桌→销售企业→配送企业→加工企业→农田，可能经过的食品链成员包括消费者、销售商、配送运输商、生产加工处理者、农民。回溯强调的是识别食品来源、历程（曾经过的环节）、用途，包含数量信息，主要用于在发现食品存在质量安全问题时，自下而上层层回溯，以确定食品的原产地和特征，判断可能发生问题的环节、受影响的食品的数量。

食品追踪是从食品链上游至下游，沿其经过的每一个食品链成员的运行轨迹，追踪一类食品的一个批次或一个特定单元的过程。其在位置/地点的走向是"顺流而下"，即农田→生产加工企业→配送企业→销售企业→餐桌，可能经过的食品链成员包括农民、加工处理者、配送运输商、销售商、消费者。食品追踪强调的是识别食品"从农田到餐桌"运行轨迹的能力，主要用于了解食品的流向，确定食品的最终形态和在消费者群体中的分布状态，往往可以指导食品安全事故中的食品召回工作。

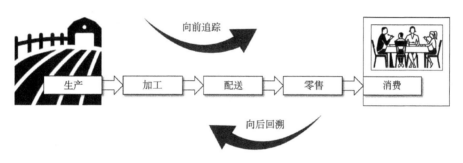

图 9-1 向前追踪和向后回溯

9.5.3.2 追溯体系的主要类型

根据管理方式及目标不同，追溯体系分为内部追溯和外部追溯两大类型（图9-2）。一个组织在自身业务操作范围内对追溯单元进行追踪和（或）溯源的行为称为内部追溯，它是企业对自身生产过程的追溯。例如，一个养殖企业，建立养殖、加工、包装、检验、仓储和销售等环节的追溯系统，由企业内部各部门负责人收集整理各环节的基本信息，构成了企业质量安全控制的内部追溯系统。外部追溯是对追溯单元从一个组织转交到另一个组织时进行追踪和（或）溯源的行为，即在整个生产链不同环节企业之间进行原料或产品交接时产生的追溯。如养殖企业和加工企业，加工企业和销售企业之间的对接。外部追溯和内部追溯只有相互配合才能实现食品的全程追踪和溯源。

图 9-2 食品链的内部追溯和外部追溯示意图

外部追溯又有不同的模式。国际物品编码组织（GS1）定义了五种模式，包括"向前一步，向后一步"模式（又称"向上一步，向后一步"）、集中式模式、网络化模式、累积场景模式和完全去中心化和复制场景模式等。其中，"向前一步，向后一步"是最主要的一种模式。

"向前一步，向后一步"追溯是美欧等国可追溯法规的最低要求。我国等同转化自 ISO 22005：2007 的食品追溯国家标准 GB/T 22005—2009《饲料和食品链的可追溯性　体系设计与实施的通用原则和基本要求》指出："饲料和食品链中的每一组织至少宜对其前一步和后一步溯源给予说明。"

在"向前一步，向后一步"模式下，食品链中每个组织只需要向前溯源到产品的直接来源，向后追踪到产品的直接去向。图 9-3 中，在鸡蛋批发市场环节，可以直接查询到上一环节——蛋鸡养殖场和下一环节——鸡蛋零售商的产品追溯信息，但是不能直接查询到蛋鸡苗种场环节的追溯信息。对于食品链中每一个组织本身而言，如果建立了"向前一步，向后一步"的追溯体系，都能确保其向上追溯到上游供应商信息，包括产品的、原料的、包装材料以及与食品接触相关设备的相关信息，能确保其向下追溯到下游客户的相关信息，那么由这些组织构成的食品链则具备了完整的可追溯能力。

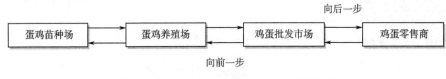

图 9-3　"向前一步，向后一步"追溯模式

9.5.3.3　追溯体系的维度

美国学者根据食品追溯体系自身特性的差异设定了衡量追溯体系的 3 个维度，即宽度、深度和精度（图 9-4）。宽度指系统所包含的信息范围；深度指信息可以追溯的距离；精度指可以确定问题源头或产品某种特性的能力。

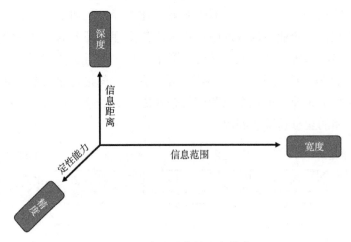

图 9-4　食品追溯的 3 个维度

追溯体系会因为目的的不同而在精度、宽度和深度方面产生很大差异。在追溯实施的过程中，要掌握适度原则，满足实际的需求即可，且不宜强调过多的信息。

9.5.4 食品召回

食品召回是指食品的生产商、进口商、经销商在获悉其生产、进口或经销的食品存在可能危及消费者健康安全的缺陷时，依法向政府部门报告，及时通知消费者，并从食品生产、流通到消费等环节收回问题食品，予以更换、补充或修正消费说明，以及赔偿的过程。食品召回的目的是及时消除或减少缺陷食品对消费者的危害风险，督促生产经营者提高食品质量水平。

从性质上分，食品召回包括主动召回和责令召回。主动召回是食品生产、进口、经销企业自愿召回问题食品的行为。责令召回也称强制召回，是有关食品安全监管部门依法责令食品生产、进口、经销企业召回具有潜在危害的食品，并制裁违法者的行为。

《食品安全法》规定：国家建立食品召回制度。根据食品安全风险的严重和紧急程度，《食品召回管理办法》将食品召回分为三级。其中，一、二级召回适用于引起或可能引起不同程度健康损害的情况；食品生产者应当分别在知悉食品安全风险的24小时和48小时内启动召回。三级召回中规定，标签、标识存在虚假标注的食品，食品生产者应当在知悉食品安全风险后72小时内启动召回；标签、标识存在瑕疵，食用后不会造成健康损害的食品，食品生产者应当改正，可以自愿召回。

无论是主动召回还是责令召回，食品生产、进口、经销企业在实施召回时都要做好如下工作：一是自其生产、进口、经销的食品产品被确认存在健康危害、造成了食品安全事故、确须召回之日起，要立即停止生产、进口、销售该食品产品，并在规定期限内向社会发布召回信息，通知相关销售者和消费者停止销售、消费该产品，并向有关监管部门报告；二是要向有关监管部门提交包括停止生产、进口、经营不安全食品情况，通知销售者和消费者停止销售、消费不安全食品情况，不安全食品中存在的危害种类、产生原因对人群健康产生影响的严重程度，召回的组织管理、具体措施、范围时限等内容，召回的效果及召回后的处理措施（无害化处理或销毁等）。有关食品安全监管部门则要对主动召回和责令召回提供指导，对有关情况进行监督。根据《食品召回管理办法》，市场监管部门监督食品召回的工作流程如图9-5所示。

高质量的食品溯源体系往往是食品召回制度建立的前提条件。欧美等发达国家有效的食品召回都建立在较完善的追溯系统的基础之上。产品的生产商、进口商、批发商、分销商用各种手段建立及时的完整的产品记录，让食品召回有据可凭。总体上来看，由于食品溯源制度、食品标准体系尚未全面建立，我国食品召回制度虽然在召回等级、召回方式等方面实现了与国际接轨，但实施的效果还不尽如人意。只有建立食品的追溯体系，才能够真正实现食品的"源头可追溯，流向可跟踪"。在此基础之上，问题食品才能得到及时的召回。

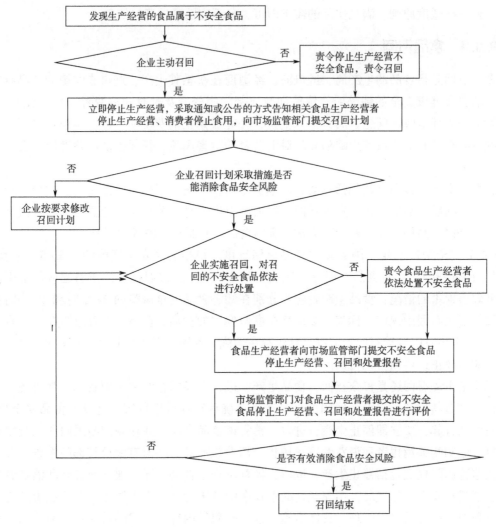

图 9-5　市场监管部门监督食品召回的工作流程

9.6　相关案例分析

9.6.1　案例一：四川省某乡一起有毒牛肝菌引起的食物中毒调查

9.6.1.1　背景

2012 年 3 月 5 日 21：15，四川省某市疾控中心值班人员接某医院值班电话报告：该医院急诊科收治多名恶心、呕吐、腹痛、腹泻病例，疑似食物中毒。接报后，该市疾控中心立即派员进行了调查处置，并于 3 月 5 日在中国疾病预防控制系统突发公共卫生事件管理信息系统上进行了报告。省疾控中心监测到该报告后高度重视，要求查明发病原因和危险因素，提出针对性防控措施和建议。

9.6.1.2 基本情况

发生地为该市 X 乡，该乡辖 10 个建制村，90 个村民组，9698 户，28170 人，面积 27.23 平方公里。2012 年 3 月 5 日，该乡 Z 村二组村民孙某为儿子举办婚宴，整个婚宴实际共有三餐，即 3 月 4 日晚餐、3 月 5 日早餐和 3 月 5 日晚餐（该餐为婚宴正席）。3 月 5 日晚餐共有 160 户约 470 人（其中约有 170 人同时参加了 3 月 4 日晚餐和 3 月 5 日早餐的聚餐）参加宴席，分两批就餐。第一批约 250 人（15:30 开席），第二批约 220 人（17:30 开席）。餐后，部分就餐人员相继出现"恶心、呕吐、腹痛、腹泻"症状，并陆续到附近医院就诊，收治医院遂向当地疾控部门报告，随后有关部门介入事件的调查处理。

9.6.1.3 调查方法

（1）流行病学的内容与方法。

1）病例定义：2012 年 3 月 5 日参加 X 乡孙某婚宴的人中，出现恶心、呕吐、腹痛、腹泻症状之一者。

2）病例搜索：在 160 户 470 人婚宴参加者中，调查组对婚宴名单中留有联系电话的 65 户参加宴席者（共 140 人）逐个拨打电话，了解发病情况。

3）回顾性队列研究：对上述调查对象利用结构式问卷通过电话询问并记录各类食物的食用情况。

4）数据录入与统计分析：使用 epidata3.02 录入问卷，数据核查无误后，导出数据，再使用 epiinfo2002 进行分析。以是否进食某种食物作为暴露的分组依据，以病例定义作为是否发病的判断标准。先对每种食物与发病的关联作单因素分析，找出有统计学意义的可疑食物，再考虑多因素分析或分层分析。

（2）危害因素调查内容与方法 现场卫生学/食品卫生学调查：现场观察婚宴食物加工场所的布局、卫生条件与卫生设施；询问从业人员健康状况；查看食物加工场所卫生管理情况（卫生许可证、从业人员健康证、卫生管理制度）。根据流行病学调查结果发现的高危食物，详细询问该食物的原料采购、贮存、加工制作、运输、销售等各环节的危险因素。

（3）实验室检测的内容与方法 采集了 3 月 5 日婚宴晚餐的剩余食物样品 15 份，送实验室检测常见致病菌（沙门氏菌、志贺氏菌、金黄色葡萄球菌）。采集食品原料 1 份（牛肝菌干制品），送中国科学院昆明植物研究所进行形态学鉴定。

9.6.1.4 调查结果

（1）人群流行病学调查 调查的 140 名参宴者中，有 85 名病例，罹患率 61%，其中 68 人门诊治疗，7 人住院治疗。病例临床表现为呕吐（94%）、恶心（89%）、腹痛（53%）、腹泻（51%）、头晕（48%）、畏寒（35%）、头痛（34%）、手发麻（8.2%）、发热（3.5%）。病程中位时间 9 h（范围：4~85 h）。住院的 7 例病例中，3 例大便隐血试验阳性，1 例谷氨酰胺转氨酶升高。临床采取催吐、洗胃、补液等治疗。

85 名病例中，首例发病时间为 3 月 5 日 16 时，末例发病时间为 3 月 6 日 4 时，发病高峰时间从 19:30 至 22:30，流行曲线提示为点源暴露模式（图略）。

参加宴席者中，女性罹患率（70%）高于男性罹患率（53%）（$X_2=4.22$，$P<0.05$）；1~25 岁组罹患率为 48.3%，26~50 岁组罹患率为 64.2%，51~80 岁组罹患率为 62.5%，各年龄

组罹患率差异无统计学意义 (X_2 = 2.39, P = 0.30)。

被调查的 140 人均参加了 3 月 5 日晚餐, 其中有约 1/5 的人还参加过 3 月 4 日晚餐或 3 月 5 日早餐。3 月 4 日晚餐及 3 月 5 日早餐的菜品有部分相同, 但与 3 月 5 日晚餐完全不同。

鉴于病例无发热且病程短, 提示本次食物中毒可能为毒素所致, 而引起呕吐症状的毒素潜伏期通常较短, 3 月 4 日晚餐和 5 日早餐距离病例发病高峰的时间间隔均超过 12 h, 另外所有病例均参加过 3 月 5 日晚餐, 因此 3 月 5 日晚餐更可能为危险餐次。由此, 以病例开始食用晚餐的时间作为暴露点, 推算发病的最短潜伏期为 0.5 h, 最长 12.5 h, 中位数为 4.5 h。

为查找 3 月 5 日晚餐中的危险食品, 调查组开展了回顾性队列研究, 对食用 3 月 5 日晚餐的 140 人通过电话访谈询问其晚餐食用菜品和米饭的情况。因为晚餐提供的酒和饮料均为市售商品, 而病例仅限于参加婚宴的人群, 所以酒和饮料导致中毒的可能低。队列研究分析结果显示, 食用牛肝菌者的罹患率 (69%) 远远高于未食用牛肝菌者的罹患率 (18%) (RR = 3.7, 95% CI: 1.5~9.2), 而其他 16 种菜品和米饭在食用者和未食用者中的罹患率差异均无统计学意义 (表略)。在食用牛肝菌的客人中, 随着食用量的增加, 罹患率呈现上升趋势 (X_2 = 4.1, P<0.05)。

(2) 食品卫生学调查　本次婚宴为孙某聘请厨师, 自行操办。食品加工烹饪场所为孙某临时搭建。卫生条件差, 卫生设施简陋, 无食品冷藏设施, 无熟食及凉拌菜的加工制作专间。从业人员均无健康证。此次大型宴席的操办未报当地有关卫生部门备案。

本次流行病学调查发现的牛肝菌为孙某一周前在当地市场上的一家销售门市购买, 共 5 kg, 均为干制品, 种类杂。因价格较贵, 所以婚宴中仅在 3 月 5 日晚宴中食用, 当日共用去 4.75 kg。厨师在 3 月 5 日下午先用开水浸泡牛肝菌约 2 h, 然后清洗数次后捞出晾干。烹饪时, 先将油倒入大锅内, 加热, 然后放入牛肝菌、大蒜及青椒, 用大火翻炒十多分钟后装盘上桌。

据销售牛肝菌的门市店主介绍, 该门市的牛肝菌为周边县村民在山中所采。店主在周边县有大山的乡镇设立固定收购点收购蘑菇, 村民采摘蘑菇后, 将新鲜的蘑菇直接卖给收购点, 也有村民将蘑菇晒干后再卖给收购点。收购点将新鲜的蘑菇一部分卖给预订的买家, 剩余部分则晒干或用烤箱烘干后销售。

(3) 实验室检验结果　调查组采集该宴席剩余、尚未烹调的牛肝菌样品 (干制品) 100 g, 送中国科学院昆明植物研究所进行形态学鉴定, 结果显示: 送检的样品中共有 7 种牛肝菌, 其中 3 种有毒 (*Boletus sinicus* 中华牛肝菌、*Boletus venenatus*、*Boletus magnificus* 华丽牛肝菌)。此外, 剩余的 15 份采样标本并未检出沙门氏菌、志贺氏菌、金黄色葡萄球菌等可导致呕吐腹泻的致病菌。

9.6.1.5　调查结论

本次事件罹患率为 61%, 病例主要症状为呕吐和腹泻, 与文献报道的有毒牛肝菌中毒症状较为一致。流行病学调查提示食用牛肝菌是本次发病的危险因素, 植物形态学鉴定结果显示本次婚宴使用的牛肝菌 (干制品) 中含有 3 种有毒牛肝菌: 中华牛肝菌、*Boletus venenatus* 和华丽牛肝菌。

综合流行病学调查结果、患者临床表现和植物形态学鉴定结果, 依据《食物中毒诊断标准及技术处理总则》(GB 14938—94), 认为这是一起由食用有毒牛肝菌引起的食物中毒事件。

9.6.1.6 建议

因市售食用菌销售范围较广，一旦混入有毒菌将会造成较大的影响。因此，在蘑菇采摘地区首先要加强对村民关于有毒蘑菇的科普宣传，减少有毒菌的采摘。另外，在蘑菇的销售流通环节中，工商部门需要加大对销售点的监管，以保证销售蘑菇的安全性，避免类似事件的发生。

摘自：赵同刚，马会来主编. 食品安全事故流行病学调查手册. 法律出版社，2013

9.6.2　案例二：三聚氰胺污染婴幼儿奶粉事件中的奶粉召回

2008 年的三聚氰胺污染婴幼儿奶粉事件中，为保证乳制品的安全，有关食品安全监管部门采取了进一步加强监管的措施，要求对被检出三聚氰胺的产品立即予以下架、封存、召回和销毁，并对有关企业进行全面调查，查清原因，追究责任，依法严肃处理。然而，"种桃道士归何处，前度刘郎今又来"。2009 年 12 月，上海某乳业奶粉被检出三聚氰胺。同月，陕西某乳业向广西壮族自治区销售三聚氰胺超标乳粉案件被侦破。2010 年 1 月，宁夏回族自治区某乳业销售的全脂乳粉被检出三聚氰胺。同月，陕西省渭南市一批含大量三聚氰胺的毒奶粉流入广东和福建，被有关部门查处。2010 年 6 月，吉林省吉林市工商局在日常抽检中检测到辖区内一家市场零售点销售的黑龙江省大庆市一家乳品有限公司生产的其中一袋奶粉中含有三聚氰胺。2010 年 7 月，甘肃省质监局透露该局负责检测的 3 份奶粉样品中含有三聚氰胺，受检奶粉来自青海省。随后，青海省质监部门查获该批问题奶粉约 38 吨。据公安部门调查，青海省送检的奶粉是青海省海东地区民和回族土族自治县某乳制品厂使用从河北等地购进的原料奶生产，从河北购进的原料奶被检出三聚氰胺；而河北省正是 2008 年三聚氰胺污染婴幼儿奶粉事件中的重灾区。2011 年 3 月，重庆市公安部门接到线索，重庆市某食品有限公司用于生产冰糕、雪糕等食品的原料奶粉中涉嫌含有三聚氰胺。经查，该公司库存的 16.25 吨原料奶粉及其储存于重庆某储运公司仓库内的 10.475 吨剩余奶粉均被检出三聚氰胺。所幸该企业正停产对设备进行检修，未致问题产品流向生产及销售环节。据调查和分析，2008 年以后频频出现的三聚氰胺超限乳制品，大多来自在当年全国销毁三聚氰胺奶粉的过程中因不堪财务压力及赔偿机制不顺而对污染奶粉实施藏匿的中小企业。这也正说明 2008 年的三聚氰胺污染奶粉尽管可能实现了全面召回，但并未得到全面销毁。

摘自：张永慧，吴永宁. 食品安全事故应急处置与案例分析 ［M］. 北京：中国质检出版社，2012.

⊛ 章尾

1. 推荐阅读

（1）陈勋良，林沅英. 食品安全系指尖——可追溯技术与应用 ［M］. 广东：广东科技出版社，2013.

本书运用故事化的语言、丰富的实例和生动活泼的卡通图，介绍了食品安全追溯的技术和流程，以及可追溯技术是如何保障食品安全的。

（2）国际食品保护协会. 食源性疾病调查程序 ［M］. 上海：上海第二军医大学出版

社，2014.

本书综合了流行病学、统计学以及食品处理回顾调查的原理和技术，指导如何形成和检验合理假设，全面系统地介绍了食源性疾病预防控制与应急处置等相关内容。

2. 开放性讨论题

（1）面向公众开展食品安全事故信息沟通时，如何利用好各种新兴网络手段？

（2）相比欧美发达国家，在我国推行食品安全追溯制度的主要困难有哪些，应如何解决？

3. 思考题

（1）食品安全事故调查处理的主要任务有哪些？

（2）在食品安全事故调查处理过程中，为什么要遵循"科学循证、效率优先"的原则？

（3）食品安全事故按性质不同可分为哪三类？请各举一例说明。

（4）食品安全事故发生后，与公众沟通的基本原则有哪些？

（5）食品安全事故流行病学调查包括哪几个主要方面？

（6）采集用于实验室检验的标本和样品时，应遵循哪些原则？

（7）简述食品回溯和食品追踪的定义及其作用。

（8）什么是"向前一步，向后一步"追溯？

参考文献

［1］张永慧，吴永宁．食品安全事故应急处置与案例分析［M］．北京：中国质检出版社，2012.

［2］袁杰，徐景和．《中华人民共和国食品安全法》释义［M］．北京：中国民主法制出版社，2015.

［3］赵同刚，马会来．食品安全事故流行病学调查手册［M］．北京：法律出版社，2013.

［4］陈勖良，林沅英．食品安全系指尖——可追溯技术与应用［M］．广州：广东科技出版社，2013.

［5］赵林度，钱绢．食品溯源与召回［M］．北京：科学出版社，2009.

［6］宋怿，黄磊，杨信廷，等．水产品质量安全可追溯理论、技术与实践［M］．北京：科学出版社，2015.

［7］全球食品安全倡议中国工作组．不同视角看追溯——食品安全追溯法规/标准收集及分析报告［M］．北京：中国农业大学出版社，2018.

［8］中国物品编码中心编译．GS1全球追溯标准：GS1供应链互操作追溯系统设计框架［S］．www.gs1cn.org.